工业机器人操作与运维

自学·考证·上岗一本通

韩鸿鸾 著

| 高级 |

化学工业出版社

·北京·

内容简介

本书是基于“1+X”的上岗用书，根据“工业机器人操作与运维职业技能岗位（高级）”要求而编写。

本书主要内容包括具有机器视觉系统的工业机器人工作站的集成与程序编制、弧焊工业机器人工作站的集成、弧焊工业机器人工作站的编程、轻型加工机器人工作站的集成与编程、工业机器人常见故障的诊断与维修和工业机器人的校准等。

本书适合工业机器人操作与运维职业技能岗位（高级）考证使用，也适合企业中工业机器人操作与运维初学者学习参考。

图书在版编目（CIP）数据

工业机器人操作与运维自学·考证·上岗一本通：高级/韩鸿鸾著．—北京：化学工业出版社，2022.7
ISBN 978-7-122-41119-8

Ⅰ.①工… Ⅱ.①韩… Ⅲ.①工业机器人-资格考试-自学参考资料 Ⅳ.①TP242.2

中国版本图书馆CIP数据核字（2022）第055496号

责任编辑：王　烨　　　文字编辑：袁　宁
责任校对：宋　玮　　　装帧设计：刘丽华

出版发行：化学工业出版社（北京市东城区青年湖南街13号　邮政编码100011）
印　　刷：三河市航远印刷有限公司
装　　订：三河市宇新装订厂
787mm×1092mm　1/16　印张15½　字数382千字　2022年9月北京第1版第1次印刷

购书咨询：010-64518888　　　售后服务：010-64518899
网　　址：http://www.cip.com.cn
凡购买本书，如有缺损质量问题，本社销售中心负责调换。

定　　价：79.80元

前言

国务院印发的《国家职业教育改革实施方案》提出，从2019年开始，在职业院校、应用型本科高校启动“学历证书＋若干职业技能等级证书”制度试点（以下称1＋X证书制度试点）工作。

1＋X证书制度是深化复合型技术技能人才培养培训模式和评价模式改革的重要举措，对于构建国家资历框架等也具有重要意义。职业技能等级证书是1＋X证书制度设计的重要内容，是一种新型证书，不是国家职业资格证书的翻版。教育部、人社部两部门目录内职业技能等级证书具有同等效力，持有证书人员享受同等待遇。

这里的“1”为学历证书，指学习者在学制系统内实施学历教育的学校或者其他教育机构中完成了学制系统内一定教育阶段学习任务后获得的文凭。

“X”为若干职业技能等级证书，职业技能等级证书是在学习者完成某一职业岗位关键工作领域的典型工作任务所需要的职业知识、技能、素养的学习后，获得的反映其职业能力水平的凭证。从职业院校育人角度看，1＋X是一个整体，构成完整的教育目标，“1”与“X”作用互补、不可分离。

在职业院校、应用型本科高校启动学历证书＋职业技能等级证书的制度，鼓励学生在获得学历证书的同时，积极取得多类职业技能等级证书。

本书是基于“1＋X”的上岗用书，根据“工业机器人操作与运维职业技能岗位（高级）”要求而编写。本书主要内容包括具有机器视觉系统的工业机器人工作站的集成与程序编制、弧焊工业机器人工作站的集成、弧焊工业机器人工作站的编程、轻型加工机器人工作站的集成与编程、工业机器人常见故障的诊断与维修和工业机器人的校准等。

本书由威海职业学院（威海市技术学院）韩鸿鸾著。本书在编写过程中得到了山东省、河南省、河北省、江苏省、上海市等的技能鉴定部门的大力支持，在此深表谢意。

由于时间仓促，编者水平有限，书中缺陷在所难免，敬请广大读者批评指正。

著者于山东威海

2022年6月

目录

第 3 章　弧焊工业机器人工作站的编程 / 094

第 4 章　轻型加工机器人工作站的集成与编程 / 147

第 5 章　工业机器人常见故障的诊断与维修 / 169

第1章

具有机器视觉系统的工业机器人工作站的集成与程序编制

1.1 机器视觉系统组成

如图 1-1 所示，一般来说，机器视觉系统包括了照明系统、镜头、摄像系统和图像处理系统。从功能上来看，典型的机器视觉系统可以分为：图像采集部分、图像处理部分和运动控制部分。机器视觉系统组成如图 1-2 与图 1-3 所示。

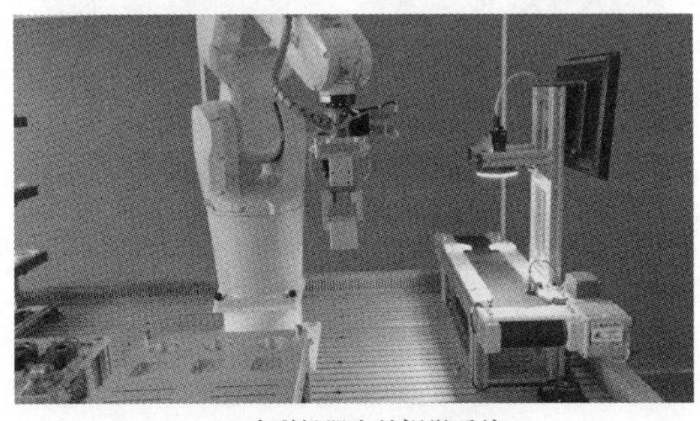

(a) 串联机器人的视觉系统

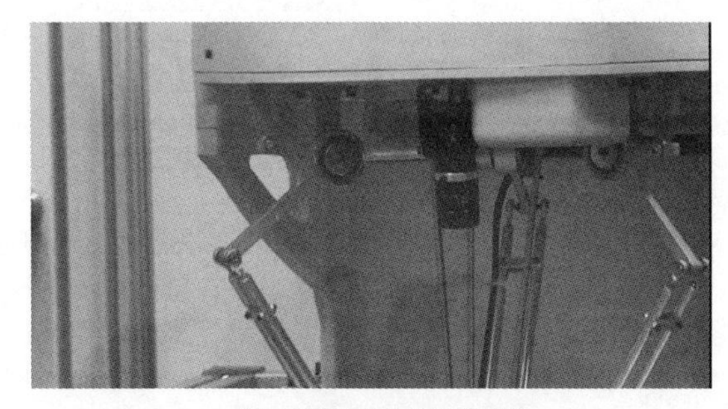

(b) 并联机器人的视觉系统

图 1-1 具有智能视觉检测系统的工业机器人系统

1.1.1 工业相机与工业镜头

工业相机与工业镜头这部分属于成像器件，通常的视觉系统都是由一套或者多套这样的

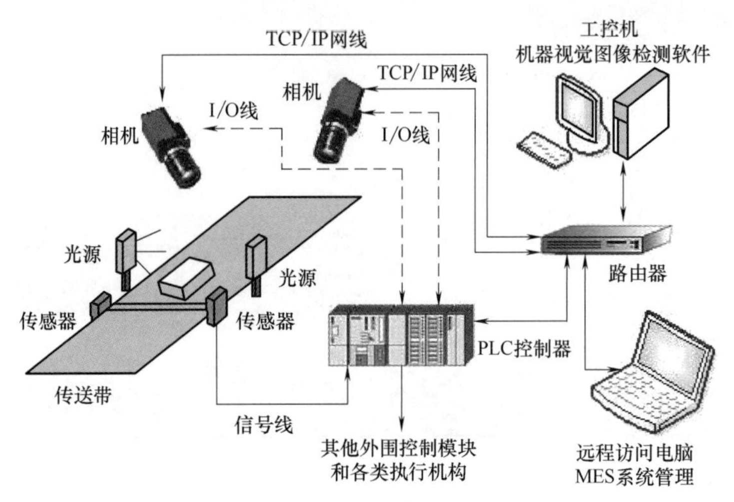

图 1-2　机器视觉系统的组成

成像系统组成。如果有多路相机，可能由图像卡切换来获取图像数据，也可能在同步控制同时获取多相机通道的数据。根据应用的需要，相机可能是输出标准的单色视频（RS-170/CCIR）、复合信号（Y/C）、RGB 信号，也可能是非标准的逐行扫描信号、线扫描信号、高分辨率信号等。

（1）工业相机

如图 1-4 所示，工业相机根据采集图片的芯片可以分成两种：CCD 和 CMOS。

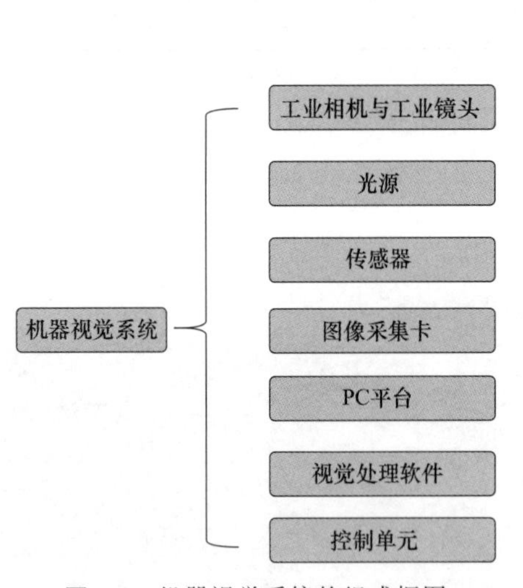

图 1-3　机器视觉系统的组成框图

图 1-4　工业相机

CCD（Charge Coupled Device）是电荷耦合器件图像传感器。它使用一种高感光度的半导体材料制成，能把光线转变成电荷，通过模数转换器芯片转换成数字信号，数字信号经过压缩以后由相机内部的闪速存储器或内置硬盘卡保存。

CMOS（Complementary Metal Oxide Semiconductor）是互补金属氧化物半导体，芯片主要是利用硅和锗这两种元素所做成的半导体，通过 CMOS 上带负电和带正电的晶体管来实现处理的功能。这两个互补效应所产生的电流即可被处理芯片记录和解读成影像。

CMOS 容易出现噪点，容易产生过热的现象；而 CCD 抑噪能力强、图像还原性高，但制造工艺复杂，导致相对耗电量高、成本高。

（2）工业镜头

工业镜头是机器视觉系统中的重要组件，对成像质量有着关键性的作用，对成像质量的几个主要指标都有影响，包括：分辨率、对比度、景深及各种像差。可以说，镜头在机器视觉系统中起到了关键性的作用。

工业镜头的选择一定要慎重，因为镜头的分辨率直接影响成像的质量。选购镜头首先要了解镜头的相关参数：分辨率、焦距、光圈大小、明锐度、景深、有效像场、接口形式等。工业视觉检测系统中常用的六种比较典型的工业镜头，如表 1-1 所示。

表 1-1　六种比较典型的工业镜头

镜头规格	百万像素(Megapixel)低畸变镜头	微距(Macro)镜头	广角(Wide-angle)镜头
镜头照片			
特点及应用	工业镜头里最普通，种类最齐全，图像畸变也较小，价格比较低，所以应用也最为广泛，几乎适用于任何工业场合	一般是指成像比例为 2∶1～1∶4 的范围内的特殊设计的镜头。在对图像质量要求不是很高的情况下，一般可采用在镜头和摄像机之间加近摄接圈的方式或在镜头前加近拍镜的方式达到放大成像的效果	镜头焦距很短，视角较宽，而景深却很深，图形有畸变，介于鱼眼镜头与普通镜头之间。主要用于对检测视角要求较宽、对图形畸变要求较低的检测场合
镜头规格	鱼眼(Fisheye)镜头	远心(Telecentric)镜头	显微(Micro)镜头
镜头照片			
特点及应用	鱼眼镜头的焦距范围在 6mm 至 16mm(标准镜头是 50mm 左右)，鱼眼镜头具有跟鱼眼相似的形状和与鱼眼相似的作用，视场角等于或大于 180°，有的甚至可达 230°，图像有桶形畸变，画面景深特别大，可用于管道或容器的内部检测	主要是为纠正传统镜头的视差而特殊设计的镜头，它可以在一定的物距范围内，使得到的图像放大倍率不会随物距的变化而变化，这对被测物不在同一物面上的情况是非常重要的应用	一般为成像比例大于 10∶1 的拍摄系统所用，但由于现在的摄像机的像元尺寸已经做到 3μm 以内，所以一般成像比例大于 2∶1 时也会选用显微镜头

1.1.2 光源

光源作为辅助成像器件，光源选择优先，相似颜色（或色系）混合变亮，相反颜色混合变暗，如果采用单色 LED 照明，使用滤光片隔绝环境干扰，采用几何学原理来考虑样品、光源和相机位置，考虑光源形状和颜色以加强测量物体和背景的对比度。三基色为：红、绿、蓝。互补色：黄和蓝、红和青、绿和品红。常见的机器视觉专用光源如表 1-2 所示。

表 1-2 常见机器视觉专用光源分类

名称	图片	类型特点	应用领域
环形光源		环形光源提供不同照射角度、不同颜色组合，更能突出物体的三维信息。高密度 LED 阵列，高亮度多种紧凑设计，节省安装空间，解决对角照射阴影问题，可选配漫射板导光，光线均匀扩散	PCB 基板检测 IC 元件检测 显微镜照明 液晶校正 塑胶容器检测 集成电路印字检查
背光源		用高密度 LED 阵列面提供高强度背光照明，能突出物体的外形轮廓特征，尤其适合作为显微镜的载物台。红白两用背光源，红蓝多用背光源，能调配出不同颜色，满足不同被测物多色要求	机械零件尺寸的测量，电子元件、IC 的外形检测，胶片污点检测，透明物体划痕检测等
同轴光源		同轴光源可以消除物体表面不平整引起的阴影，从而减少干扰部分。采用分光镜设计，减少光损失，提高成像清晰度，均匀照射物体表面	此种光源最适宜用于反射度极高的物体，如金属、玻璃、胶片、晶片等表面的划伤检测，芯片和硅晶片的破损检测 Mark 点定位 包装条码识别
条形光源		条形光源是较大方形结构被测物的首选光源，颜色可根据需求搭配，自由组合，照射角度与安装随意可调	金属表面检查 图像扫描 表面裂缝检测 LCD 面板检测

续表

名称	图片	类型特点	应用领域
线形光源		超高亮度，采用柱面透镜聚光，适用于各种流水线连续监测场合	线阵相机照明专用 AOI专用
RGB光源		不同角度的三色光照明，照射凸显焊锡三维信息，外加漫散射板导光，减少反光，RIM不同角度组合	专用于电路板焊锡检测
球积分光源		具有积分效果的半球面内壁，均匀反射从底部360°发射出的光线，使整个图像的照度十分均匀	适用于曲面、凹凸表面、弧面表面检测，金属、玻璃等表面反光较强的物体表面检测
条形组合光源		四边配置条形光，每边照明独立可控，可根据被测物要求调整所需照明角度，适用性广	PCB基板检测 焊锡检测 Mark点定位 显微镜照明 包装条码照明 IC元件检测
对位光源		对位速度快，视场大，精度高，体积小，亮度高	全自动电路板印刷机对位

续表

名称	图片	类型特点	应用领域
点光源	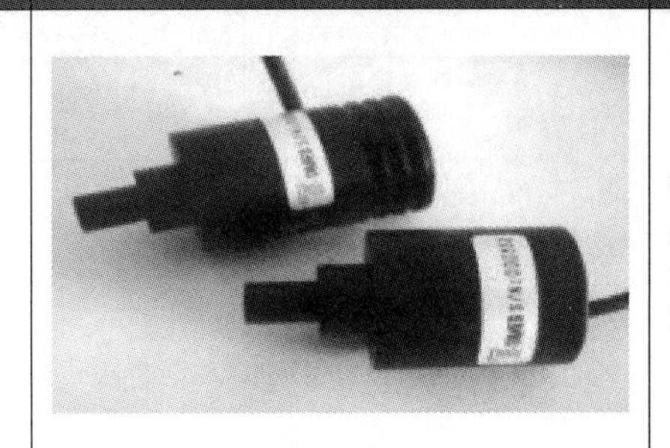	大功率LED,体积小,发光强度高,光纤卤素灯的替代品,尤其适合作为镜头的同轴光源,具有高效散热装置,大大提高光源的使用寿命	配合远心镜头使用 用于芯片检测、Mark点定位、晶片及液晶玻璃基板校正

1.1.3 机器视觉系统的其他组成部分

(1) 传感器

传感器通常以光纤开关、接近开关等的形式出现，用以判断被测对象的位置和状态，告知图像传感器进行正确的采集。

(2) 图像采集卡

图像采集卡通常以插入卡的形式安装在PC中，图像采集卡的主要工作是把相机输出的图像输送给电脑主机。它将来自相机的模拟或数字信号转换成一定格式的图像数据流，同时它可以控制相机的一些参数，比如触发信号、曝光/积分时间、快门速度等。图像采集卡通常有不同的硬件结构以针对不同类型的相机，同时也有不同的总线形式，比如PCI、PCI64、Compact PCI、PC104、ISA等。

(3) PC平台

电脑是一个PC式视觉系统的核心，在这里完成图像数据的处理和绝大部分的控制逻辑，对于检测类型的应用，通常都需要较高频率的CPU，这样可以减少处理的时间。同时，为了减少工业现场电磁、振动、灰尘、温度等的干扰，必须选择工业级的电脑。

(4) 视觉处理软件

机器视觉软件用来完成输入的图像数据的处理，然后通过一定的运算得出结果，这个输出的结果可能是PASS/FAIL信号、坐标位置、字符串等。常见的机器视觉软件以C/C++图像库、ActiveX控件、图形式编程环境等形式出现，可以是专用功能的（比如仅仅用于LCD检测、BGA检测、模板对准等），也可以是通用目的的（包括定位、测量、条码/字符识别、斑点检测等）。

(5) 控制单元

控制单元包含I/O、运动控制、电平转化单元等，一旦视觉软件完成图像分析（除非仅用于监控），紧接着需要和外部单元进行通信以完成对生产过程的控制。简单的控制可以直接利用部分图像采集卡自带的I/O，相对复杂的逻辑/运动控制则必须依靠附加可编程逻辑控制单元/运动控制卡来实现必要的动作。

1.1.4 硬件连接

(1) 连接原理

图1-5为某工业机器人视觉电路连接图，图1-6为信号连接图。

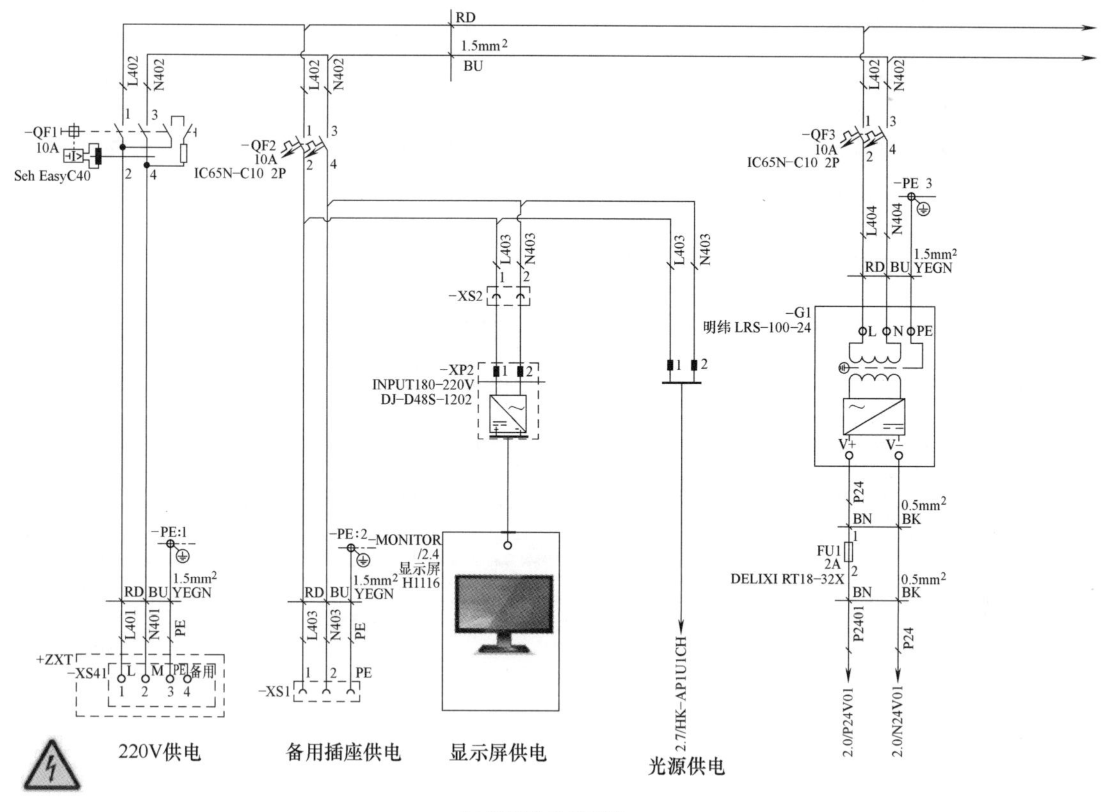

(a) 视觉供电(220V)

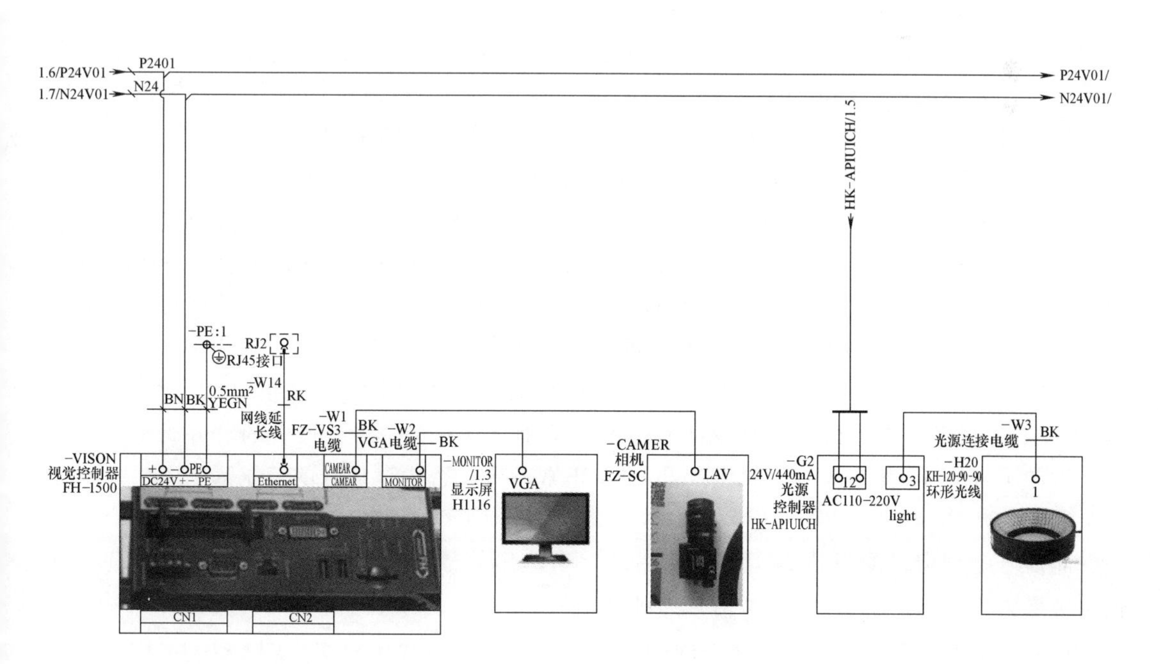

(b) 视觉控制(相机控制器/光源控制器)

图 1-5 某工业机器人视觉电路连接图

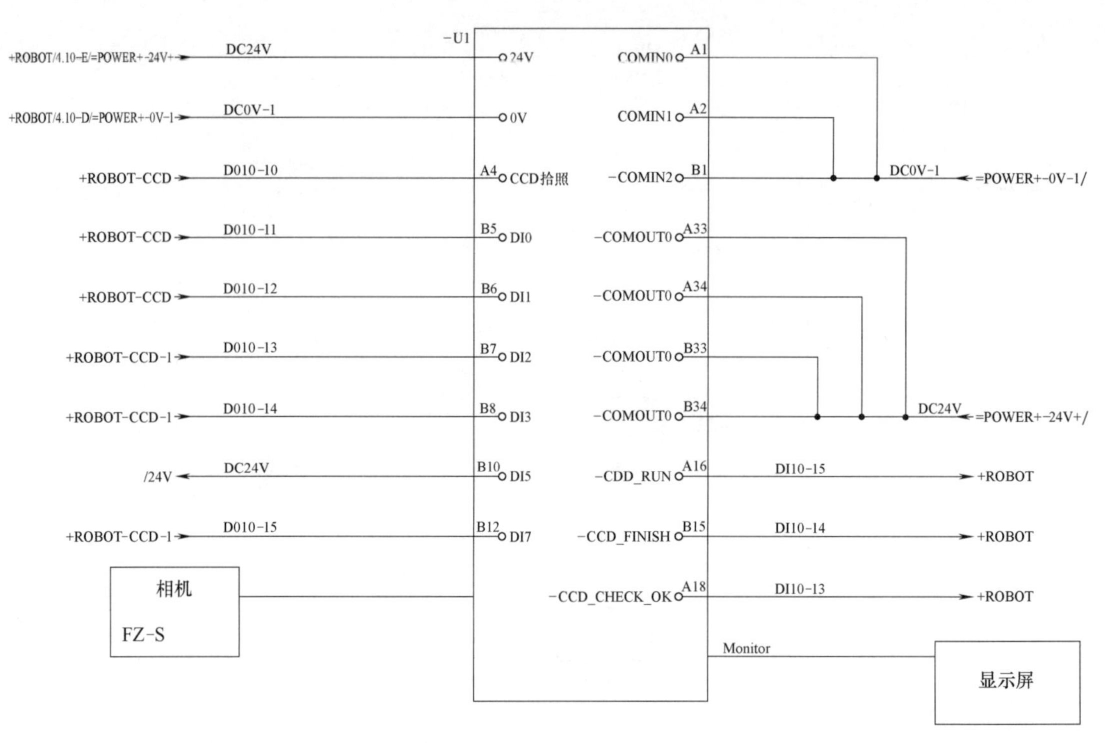

图 1-6　视觉信号连接图

（2）信号说明

① CCD-RUN（对应机器人程序中数字输入信号 CCD_Running）。

相机在静态运行模式下为 1，在动态运行模式下为 0，相机在动态下是不可以进行正常拍照检测工作的。因此正确的使用方法为编辑流程时将“图像模式”调整为动态，当需要运行程序时，要手动将“图像模式”调整为静态。即当 CCD_Running 为 1 的状态下，CCD_Finish 信号和 CCD_OK 信号才可以正常工作，否则全部判断结果均为 NG。

② CCD-Finish（对应机器人程序中的数字输入信号 CCD_Finish）。

CCD _ Finish 为 CCD 中的 GATE 信号，信号为检测流程后综合判定的输出信号，提前于拍照结果 OR 信号（CCD_OK）发出。在实际运用中，如果 CCD_Finish 为 0 的话，那么就意味着场景的综合判定不正常，那么输出的拍照结果信号（CCD_OK）的值便不能作为检测依据使用。只有当 CCD_Finish 为 1 的时候，才表明综合判定正常，输出的拍照结果信号（CCD_OK）才是可用的。所以程序内必须确认等待当 CCD_Finish 为 1 时，才能对 CCD_OK 的判定结果做处理。需要注意的是，只有当 CCD 检测流程中的“并行数据”输出，添加了 TJG 的表达式，CCD_Finish 才会正常输出，否则该信号的值永远为 0。

③ CCD-OK（对应机器人程序中的数字输入信号 CCD_OK）。

此信号是判定检测产品 NG 和 OK 后的一个输出信号，当产品检测 OK 时，CCD_OK 输出结果为 1，NG 时为 0。但该信号为脉冲信号，只有拍照执行信号（对应机器人输出信号 allowphoto）触发，判定 OK 后会输出一个 1000ms 的高电平，及 CCD_OK 值为 1 。

综上所述，3 个信号都是常用的 CCD 输出信号，程序逻辑顺序为：场景调用→场景确认→等待 CCD_Running 为 1→拍照→等待 CCD_Finish 为 1→CCD_OK 结果输出→IF 指令对 CCD_OK 的结果进行处理。

（3）安装视觉模块

安装视觉模块包括如图 1-7 所示的内容，其步骤如下。

① 将视觉模块安装到如图 1-8 所示位置。

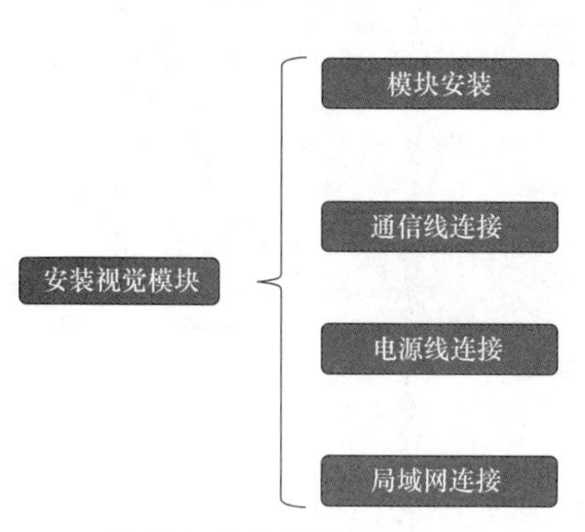

图 1-7　安装视觉模块内容

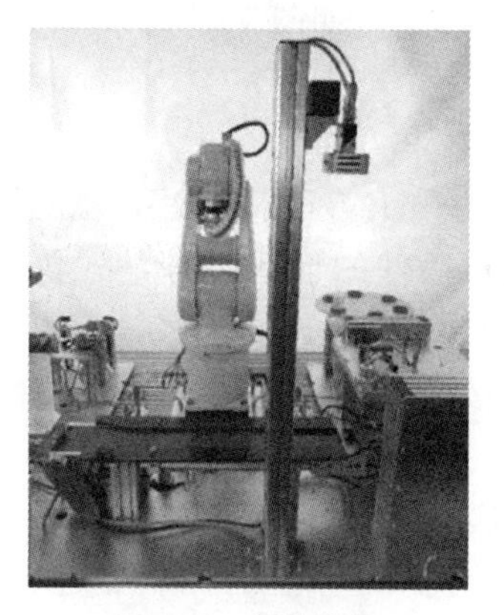

图 1-8　安装位置

② 安装视觉模块的通信线，一端连接到通用电气接口板上 LAN2 接口位置，另一端连接到相机通信口，如图 1-9 所示。

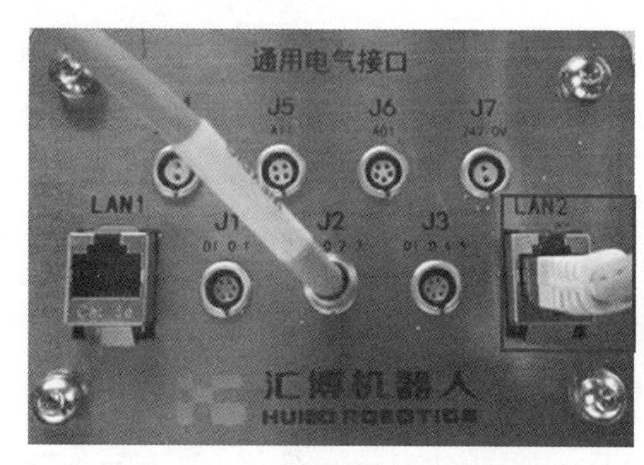

图 1-9　视觉模块通信线的安装

③ 安装视觉模块的电源线，一端连接到通用电气接口板上 J7 接口位置，另一端连接到相机电源口，如图 1-10 所示。

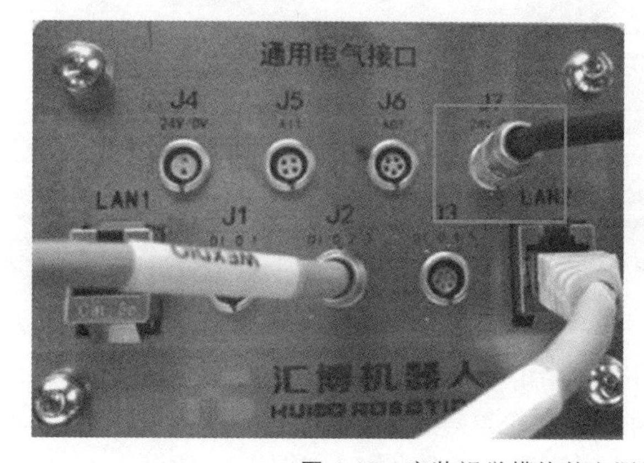

图 1-10　安装视觉模块的电源线

④ 安装局域网网线，将电脑和相机连接到同一局域网。网线一端接到电脑的网口，网线另一端接到通用电气接口板上的 LAN1 网口，如图 1-11 所示。

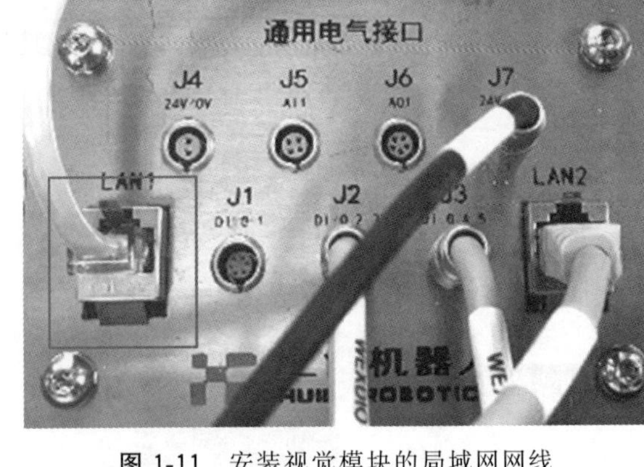

图 1-11　安装视觉模块的局域网网线

1.1.5　软件安装

Integrated Vision 配置环境是以 RobotStudio 插件的形式设计的，包含在标准安装中。

① 安装 RobotStudio。选择完全安装。

② 启动 RobotStudio。

③ 转到菜单条上的控制器选项卡并启动 Integrated Vision 插件。在插件加载完成后，会显示一个新的选项卡图像（Vision）。

1.1.6　视觉系统的调试

（1）调整视觉参数

视觉参数的调试是为了得到高清画质的图形，获取更加准确的图形数据，相机参数调试的主要任务包括：图像亮度、曝光、光源强度、焦距等参数。这些参数的调试需要在视觉编程软件中进行，具体调试步骤如图 1-12 所示。

1）测试相机网络

① 手动将电脑的 IP 地址设为 192.168.101.88，子网掩码为 255.255.255.0，单击确定完成 IP 设置，如图 1-13 所示。

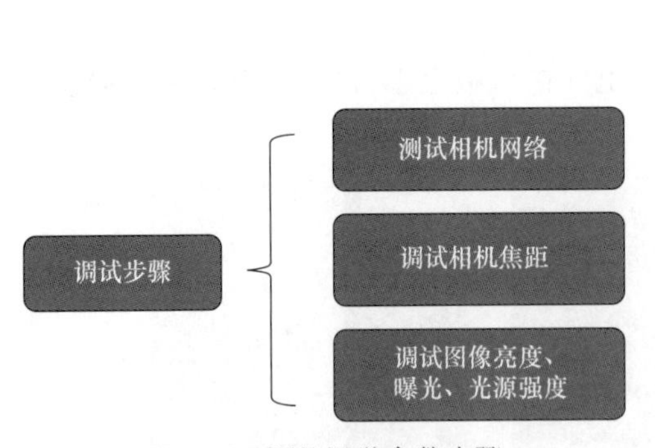

图 1-12　调整视觉参数步骤

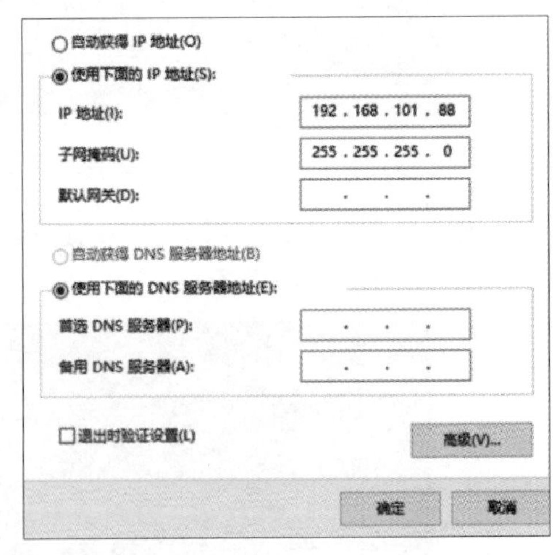

图 1-13　设置电脑 IP 地址

② 打开 In-Sight 软件，点击菜单栏中系统下的“将传感器添加到设备”，输入相机的 IP 地址 192.168.101.50，点击“应用”，如图 1-14 所示。

③ 在“开始—运行”中打开命令提示符窗口，输入 ping 192.168.101.50，测试电脑与相机之间的通信。若能收发数据包，说明网络正常通信，如图 1-15 所示。

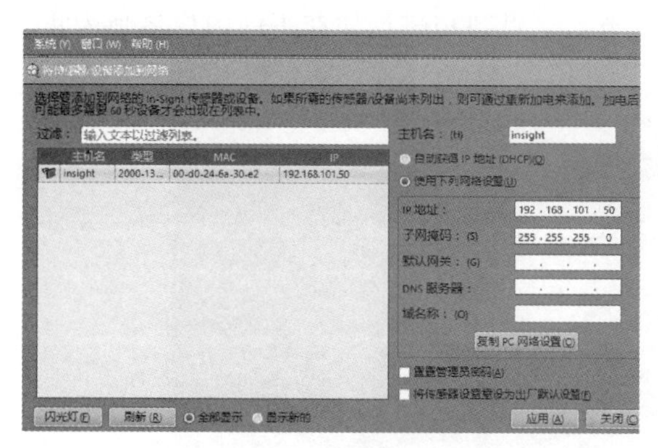

图 1-14　设置相机 IP 地址

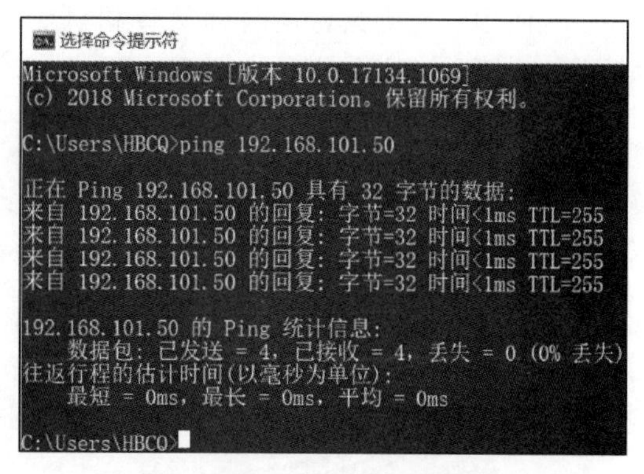

图 1-15　测试电脑与相机之间的通信

2）调试相机焦距

① 打开视觉编程软件 In-Sight Explorer，如图 1-16 所示。

② 双击“In-Sight 网络”下的“insight”，自动加载相机中已保存的工程，如图 1-17 所示。

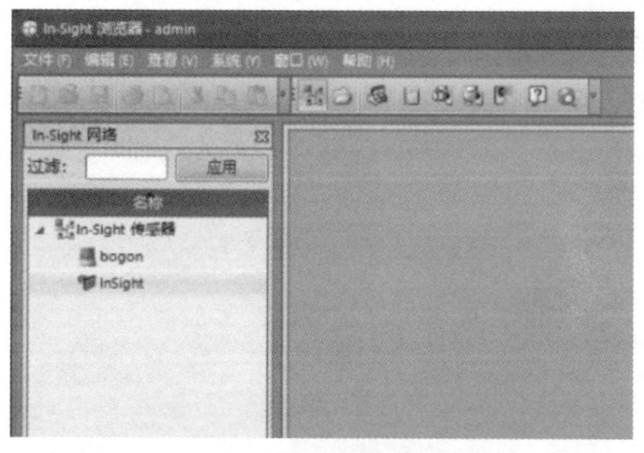

图 1-16　打开视觉编程软件

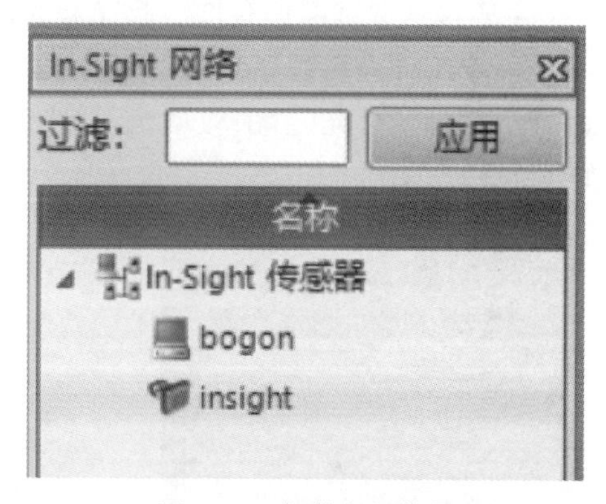

图 1-17　加载相机数据

③ 相机模式设为实况视频模式，即相机进行连续拍照，如图 1-18 所示。

图 1-18　设置相机模式

④ 相机实况视频拍照如图 1-19 所示，当前焦点为 4.12。

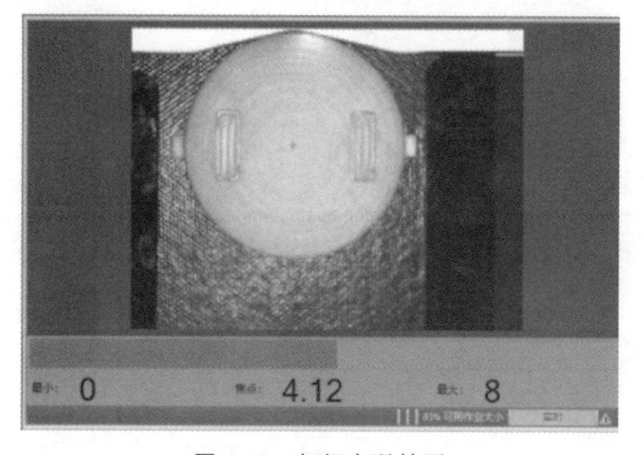

图 1-19　相机实况拍照

⑤ 使用一字旋具，逆时针旋转相机焦距调节器，直到相机拍照获得的图像清晰为止，如图 1-20 所示，当前焦点为 4.15。

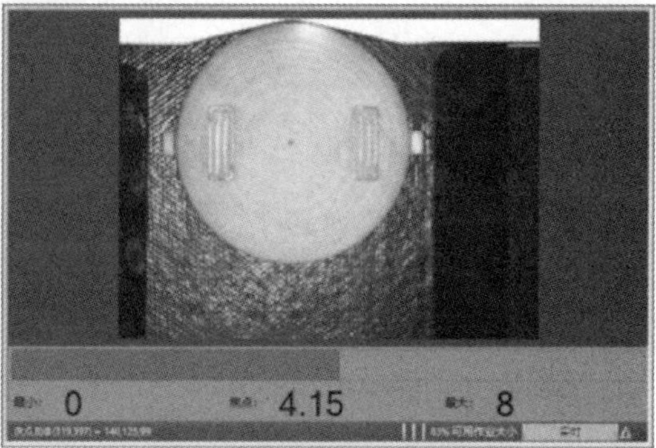

图 1-20　调焦距

3）图像高度

主要包括调试图像亮度、曝光和光源强度等。

① 单击“应用程序步骤”下的“设置图像”，如图 1-21 所示。

② 选择“灯光”“手动曝光”，然后调试“目标图像亮度”“曝光”“光源强度”参数，如图 1-22 所示。

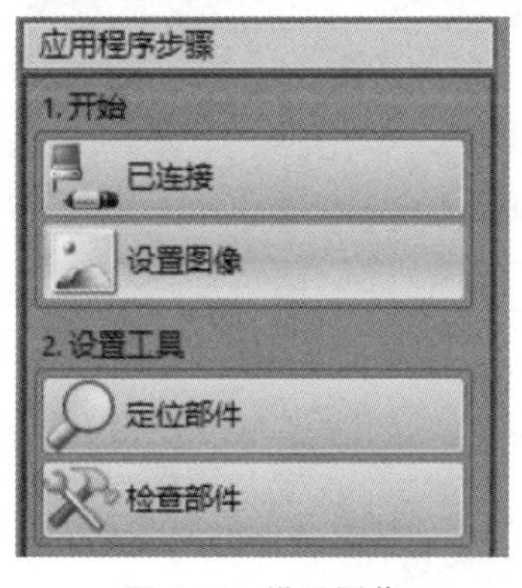

图 1-21　设置图像

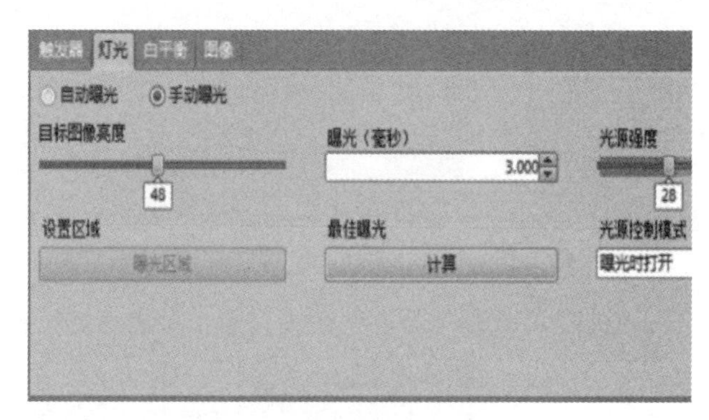

图 1-22　调节参数

③ 重复步骤②，直到图像颜色和形状的清晰度满足要求为止，如图 1-23 所示。

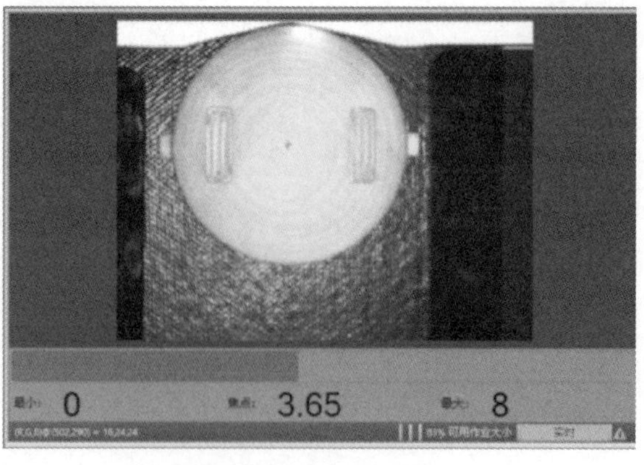

图 1-23　调节清晰度

（2）测试视觉数据

下载 sscom 串口调试助手软件，测试相机通信数据，操作步骤如下。

① 视觉编程软件中，单击“联机”按钮，切换到联机模式，如图 1-24 所示。

图 1-24　切换到联机模式

② 打开通信调试助手，选择“TCPClient”模式。相机进行 TCP_IP 通信时，相机为服务器，工业机器人或其他设备为客户端。打开通信调试助手，输入相机的 IP 地址 192.168.101.50，端口号 3010，建立通信连接，如图 1-25 所示。

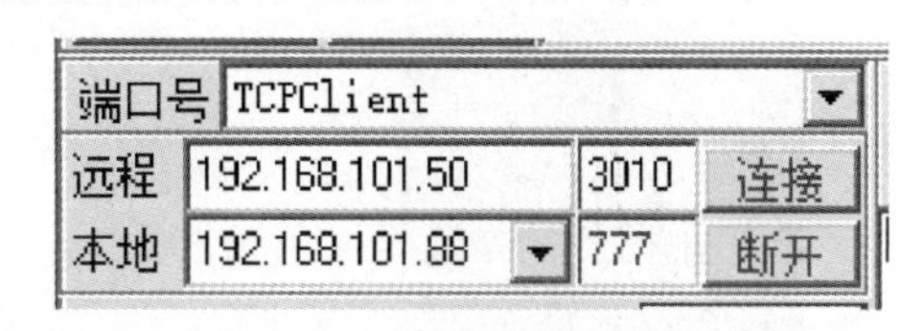


```
Welcome to In-Sight(tm)  2000-139C Session 0
User:
```

图 1-25　建立通信连接

③ 发送指令“admin”到相机。调试助手收到相机返回的数据“Password”，如图 1-26 所示。

```
Welcome to In-Sight(tm)  2000-139C Session 0
User: Password:
```

图 1-26　收到相机返回的数据“Password”

④ 发送指令“ ”到相机，调试助手收到相机返回的数据“User Logged In”，如图 1-27 所示。

```
Welcome to In-Sight(tm)  2000-139C Session 0
User: Password: User Logged In
```

图 1-27　收到相机返回的数据“User Logged In”

⑤ 发送指令“se8”到相机，控制相机执行一次拍照，调试助手收到相机返回的数据“1”，代表指令发送成功。

⑥ 发送 GVFlange. Fixture. X 到相机，调试助手收到相机返回的数据“1”“156.105”。“1”代表指令发送成功，“156.105”代表工件在 X 方向的位置，如图 1-28 所示。

```
Welcome to In-Sight(tm)  2000-139C Session 0
User: Password: User Logged In
1
1
156.105
```

图 1-28　收到相机返回的数据“1”“156.105”

1.1.7　软件的操作

（1）工件颜色的识别

1）新建一个场景

单击“场景切换”，在对话框中选择一个场景，然后“确定”，如图 1-29 所示，即可新建一个场景。

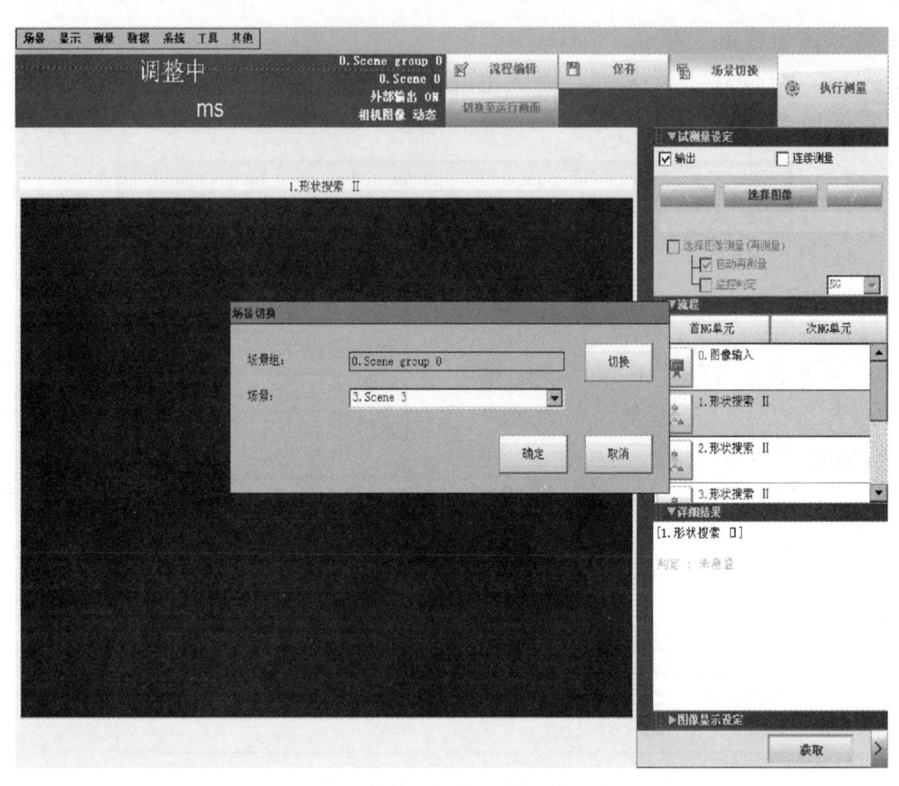

图 1-29 新建一个场景

2）流程编辑

在主界面单击“流程编辑”（如图 1-30 所示），进入流程编辑界面，如图 1-31 所示。

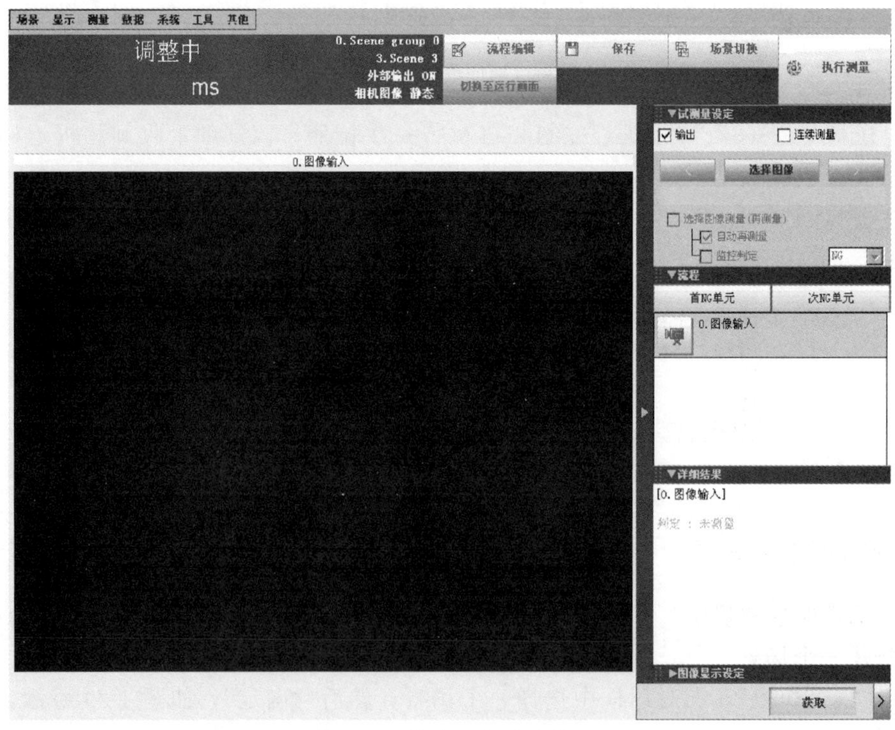

图 1-30 单击“流程编辑”

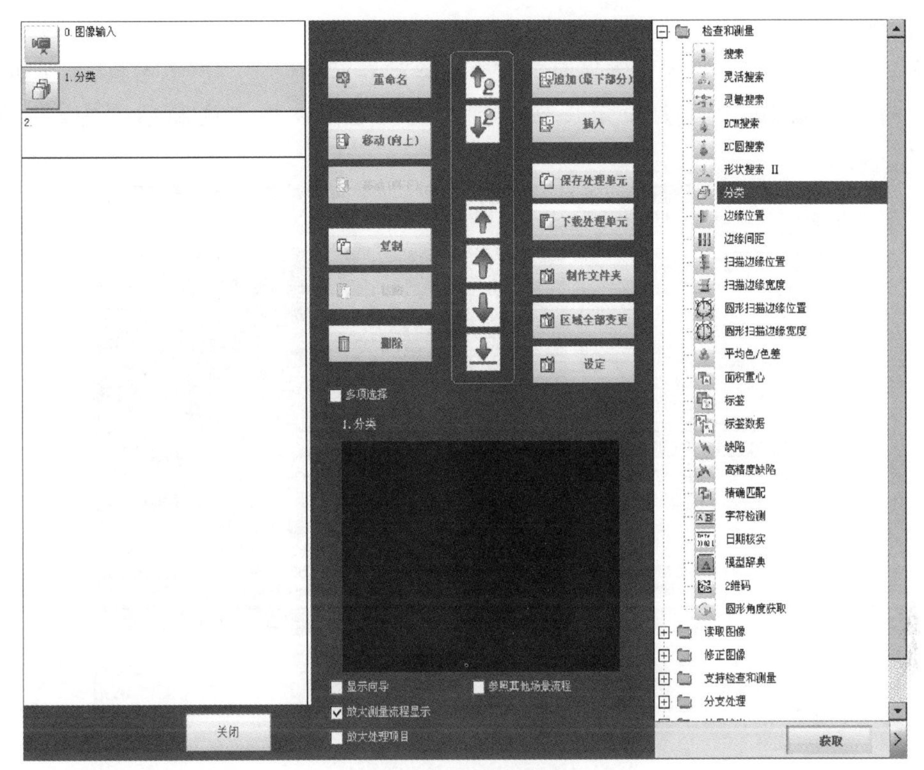

图 1-31　流程编辑

3）输入图像

单击“图像输入”，进入“图像输入”界面，设置参数，如图 1-32 所示，镜头对准工件后，单击“确定”按钮，则图像获取完毕。

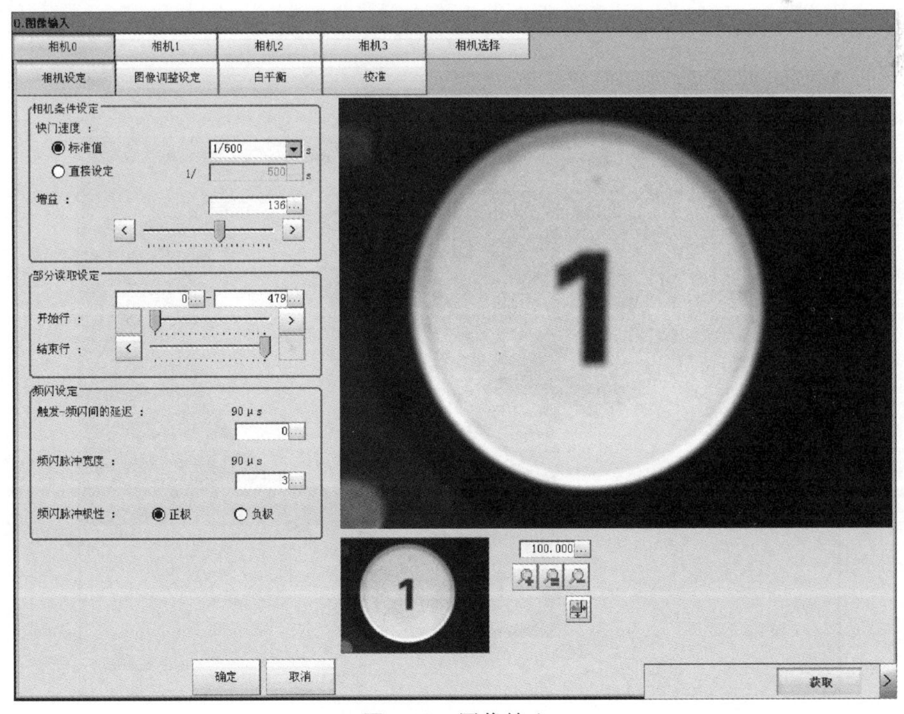

图 1-32　图像输入

4）模型登录

单击“分类”图标，进入设置界面，在“分类”界面先设置“模型参数”，在初始状态下设定，选择“旋转”，还要设定旋转范围、跳跃角度、稳定度和精度等，具体设置见图 1-33。

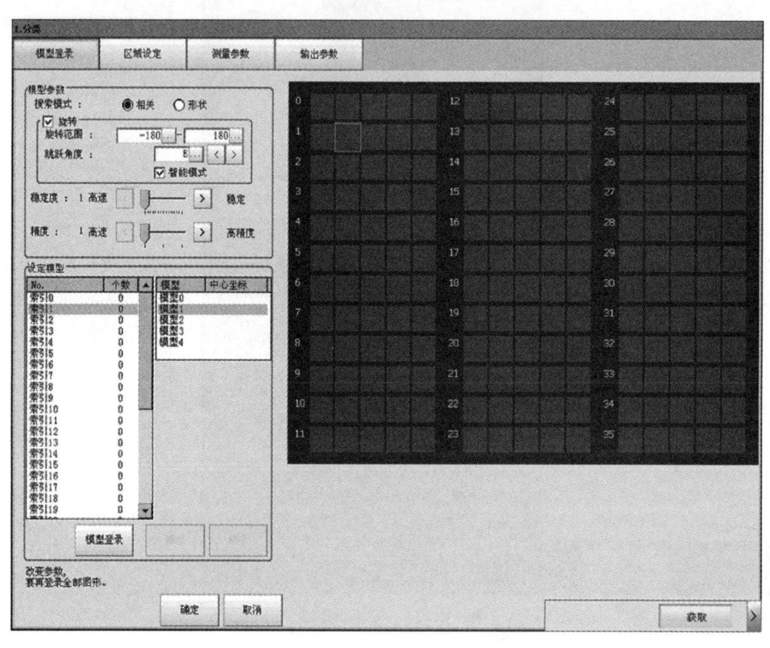

图 1-33　模型登录参数设置

在“分类”界面右边为分类坐标分布，分类坐标共有 36 行（标有数字部分为索引号），编号分别为 0～35，每行共有 5 列（未标数字部分为模型编号），编号分别为 0～4。任意单击一个坐标位置，然后单击“模型登录”按钮，进入“模型登录”界面，如图 1-34 所示。

图 1-34　模型登录

单击左边的图形图标，在右边显示界面会出现一个圆圈，移动圆圈把数字圈在中间，设置测量区域，单击“确定”按钮可以回到分类界面。这样就录好了一个黄色的 1 号工件，如图 1-35 所示。通过这样的方法，我们将印有黄、红、蓝、黑四种颜色的工件依次录入，如图 1-36 所示。全部录入完成后回到模型登录界面，点击“测量参数”，进入测量参数界面（图 1-37），把相似度改成 95 到 100 之间。最后点击“确定”回到主界面。

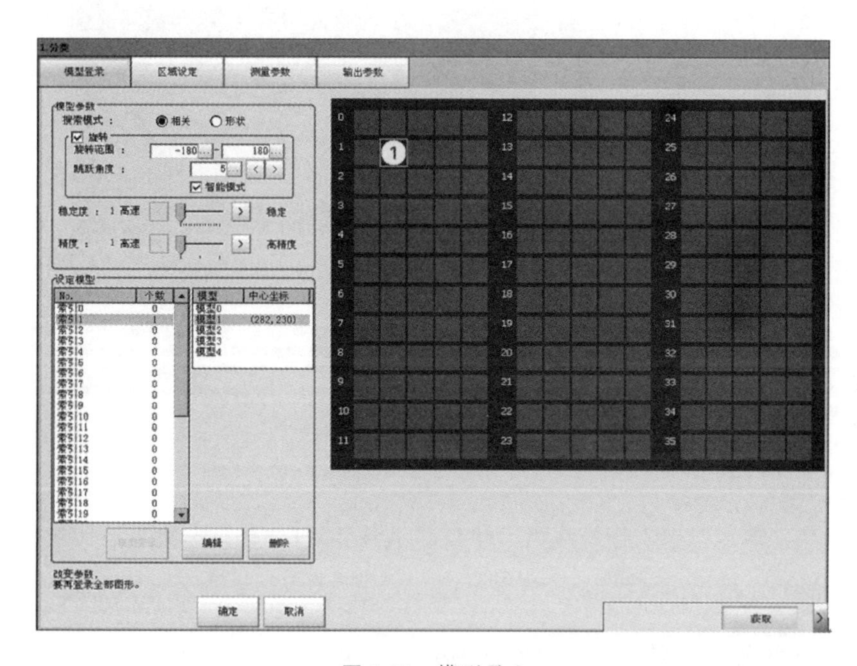

图 1-35　模型录入

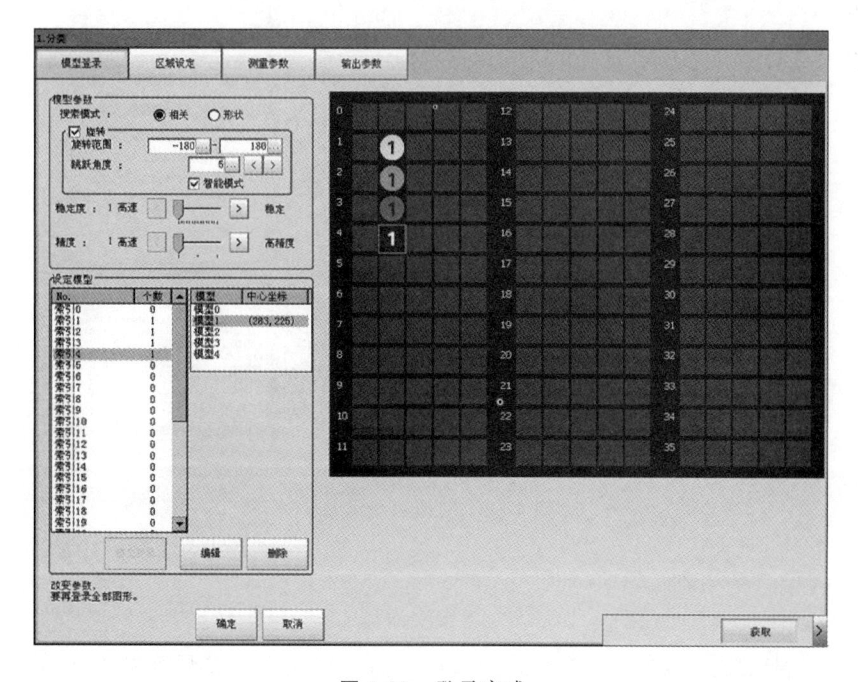

图 1-36　登录完成

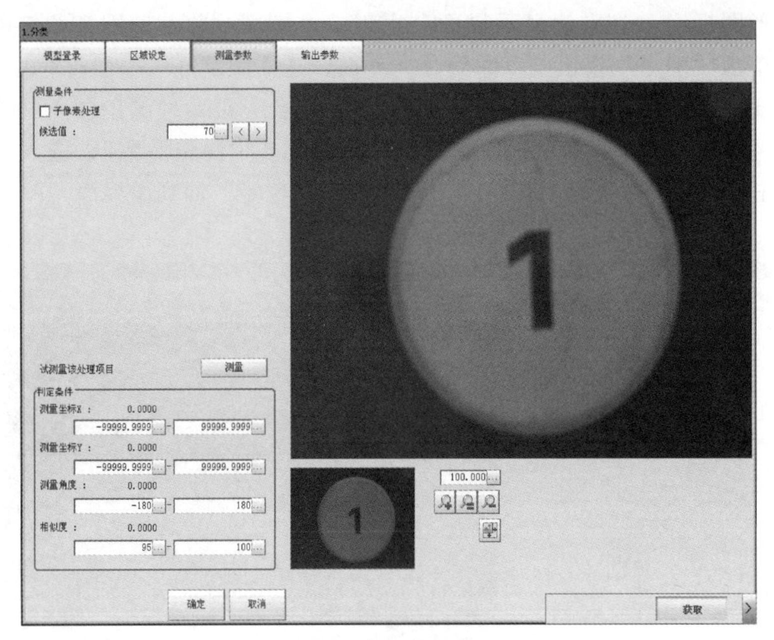

图 1-37　测量参数界面

5）图像测量

回到主界面，镜头对准工件，点击“执行测量”，此时会在右下角对话框显示测量信息。如图 1-38 所示。

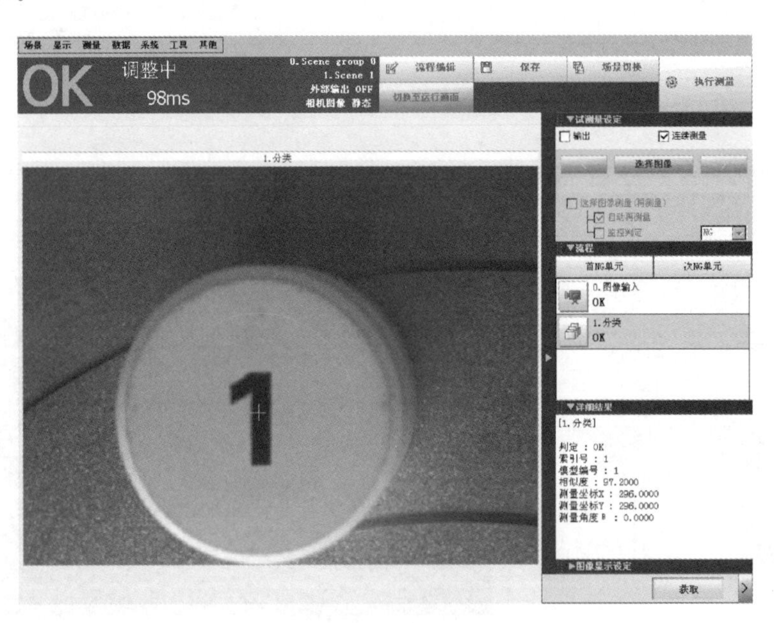

图 1-38　图像测量结果

（2）工件编号的识别

1）流程编辑

在主界面点击“流程编辑”，进入流程编辑界面。在流程编辑界面的右侧从处理项目树中选择要添加的处理项目。选中要处理的项目后，点击“追加（最下部分）”，添加“分类”，将处理项目添加到单元列表中。

2）工件编号分类

单击“分类”图标，进入设置界面，将工件录入相应位置，比如将编号 2 录入“索引 1、模型 2”的位置，单击坐标位置，单击“模型登录”按钮（图 1-39），进入“模型登录”设置界面。依次登录其他数字，如图 1-40 所示。

图 1-39　模型登录

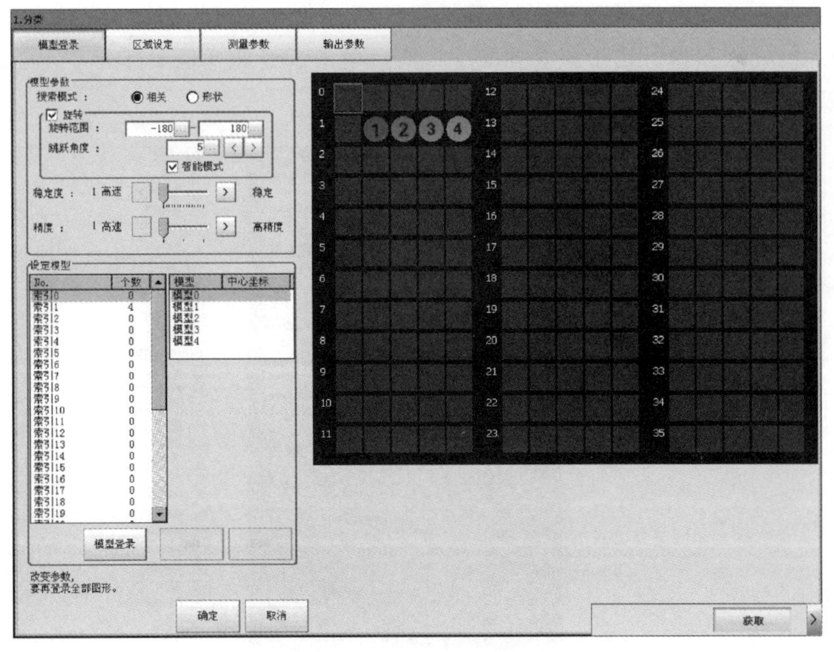

图 1-40　登录完成

3）图像测量

全部录入完成后回到模型登录界面，点击“测量参数”，进入测量参数界面，把相似度改成 90 到 100 之间。最后点击“确定”回到主界面。回到主界面，镜头对准工件，点击“执行测量”，此时会在右下角对话框显示测量信息，如图 1-41 所示。

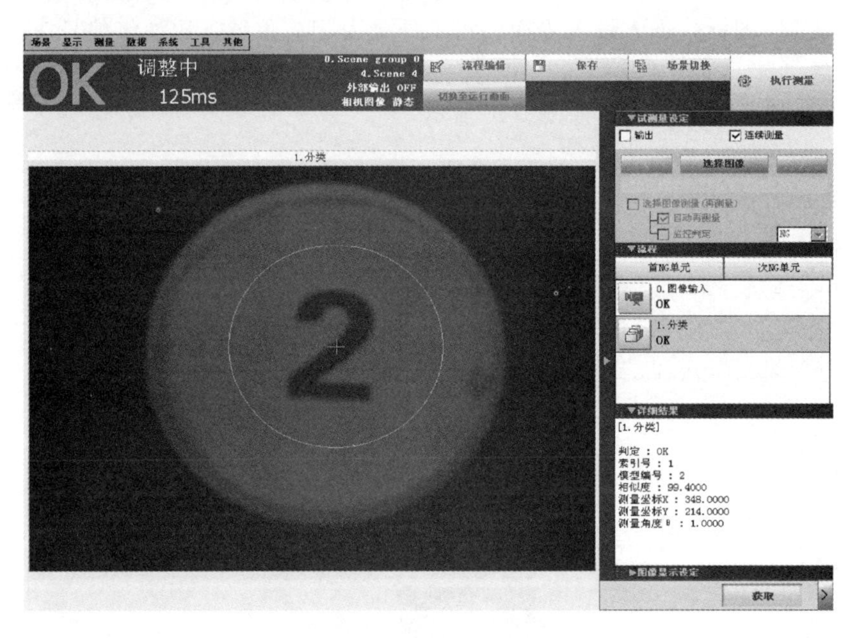

图 1-41　图像测量

（3）工件的角度识别

1）追加界面

在主界面点击“流程编辑”，进入流程编辑界面。在流程编辑界面的右侧从处理项目树中选择要添加的处理项目。选中要处理的项目后，单击“追加（最下部分）”。添加“形状搜索Ⅱ”，将处理项目添加到单元列表中，如图 1-42 所示。

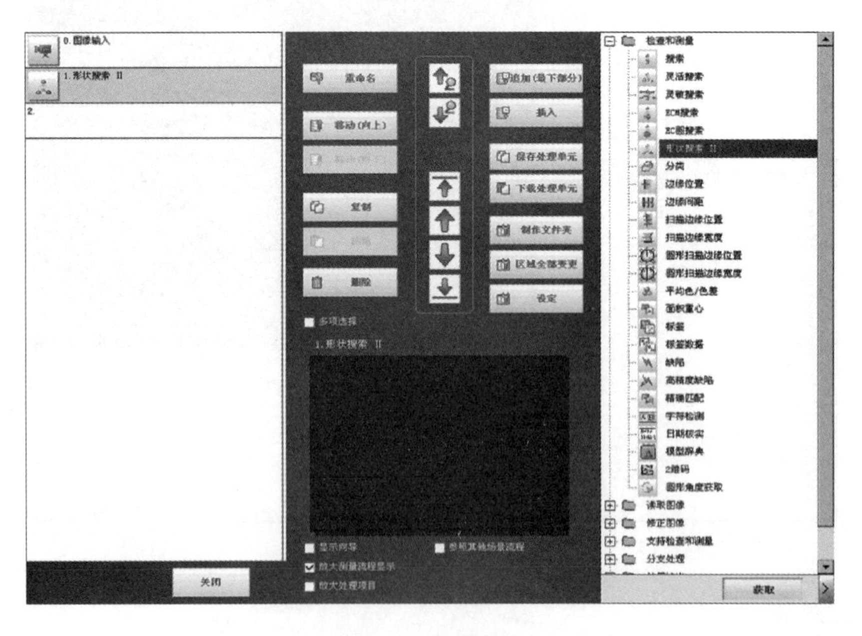

图 1-42　追加界面

2）输入图像

点击“图像输入”，进入“图像输入”界面，镜头对准工件后，点击“确定”，则图像获取完毕，如图 1-43 所示。

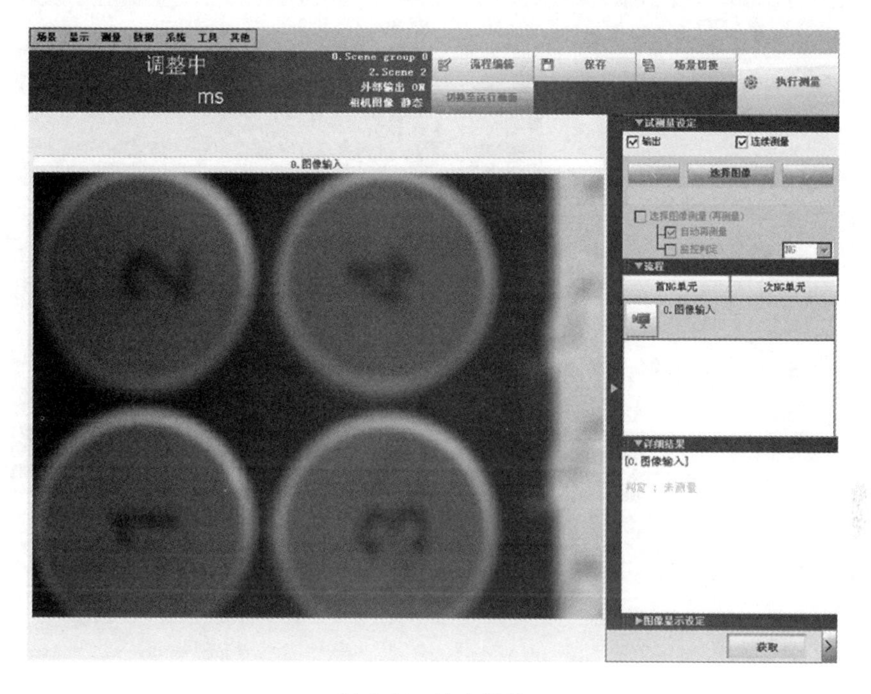

图 1-43 输入图像

3）模型登录

点击“1. 形状搜索Ⅱ”，进行模型登录，点击左边图形图标，在右边显示界面会出现一个圆圈，移动圆圈把数字圈在中间，设置测量区域（图 1-44），然后选中“保存模型登

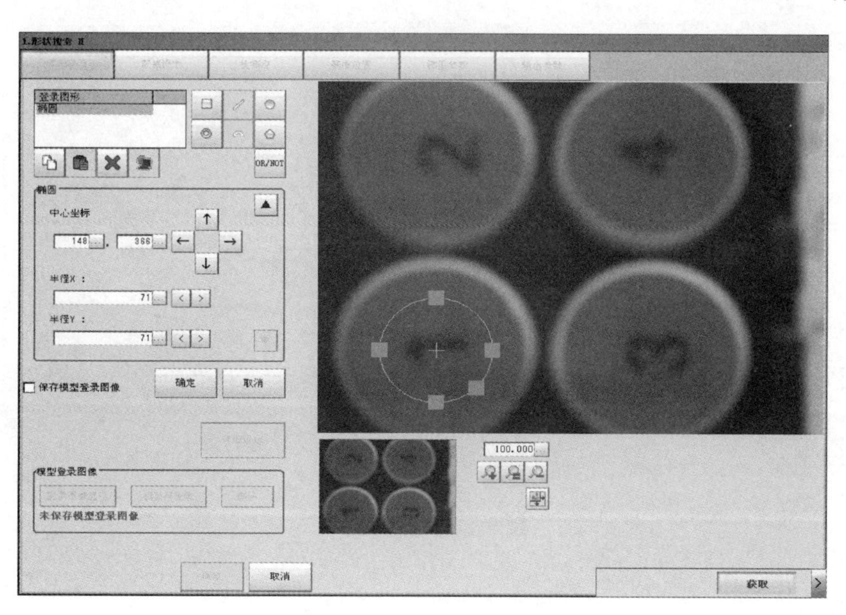

图 1-44 1 号工件模型登录

录图像”，点击“确定”即1号工件模型登录成功，如图1-45所示。之后将其他的工件依次全部登录。

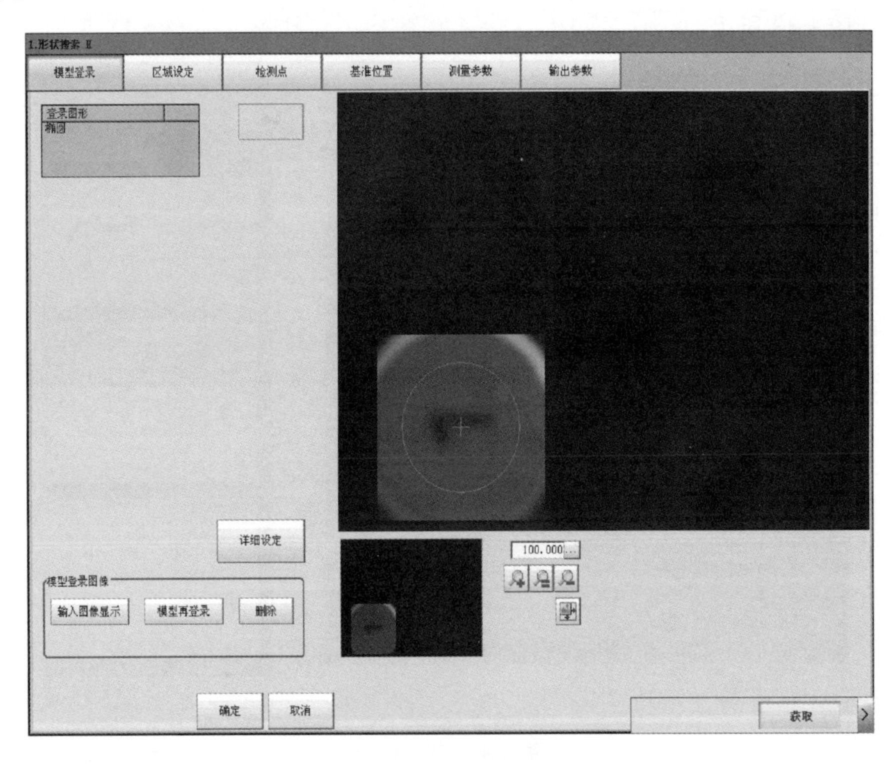

图 1-45　1号工件模型登录成功

4）进行测量参数的设置（图1-46）

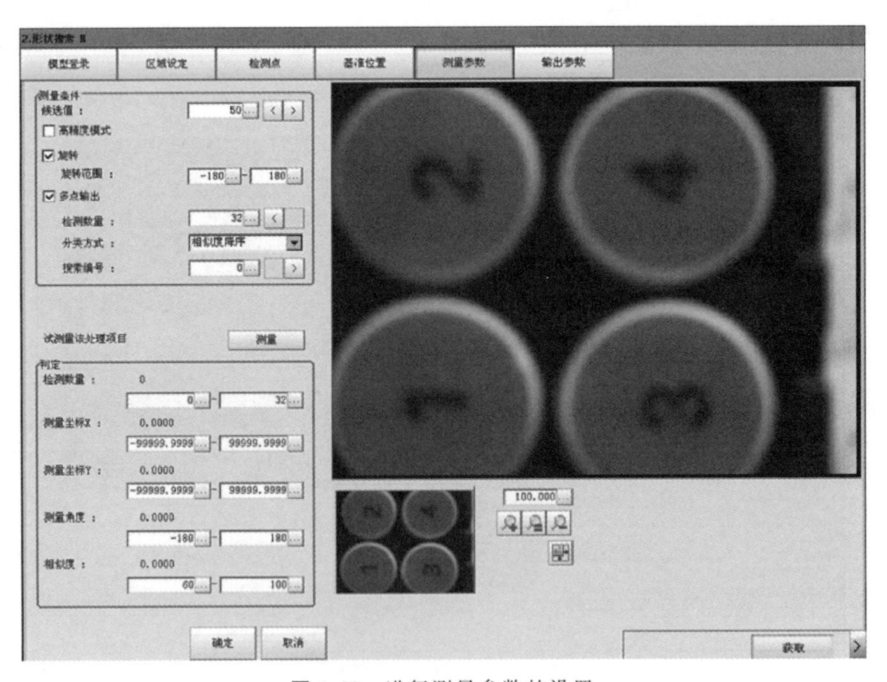

图 1-46　进行测量参数的设置

5）追加“串行数据输出”

如图 1-47 所示，追加“串行数据输出”，然后输入表达式（图 1-48），接下来进行输出格式设定，如图 1-49 所示。

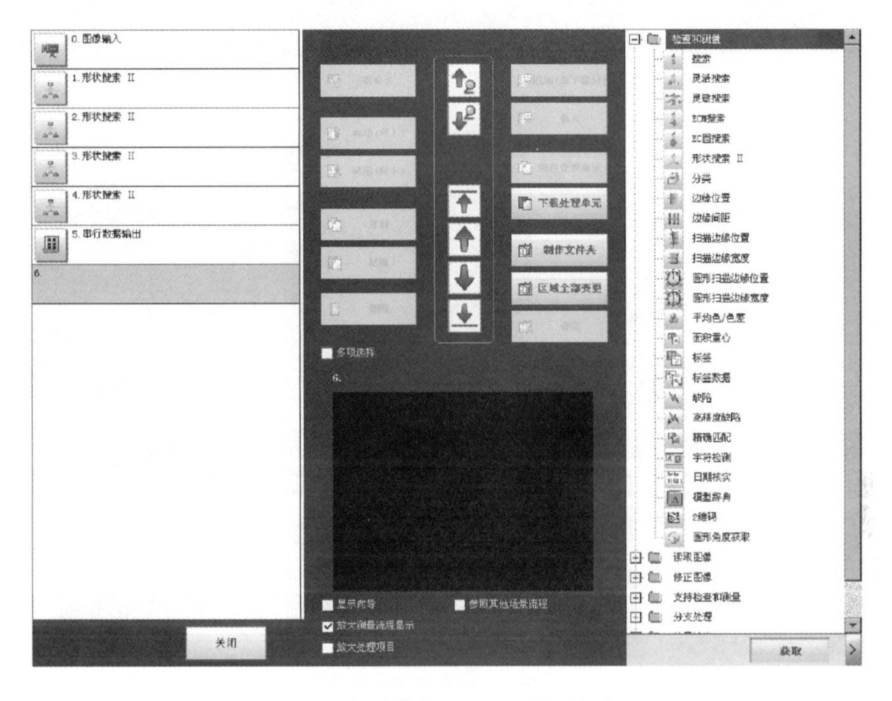

图 1-47　追加“串行数据输出”

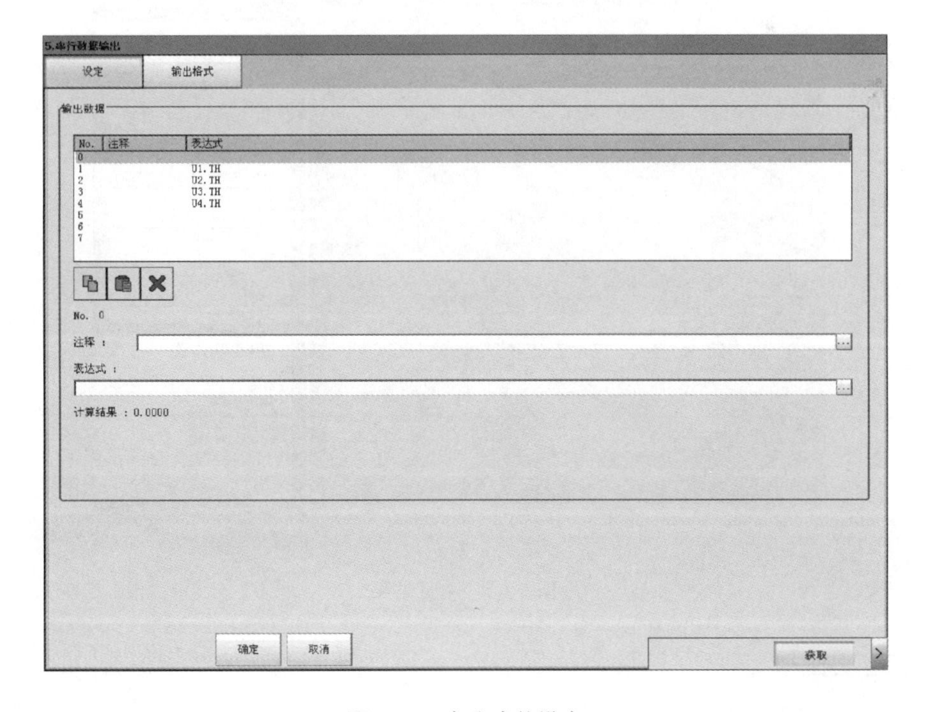

图 1-48　表达式的设定

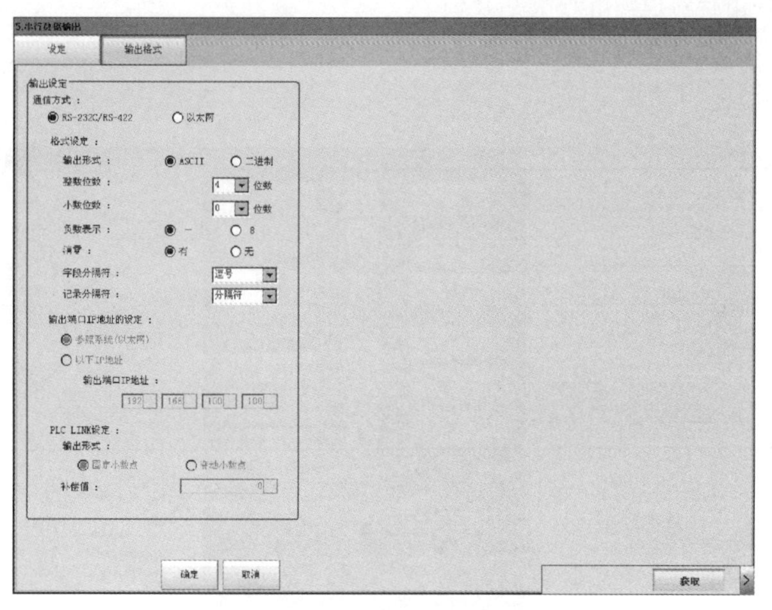

图 1-49　输出格式的设定

6）图像测量

回到主界面，镜头对准工件，点击“执行测量”，此时会在右下角对话框显示测量信息，如图 1-50 所示。

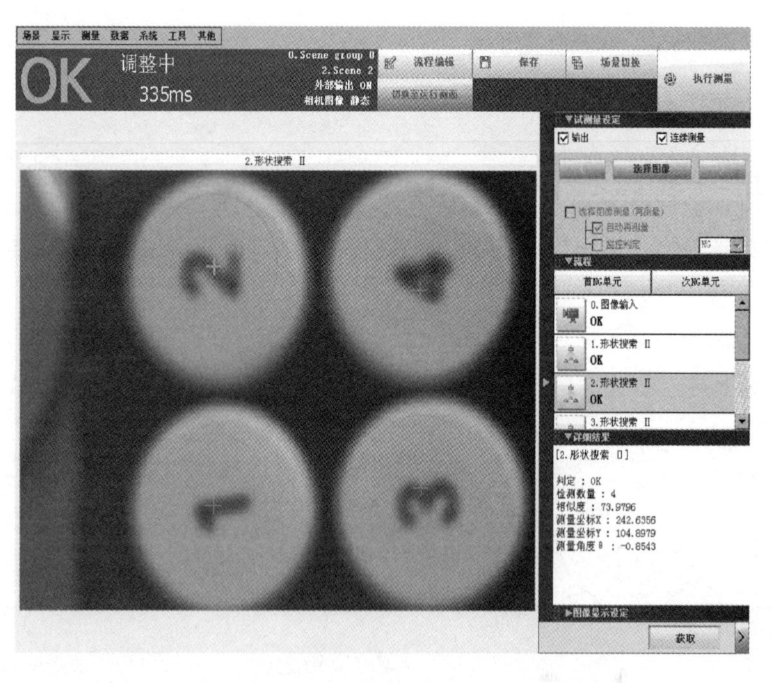

图 1-50　测量结果

7）保存文件

选择数据→保存文件，在弹出的对话框中设置保存的位置，“确定”即可，如图 1-51 所示。

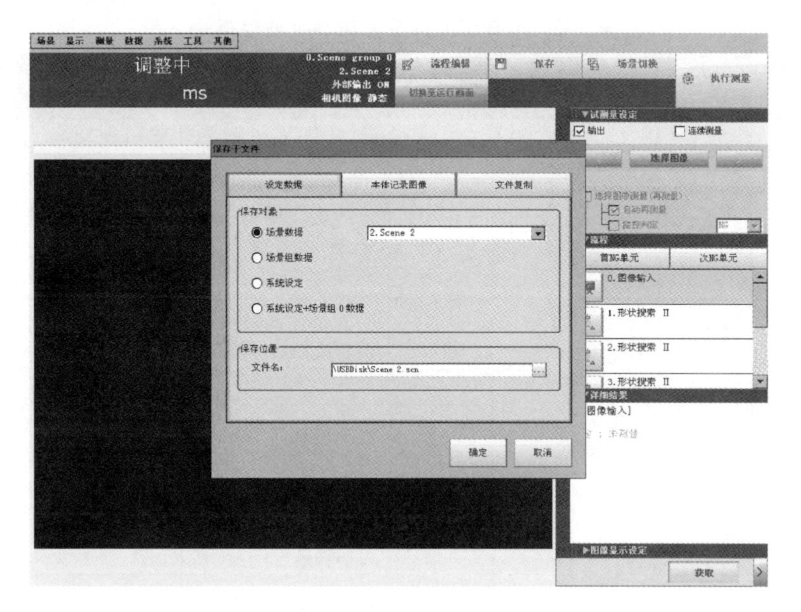

图 1-51 保存文件

1.1.8 工业机器人与相机通信

ABB 工业机器人提供了丰富的 I/O 接口，如 ABB 标准通信，不仅可以与 PLC 的现场总线通信，还可以与机器视觉系统和 PC 进行通信，轻松实现与周边设备的通信。本节主要介绍 Socket 通信指令，实现 ABB 工业机器人与康耐视相机的数据通信。

（1） Socket 通信相关指令

ABB 工业机器人在进行 Socket 通信编程时，其指令见表 1-3，如图 1-52 所示为 Socket 指令在示教器中的调用画面。

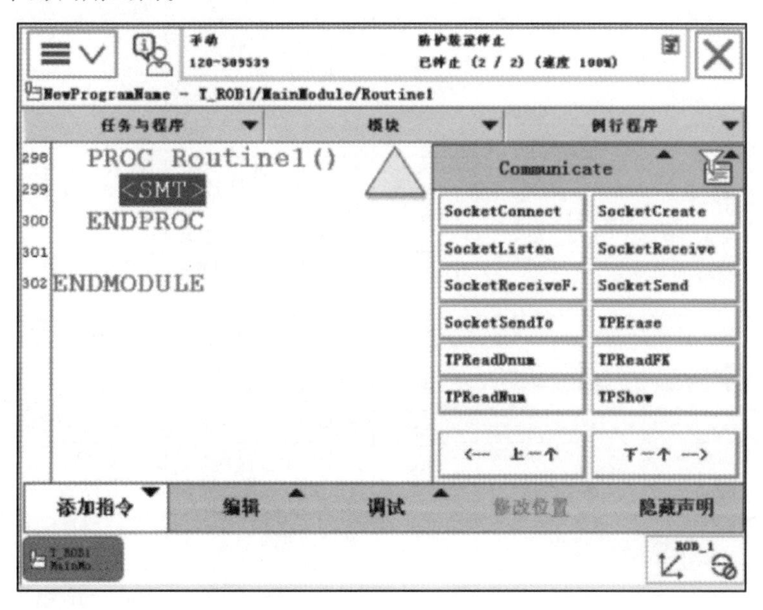

图 1-52 Socket 指令在示教器中调用画面

表 1-3　ABB 工业机器人 Socket 通信指令

指令	说明		参数	说明	示例	
	书写格式	功能				
SocketClose	SocketClose Socket	关闭套接字	Socket	有待关闭的套接字	SocketClose Socket1	关闭套接字
SocketCreate	SocketCreate Socket	创建 Socket 套接字	Socket	用于存储系统内部套接字数据的变量	SocketCreate Socket1	SocketCreate Socket1；创建套接字 Socket1
Socket Connect	SocketConnect Socket，Address，Port	建立 Socket 连接	Socket	有待连接的服务器套接字，必须创建尚未连接的套接字	SocketConnect Socket1，"192.168.0.1"，1025；	尝试与 IP 地址 192.168.0.1 和端口 1025 处的远程计算机相连
			Address	远程计算机的 IP 地址，不能使用远程计算机的名称		
			Port	位于远程计算机上的端口		
SocketGet Status	SocketGet Status(Socket)	获取套接字当前的状态	Socket	用于存储系统内部套接字数据的变量	state：=SocketGet Status (Socket1)；	返回 Socket1 套接字当前状态
			套接字状态：Socket_CREATED、Socket_CONNECTED、Socket_BOUND、Socket_LISTENING、Socket_CLOSED			
SocketSend	SocketSend Socket[\Str]\[\RawData]\[\Data]	发送数据至远程计算机	Socket	在套接字接收数据的客户端应用中，必须已经创建和连接套接字	SocketSend Socket1 \Str：="Hello world"；	将消息"Hello world"发送给远程计算机
			[\Str]\[\RawData]\[\Data]	将数据发送到远程计算机。同一时间只能使用可选参数\Str、\RawData或\Data 中的一个		
Socket Receive	SocketReceive Socket[\Str]\[\RawData]\[\Data]	接收远程计算机数据	Socket	在套接字接收数据的客户端应用中，必须已经创建和连接套接字	SocketReceive Socket1 \Str：=str_data；	从远程计算机接收数据，并将其存储在字符串变量 str_data 中
			[\Str]\[\RawData]\[\Data]	应当存储接收数据的变量。同一时间只能使用可选参数\Str、\RawData或\Data 中的一个		
StrPart	StrPart (Str ChPos Len)	获取指定位置开始长度的字符串	Str	字符串数据	Part：=StrPart ("Robotics"，1，5)；	变量 Part 的值为"Robot"
			ChPos	字符串开始位置		
			Len	截取字符串的长度		
StrToVal	StrToVal (Str Val)	将字符串转化为数值	Str	字符串数据	ok：=StrToVal("3.14"，nval)；	变量 nval 的值为 3.14
			Val	保存转换得到的数值的变量		
StrLen	StrLen(Str)	获取字符串的长度	Str	字符串数据	len：=StrLen ("Robotics")；	变量 len 的值为 8

(2) 相机通信程序流程

工业机器人与相机的通信采用后台任务执行的方式，即：工业机器人和相机的通信及数据交互在后台任务执行，工业机器人的动作及信号输入输出在工业机器人系统任务执行，后台任务和工业机器人系统任务是并行运行的。后台任务中，工业机器人获取相机图像处理后的数据通过任务间的共有变量共享给工业机器人系统任务；工业机器人系统任务中，根据后台任务共享得到的数据，控制工业机器人执行相应的程序。某工业机器人与相机的通信流程如图 1-53 所示。

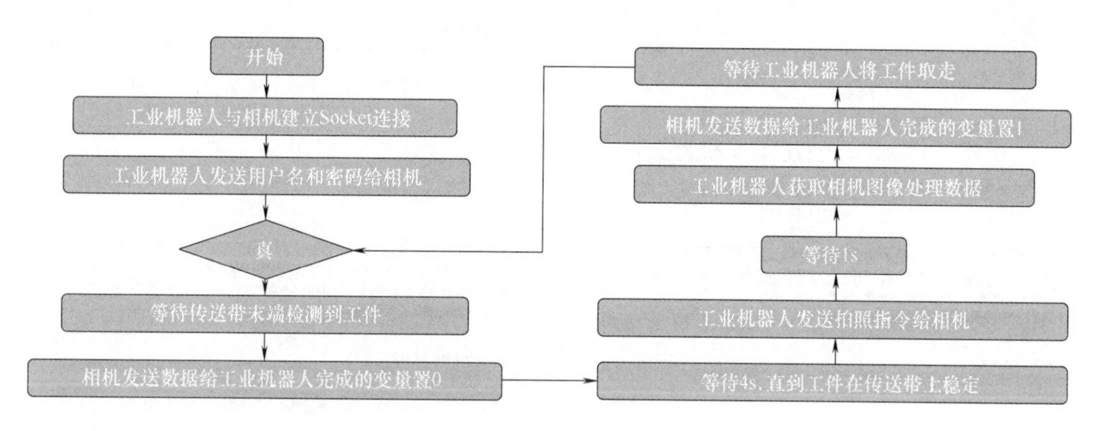

图 1-53 某工业机器人与相机的通信流程

1) 配置相机通信任务

配置相机通信任务具体操作步骤如下。

① 按顺序选择“主菜单”→“系统信息”→“系统属性”→“控制模块”→“选项”。确认系统中是否存在创建多个任务选项“MultiTasking”，如图 1-54 所示。

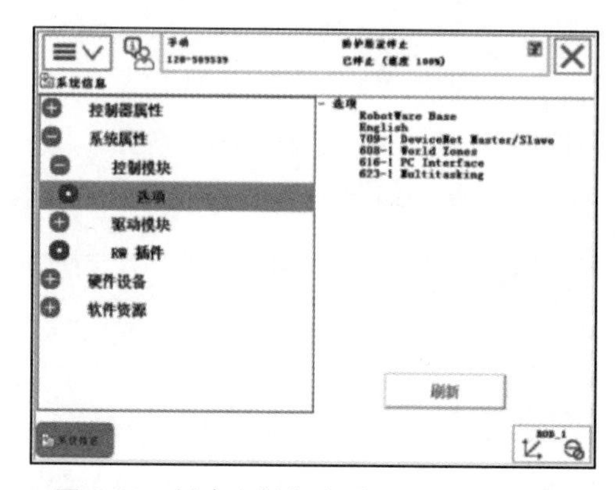

图 1-54 创建多任务选项“MultiTasking”

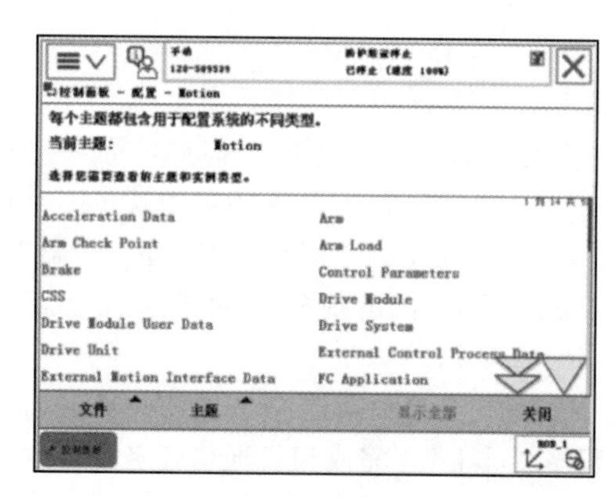

图 1-55 打开配置系统参数界面

② 依次选择“主菜单”→“控制面板”→“配置系统参数”，打开配置系统参数界面，如图 1-55 所示。

③ 单击“主题”，选择“Controller”，双击“Task”，如图 1-56 所示。

④ 进入 Task 任务界面，如图 1-57 所示。T_ROB1 是默认的机器人系统任务，用于执行工业机器人运动程序。

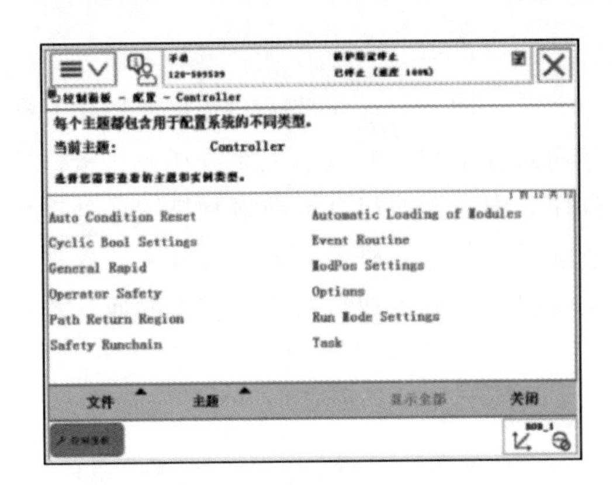

图 1-56　选择“Controller”

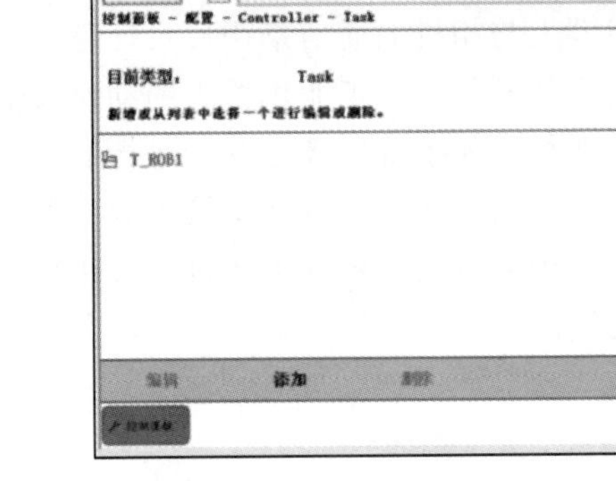

图 1-57　进入 Task 任务界面

⑤ 单击“添加”，创建工业机器人与相机通信的后台任务，如图 1-58 所示。

⑥ 配置工业机器人与相机通信的后台任务，如图 1-59 所示。

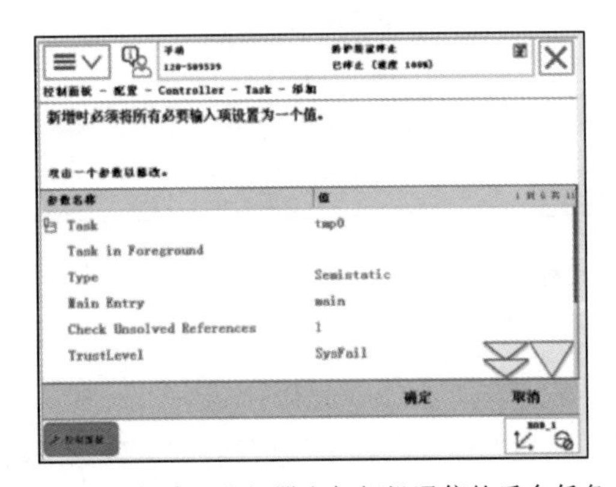

图 1-58　创建工业机器人与相机通信的后台任务

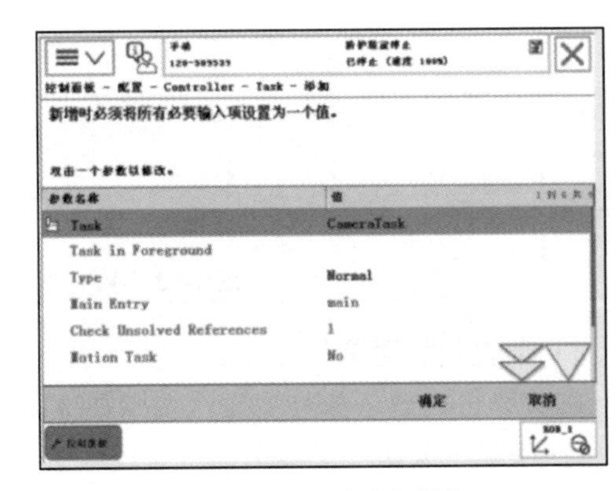

图 1-59　配置后台任务

Task：CameraTask

Type：Normal

其他参数默认。单击“确定”，重启工业机器人控制器。

⑦ 系统重启后，Task 参数中就多一个 CameraTask 任务，如图 1-60 所示。

⑧ 依次选择“主菜单”→“程序编辑器”，选中 CameraTask，出现的界面中选择“新建”，如图 1-61 所示。

⑨ 系统会自动新建模块“MainModule”以及程序“main”，完成相机通信任务的配置，如图 1-62 所示。

2）创建 Socket 及其变量

工业机器人与相机通信所需要用到的 Socket 及其相关变量如表 1-4 所示。PartType、Rotation、CamSendDataToRob 为 CameraTask 和 T_ROB1 任务共享的变量，其存储类型必须为可变量。CameraTask 任务中创建 Socket 相关变量的步骤如下。

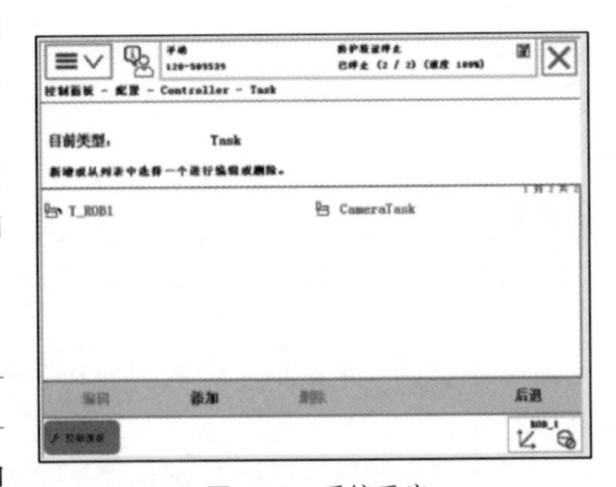

图 1-60　系统重启

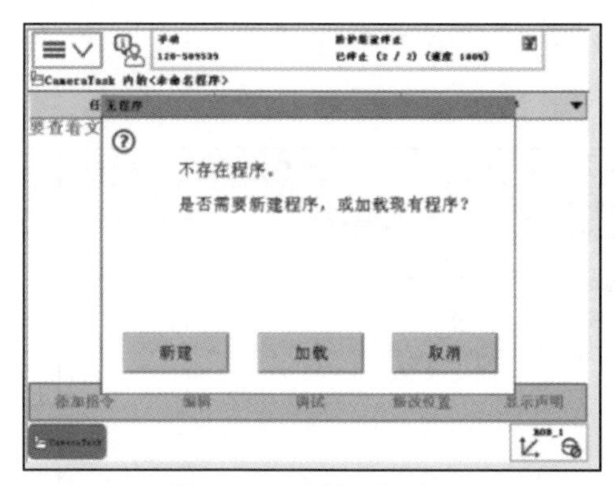

图 1-61　选择“新建”

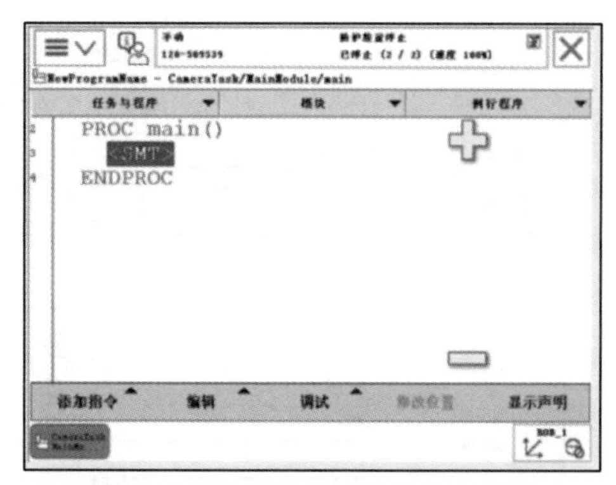

图 1-62　完成相机通信任务的配置

表 1-4　Socket 及其相关变量

序号	变量名称	变量类型	存储类型	所属任务	变量说明
1	ComSocket	socketdev	默认	CameraTask	与相机 Socket 通信套接字设备变量
2	strReceived	string	变量	CameraTask	接收相机数据的字符串变量
3	PartType	num	可变量	CameraTask	1—减速器工件，2—法兰工件
4	Rotation	num	可变量	CameraTask	相机识别工件的旋转角度
5	CamSendDataToRob	bool	可变量	CameraTask	相机处理数据完成信号

① 依次选择“主菜单”→“程序数据”→“视图”→“全部数据类型”，单击“更改范围”，如图 1-63 所示。

② 将“任务”参数选为“CameraTask”，单击“确定”，如图 1-64 所示。

③ 选中数据类型“Socketdev”，单击“显示数据”，如图 1-65 所示。

图 1-63　“更改范围”

图 1-64　选参数“CameraTask”

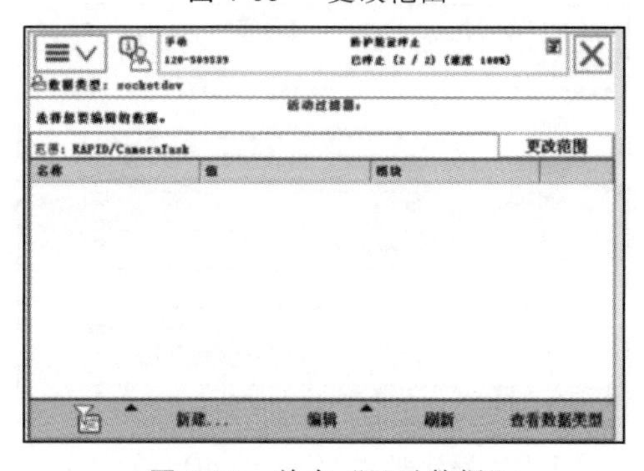

图 1-65　单击“显示数据”

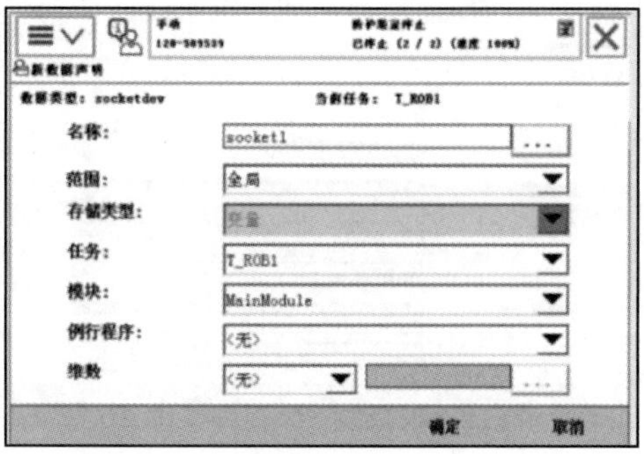

图 1-66　创建 socketdev 类型变量

④ 单击“新建”，创建 socketdev 类型变量，如图 1-66 所示。名称“ComSocket”，范围“全局”，任务“CameraTask”，模块“MainModule”，单击“确定”，如图 1-67 所示。

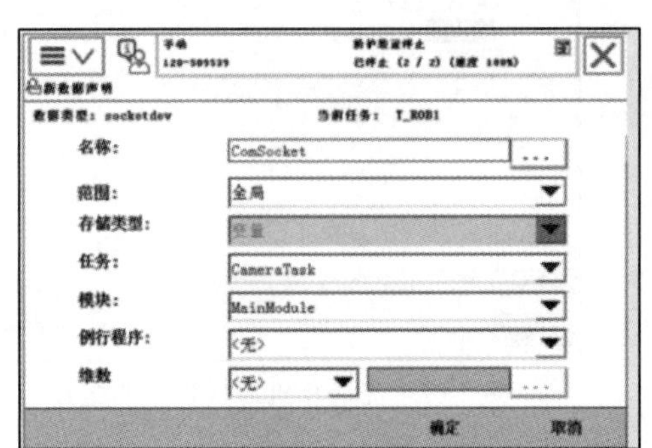

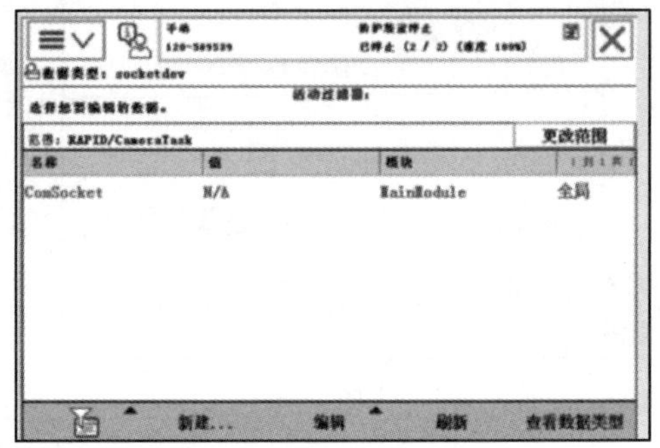

图 1-67　创建 ComSocket

⑤ 选中数据类型“string”，新建变量“strReceived”。变量名称“strReceived”，存储类型“变量”，任务“CameraTask”，如图 1-68 所示。

图 1-68　新建变量“strReceived”

图 1-69　新建变量“PartType”

⑥ 选中数据类型“num”，新建变量“PartType”。变量名称“PartType”，存储类型“可变量”，任务“CameraTask”，如图 1-69 所示。

⑦ 选中数据类型“num”，新建变量“Rotation”。变量名称“Rotation”，存储类型“可变量”，任务“CameraTask”，如图 1-70 所示。

⑧ 选中数据类型“bool”，新建变量“CamSendDataToRob”。变量名称“CamSendDataToRob”，存储类型“可变量”，任务“CameraTask”，如图 1-71 所示。

图 1-70　新建变量“Rotation”

图 1-71　新建变量“CamSendDataToRob”

（3）编写相机通信程序

相机通信程序一般包括如图 1-72 所示的几种。

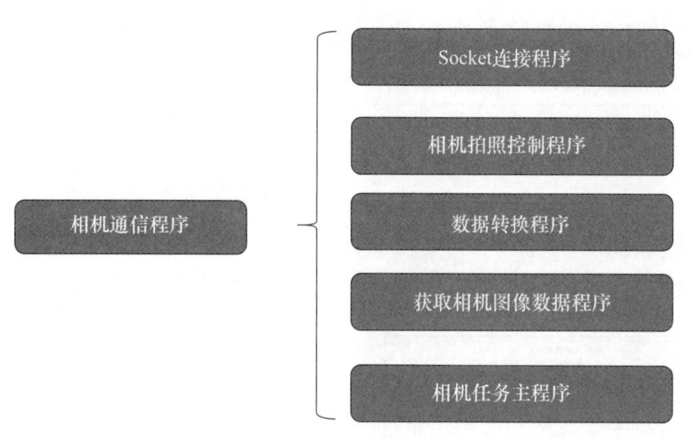

图 1-72　相机通信程序

1）编写 Socket 连接程序

工业机器人与相机通信时，相机作为服务器，工业机器人作为客户端。Socket 通信例行程序的创建如图 1-73 所示。Socket 通信程序的流程是：

① 工业机器人同相机建立 Socket 连接；

② 工业机器人发送用户名（“admin\0d\0a”）给相机，相机返回确认信息；

③ 工业机器人发送密码（“\0d\0a”）给相机，相机返回确认信息。

Socket 通信程序示例，如表 1-5 所示。

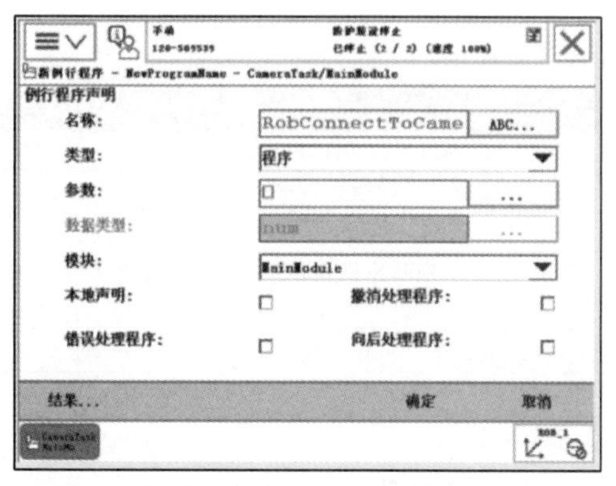

(a) 新建RobConnectToCamera例行程序

(b) RobConnectToCamera子程序

图 1-73　工业机器人与相机的通信程序流程

表 1-5　Socket 通信程序示例

行号	示例程序	程序说明
1	PROC RobConnectToCamera	RobConnectToCamera 例行程序开始
2	SocketClose ComSocket；	关闭套接字设备 ComSocket
3	SocketCreate ComSocket；	创建套接字设备 ComSocket
4	SocketConnect ComSocket,“192. 168. 101. 50”,3010	连接相机 IP：192. 168. 101. 50。端口：3010
5	SocketReceive ComSocket\Str：= strReceived；	接收相机数据并保存到变量 strReceived
6	TPWrite strReceived；	将 strReceived 数据显示在示教盒界面上

续表

行号	示例程序	程序说明
7	SocketSend ComSocket\Str:="admin\0d\0a";	发送用户名 admin\0d\0a 代表回车换行
8	SocketReceive ComSocket\Str:=strReceived;	接收相机数据并存到变量 strReceived
9	TPWrite strReceived;	将 strReceived 数据显示在示教盒界面上
10	SocketSend ComSocket\Str:="\0d\0a";	发送密码数据到相机，密码数据:\0d\0a
11	SocketReceive ComSocket\Str:=strReceived;	接收相机数据并存到变量 strReceived
12	TPWrite strReceived;	将 strReceived 数据显示在示教盒界面上
13	ENDPROC	RobConnectToCamera 例行程序结束

2）编写相机拍照控制程序

创建相机拍照例行程序，如图 1-74 所示；相机拍照控制程序示例，如表 1-6 所示。

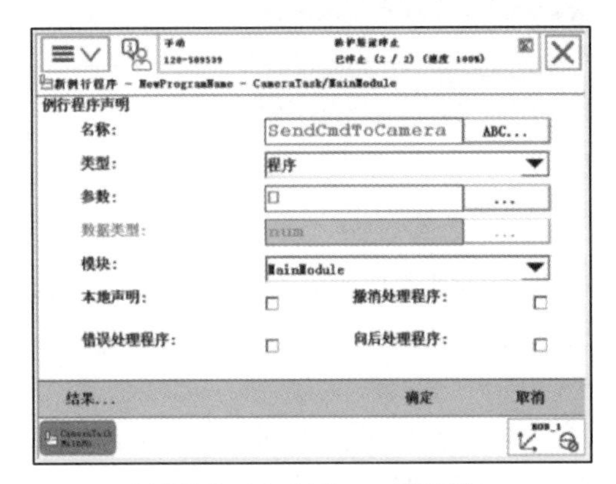

(a) 新建SendCmdToCamera例行程序　　(b) SendCmdToCamera子程序

图 1-74　SendCmdToCamera 程序

表 1-6　创建相机拍照例行程序

行号	示例程序	程序说明
1	PROC SendCmdToCamera()	SendCmdToCamera 例行程序开始
2	SocketSend ComSocket\Str:="se8\0d\0a";	发送相机拍照控制指令:se8\0d\0a
3	SocketReceive ComSocket\Str:=strReceived;	接收数据:1 拍照成功，不为 1 相机故障
4 5	IF strReceived <>"1\0d\0a"THEN TPErase;	使用 IF 指令判断相机是否拍照成功，若成功则示教盒画面清除
6	TPWrite"Camera Error"	示教盒上显示"Camera Error"
7	STOP;	停止
8	ENDIF	判断结束
9	ENDPROC	SendCmdToCamera 例行程序结束

3）编写数据转换程序

数据转换程序示例，如表 1-7 所示。

表 1-7　数据转换程序示例

行号	示例程序	程序说明
1	PROC num StringToNumData(string strData)	StringToNumData 例行程序开始
2	strData2:=StrPart(strData, 4, StrLen(strData)-3);	分割字符串，获取工件类型数据字符串
3	ok:=StrToVal(strData2,numData);	将工件类型数据字符串转化为数值
4	RETURN numData;	使用 RETURN 指令返回数据 numData
5	ENDPROC	StringToNumData 例行程序结束

① CameraTask 任务中新建功能程序“StringToNumData”，如图 1-75 所示。类型“功能”，数据类型“num”。

图 1-75 新建功能程序

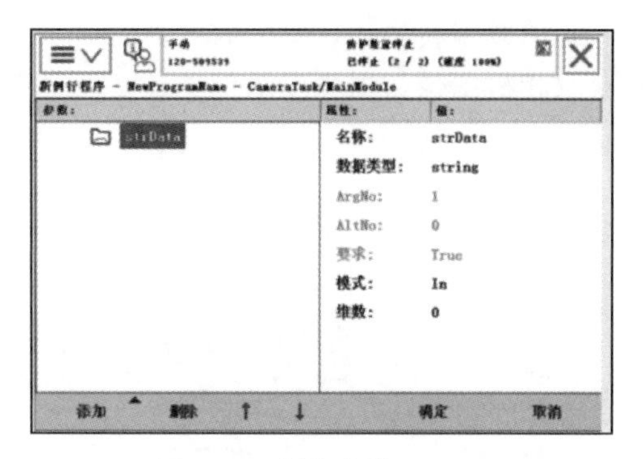

图 1-76 创建参数 strData

② 创建参数 strData，如图 1-76 所示。类型为：string。

③ 进入功能程序“StringToNumData”，添加指令“：=”，如图 1-77 所示。

图 1-77 进入功能程序

图 1-78 新建本地 string 类型变量

④ <VAR>选择新建本地 string 类型变量“strData2”，如图 1-78 所示。<EXP>选择 StrPart 指令，并输入相应的参数。StrPart 指令用于拆分字符串，并返回得到的字符串。strData：程序参数。strData2：程序本地变量。

⑤ 使用赋值指令将 string 数据类型转换成 num 数据类型，如图 1-79 所示。StrToVal 指令用于将字符串转换为数值，返回值为 1 代表转换成功，返回值为 0 代表转换失败。

⑥ 使用 RETURN 指令返回数据 numData，如图 1-80 所示。

图 1-79 换成 num 数据类型

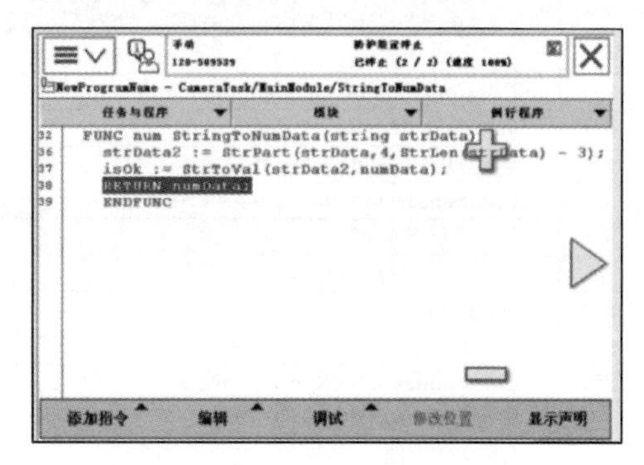

图 1-80 返回数据 numData

4）编写获取相机图像数据程序

工业机器人要获取相机图像数据，必须向相机发送特定的指令，然后用数据转换程序将接收到的数据转换成想要的数据。CameraTask 任务中新建例行程序“GetCameraData”，编程获取相机图像数据程序示例见表 1-8。获取相机图像数据例行程序的创建如图 1-81 所示。

(a) 新建GetCameraData例行程序

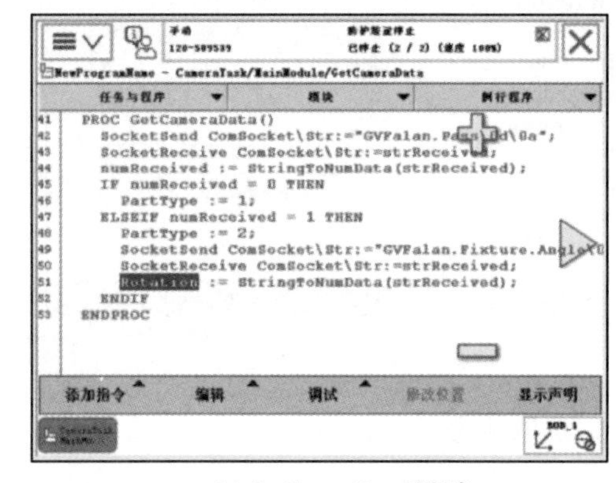

(a) GetCameraData子程序

图 1-81　GetCameraData 程序

表 1-8　获取相机图像数据程序示例

行号	示例程序	程序说明
1	PROC GetCameraData()	GetCameraData 例行程序开始
2	SocketSend ComSocket\Str:=”GVFlange. Pass\0d\0a”;	发送识别工件类型指令
3	SocketReceive ComSocket\Str:=strReceived;	接收相机数据并保存到 strReceived
4	numReceived:=StringToNumData(strReceived);	将数据转换并赋值给 numReceived
5	IF numReceived =0　THEN	如果 numReceived 为 0
6	PartType:=1;	当前工件为减速器，PartType 设为 1
7	ELSEIF numReceived =1　THEN	如果 numReceived 为 1
8	PartType:=2;	当前工件为法兰，PartType 设为 2
9	SocketSend ComSocket\Str:=” GVFlange. Fixture. Angle \0d\0a”;	发送获取工件旋转角度指令
10	SocketReceive ComSocket\Str:=strReceived;	接收相机数据并保存到 strReceived
11	Rotation:=StringToNumData(strReceived);	将接收的数据转换并赋值给 Rotation
12	ENDIF	判断结束
13	ENDPROC	GetCameraData 例行程序结束

5）相机任务主程序示例（表 1-9）

表 1-9　相机任务主程序示例

行号	示例程序	程序说明
1	ROC main ( )	相机任务(CameraTask)主程序开始
2	RobConnectToCamera;	调用例行程序“RobConnectToCamera”
3	WHILE　TRUE　DO	使用循环指令 WHILE，参数设为 TRUE
4	WaitDI　EXDI4, 1;	等待带式运输机前限光电开关信号置 1
5	CamSendDataToRob:=FALSE;	相机处理数据完成信号置 0
6	WaitTime 4;	等待 4s
7	SendCmdToCamera;	调用相机拍照控制程序
8	WaitTime 0. 5;	等待 0. 5s
9	GetCameraData;	调用获取相机图像数据程序
10	CamSendDataToRob:=TRUE;	相机处理数据完成信号置 1
11	WaitDI　EXDI4, 0;	等待带式运输机前限光电开关信号置 0
12	ENDWHILE	WHILE 循环结束
13	ENDPROC	main 主程序结束

1.2 RFID的安装与编程

1.2.1 RFID的基本组成

如图1-82所示，RFID的基本组成包括标签、阅读器和天线三部分。

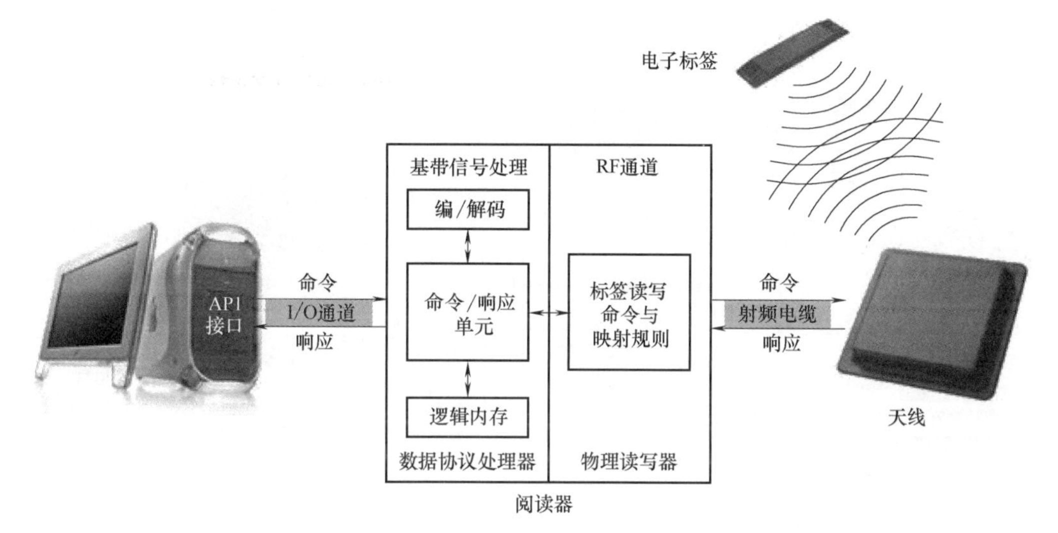

图1-82　RFID系统的构成

（1）标签（Tag）

由耦合元件及芯片组成，每个标签具有唯一的电子编码，附着在物体上标识目标对象。

（2）阅读器（Reader）

读取（有时还可以写入）标签信息的设备，可设计为手持式RFID读写器（如：C5000W）或固定式读写器。

（3）天线（Antenna）

在标签和阅读器间传递射频信号。

1.2.2 硬件连接

（1）模块

所用读写器及芯片如图1-83所示。

图1-83　读写器及芯片

读写器：读写均为全区操作，即 112Byte 全部读取或写入，无分区操作。如需分块，需额外编制程序对缓存区进行相应操作。

芯片：可读可写。用户存储容量 112Byte。

（2）硬件连接

硬件连接图如图 1-84 所示，通信方式如图 1-85 所示。硬件信息见表 1-10。硬件连接如图 1-86 所示。

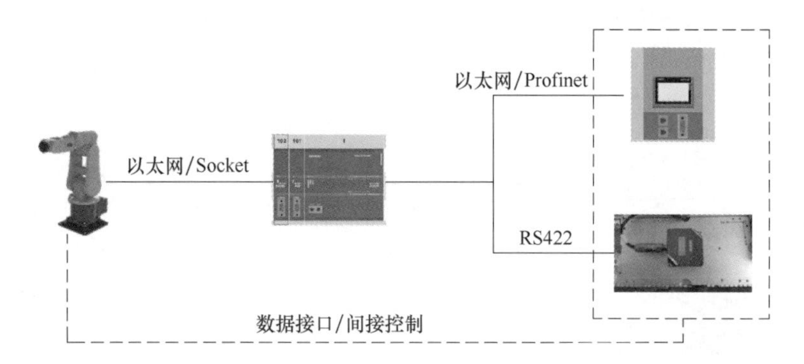

图 1-84　硬件连接

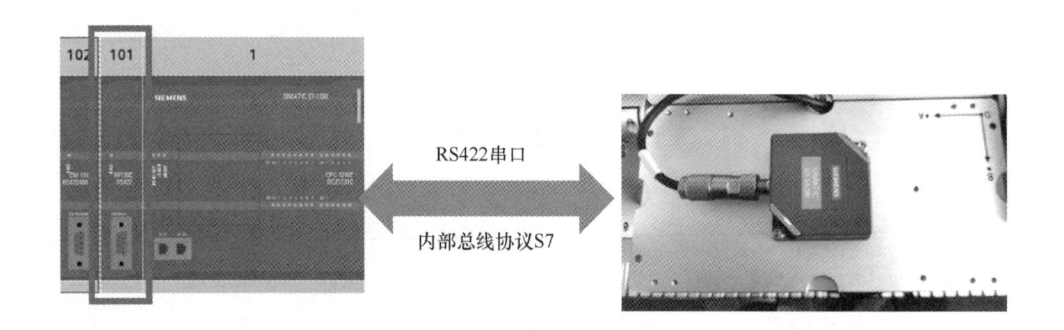

图 1-85　通信方式

表 1-10　硬件信息

硬件地址	285
通道数	1
起始地址	10

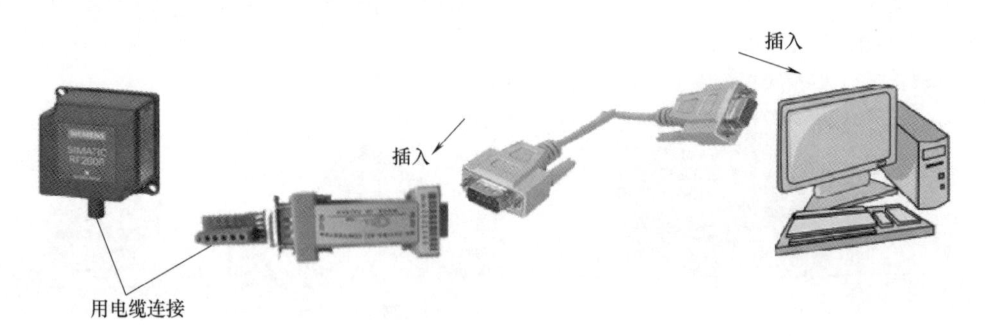

图 1-86　硬件连接

（3）端子说明

RFID的复位模块、写模块与读模块端子如图1-87～图1-89，说明见表1-11～表1-13。创建用于描述设备连接参数的变量或接口，其数据类型为IID_HW_CONNECT，需手动输入，见表1-14，PLC可根据需要选用，比如可选用具有表1-15所示参数的PLC，其数据接口参数见表1-16。

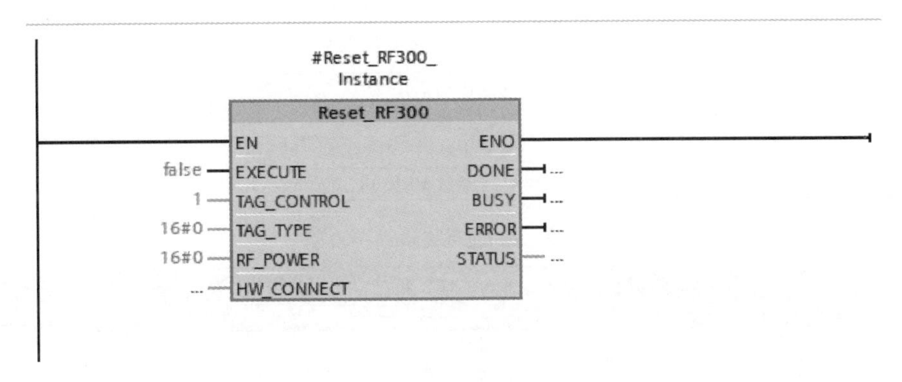

图1-87　复位模块

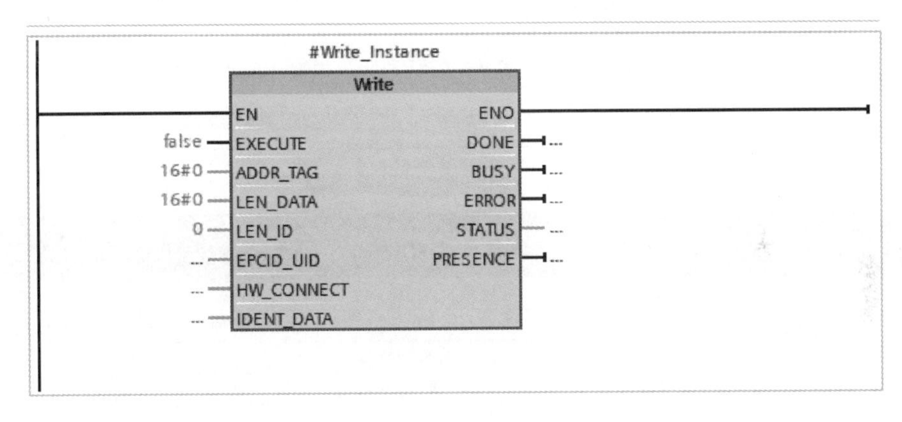

图1-88　写模块

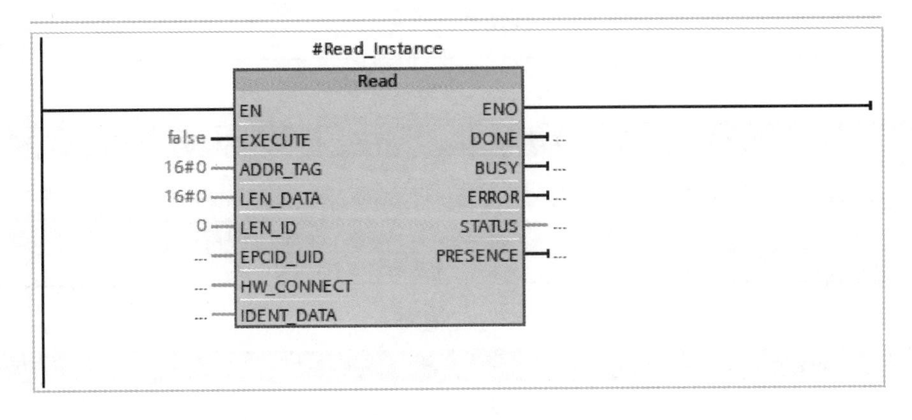

图1-89　读模块

表 1-11 RFID 复位模块端子说明

序号	功能块	Reset_RF300		
	参数	数据类型	说明	备注
1	EXECUTE	BOOL	启用 Reset 功能	上升沿触发
2	TAG_CONTROL	Byte	存在性检查：0 关，1 开	1
3	TAG_TYPE	Byte	发送应答器类型： 1=每个 ISO 发送应答器 0=RF300 发送应答器	1
4	RF_POWER		为输出功率，0 为 1.25W	0
5	DONE	BOOL	复位完成	
6	BUSY	BOOL	复位中	
7	ERROR	BOOL	状态参数 ERROR：0 无错误，1 出现错误	

表 1-12 RFID 写模块端子说明

序号	功能块	Write		
	参数	数据类型	说明	备注
1	EXECUTE	BOOL	启用写入功能	上升沿触发
2	ADDR_TAG		启动写入的发送应答器所在的物理地址	地址始终为 0
3	LEN_DATA	WORD	待写入的数据长度	1
4	IDENT_DATA	Variant	包含待写入数据的数据缓冲区	1
5	DONE	BOOL	写入完成	
6	BUSY	BOOL	写入中	
7	ERROR	BOOL	状态参数 ERROR：0 无错误，1 出现错误	
8	PRESENCE	BOOL	芯片检测	True：读写区有芯片 False：读写区无芯片

表 1-13 RFID 读模块端子说明

序号	功能块	Read		
	参数	数据类型	说明	备注
1	EXECUTE	BOOL	启用读取功能	上升沿触发
2	ADDR_TAG		启动写入的发送应答器所在的物理地址	地址始终为 0
3	LEN_DATA	WORD	待读取的数据长度	1
4	IDENT_DATA	Variant	存储读取数据的数据缓冲区	1
5	DONE	BOOL	读取完成	
6	BUSY	BOOL	读取中	
7	ERROR	BOOL	状态参数 ERROR：0 无错误，1 出现错误	
8	PRESENCE	BOOL	芯片检测	True：读写区有芯片 False：读写区无芯片

表 1-14 连接参数

参数	说明
HW_ID	硬件地址，见系统常数
CM_CHANNEL	通道数，RF120C 仅有唯一通道
LADDR	起始地址，见属性—常规—I/O 地址
Static	系统通信参数，无需设定

表 1-15 PLC 硬件参数

硬件名称	型号	固件版本	备注
PLC	1215C DC/DC/DC	4.2	考核环境中为 4.1
RFID	RF120C	1.0	插槽 101
RS485	CM1241	2.1	插槽 102(伺服驱动器通信)

表 1-16　PLC 端数据接口

RFID 模块状态数据接口(DB45)			说明
数据块:DB_PLC_STATUS	数据类型	数据块:DB_PLC_STATUS	
DB_PLC_STATUS. PLC_Send_Data	Struct	DB_PLC_STATUS. PLC_Status	
DB_PLC_STATUS. PLC_Send_Data. RFID 状态反馈	Int	DB_PLC_STATUS. PLC_Status. RFID 状态反馈	读写器的状态反馈
DB_PLC_STATUS. PLC_Send_Data. RFID_SEARCHNO	Int	DB_PLC_STATUS. PLC_Status. RFID_SEARCHNO	需要查询的工序号(1～4)
DB_PLC_STATUS. PLC_Send_Data. RFID 读取信息	Array[0..27] o Char	DB_PLC_STATUS. PLC_Status. RFID 读取信息	当前查询到的工序信息
RFID 模块控制数据接口(DB46)			说明
数据块:DB_RB_CMD	数据类型	数据块:DB_RB_CMD	
DB_PLC_STATUS. PLC_Send_Data	Struct	DB_PLC_STATUS. PLC_Status	
DB_RB_CMD. PLC_RCV_Data. RFID 指令	Int	DB_RB_CMD. RB_CMD. RFID 指令	读写器的控制命令
DB_RB_CMD. PLC_RCV_Data. RB_CMD. RFID_STEPNO	Int	DB_RB_CMD. RB_CMD. RFID_STEPNO	需要记录的工序号
DB_RB_CMD. PLC_RCV_Data. RB_CMD. RFID 待写入信息	Array[0..27] of Char	DB_RB_CMD. RB_CMD. RFID 待写入信息	准备写入的工序信息

1.2.3　软件调试

(1) PLC 端编程

1) RFID 设置

RFID 的变量见表 1-17，其设置如图 1-90 所示。

表 1-17　RFID 的变量说明

数据块	RFID[DB1]	
名称	变量类型	说明
RFID_RST	Bool	RFID 复位命令
RST_DONE	Bool	RFID 复位完成
RST_BUSY	Bool	RFID 复位运行中
RST_ERROR	Bool	RFID 复位错误
RFID_Write	Bool	RFID 写入命令
Write_DONE	Bool	RFID 写入完成
Write_BUSY	Bool	RFID 写入运行中
Write_ERROR	Bool	RFID 写入错误
RFID_Read	Bool	RFID 读取命令
Read_DONE	Bool	RFID 读取完成
Read_BUSY	Bool	RFID 读取运行中
Read_ERROR	Bool	RFID 读取错误
芯片检测	Bool	用于检测芯片有无,查看芯片是否在读写范围内
Write	Array[0..111] of Byte	用于 RFID 写入操作的寄存器
Read	Array[0..111] of Byte	用于 RFID 读取操作的寄存器

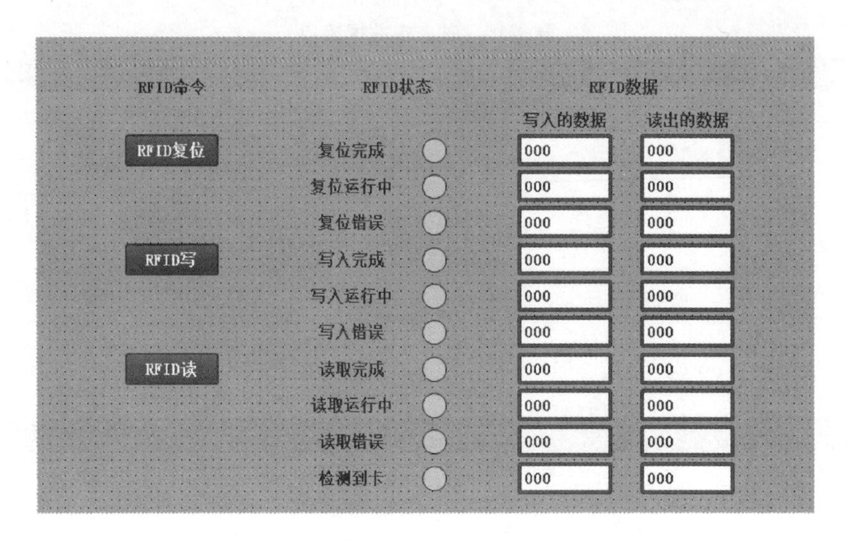

图 1-90　RFID 设置

2）通信

① 通信方式控制 RFID 的复位模块。

定义："DB_RB_CMD. RB_CMD. RFID 指令"＝30 时，RFID 复位。如图 1-91 所示。

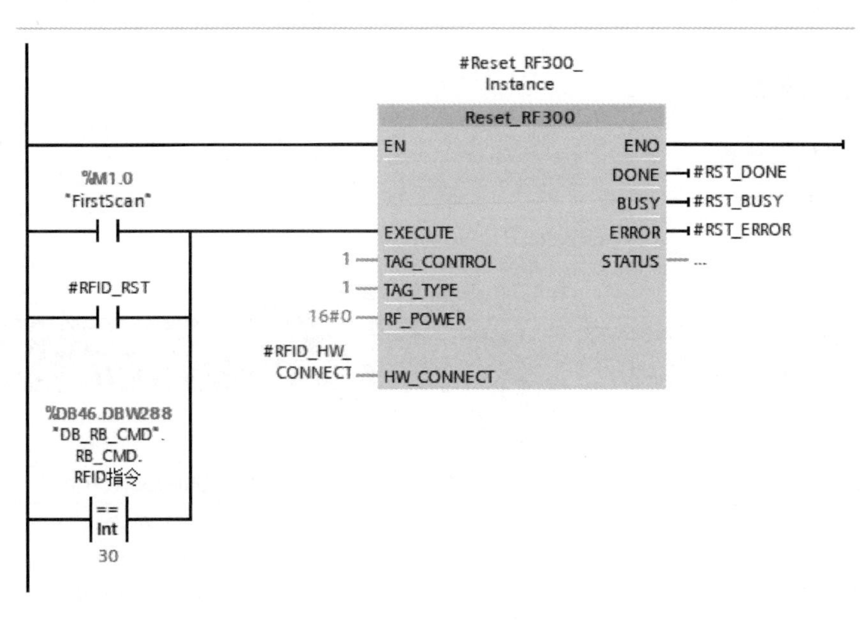

图 1-91　复位模块

② 通信方式控制 RFID 的写模块。

定义："DB_RB_CMD. RB_CMD. RFID 指令"＝10 时，RFID 写入；写入的数据为 RFID 待写入信息赋值给 Write 寄存器的信息。如图 1-92 所示。

③ 通信方式控制 RFID 的读模块。

定义："DB_RB_CMD. RB_CMD. RFID 指令"＝20 时，RFID 读取；读取的数据为 RFID 写入芯片的寄存器的信息。如图 1-93 所示。

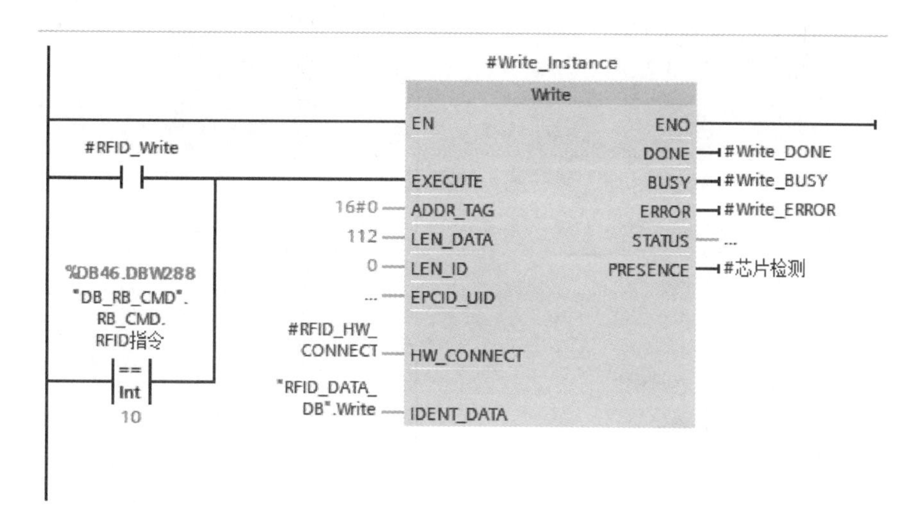

图 1-92 写模块

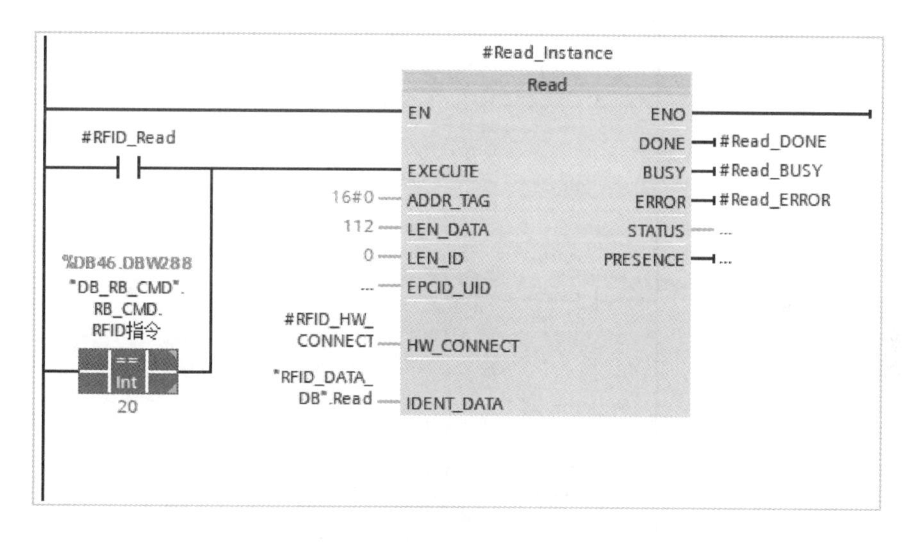

图 1-93 读模块

（2）编写 RFID 的反馈信息

RFID 状态反馈包括“复位”“写入”“读取”命令的执行状态，通过“DB_PLC_STATUS”. PLC_Status. RFID 状态反馈寄存器进行反馈，变量见表 1-18，其控制如图 1-94 所示。

表 1-18 参数设置

写入			读取			复位		
RFID 状态	数值	说明	RFID 状态	数值	说明	RFID 状态	数值	说明
Write_DONE	11	写入完成	Read_DONE	21	读取完成	RST_DONE	31	复位完成
Write_BUSY	10	写入进行中	Read_BUSY	20	读取进行中	RST_BUSY	30	复位进行中
Write_ERROR	12	写入错误	Read_ERROR	22	读取错误	RST_ERROR	32	复位错误

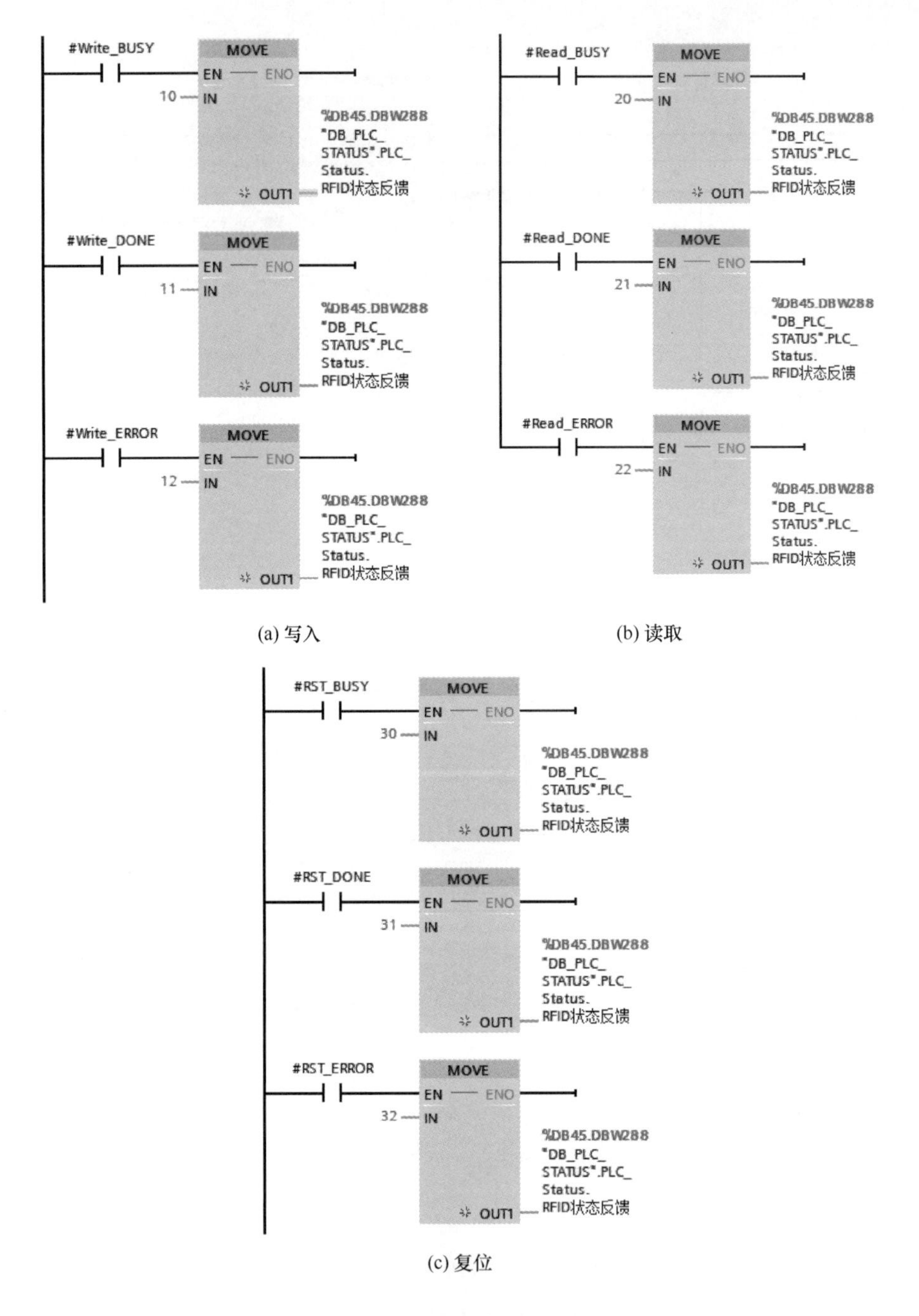

图 1-94　控制

1.2.4　应用

不同的 RFID 应用方式虽有差异，但差别不太大。现以某种 RFID 为例介绍其应用。

（1）软件注册

① 将 Mscomm.reg、Mscomm32.ocx、Mscomm32.dep 三个文件复制到 C：\windows\system32 目录下。

② 进入开始菜单，点击运行，输入 Regsvr32 C：\windows\system32\Mscomm32. ocx，点击“确认”，会弹出注册成功对话框，如图 1-95 所示。

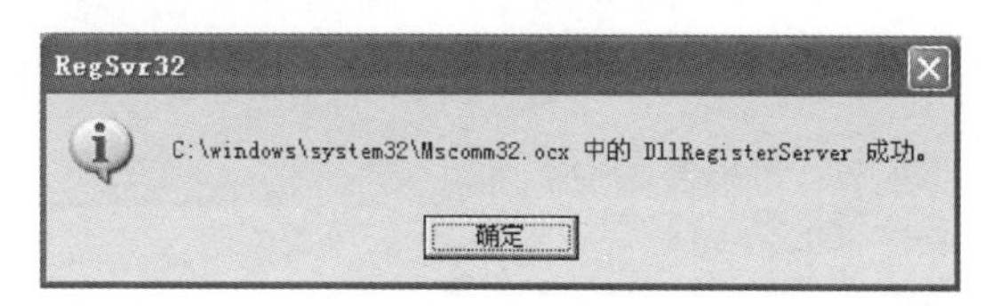

图 1-95　注册

（2） 读写 RFID

① 进入 RFIDTEST 文件夹，双击“RFIDTest 修改”文件，此时进入主界面，如图 1-96 所示。

② 打开通信端口（COM1 或其他），如图 1-97 所示。

③ 启动读写器，启动完成后，读写头指示灯常绿，如图 1-98 所示。

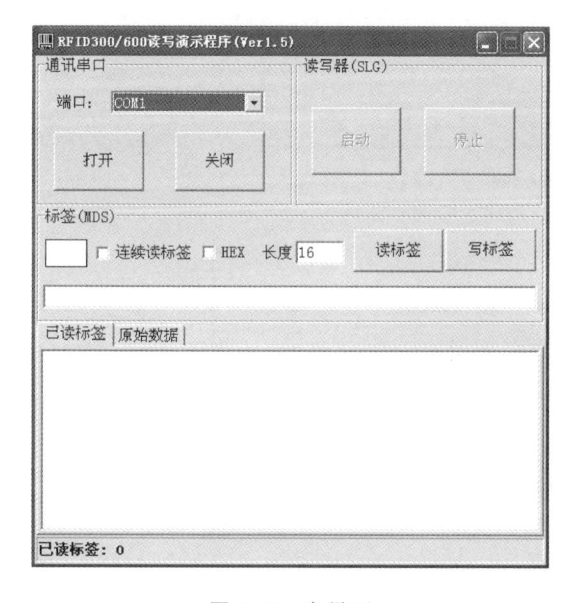

图 1-96　主界面

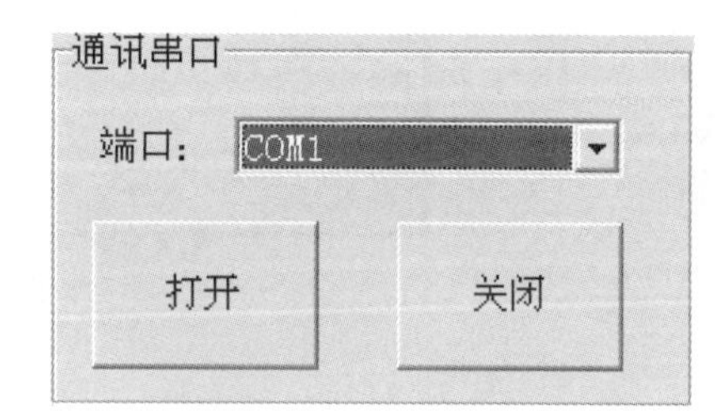

图 1-97　通信端口

图 1-98　读写器

④ 读标签。

点击“读标签”方式，软件可以读取标签信息。此时如需要连续读标签，将“连续读标签”选中即可，如图 1-99 所示。

将电子标签放到 RFID 读写器上，RFID 指示灯由绿色变为红绿色。此时软件上可以看见读取的数据，同时在软件上选择方式处白色方框变为绿色方框（注：只能在线存储 50 组数据，断电后清除数据）。

⑤ 写标签信息。

在启动后直接将标签放在 RFID 读写器上，RFID 指示灯由绿色变为红绿色，此时软件白色方框变为绿色，如图 1-100 所示（表示已检测到标签）。检测到标签后，可以将信息写入对话框中，如图 1-101 所示。信息写入完成，点击“写标签”即可（信息已经写入标签中）。

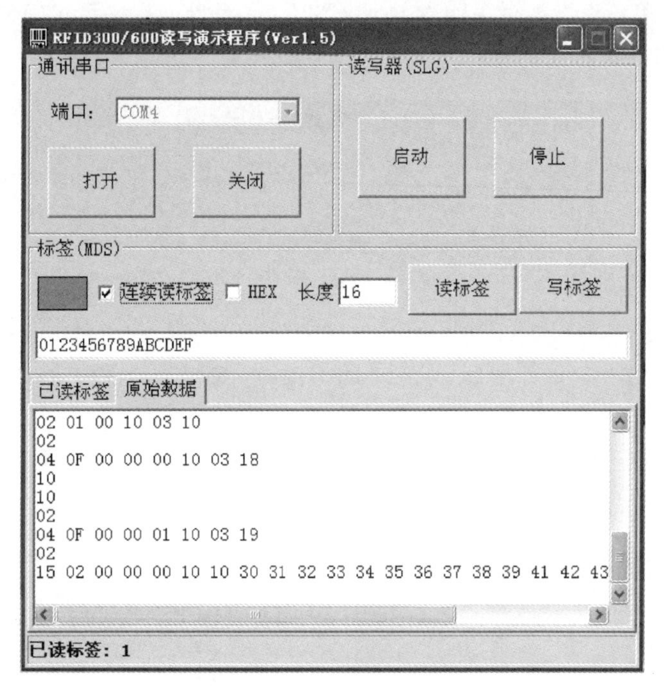

图 1-99　读标签

图 1-100　写标签

图 1-101　写入对话框

1.2.5　RFID 接口

(1) RFID 接口属性说明（表 1-19）

表 1-19　RFID 接口属性说明

接口	功能
command	命令/响应
stepno	步序(工序)
state	工件状态(类型)
name	操作者标识(以字符或数字组合,最长 8 位)
date	日期(系统生成,无需操作)
time	时间(系统生成,无需操作)

（2）RFID 控制接口（表 1-20、表 1-21）

表 1-20　Command 控制字

指令	功能
10	写数据
20	读数据
30	复位

表 1-21　Command 状态字

指令	功能	指令	功能
11	写完成	21	读完成
10	写入中	20	读取中
12	写入错误	22	读取错误
100	待机	31	复位完成
101	有芯片在工作区	30	复位中
		32	复位错误

（3）复位程序

rfidcon. command：=30；　　　　　RFID 复位

WaitUntil rfidstate. command=31；　　等待复位完成

rfidcon. command：=0；　　复位指令清除

（4）写入程序

1）数据准备

Name：可设定为姓名拼音或编号等，8 个字符。

Stepno：步序/工序。

State：工件状态（类型）。

2）程序

rfidcon. stepno：=1；

rfidcon. state：=1；

3）写入程序实例

rfidcon. command：=10；　　　　　RFID 复位

WaitUntil rfidstate. command=11；　　等待复位完成

rfidcon. command：=0；　　复位指令清除

1.3　网络通信

网络通信的软件很多，现以博途软件的网络通信为例介绍之。

1.3.1　连接设置

使用网线连接计算机和设备网络，计算机可以访问支持 PROFINET 总线的设备。在访问设备前，需要在“控制面板”中设置 PG/PC 接口。

① 设置“应用程序访问接入点”，在博途中找到用于连接设备的网络连接名称（也可以称为网卡名称）+(. TCPIP. Auto. 1) 选项，如图 1-102 所示。

② 在选择完连接后建议点击“诊断”按钮进入测试界面，然后点击“测试”按钮，结

果显示 OK 即可，如图 1-103 所示。

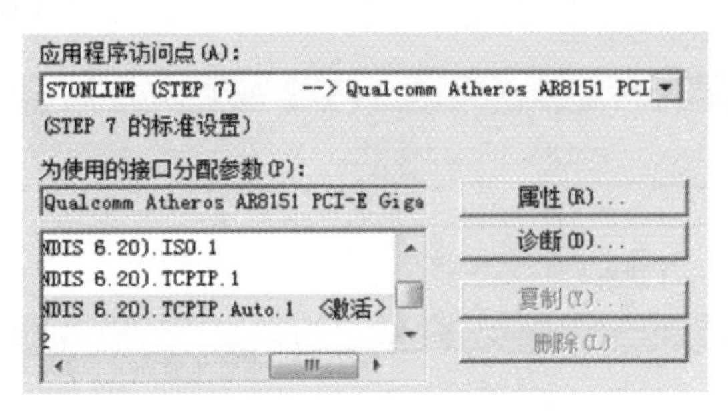

图 1-102 应用程序访问接入点

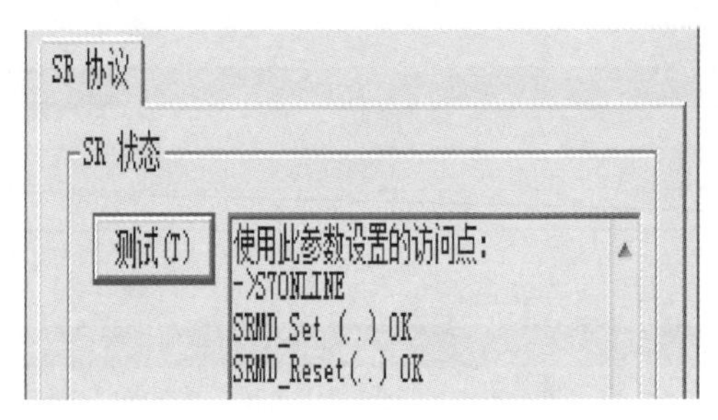

图 1-103 测试

（1）计算机 IP 设置

① 点击电脑右下角的网络连接，选择“打开网络和共享中心”，然后点击本地连接，在属性菜单中选择“Internet 协议版本 4（TCP/IPv4)”，IP 地址见表 1-22。

表 1-22 IP 地址

设备	IP 地址
触摸屏	192.168.8.12
PLC	192.168.8.11
ANYBUS 模块	192.168.8.13
智能相机	192.168.8.2

② 将 IP 地址设置为“192.168.8.46”，如图 1-104 所示，实际设置时只要不与以上设备重复即可，DNS 不需要设置。

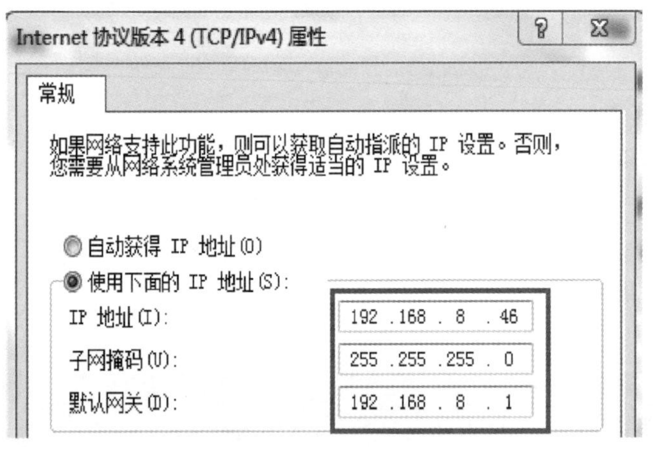

图 1-104 设置地址

（2）软件中设置设备 IP/名称

① 打开项目后，在项目树下，找到需要设置的设备，用右键点击，在弹出菜单中选择属性，如图 1-105 所示。

② 在设备属性窗口中，选择“PROFINET 接口”菜单下“以太网地址”页，IP 地址和设备名称均在此页。其中 IP 地址在该页可以更改，设备名称不可更改。

设备名称的更改方法：选中设备后，用左键再次点击，名称就变为可编辑状态，与文件夹更名方法相同，如图 1-106 所示。

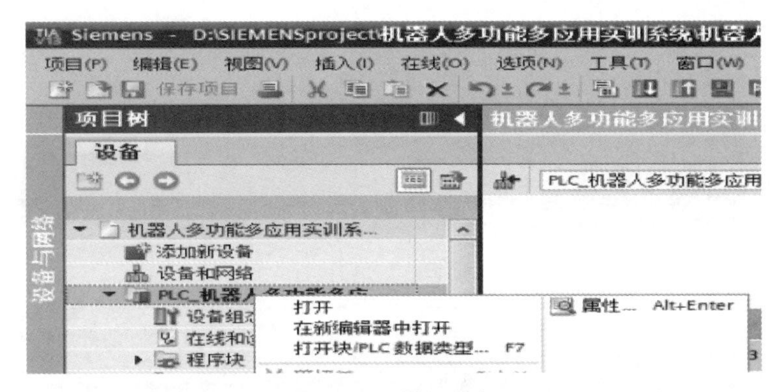

图 1-105 设置设备

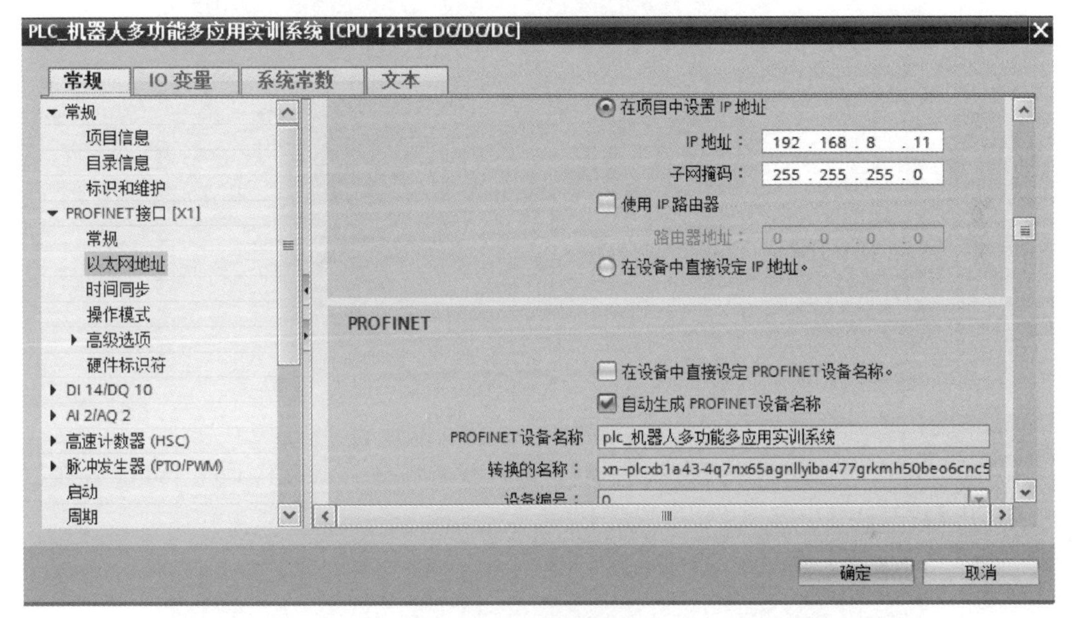

图 1-106 设备名称更改

（3）设备 IP/名称分配

① 连接设备网络，打开软件，选择“在线访问”菜单下用于连接设备的网络连接，通常是网卡，打开下拉菜单，点击“更新可访问的设备”，如图 1-107 所示。

② 找到需要设置的设备，双击“在线和诊断”，如图 1-108 所示。

图 1-107 在线访问

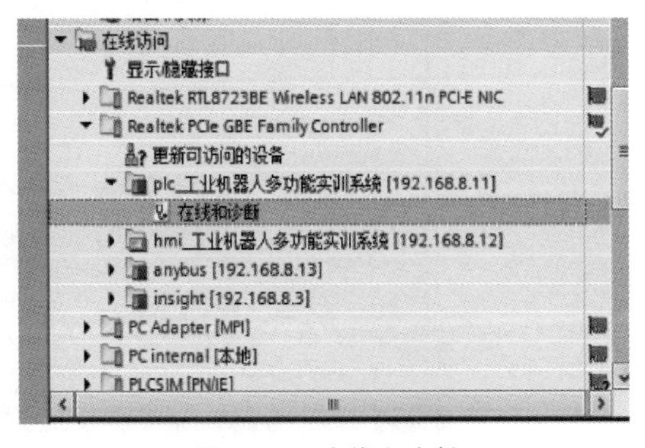

图 1-108 在线和诊断

③ 在“功能”菜单下选中“分配 IP 地址”，输入 IP 地址后点击“分配 IP 地址”，如图 1-109 所示。

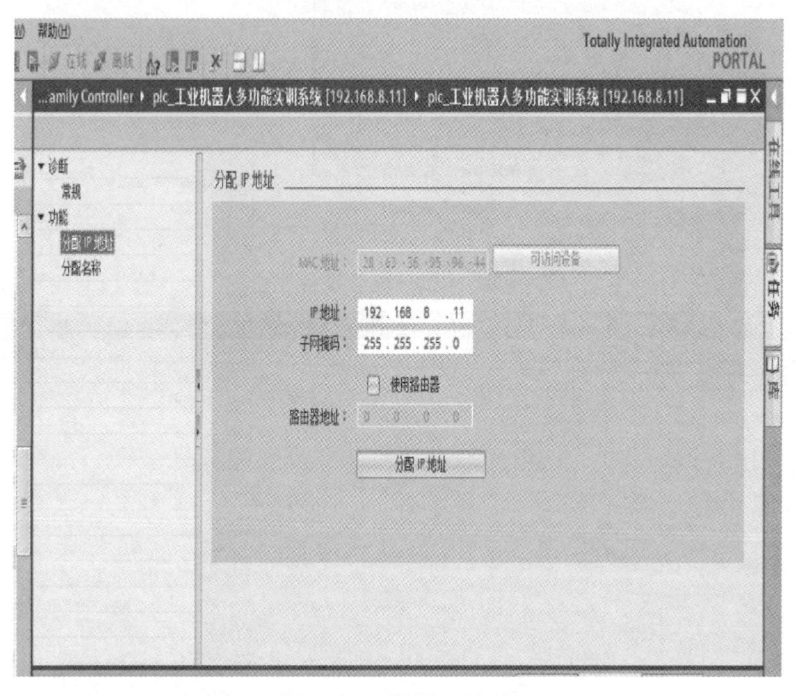

图 1-109　分配 IP 地址

④ 在“功能”菜单下选中“分配名称”，确认设备名称后点击右下角“分配名称”按钮，如图 1-110 所示。

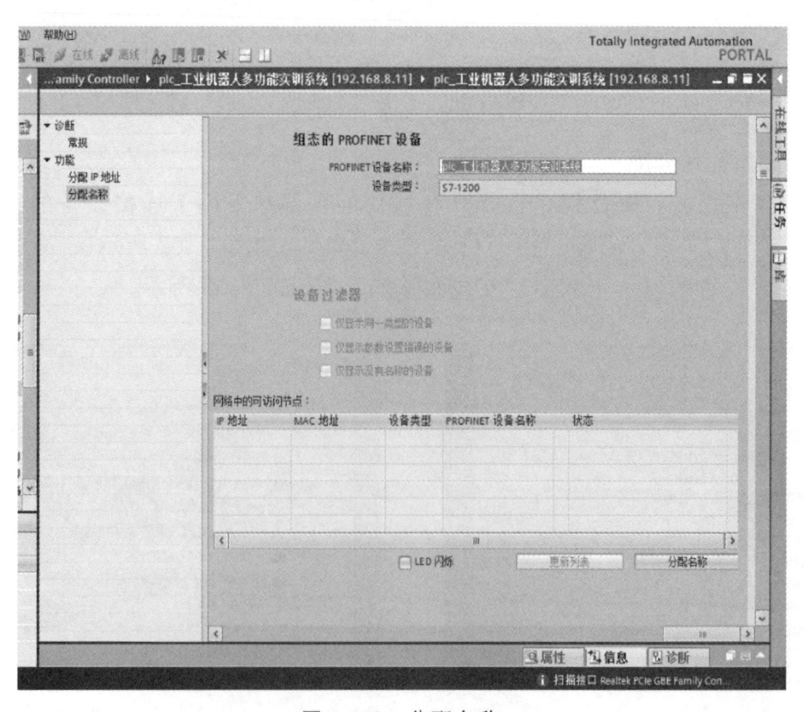

图 1-110　分配名称

1.3.2 Anybus 模块应用

西门子 PLC 使用的是 PROFINET 总线，而 ABB 机器人使用的是 DEVICENET。为了将两者连接起来，系统使用了 ANYBUS 的通信模块作为两种总线的转换器。

(1) 模块配置

① 安装两个配置软件 ，如图 1-111 所示。

② 安装完成后，如图 1-112 所示。

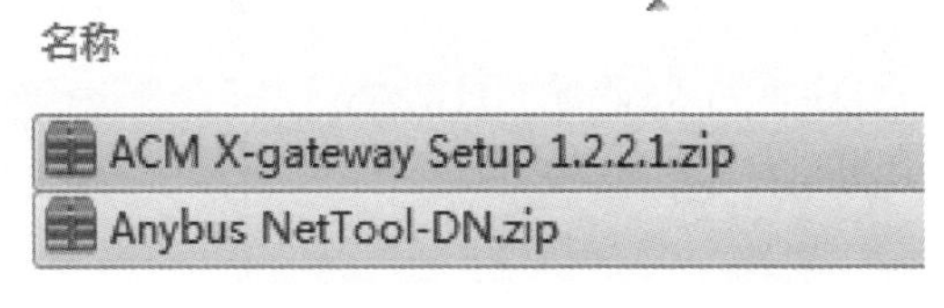

图 1-111 配置软件

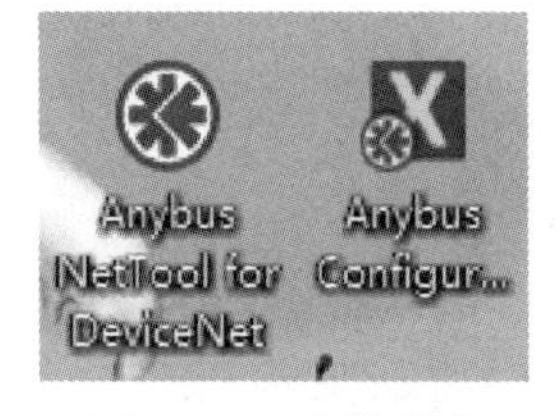

图 1-112 安装完成

③ 打开 Anybus Configuration Manager - X-gateway。

④ 在“X-gateway”菜单下选中“DeviceNet Scanner/Master (Upper)”，然后在右侧中选择“DeviceNet Scanner/Master”。

⑤ 其他设置保持默认，不需更改。

⑥ 在“X-gateway”菜单下选中“No Network Type Selected (Lower)”，然后在右侧中选择“PROFINET IO”。

⑦ “Input I/O data Size (bytes)”设为 16，“Output I/O data Size (bytes)”设为 16，其他设置保持默认值，设置完成后点击“IPconfig”。

⑧ 双击出现的设备或选中后点“settings”。

⑨ 设置 IP 地址，设置完成后点击“set”返回“IPconfig”界面，点击“Exit”退出“IPconfig”界面，其他设置保持默认，如图 1-113 所示。

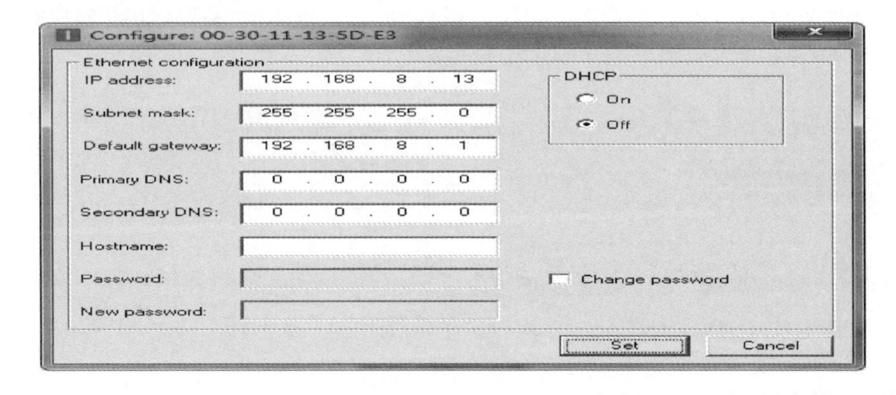

图 1-113 设置 IP 地址

⑩ 在“file”菜单下选中“save as”保存到计算机备用。

(2) 下载配置

① 使用与设备配套的 USB 下载线连接计算机与模块，点击“Connect”按钮连接设备，如图 1-114 所示。

② 点击 “Download Configuration to Device”，如图 1-115 所示。

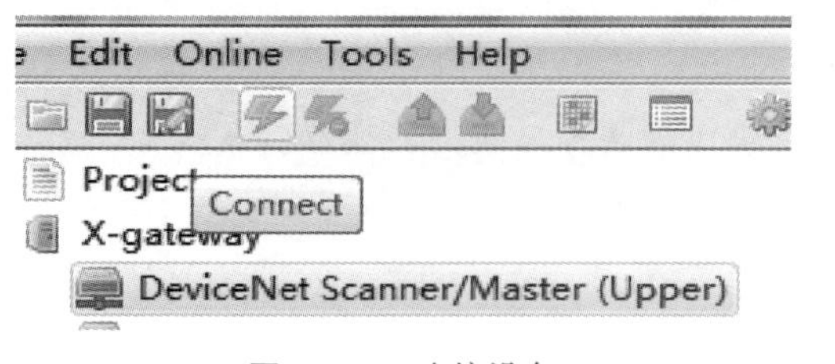

图 1-114 连接设备

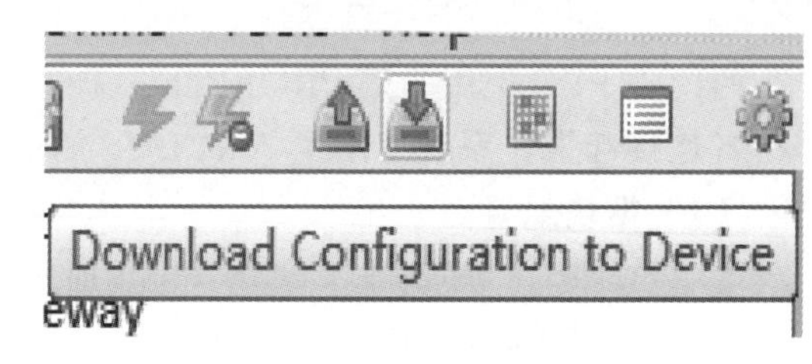

图 1-115 Download Configuration to Device

③ 程序下载完成后模块先重启。

④ 重启完成后提示结束，点击 “Close” 关闭窗口，如图 1-116 所示。

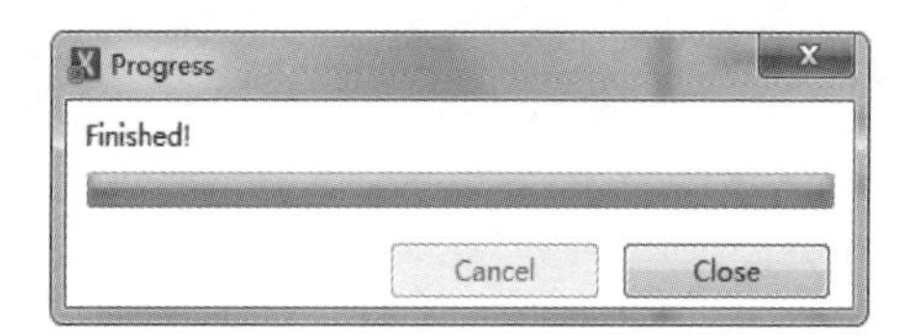

图 1-116 关闭窗口

（3）协议设置

① 打开 Anybus NetTool for DeviceNet，点击 “Configure Driver”，如图 1-117 所示。

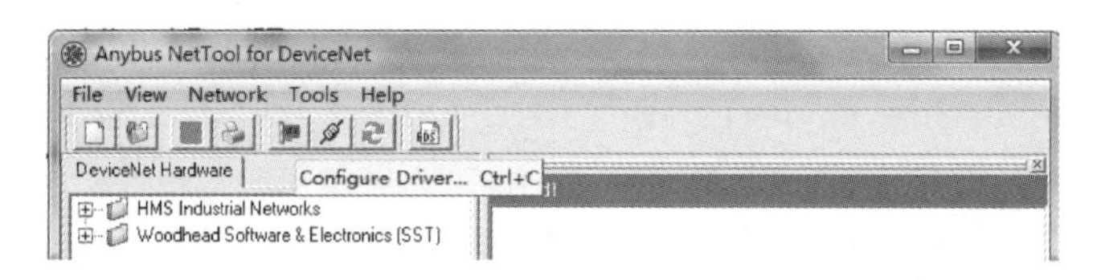

图 1-117 点击 “Configure Driver”

② 选中 “Anybus Transport Providers -Ver：1.9”，点击 “Ok”，如图 1-118 所示。

③ 点击 “Create”，如图 1-119 所示。

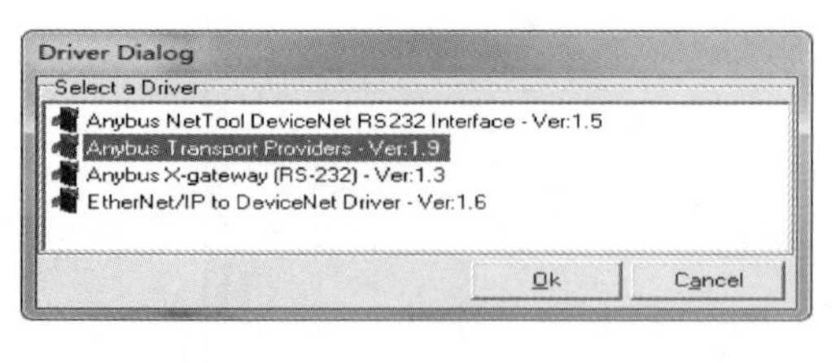

图 1-118 点击 “Ok”

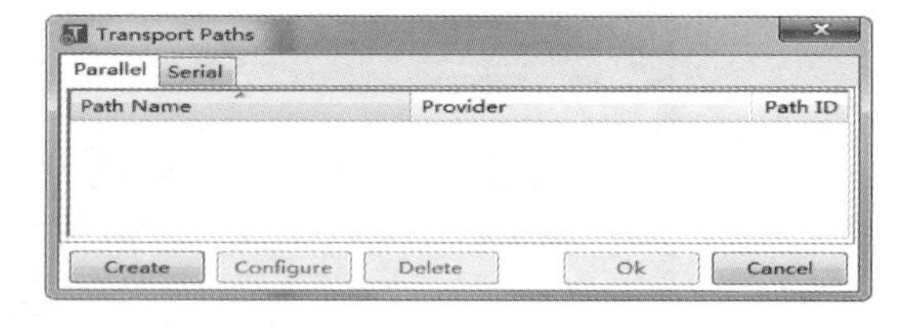

图 1-119 点击 “Create”

④ 选择 “Ethernet Transport Provider 2.11.1.2”，点击 “Ok”。

⑤ 输入名称，点击 “Ok”。

⑥ 点击 “Ok” 返回上级菜单 。

⑦ 选择 “Anybus-M DEV Rev：3.4”，拖到右边窗口，如图 1-120 所示。

⑧ 分配地址 1，点击 “OK”。

⑨ 拖动 “Molex SST-DN4 Scanner Rev：4.2” 到右边窗口，如图 1-121 所示。

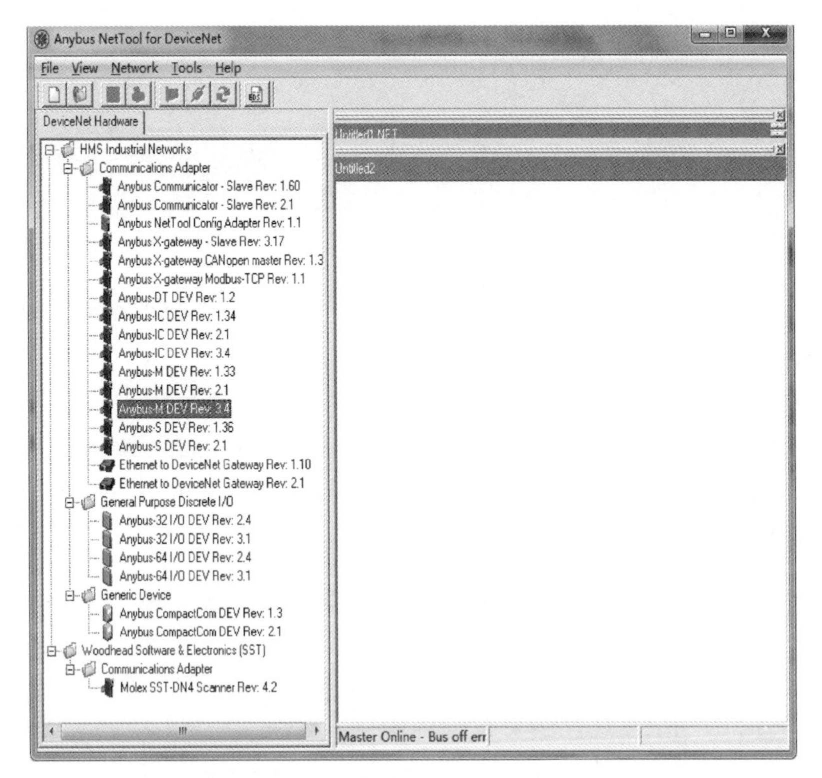

图 1-120　选择“Anybus-M DEV Rev：3.4”

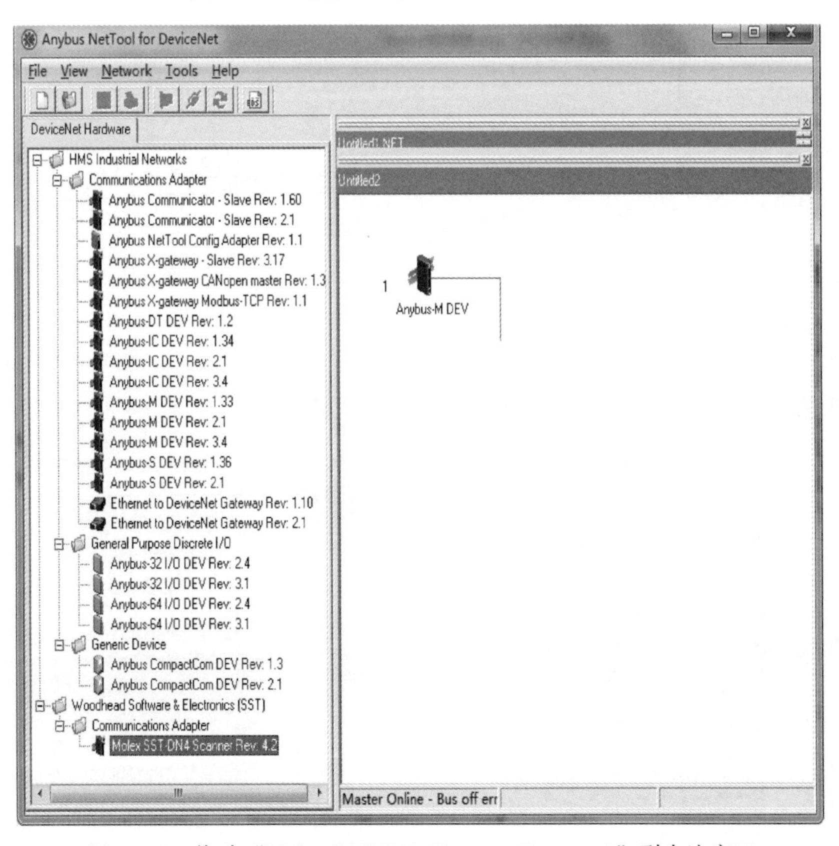

图 1-121　拖动“Molex SST-DN4 Scanner Rev：4.2”到右边窗口

⑩ 修改地址 2，点击“OK”，如图 1-122 所示。

⑪ 双击“Anybus-M DEV ”把“Master state ”改为“Idle”，如图 1-123 所示。

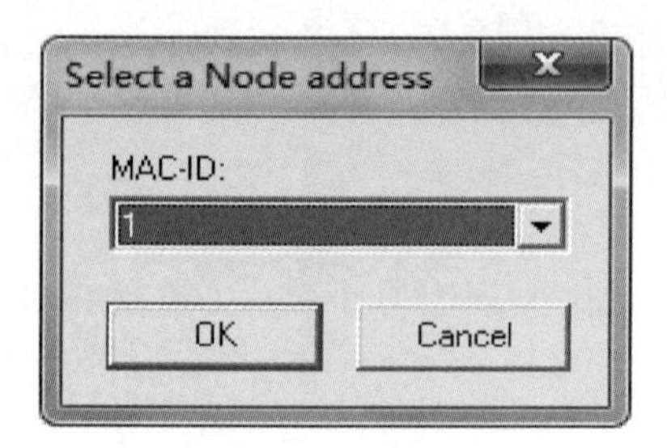

图 1-122 修改地址

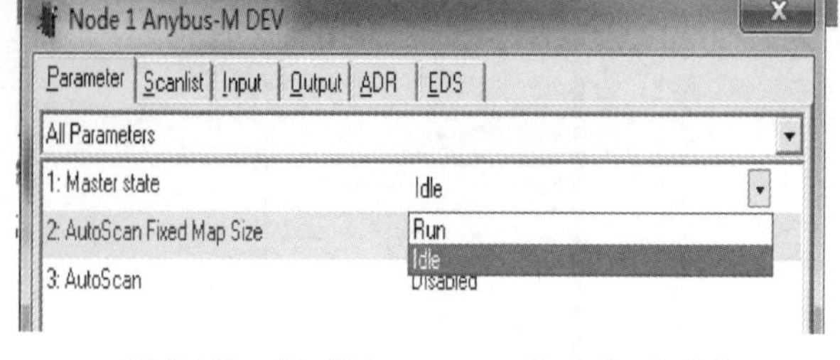

图 1-123 把“Master state ”改为“Idle”

⑫ 选择“Scanlist”菜单，依次选中左边栏的两项，按“add”按钮添加到右边栏。

⑬ 在添加“Molex SST-DN4 Scanner”时需要修改“Rx（bytes）”和“Tx（bytes）”长度为 16，其他为默认值，如图 1-124 所示。

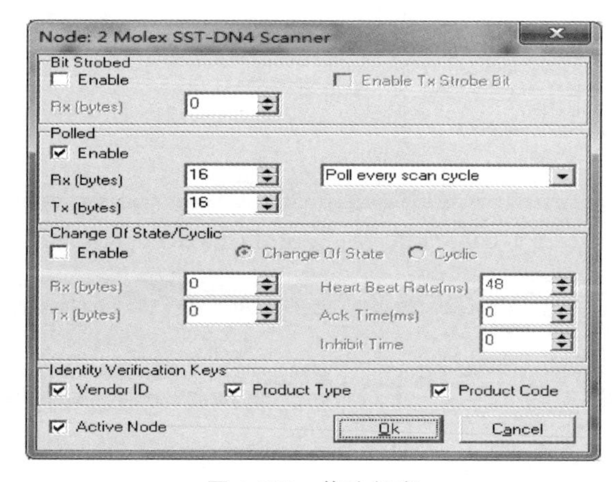

图 1-124 修改长度

⑭ 添加完成后，点击“Close”退出。

⑮ 安装 ABB 机器人的 EDS 文件。

⑯ 点击“next”。

⑰ 如果安装了 RobotStudio，可以在图 1-125 所示目录下找到 EDS 文件夹，选择

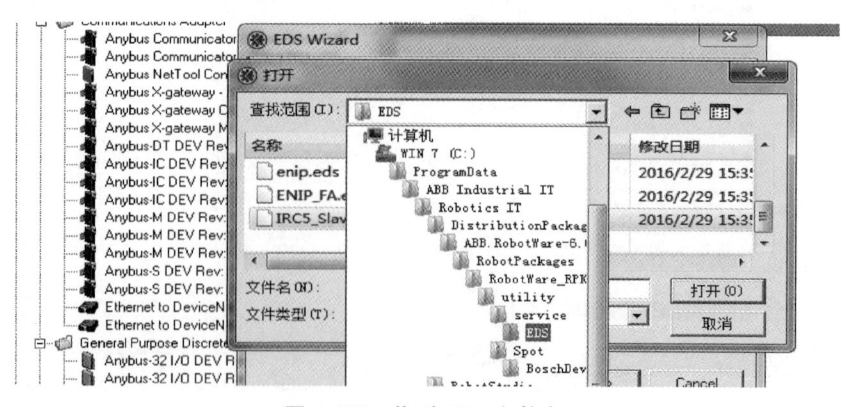

图 1-125 找到 EDS 文件夹

"IRC5_Slave_DSQC1006. EDS"，或者从安装有 RobotStudio 的计算机复制该文件。

⑱ 找到文件后选中，然后点击"打开"。

⑲ 弹出窗口提示选择"yes"。

⑳ 点击"Finish"完成安装，如图 1-126 所示。

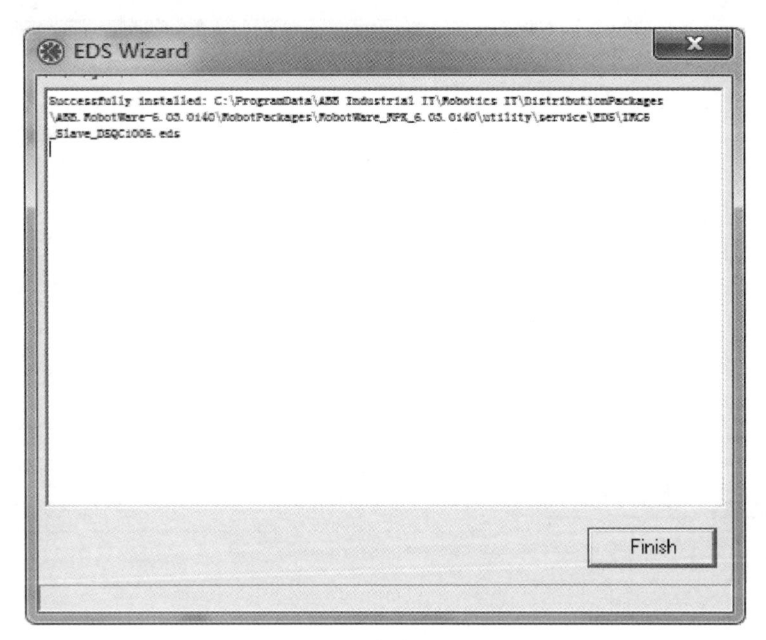

图 1-126　点击"Finish"

（4）下载设置

① 先设置计算机 IP 地址到 192. 168. 8. xx，用网线连接计算机和模块，点击"Go Online"按钮，如图 1-127 所示。

② 提示对话框点击"OK"。

③ 更新完成后，机器人被添加到组态中。

④ 点击菜单栏"Network"菜单下"Download to Network"，下载组态，如图 1-128 所示。

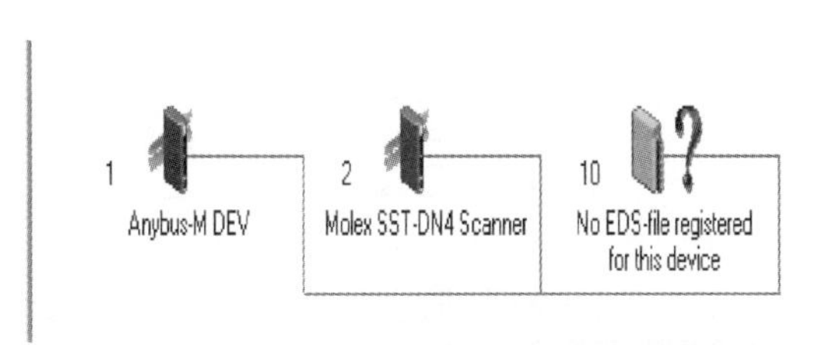

图 1-127　连接计算机网线

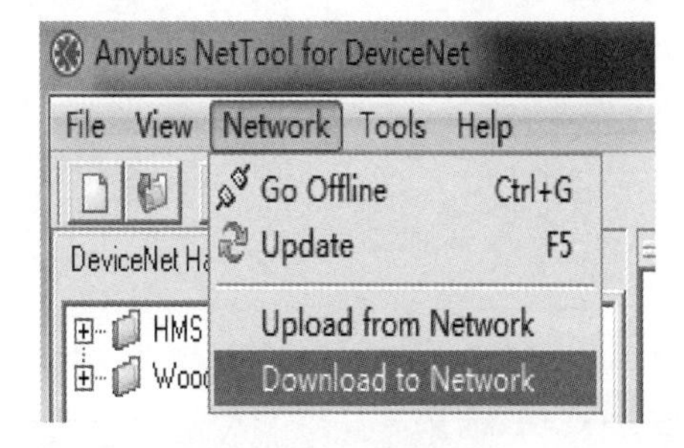

图 1-128　下载组态

⑤ 下载完成后，把"Master state"的状态改成"Run"模式，点击"Close"完成设置，如图 1-129 所示。

（5） PLC 应用

① 打开博途，安装设备的 GSD 文件：选择压缩包 ABX_LCM_PROFINET IO_44139

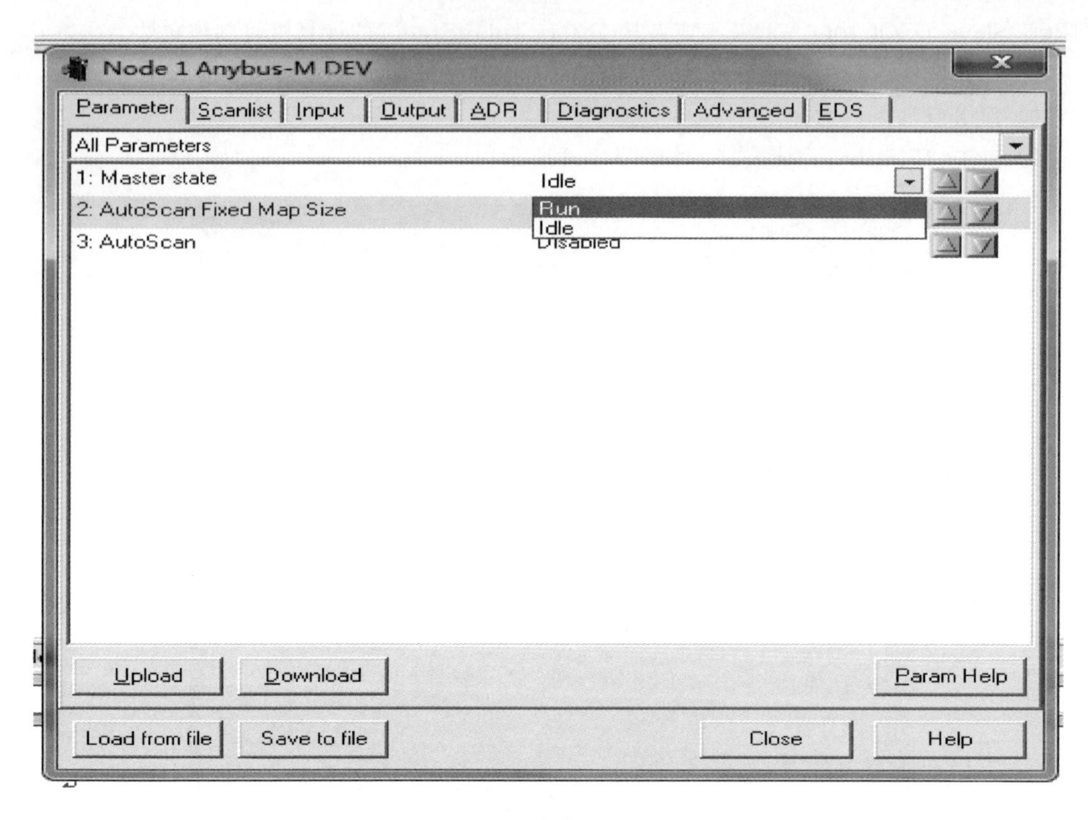

图 1-129　点击“Close”

目录下 GSDML-V2.3-HMS-ANYBUS_X_GATEWAY_PROFINET_IO-20151023.xml 文件。

② 添加 Anybus 硬件组态到 PLC 中，其他现场设备如图 1-130 所示。

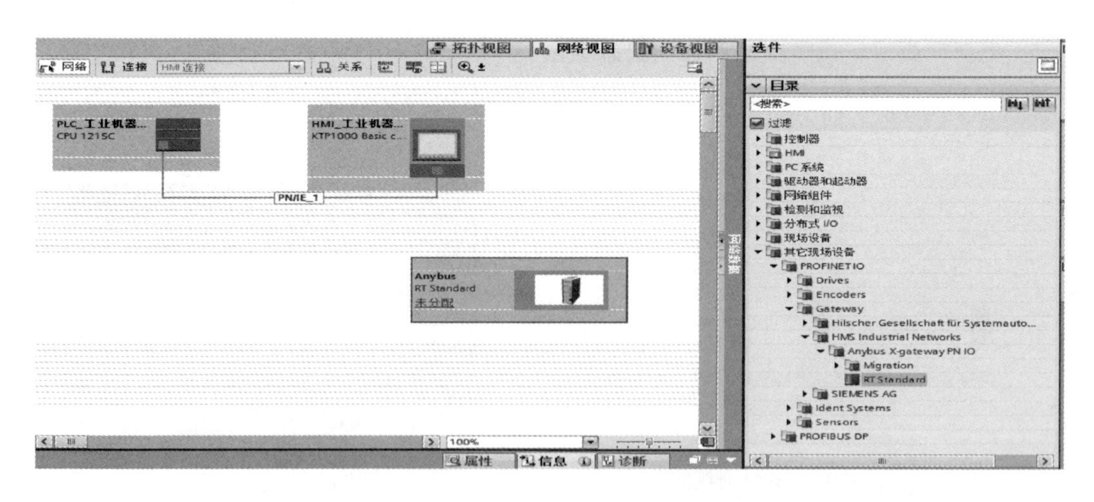

图 1-130　添加 Anybus 硬件组态

③ 选中模块，然后点击“设备视图”，点击“常规”，右侧的名称修改为“Anybus”，如图 1-131 所示。

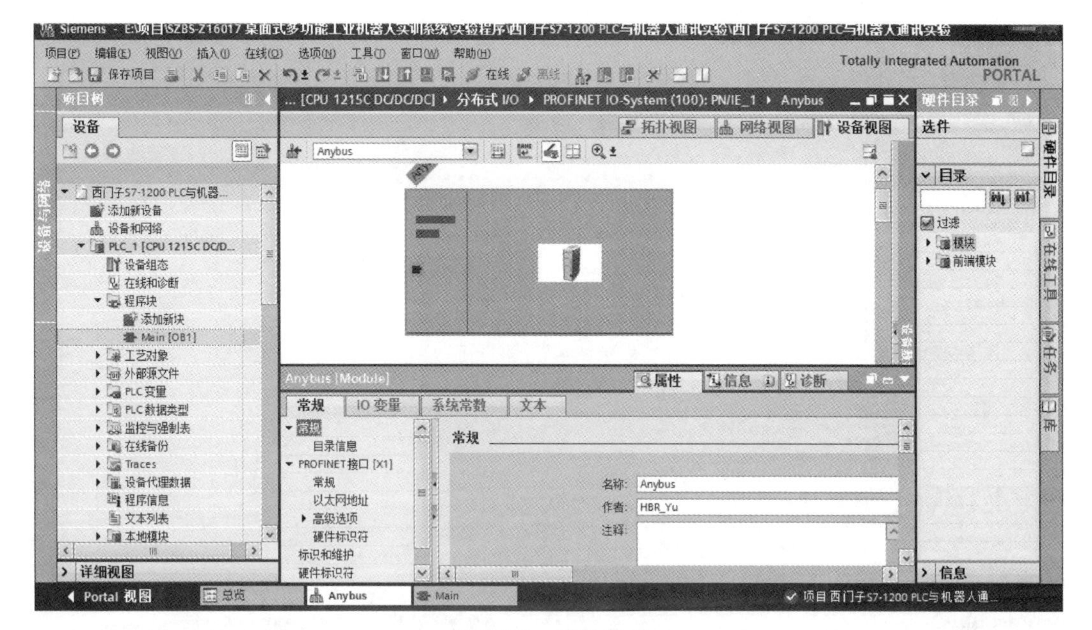

图 1-131 模块选择

④ 在“硬件目录”栏“模块”菜单下选择“Input/Output modules”中“Input/Output 016 bytes”项，双击添加。通信地址可以在设备概览中查看和修改，通常使用默认值即可，如图 1-132 所示。

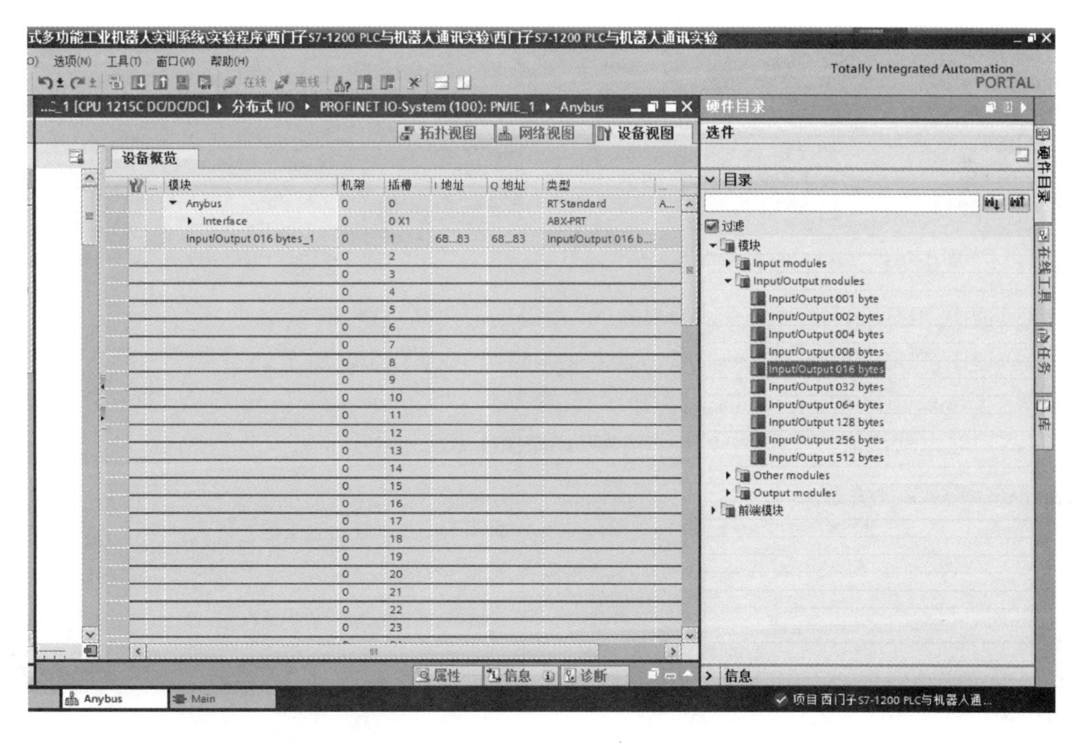

图 1-132 设置“Input/Output 016 bytes”

⑤ 根据实际需要使用通信地址，建议建立通信变量表便于管理，如图 1-133 所示。

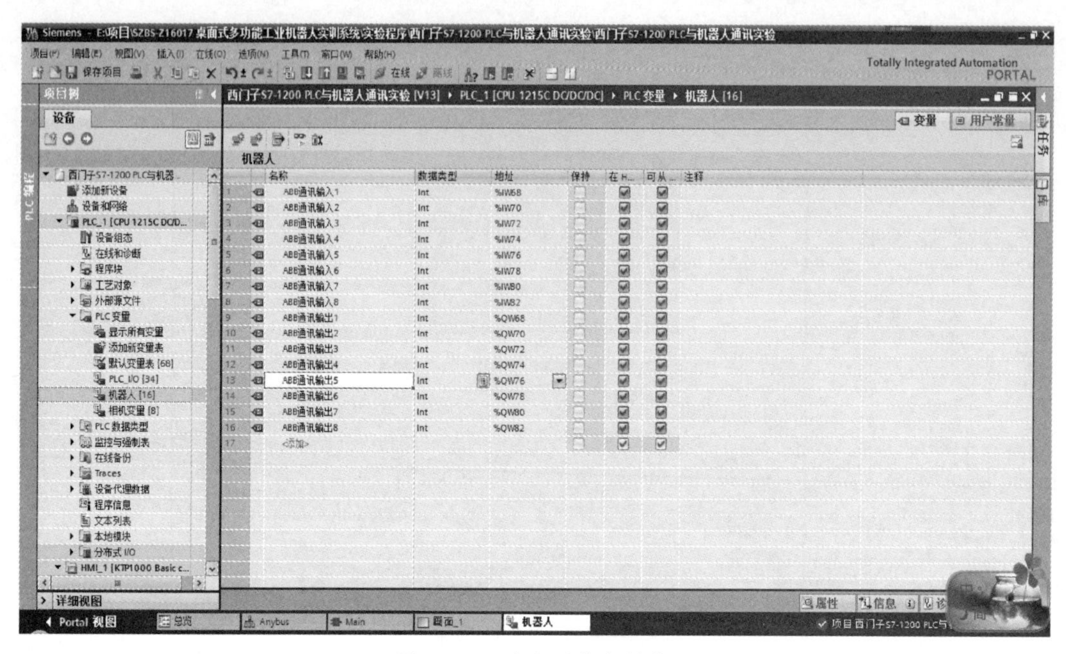

图 1-133　建立通信变量表

（6）机器人软件设置

① 点击“菜单”按钮，选择“控制面板”，如图 1-134 所示。

② 选择“配置”，如图 1-135 所示。

图 1-134　选择“控制面板”

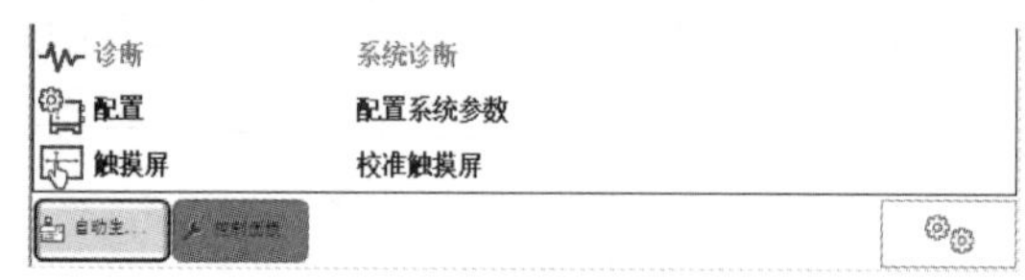

图 1-135　选择“配置”

③ 选中“DeviceNet Internal Device”，然后点击“显示全部”。

④ 选中“DN_Internal_Device”，点击“编辑”，如图 1-136 所示。

⑤“Connection Output Size (bytes)”设置为 16，“Connection Input Size (bytes)”设置为 16，其他为默认值，完成后点击“确定”，如图 1-137 所示。

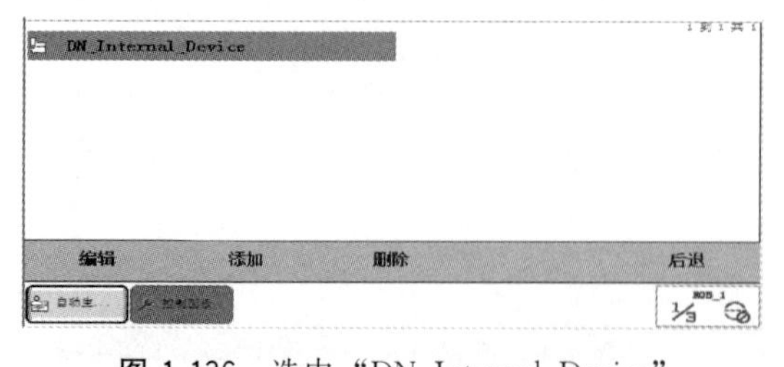

图 1-136　选中“DN_Internal_Device”

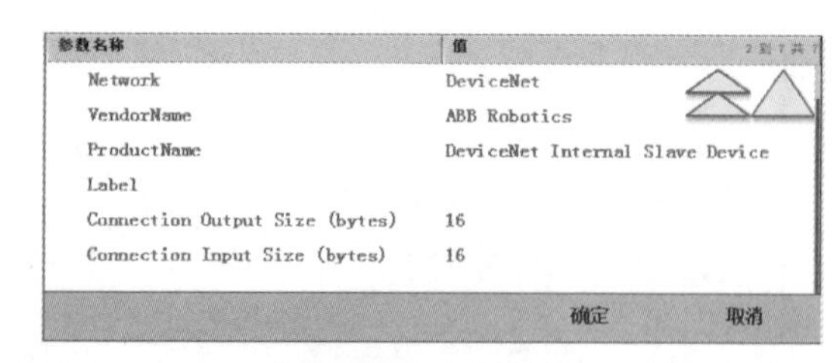

图 1-137　设置为 16

⑥ 回到配置界面，选中“Signal”，点击“显示全部”，如图 1-138 所示。

⑦ 点击“添加”，添加通信变量，如图 1-139 所示。

⑧ 按照格式添加需要的变量，完成后点击“确定”，提示重启时选择“否”，然后再次点击“添加”，如图 1-140 所示。变量符号见表 1-23。当前系统中定义的通信变量见表 1-24。

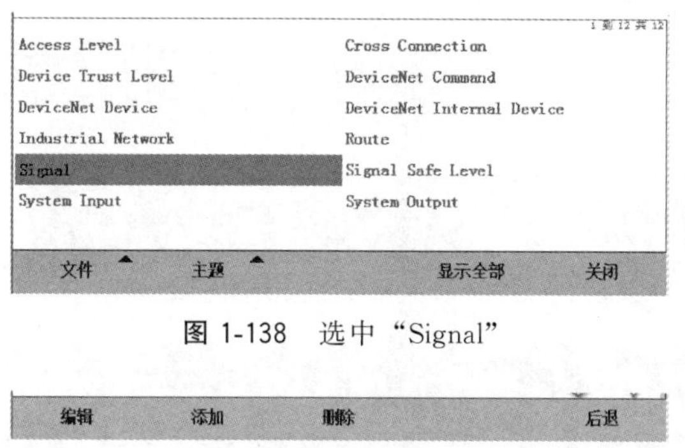

图 1-138　选中“Signal”

图 1-139　添加通信变量

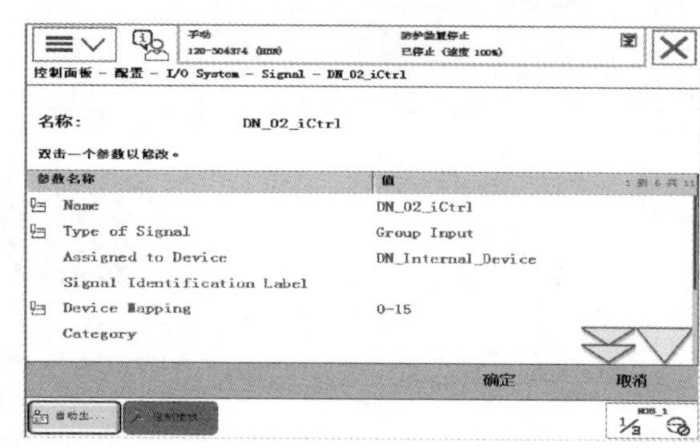

图 1-140　添加变量

表 1-23　变量符号

符号	含义	备注
Name	变量名称	自定义，尽量便于理解记忆，编程时调用
Type of signal	信号类型	有 6 种类型：数字输入输出(位)、模拟输入输出(字)、组输入输出(字)
Assigned to device	赋值到设备	赋值映射关系设置，本机控制的选择 D652_10，通过 devicenet 与 PLC 交互的选择“DN_Internal_Device”
Device mapping	端口映射设置	如果是位就设定数值，是字就设置 xx-xx，依次间隔 16 位

表 1-24　当前系统中定义的通信变量

地址	定义功能	名称	类型
0～15	启停控制字	DN_02_iCtrl	输入
16～31	放置 X 轴坐标偏移量	DN_02_iPutX	
32～47	放置 Y 轴坐标偏移量	DN_02_iPutY	
48～63	放置 Z 轴坐标偏移量	DN_02_iPutZ	
64～79	放置 Z 轴角度	DN_02_iPutA	
80～95	工具切换	DN_02_iChangeTool	
96～111	状态字	DN_02_iStatue	输出

第2章

弧焊工业机器人工作站的集成

2.1 弧焊工业机器人工作站的分类和组成

2.1.1 弧焊机器人工作站的分类

焊接机器人工作站是焊接机器人工作的一个单元，按照机器人与辅助设备的组合形式及协作方式大体可以分为简易焊接机器人工作站、焊接机器人＋变位机组合的工作站（非协同作业）、焊接机器人与辅助设备协同作业的工作站。其中，焊接机器人与辅助设备协同作业的工作站是指机器人与变位机之间，或者不同机器人之间，通过协调与合作共同完成作业任务的工作站。这一类工作站依据协调方式的不同，又可以分为非同步工作站和同步协作工作站。非同步工作站中，焊接机器人与辅助设备不同时运动，运动关系和轨迹规划内容比较简单，所能完成的任务也比较简单。对于一些复杂的作业任务，必须依靠机器人与辅助设备在作业过程中同步协调运动，共同完成作业任务，此时机器人与辅助设备的协调运动是同步工作站必须要解决的问题。

（1）简易焊接机器人工作站

在简易焊接机器人工作站（其构成示意图如图 2-1 所示）中，工件不需要改变位姿，机器人焊枪可以直接到达加工位置，焊缝较为简单，一般没有变位机，把工件通过夹具

图 2-1　简易焊接机器人工作站

固定在工作台上即可完成焊接操作，是一种能用于焊接生产的、最小组成的一套焊接机器人系统。这种类型的工作站的主要结构包括焊接机器人系统、工作台、工装夹具、围栏、安全保护设施和排烟系统等部分，另外根据需要还可安装焊枪喷嘴清理及剪丝装置。该工作站设备操作简单，成本较低，故障率低，经济效益好；但是由于工件是固定的，无法改变位置，因此无法应用在复杂焊缝的工况中。

（2）焊接机器人+ 变位机组合的工作站（非协同作业）

这类工作站是目前装备应用较广的一种焊接系统。非协同作业主要是指变位机和机器人不协同作业，变位机仅用来夹持工件并根据焊接需要改变工件的姿态。它在结构上比简易焊接机器人工作站要复杂一些，变位机与焊接机器人也有多种不同的组合形式。

1）回转工作台＋焊接机器人工作站

图 2-2 为常见的回转工作台＋焊接机器人工作站，这种类型的工作站与简易焊接机器人工作站结构相类似，区别在于焊接时工件需要通过变位机的旋转而改变位置。变位机只做回旋运动，因此，常选用两分度的回转工作台（1 轴）只做正反 180°回转。

回转工作台的运动一般不由机器人控制柜直接控制，而是由另外的可编程控制器（PLC）来控制。当机器人焊接完一个工件后，通过其控制柜的 I/O 端口给 PLC 一个信号，PLC 按预定程序驱动伺服电机或气缸使工作台回转。工作台回转到预定位置后将信号传给机器人控制柜，调出相应程序进行焊接。

2）旋转-倾斜变位机＋焊接机器人工作站

在焊接加工中，有时为了获得理想的焊枪姿态及路径，需要工件做旋转或倾斜变位，这就需要配置旋转-倾斜变位机，通常为两轴变位机。在这种工作站的作业中，焊件既可以做旋转（自转）运动，也可以做倾斜变位，图 2-3 为一种常见的旋转-倾斜变位机＋焊接机器人工作站。

图 2-2　回转工作台＋焊接机器人工作站

图 2-3　旋转-倾斜变位机＋焊接机器人工作站

这种类型的外围设备一般都是由 PLC 控制，不仅控制变位机正反 180°回转，还要控制工件的倾斜、旋转或分度的转动。在这种类型的工作站中，机器人和变位机不是协调联动的，即当变位机工作时，机器人是静止的，机器人运动时变位机是不动的。所以编程时，应先让变位机使工件处于正确焊接位置后，再由机器人来焊接作业，再变位，再焊接，直到所有焊缝焊完为止。旋转-倾斜变位机＋焊接机器人工作站比较适合焊接那些需要变位的较小型工件，应用范围较为广泛，在汽车、家用电器等生产中常常采用这种方案的工作站，具体结构会因加工工件不同有差别。

3）翻转变位机＋焊接机器人工作站

图 2-4 为翻转变位机＋焊接机器人工作站，在这类工作站的焊接作业中，工件需要翻转一定角度以满足机器人对工件正面、侧面和反面的焊接。翻转变位机由头座和尾座组成，一般头座转盘的旋转轴由伺服电机通过变速箱驱动，采用码盘反馈的闭环控制，可以任意调速和定位，适用于长工件的翻转变位。

4）龙门机架＋焊接机器人工作站

图 2-5 是龙门机架＋焊接机器人工作站中一种较为常见的组合形式。为了增加机器人的活动范围，采用倒挂焊接机器人的形式，可以根据需要配备不同类型的龙门机架，图 2-5 中配备的是一台 3 轴龙门机架。龙门机架的结构要有足够的刚度，各轴都由伺服电机驱动、码盘反馈闭环控制，其重复定位精度必须达到与机器人相当的水平。龙门机架配备的变位机可以根据加工工件来选择，图 2-5 中就是配备了一台翻转变位机。对于不要求机器人和变位机协调运动的工作站，机器人和龙门机架分别由两个控制柜控制，因此在编程时必须协调好龙门机架和机器人的运行速度。一般这种类型的工作站主要用来焊接中大型结构件的纵向长直焊缝。

图 2-4 翻转变位机＋焊接机器人工作站

图 2-5 龙门机架＋焊接机器人工作站

5）轨道式焊接机器人工作站

轨道式焊接机器人工作站的形式如图 2-6 所示，一般焊接机器人在滑轨上做往返移动增加了作业空间。这种类型的工作站主要焊接中大型构件，特别是纵向长焊缝/纵向间断焊缝、间断焊点等，变位机的选择是多种多样的，一般配备翻转变位机的居多。

图 2-6 轨道式焊接机器人工作站

2.1.2 工业机器人弧焊工作站的组成

一个完整的工业机器人弧焊系统由工业机器人、焊枪、焊机、焊接电源、送丝机、焊丝、焊丝盘、气瓶、冷却水系统（限于须水冷的焊枪）、剪丝清洗设备、烟雾净化系统或者烟雾净化过滤机、焊接变位机等组成，如图 2-7 与图 2-8 所示。

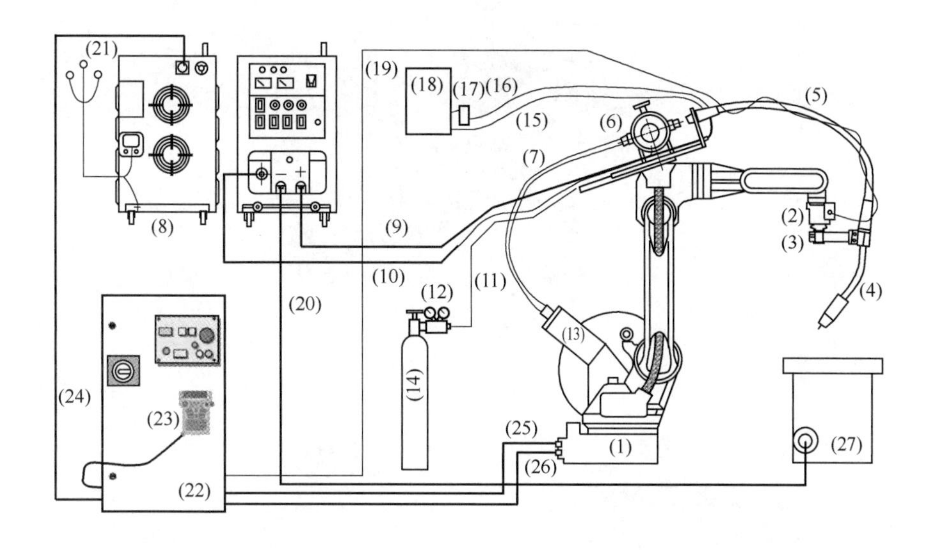

图 2-7　工业机器人弧焊工作站的组成

（1）机器人本体；（2）防碰撞传感器；（3）焊枪把持器；（4）焊枪；（5）焊枪电缆；（6）送丝机构；（7）送丝管；（8）焊接电源；（9）功率电缆（＋）；（10）送丝机构控制电缆；（11）保护气软管；（12）保护气流量调节器；（13）送丝盘架；（14）保护气瓶；（15）冷却水冷水管；（16）冷却水回水管；（17）水流开关；（18）冷却水箱；（19）碰撞传感器电缆；（20）功率电缆（－）；（21）焊机供电一次电缆；（22）机器人控制柜；（23）机器人示教盒；（24）焊接指令电缆；（25）机器人供电电缆；（26）机器人控制电缆；（27）夹具及工作台

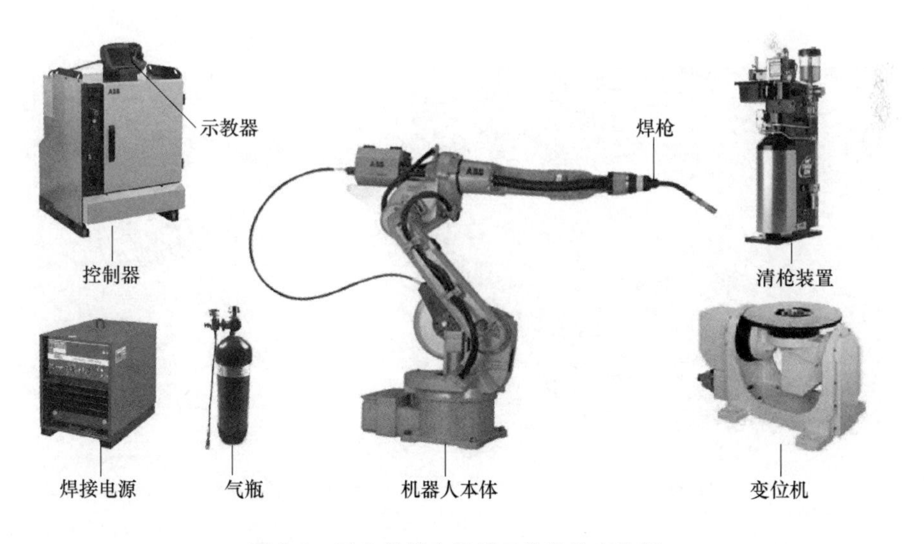

图 2-8　工业机器人弧焊工作站的实物图

（1）机器人本体

用于焊接的工业机器人一般有三到六个自由运动轴，在末端执行器夹持焊枪，按照程序要求轨迹和速度进行移动，如图 2-9 所示。轴数越多，运动越灵活，目前工业装备中最常见的就是六轴多关节焊接机器人。

(a) 全自动三轴焊接机器人

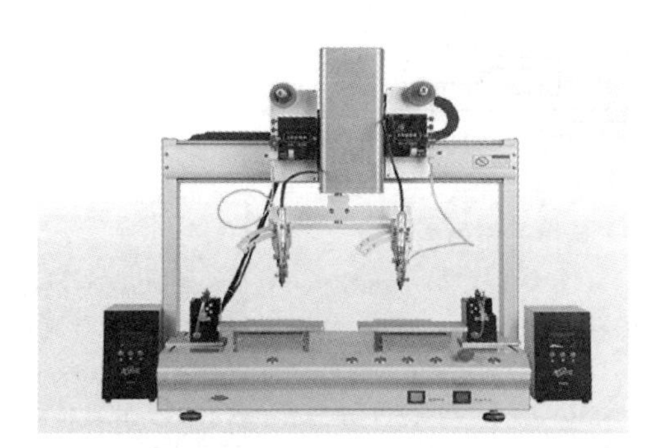

(b) 四轴焊接机器人

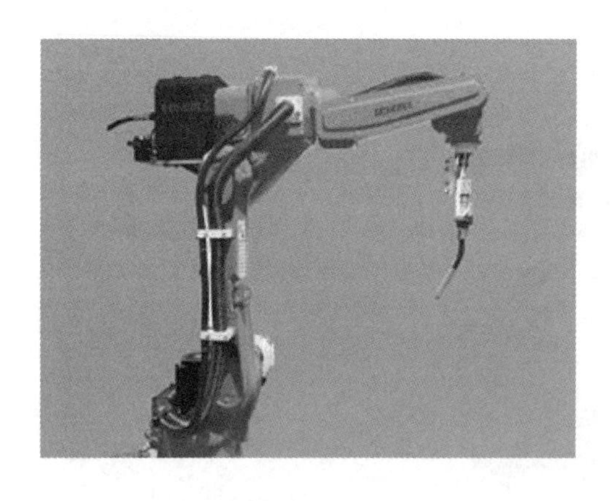

(c) 五轴焊接机器人

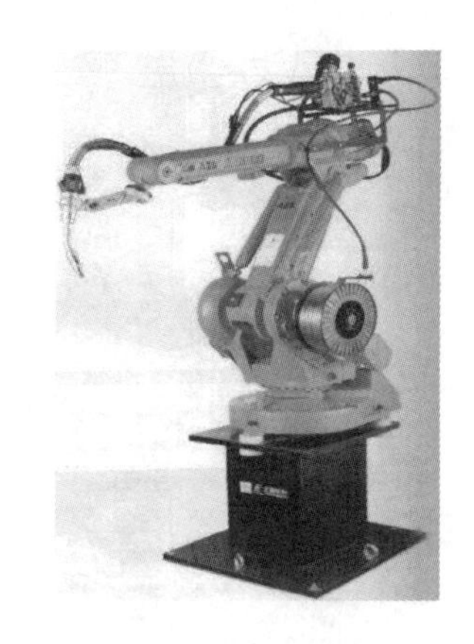

(d) 六轴焊接机器人(ABB1410机器人)

图 2-9　机器人本体

（2）焊接系统

根据焊接方式的不同，机器人上可以加载不同的焊接设备，比如熔化极焊接设备、非熔化极焊接设备、点焊设备等。

1）焊接电源

常见的焊机包括抽头式电焊机（图 2-10）、晶闸管整流焊机（图 2-11），目前较为常用的晶闸管整流焊机主要是KR系列；逆变式二保焊机（图2-12），可分为MOS-FET场效应管式、单管IGBT式和IGBT模块式三大类。现在较为先进的电源是全数字CO_2/MAG焊接电源（图2-13），较为先进的技术为双丝焊接技术（图2-14），目前双丝焊主要有两种方法：一种是Twin arc法，另一种为Tandem法，如图2-15所示。电源融合技术也是最近发展的技术，它是打破了焊接电源和机器人两者间的壁垒而出现的专用机器人技术，如图2-16所示。

图2-10 NBC-315抽头式CO_2焊机

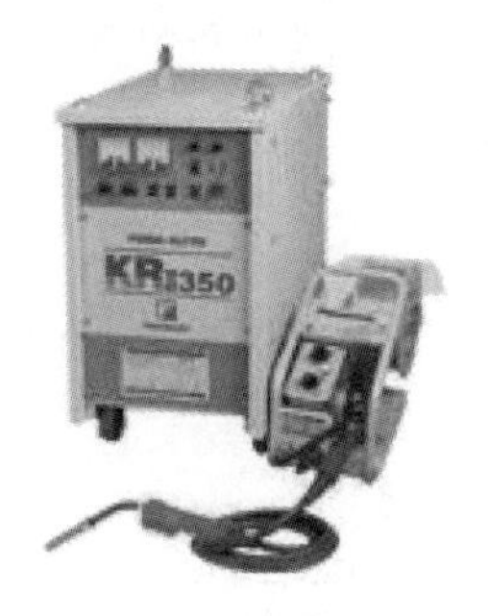

图2-11 松下晶闸管控制CO_2/MAG焊机

图2-12 直流逆变CO_2焊机

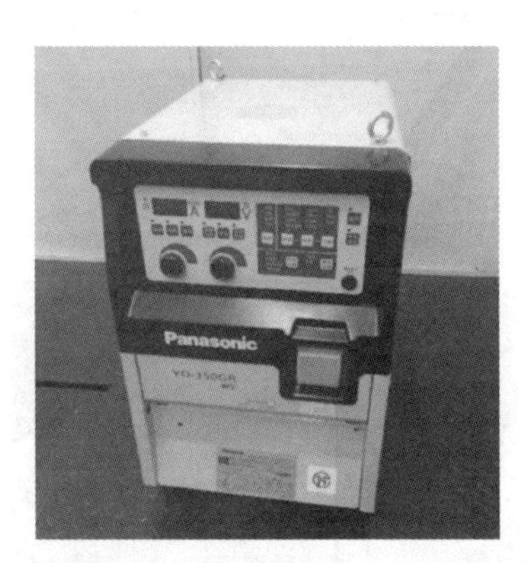

图2-13 日本Panasonic全数字CO_2/MAG焊接电源

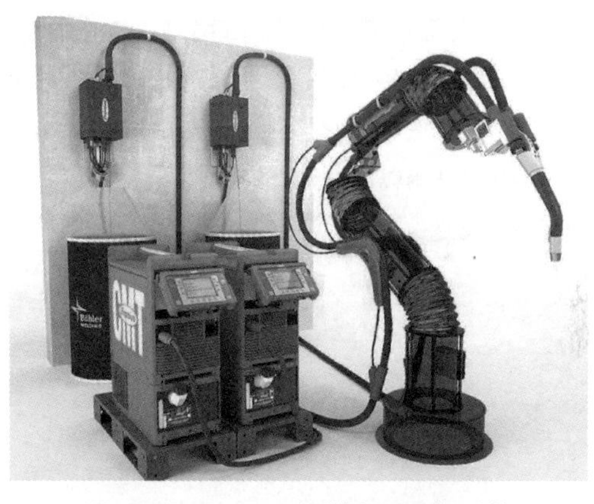

图2-14 Fronius机器人双丝焊系统

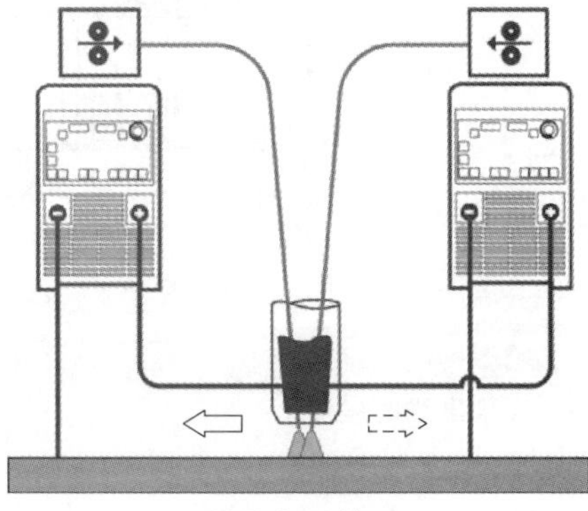

(a) Twin arc法

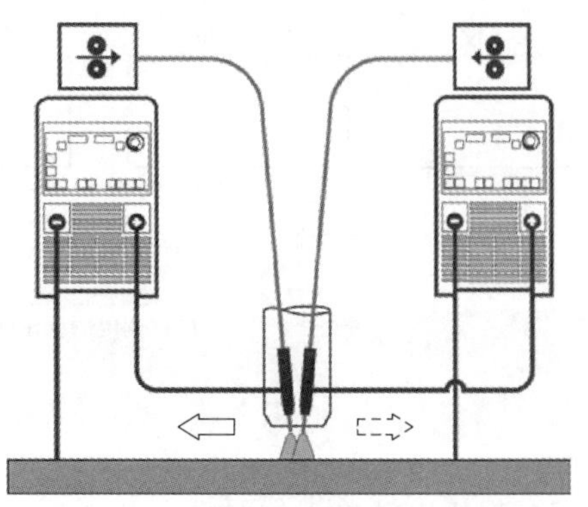

(b) Tandem法

图2-15 双丝焊的两种基本方式

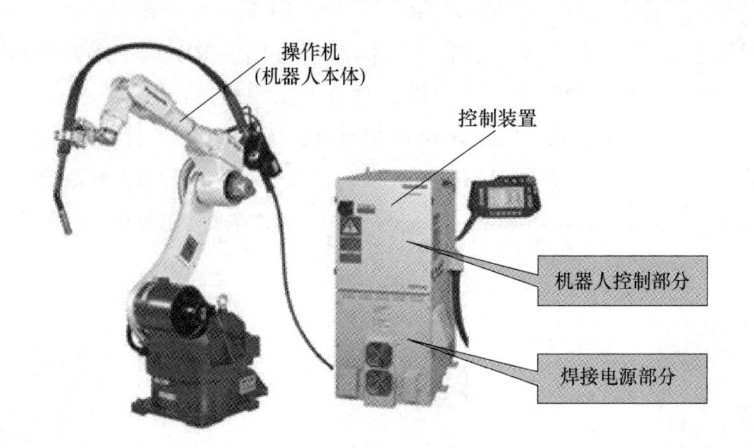

图 2-16 松下 TAWERS电源融合型弧焊机器人

2）焊接电压检出线的接线

① 单台焊接电源单工位焊接。

在进行焊接电压检出线的接线作业时，务必严格遵守以下各项内容，否则焊接时飞溅量可能会增加。

- 焊接电压检出线应连接到尽可能靠近焊接处。
- 尽可能将焊接电压检出线与焊接输出电缆分开，间隔至少保持在 100mm 以上。
- 焊接电压检出线的接线须避开焊接电流通路。

② 单台焊接电源多工位焊接。

采用多工位焊接时，如图 2-17“多工位焊接时焊接电压检出线的连接”所示，将焊接电压检出线连接到距离焊接电源最远的工位。

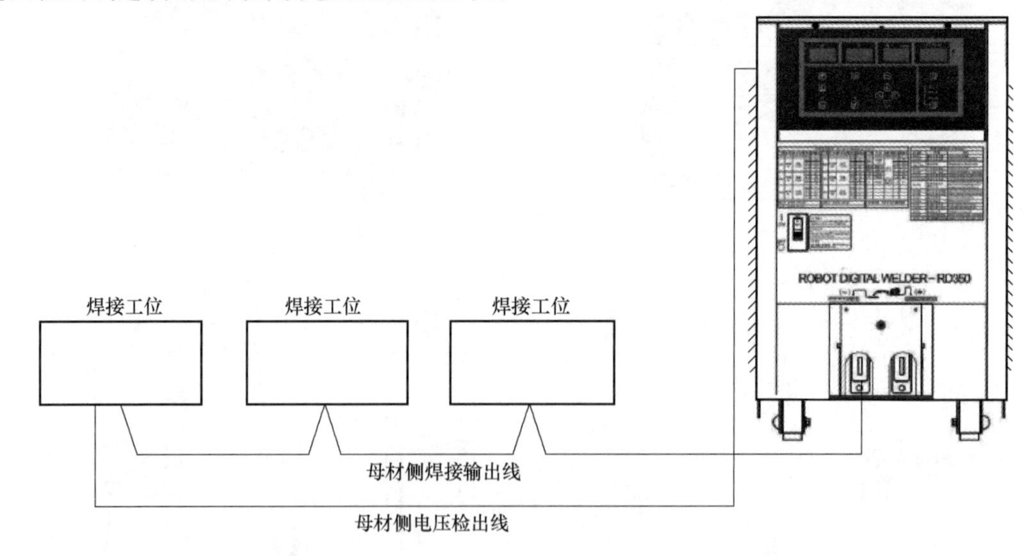

图 2-17 多工位焊接时焊接电压检出线的连接

③ 多台焊接电源单工位焊接。

使用多台焊接电源进行焊接时，如图 2-18 所示。将各自母材侧焊接输出电缆配至焊接工件附近；母材侧电压检出线须避开焊接电流通路进行接线，尤其是焊接输出电缆 A⇔电压检出线 B、焊接输出电缆 B⇔电压检出线 A，至少保持 100mm 以上的距离。

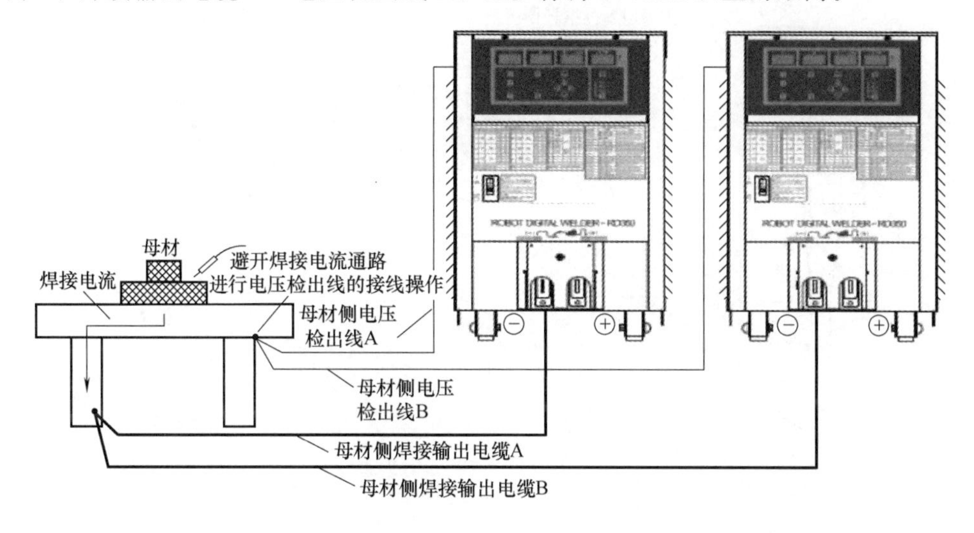

图 2-18　使用多台焊接电源焊接时焊接电压检出线的连接

3）焊枪

常用焊枪的种类如图 2-19 所示。机器人用焊枪按照冷却方式分为空冷型和水冷型；按照安装方式可分为内置式焊枪系统（如图 2-20 所示）和外置式焊枪系统（图 2-21 所示）。焊枪枪颈结构如图 2-22 所示。夹持器是用来连接防撞传感器的，一般外置，分为固定式和角度可调式，如图 2-23 所示。近年来又出现了数字焊枪（如图 2-24 所示）与复合焊枪，例如随着激光器和电弧焊设备性能的提高，激光/电弧复合热源焊接技术得到越来越多的应用，如图 2-25 所示为激光/电弧复合热源焊枪。

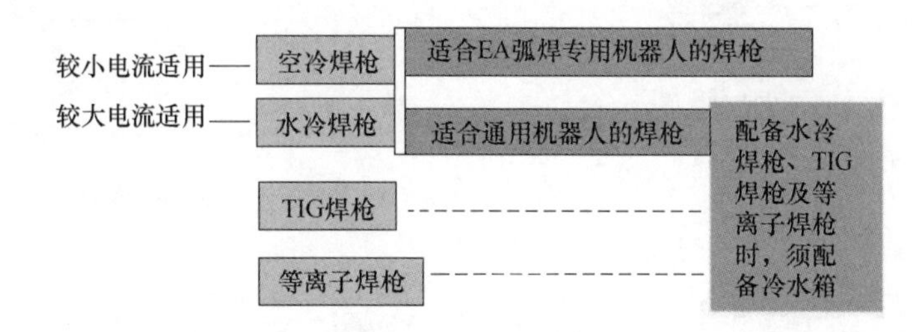

图 2-19　常用焊枪的种类

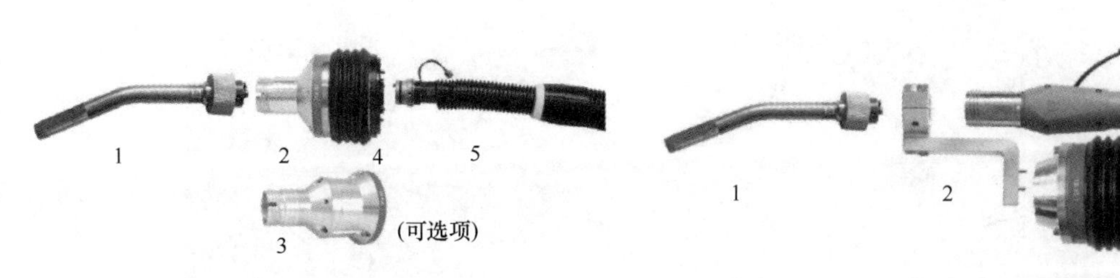

图 2-20　内置式机器人焊枪系统

1—枪颈；2—防撞传感器（不含绝缘法兰）；3—焊枪夹持器；4—绝缘法兰；5—集成电缆

图 2-21　外置式机器人焊枪系统

1—枪颈；2—Z 形夹持器；3—防撞传感器（含绝缘法兰）；4—集成电缆

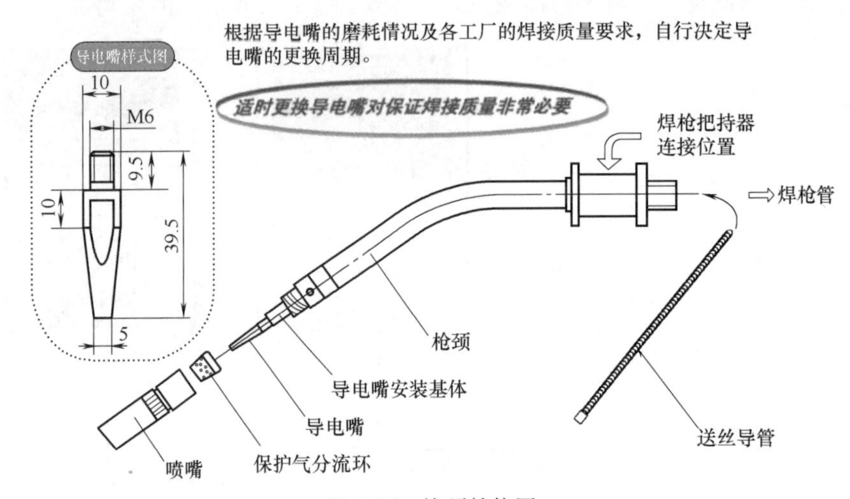

图 2-22　枪颈结构图

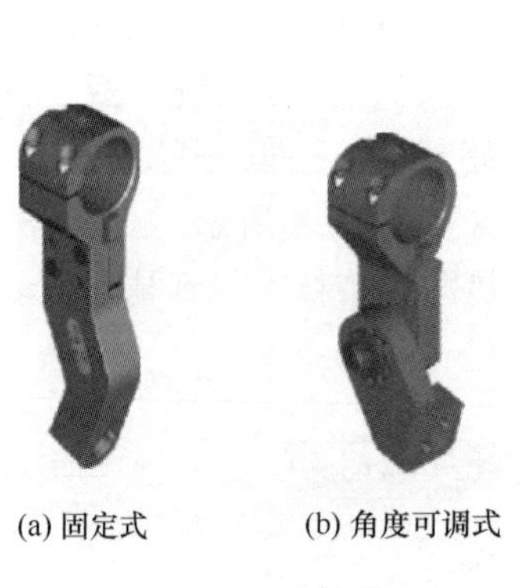

(a) 固定式　(b) 角度可调式

图 2-23　夹持器

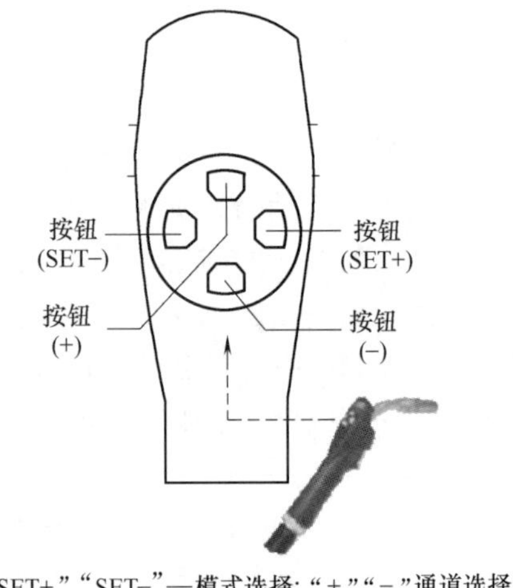

“SET+”“SET−”—模式选择;“+”“−”通道选择

图 2-24　数字焊枪图

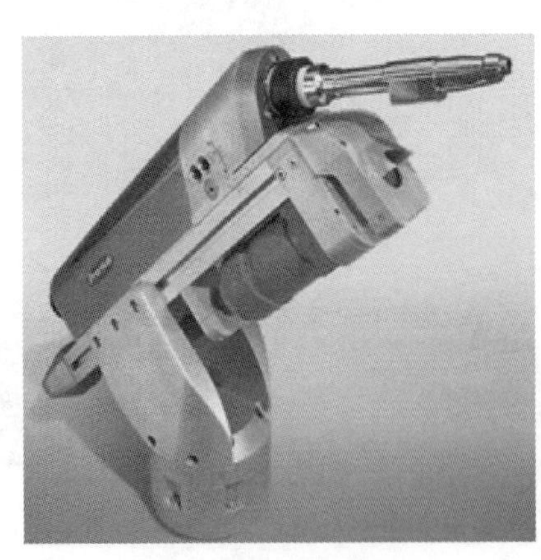

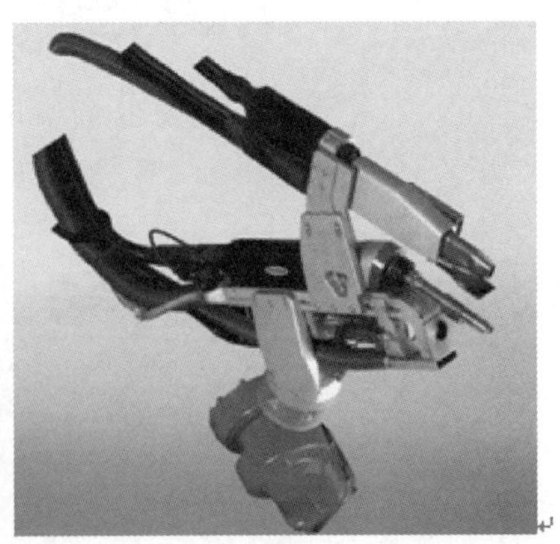

(a) LaserHybrid复合焊　(b) LaserHybrid+Tandem复合焊

图 2-25　激光/电弧复合热源焊枪

4）送丝机

① 种类。

送丝机是驱动焊丝向焊枪输送的装置，它处于焊接电源与工件之间，一般情况下更靠近工件，以减少送丝阻力，提高送丝稳定性。常见的送丝机按照与焊接电源的组合形式主要分为分体式送丝机（图 2-26）和一体式送丝机（图 2-27）。

图 2-26　分体式送丝机

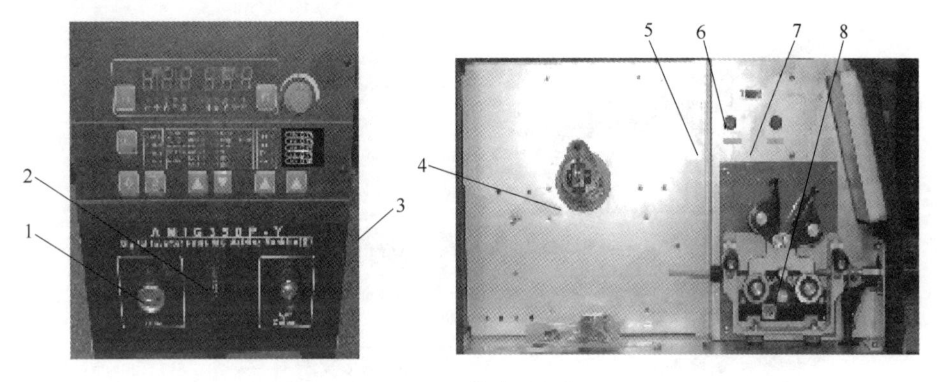

图 2-27　一体式送丝机

1—焊枪接口；2—数字焊枪控制插座；3—焊机输出插座（一）；4—丝盘轴；5—点送送丝按钮；6—程序升级下载口 X4；7—气检按钮；8—送丝机机构

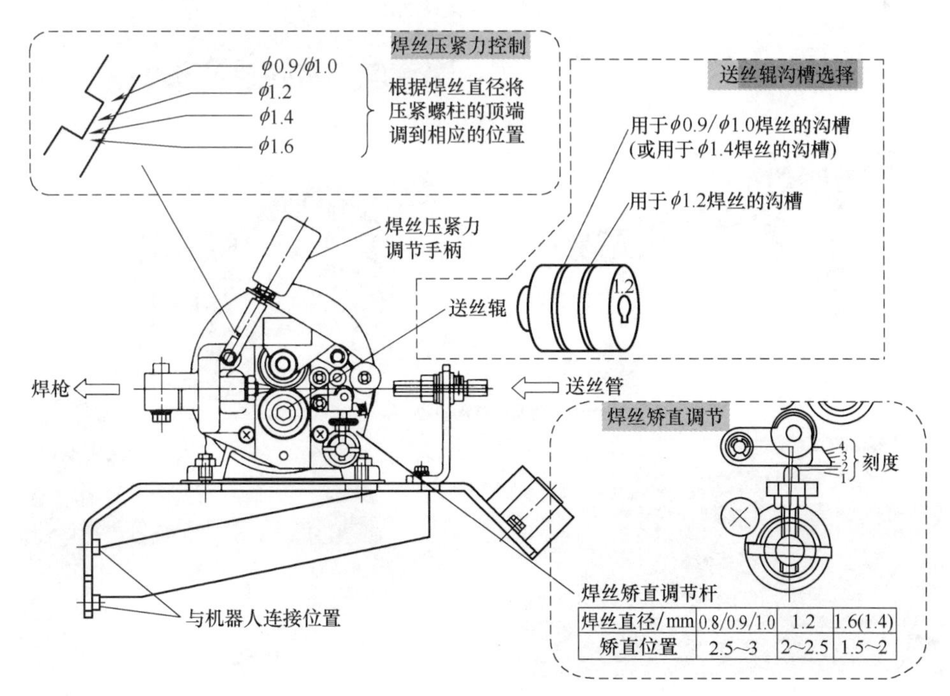

焊丝直径/mm	0.8/0.9/1.0	1.2	1.6(1.4)
矫直位置	2.5~3	2~2.5	1.5~2

图 2-28　送丝机结构图

② 结构。

送丝装置由焊丝送进电动机、保护气体开关电磁阀和送丝滚轮等部分构成，如图 2-28 所示。

送丝软管是集送丝、导电、输气和通冷却水于一体的输送设备，软管结构如图 2-29 所示。

橡胶层
控制线
焊接电缆
尼龙管
弹簧管
焊丝

图 2-29　软管结构

（3）外轴

1）机器人行走轨道

为了扩大弧焊机器人的工作范围，让机器人可以在多个不同位置上完成作业任务，提高工作效率和柔性，一种典型的配置就是增加外部轴，将机器人安装在移动轨道上，常用的移动轨道如图 2-30 所示。

(a) 单轴龙门移动轨道

(b) 两轴龙门移动轨道

(c) 三轴龙门移动轨道

(d) 单轴机器人地面轨道　(e) 两轴机器人地面轨道　(f) C型机器人倒吊支撑

图 2-30　常用的移动轨道

2）焊接变位机

用来拖动待焊工件，使其待焊焊缝运动至理想位置进行施焊作业的设备，称为焊接变位机，如图 2-31 所示。通过控制可实现变位机和多个机器人的协同运动，如图 2-32 所示。

(a) 双立柱单回转式变位机

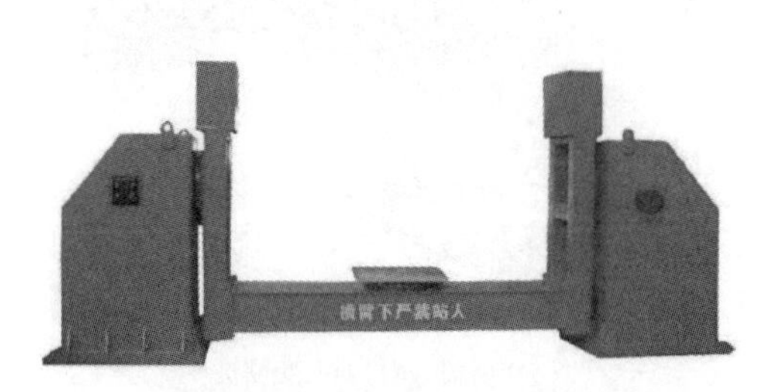

(b) U型双座式头层双回转变位机

(c) L型双回转焊接变位机

(d) C型双回转焊接变位机

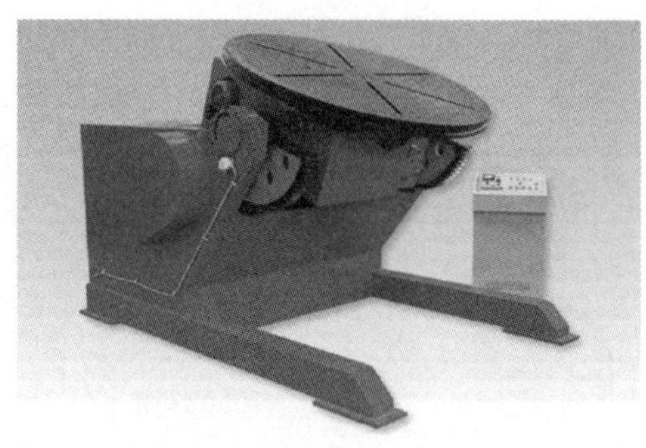

(e) 座式焊接变位机

(f) 单轴E型机器人变位机

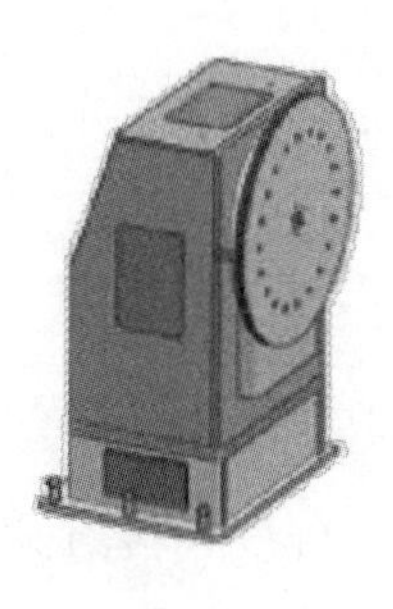

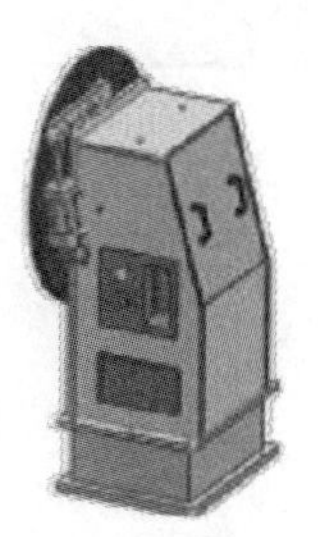

(g) 两轴H型机器人变位机

(h) 两轴D型机器人变位机

图 2-31

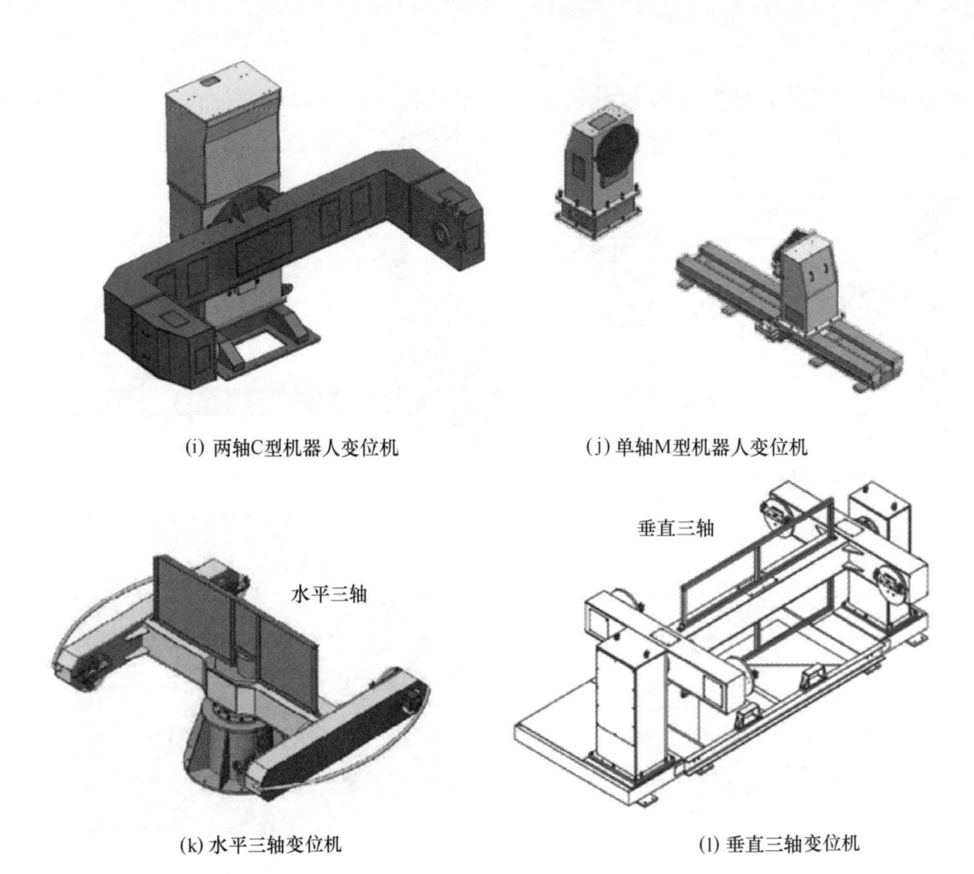

(i) 两轴C型机器人变位机　　(j) 单轴M型机器人变位机

(k) 水平三轴变位机　　(l) 垂直三轴变位机

图 2-31　焊接变位机

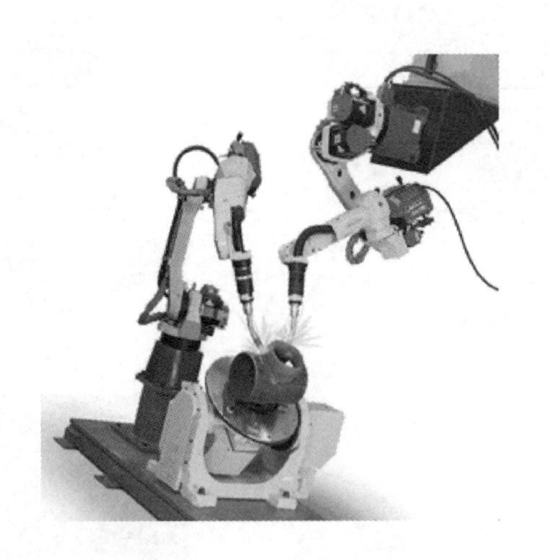

图 2-32　多机协同工作模式

（4）供气装置

熔化极气体保护焊要求可靠的气体保护。供气系统的作用就是保证纯度合格的保护气体在焊接时以适宜的流量平稳地从焊枪喷嘴喷出，如图 2-33 所示。目前国内保护气体的供应方式主要有瓶装供气和管道（集中）供气两种，但以瓶装供气为主。如图 2-34 所示，气瓶出口处安装了减压器，减压器由减压机构、加热器、压力表、流量计等部分组成。

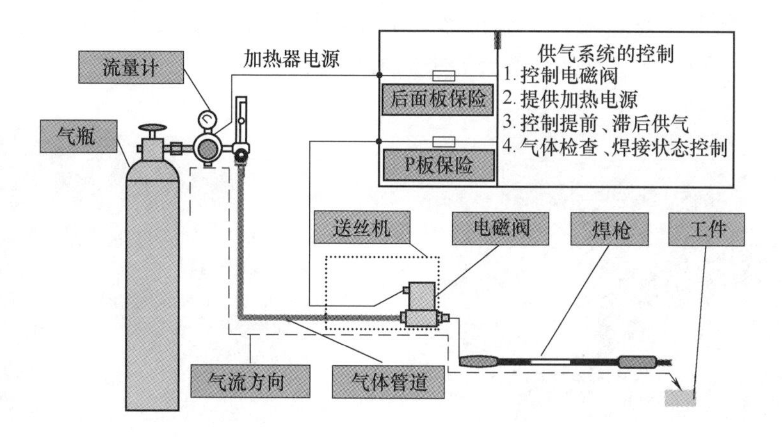

图 2-33　供气系统结构示意图

1）瓶装式

瓶体一般由无缝钢管制成，为高压容器设备，其上装有容器阀。常见的瓶体供气设备的主要组成如图 2-34 所示。二氧化碳气瓶瓶体颜色为铝白色，字体为黑色；氩气瓶为银灰色，字体为绿色；氦气瓶为灰色，字体深绿色。常见气瓶如图 2-35 所示。

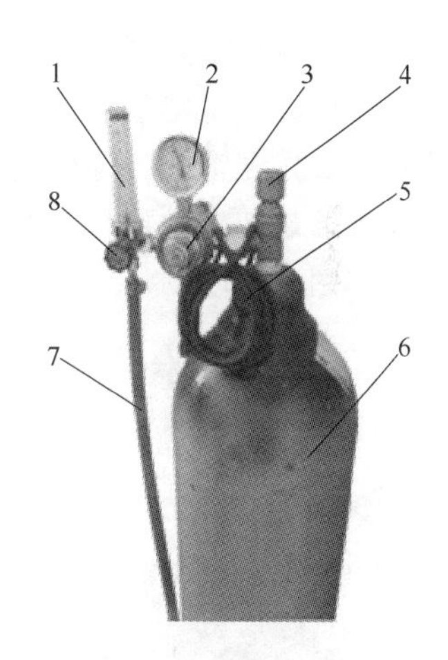

图 2-34　气瓶总成

1—流量表；2—压力表；3—减压机构；4—气瓶阀；5—加热器电源线；6—40L 气瓶；7—PVC 气管；8—流量调整旋钮

2）集中供气

为了提高工作效率和安全生产，可采用集中供气，即将单个用气点的单个供气气源集中在一起，将多个气体盛装的容器（高压钢瓶、低温杜瓦罐等）集合起来实现集中供气，常用的形式是气体汇流排，图 2-36 所示为某供气室内的气体汇流排。汇流排的工作原理是将瓶装气体通过卡具及软管输入至汇流排主管道，经减压、调节，通过管道输送至使用终端。使用汇流排可以减少换钢瓶的次数，减轻工人的劳动强度和节约人工成本；让高压气体集中管理，可以减少安全隐患的存在；可以节约场地空间，更好地合理利用场地空间。

(a) 二氧化碳气瓶

(b) 氩气瓶

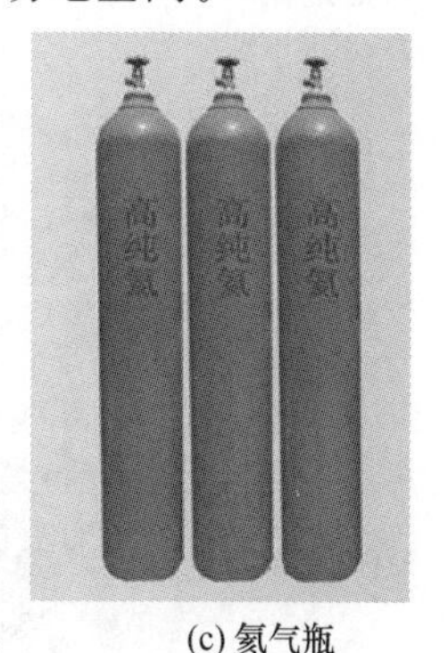

(c) 氦气瓶

图 2-35　常见焊接用气瓶

（5）防撞装置

为保证工业机器人设备安全，在机器人手部安装工具时一般都附加一个防碰撞传感器，如图 2-37 所示，确保及时感测到工业机器人工具与周边设备或人员发生碰撞并停机。防碰撞传感器采用高吸能弹簧，确保设备具有很高的重复定位精度。

图 2-36　气体汇流排

图 2-37　防碰撞传感器

（6）焊枪清理装置

工业机器人焊枪经过焊接后，内壁会积累大量的焊渣，影响焊接质量，因此需要使用焊枪清理装置定期清除；焊丝过短、过长或焊丝端头成球状，也可以通过焊枪清理装置进行处理。焊枪清理装置主要包括剪丝、沾油、清渣以及喷嘴外表面的打磨装置，如图 2-38 所示。其结构如图 2-39 所示。

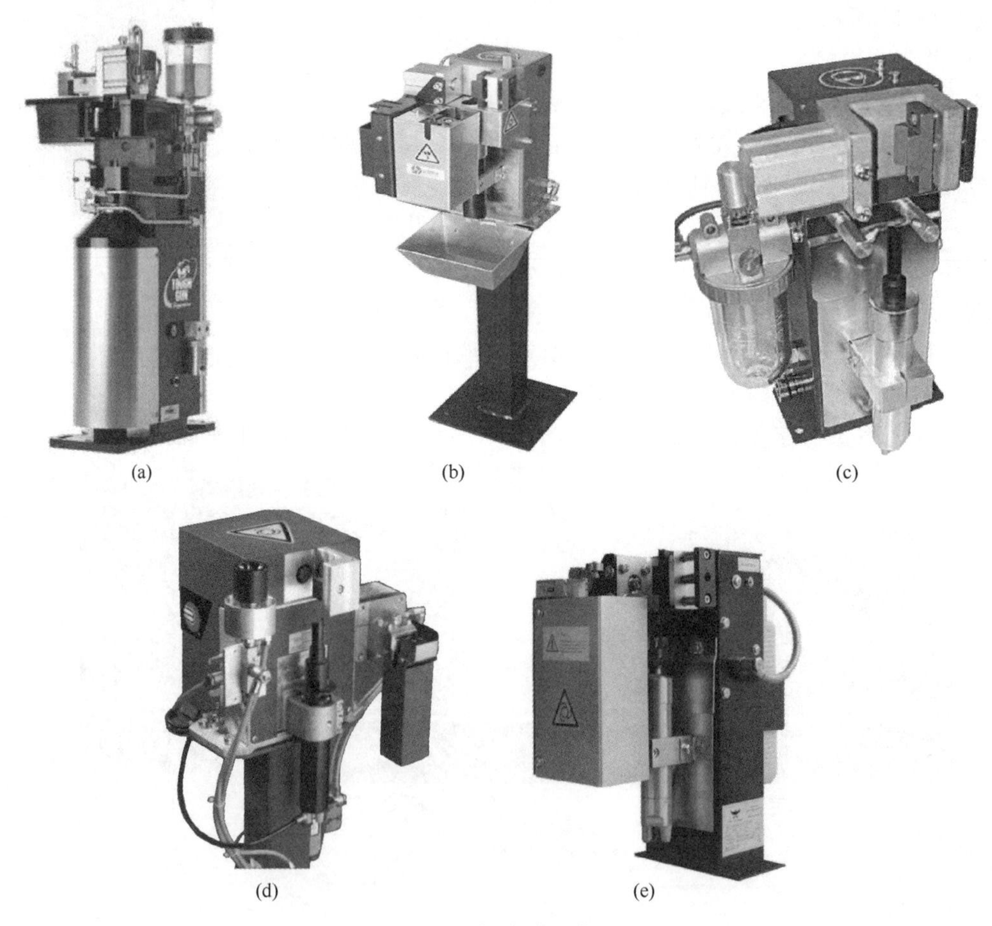

图 2-38　焊枪清理装置

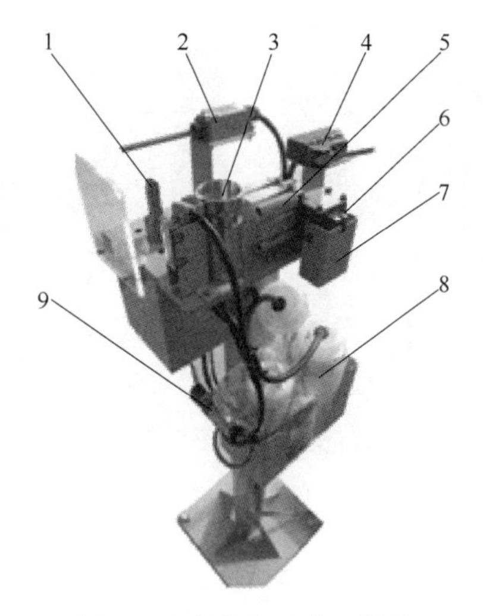

图 2-39 焊枪清理装置结构

1—清渣头；2—清渣电机开关；3—喷雾头；4—剪丝气缸开关；5—剪丝气缸；6—剪丝刀；7—剪丝收集盒；8—润滑油瓶；9—电磁阀

（7）安全防护装置

为了防止焊接过程中的弧光辐射、飞溅伤人、工位干扰，一般焊接机器人工作站都配置安全防护装置，例如安全围栏、挡弧板等，如图 2-40 所示。有时还会用到安全地毯，如图 2-41 所示。

(a) 围栏示意图

(b) 实心钢板围栏示意图

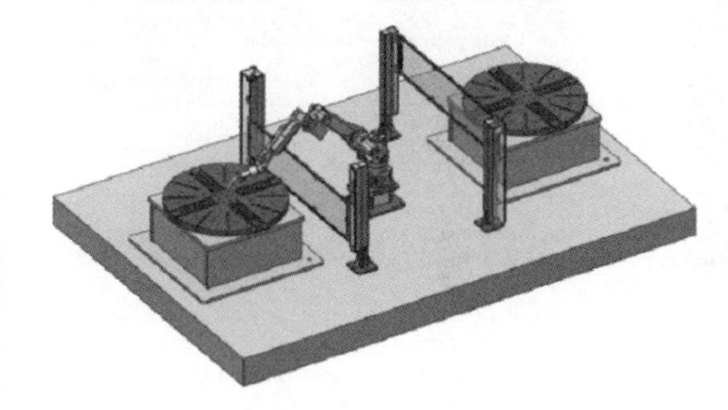

(c) 升降式挡弧光板示意图

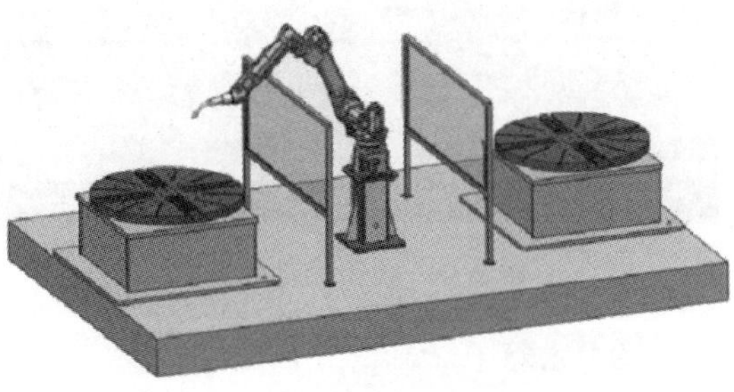

(d) 固定式挡弧光板示意图

图 2-40

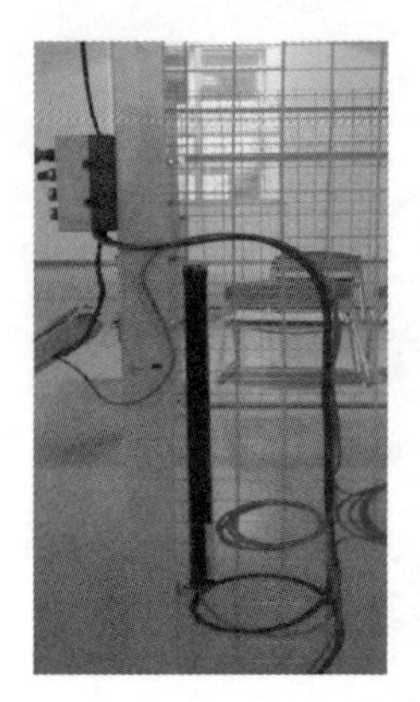

(e) 安装光栅

图 2-40　安全围栏与挡弧板

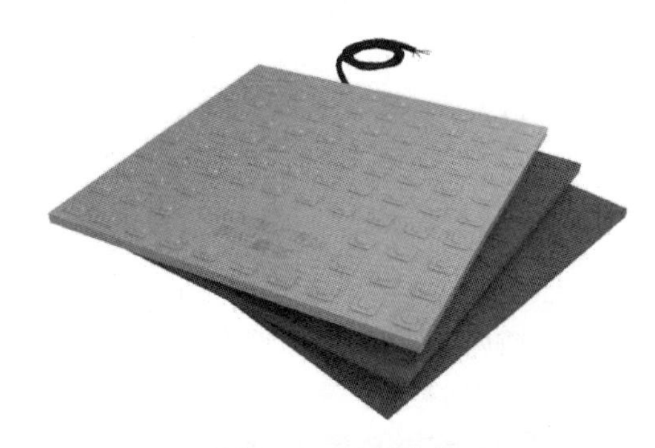

图 2-41　安全地毯

（8）焊接排烟除尘装置

焊接生产车间的排烟除尘装置主要分两种：管道集中排烟除尘系统和移动式焊接排烟除尘机，如图 2-42、图 2-43 所示。

图 2-42　集中排烟除尘系统

图 2-43　移动式焊接排烟除尘机

（9）水箱

弧焊的冷却，可以分为水冷与风冷两种。水冷可以配水箱，如图 2-44 所示。水箱可以放置在电源下方，无需另外接电，结构紧凑，方便工作站布置。

图 2-44　水箱

2.2 工作站的集成

2.2.1 弧焊机器人各单元间连接

（1）框图

弧焊单元间的连接包括焊机和送丝机、焊机和焊接工作台、焊机和加热器、送丝机和机器人柜、焊枪和送丝机、气瓶和送丝机气管连接，如图 2-45 所示。

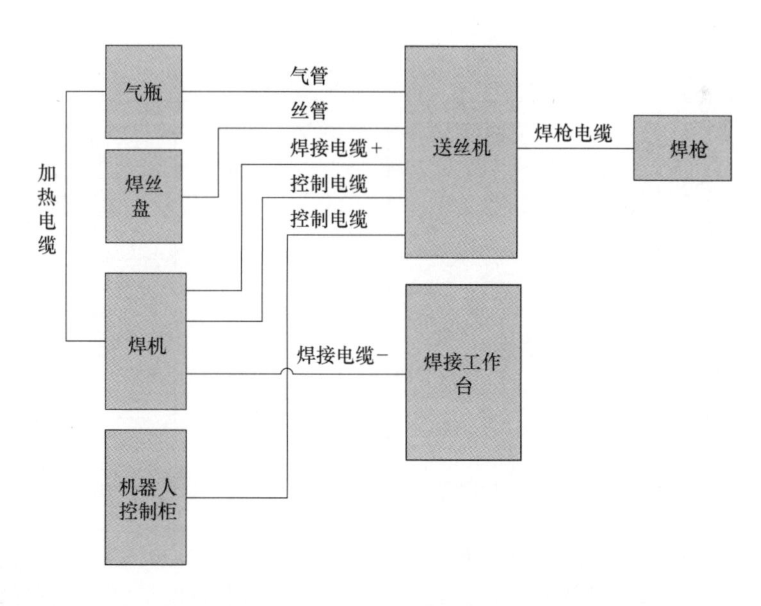

图 2-45　弧焊机器人各单元间连接框图

（2）电路图（图 2-46 ~ 图 2-52）

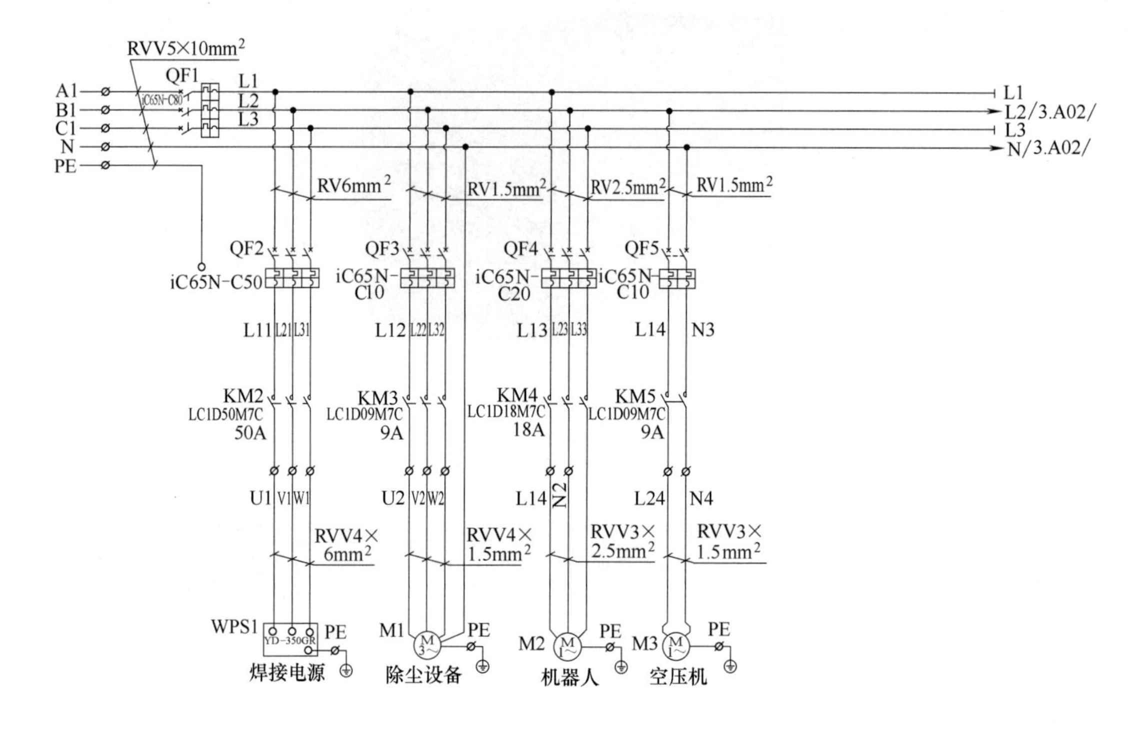

图 2-46 主电路图

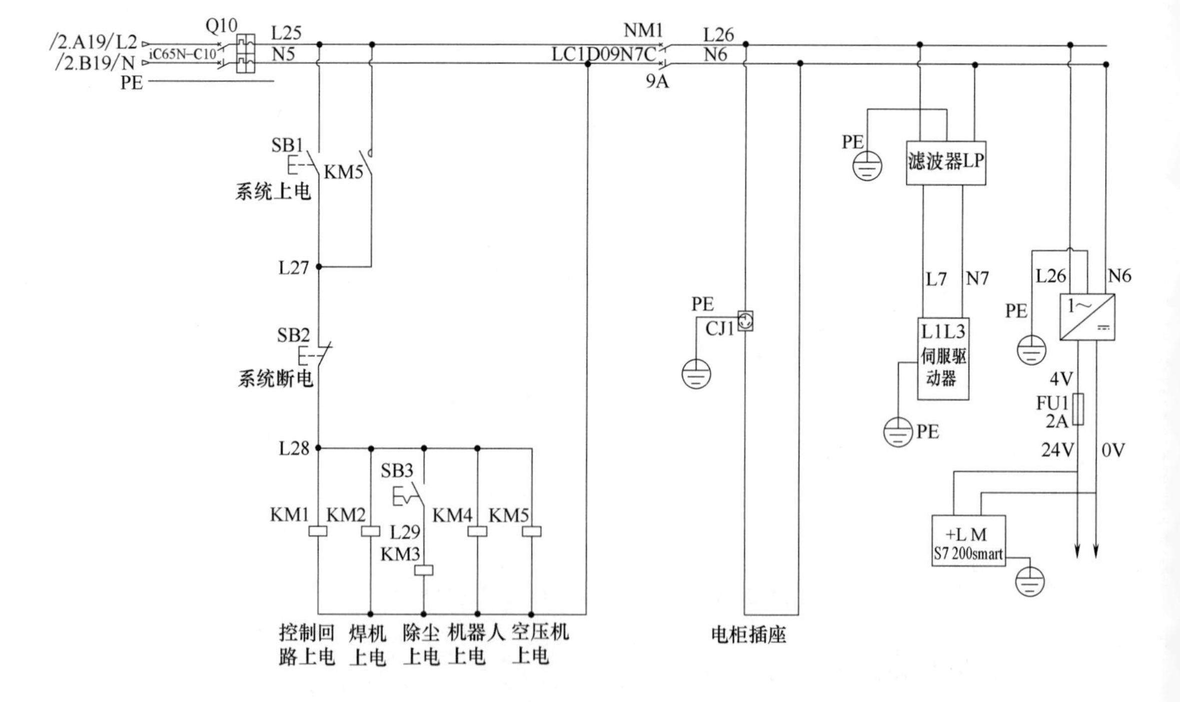

图 2-47 控制回路

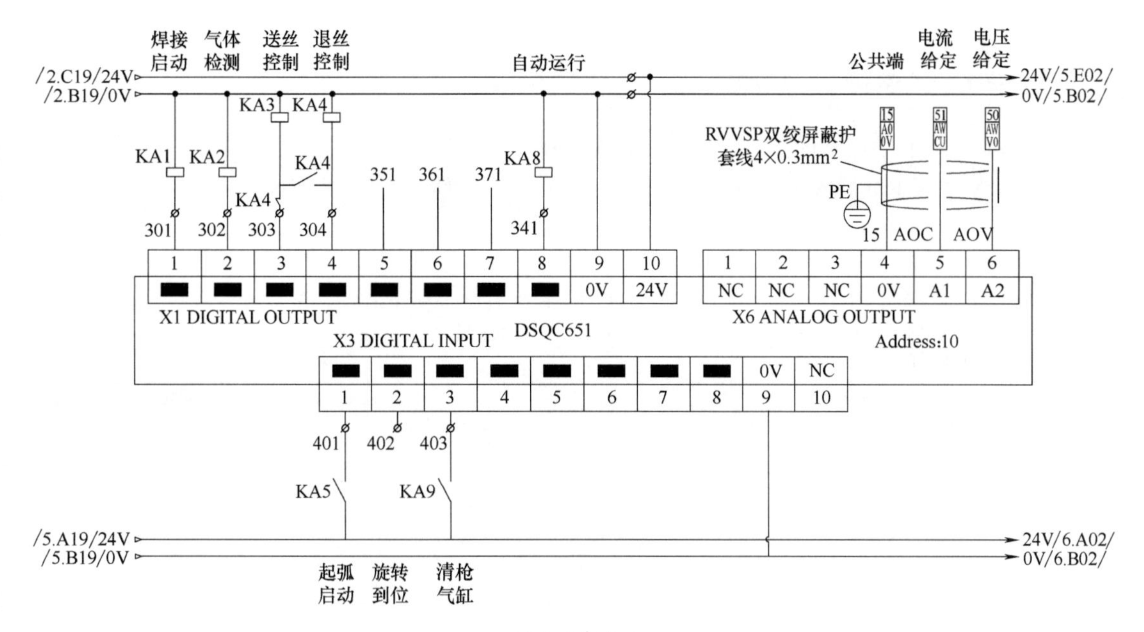

(a) PLCI/O (一)

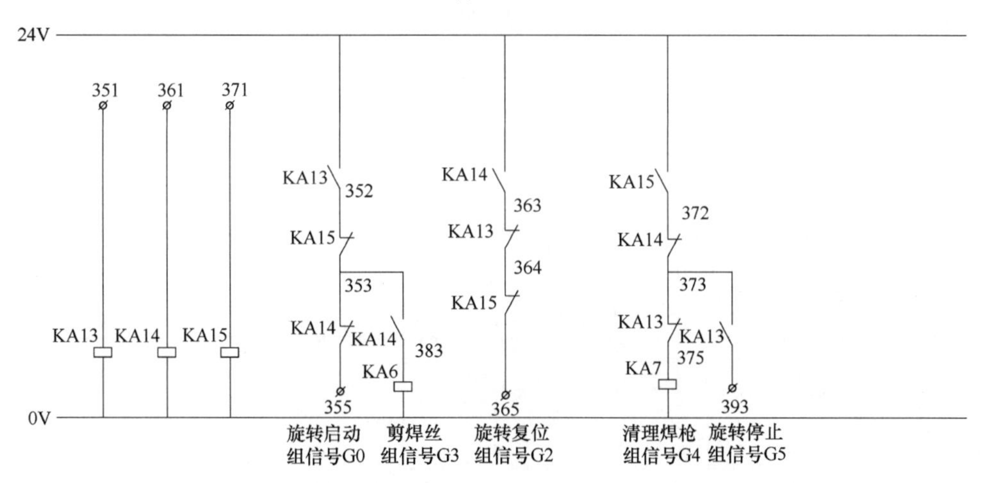

(b) PLCI/O (二)

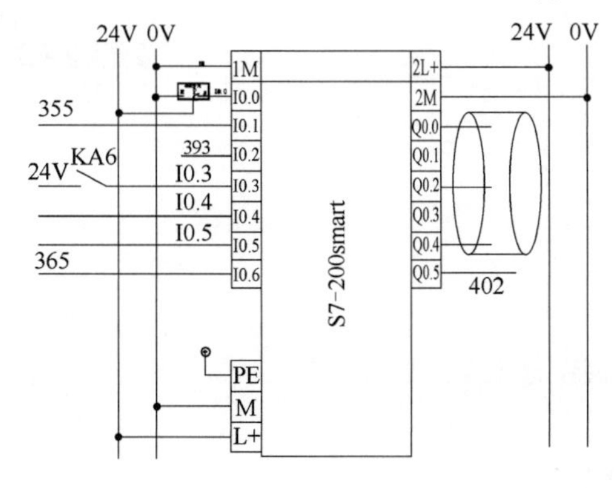

485-485(2W) 通信触摸屏与PLC接线	
触摸屏端485	PLC端公插485
1	8
2	3
5	5

485　　485

(c) PLC接线

图 2-48　PLC I/O

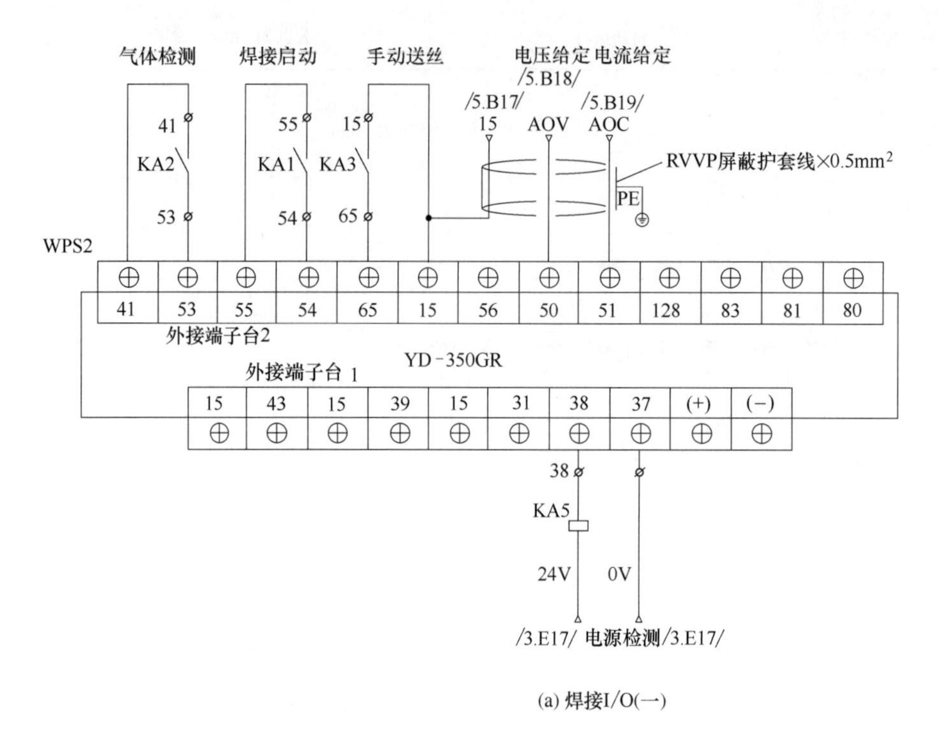

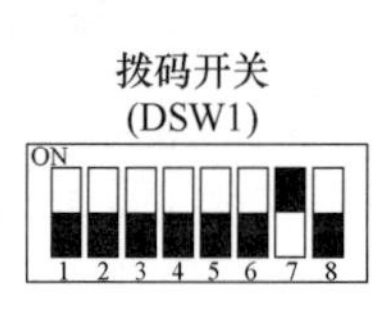

(a) 焊接I/O(一)

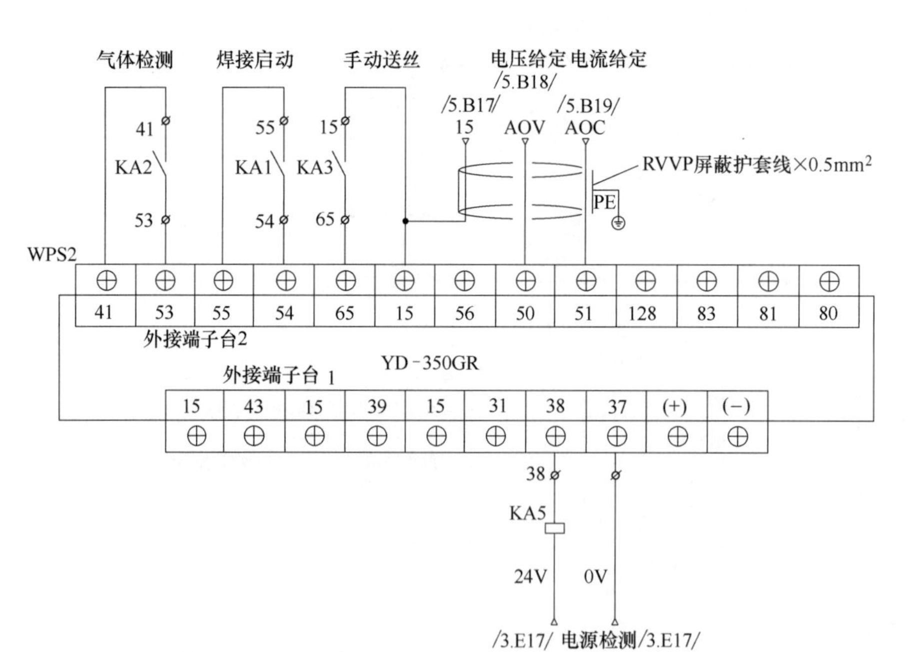

(b) 焊接I/O(二)

图 2-49 焊接 I/O

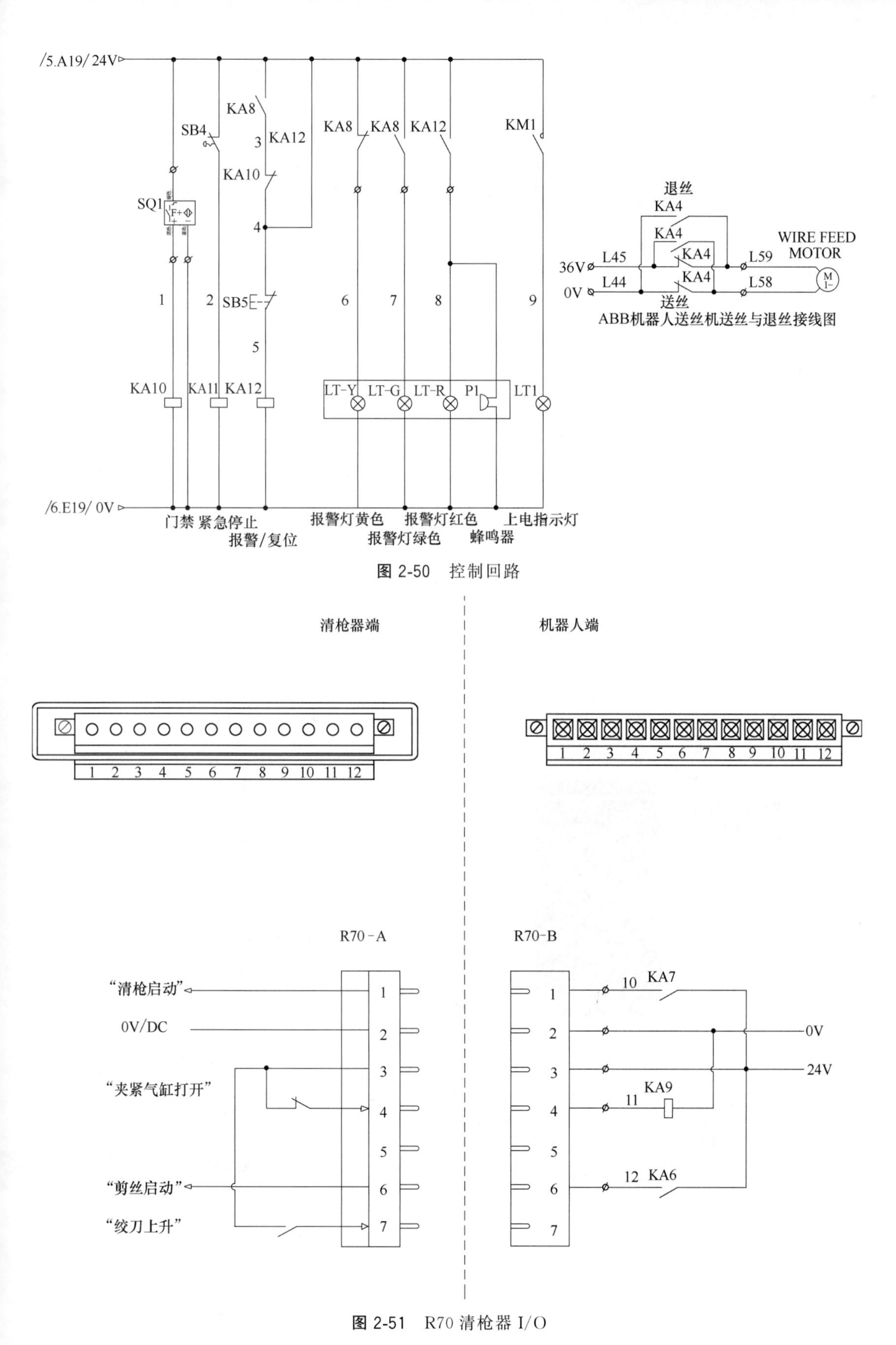

图 2-50　控制回路

图 2-51　R70 清枪器 I/O

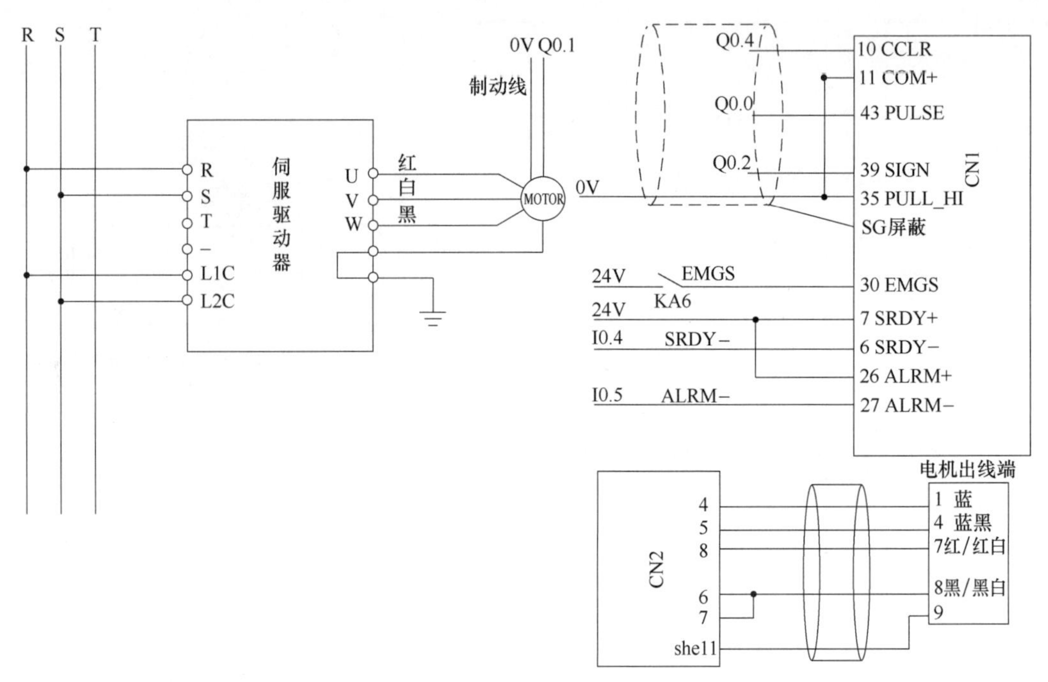

图 2-52 伺服驱动器接线图

（3）焊丝盘架

1）安装

盘状焊丝可装在机器人S轴上，也可装在地面上的焊丝盘架上。焊丝盘架用于焊丝盘的固定，如图 2-53 所示。焊丝从送丝套管中穿入，通过送丝机构送入焊枪。

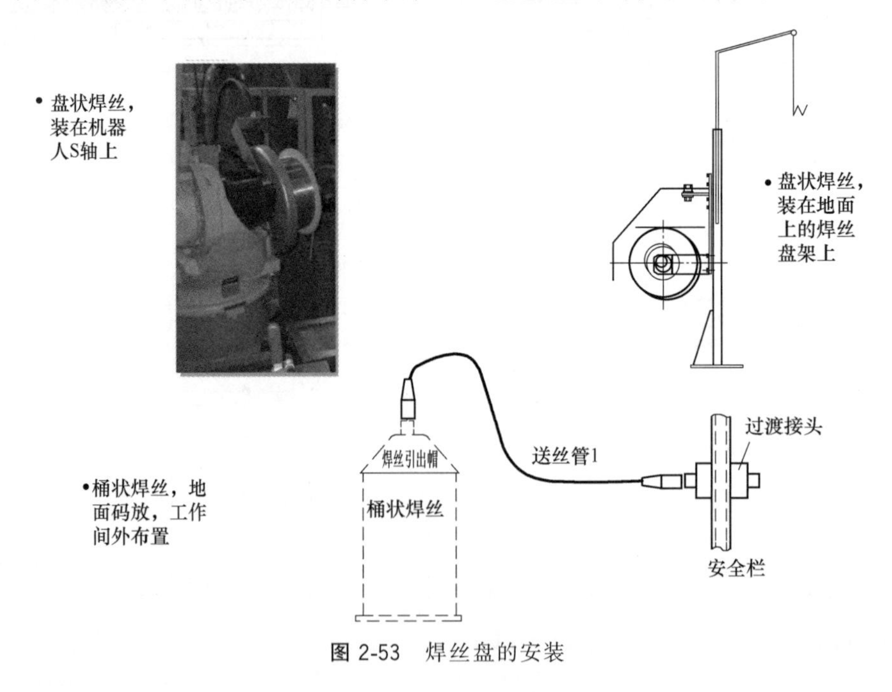

图 2-53 焊丝盘的安装

2）送丝管的安装

① 钢丝送丝软管及安装（图 2-54）。

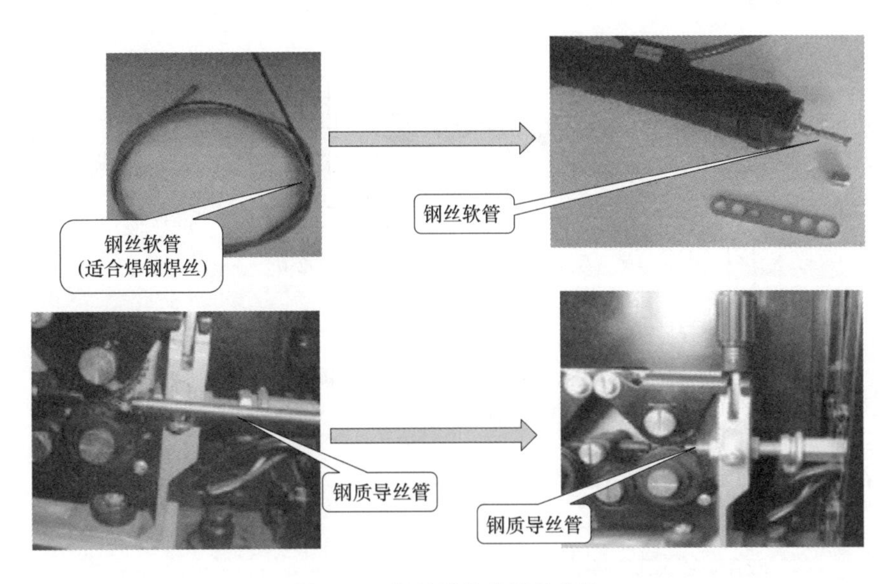

图 2-54　钢丝送丝软管及安装

② 特氟龙送丝软管及安装（图 2-55）。

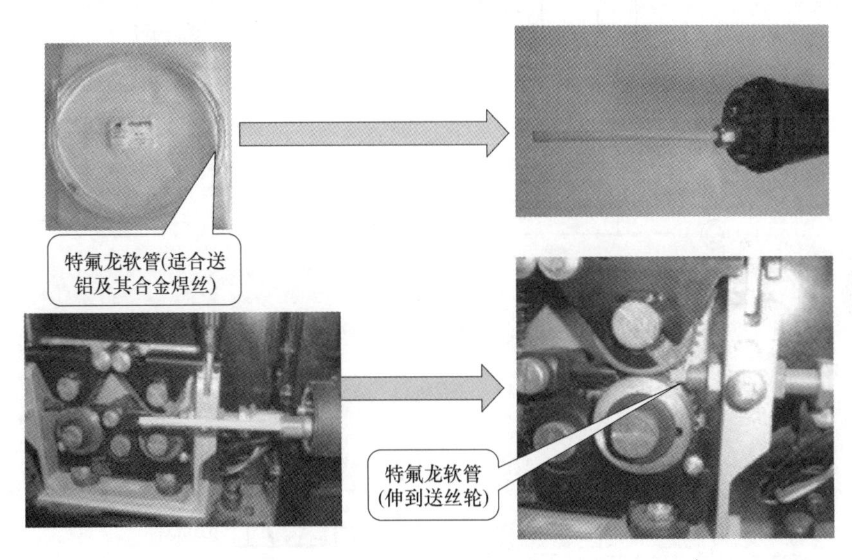

图 2-55　特氟龙送丝软管及安装

3）丝盘制动力调节

使用螺钉扳手拧动制动力控制螺钉可调节制动力大小（如图 2-56 所示），制动力要大小适中。将制动力调节到适当大，使焊丝盘上的焊丝不会变得太松，以防止在焊丝盘停转时焊丝散落；制动力不能过大，否则将增加电机负荷。一般来说送丝速度越快，所需制动力越大。

制动力控制螺钉

图 2-56　丝盘制动力调节

(4) 焊枪的安装(图 2-57)

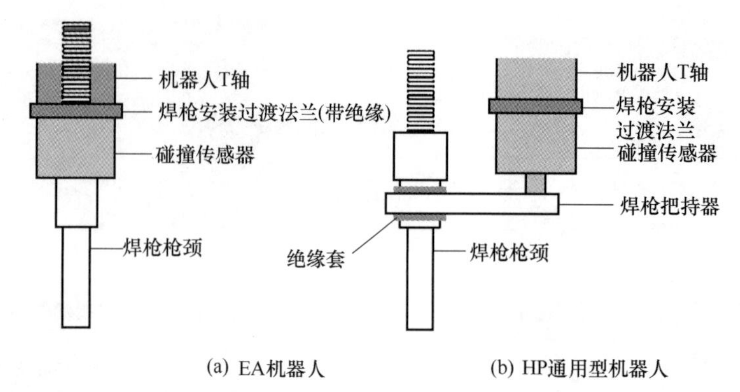

图 2-57 焊枪的安装

(5) 清枪装置气压与电气 (图 2-58、图 2-59)

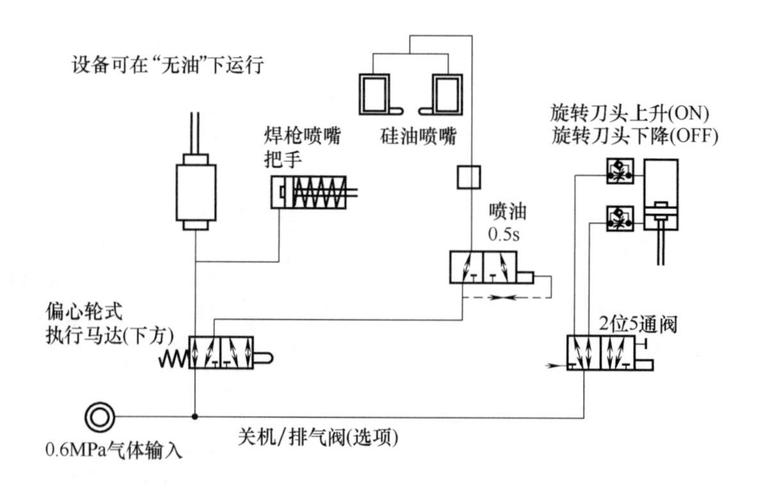

图 2-58 清枪装置气压图

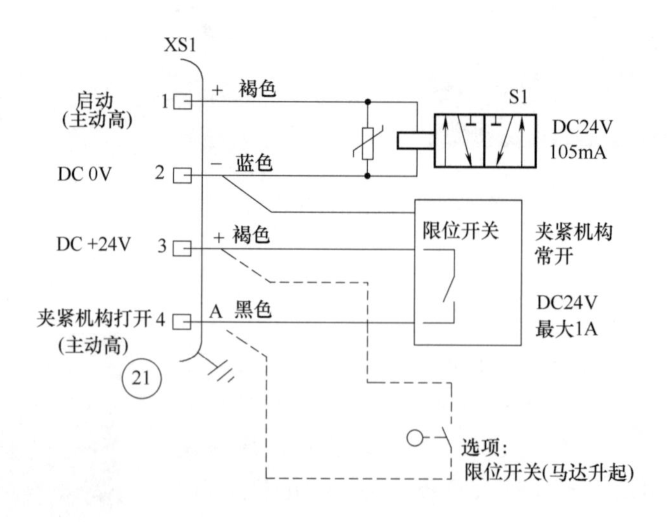

图 2-59 清枪装置电气图

（6）传感器的安装

1）焊缝跟踪

① 接触传感　焊丝接触传感具有位置纠正的三方向传感、开始点传感、焊接长度传感、圆弧传感等功能，并可以纠正偏移量，如图 2-60 所示。

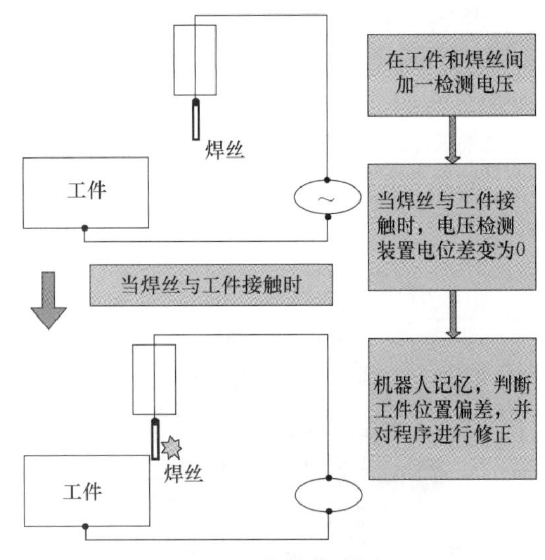

图 2-60　接触传感原理

② 电弧传感　电弧传感跟踪控制技术是通过检测焊接过程中电弧电压、电弧电流、弧光辐射和电弧声等电弧现象本身的信号提供有关电弧轴线是否偏离焊接对缝的信息，进行实时控制，如图 2-61 所示。

③ 光学传感　光学传感器可分为点、线、面三种形式。它以可见光、激光或者红外线为光源，以光电元件为接收单元，利用光电元件提取反射的结构光，得到焊枪位置信息，如图 2-62 所示。常见的光学传感器包括红外光传感器、光电二极管和光电三极管、CCD（电荷耦合器件）、PSD（激光测距传感器）和 SSPD（自扫描光电二极管阵列）等。

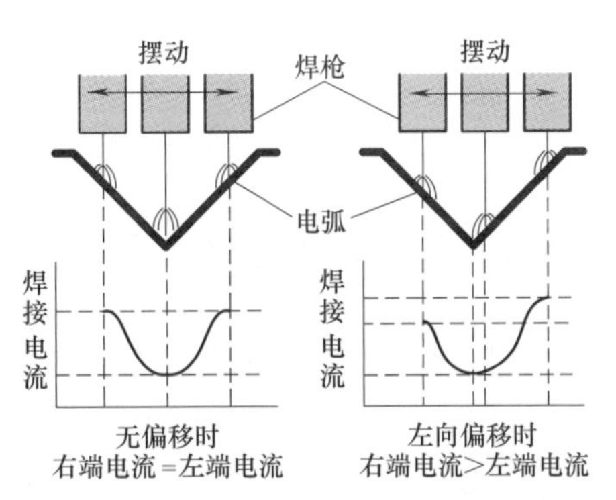

(a) 焊接线左右偏移

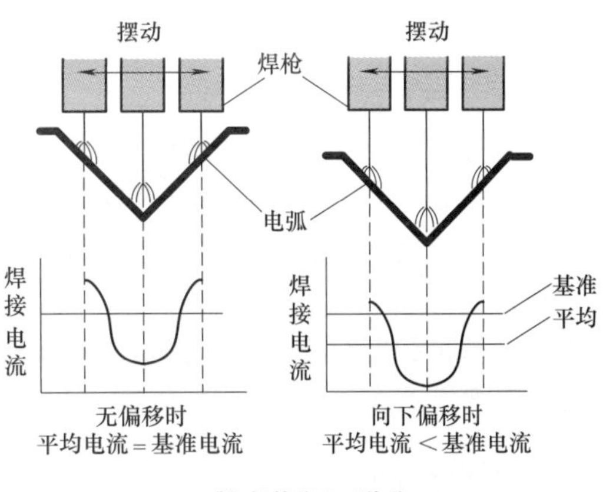

(b) 焊接线上下偏移

图 2-61　电弧传感原理

(a) SERVO ROBOT ROBO-TRAC激光传感器

(b) META SLS-050激光传感器

图 2-62　激光视觉传感器

2）防撞装置安装

① 安装。

a. 如图 2-37 所示，用 M5 的内六角扳手从开口处位置将三个 M6 的螺钉松动及拆下，取下黑色绝缘法兰。

b. 用四个 M6×16 的内六角螺钉和一个销钉将黑色绝缘法兰安装到机器人六轴法兰盘上。

c. 将防碰撞传感器主体部分再用三个 M6 的螺钉穿过开口处位置安装到黑色绝缘法兰上面，如图 2-63 所示。

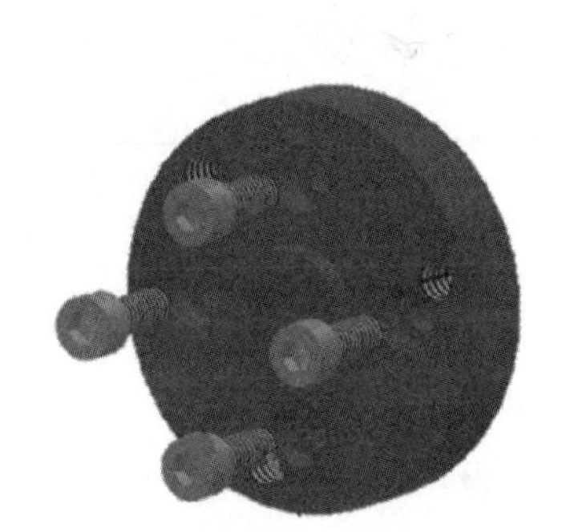

图 2-63　法兰

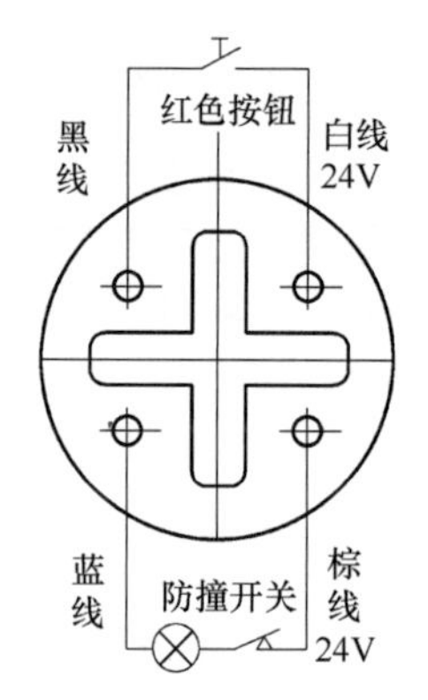

图 2-64　防碰撞传感器的接线

② 防碰撞传感器的接线（图 2-64）。

a. 棕线端子必须接 24V，蓝线端子为检测信号。当发生碰撞时，防撞开关断开，蓝线端子处检测不到 24V 信号，碰撞信号被触发。

b. 黑色和白色端子可以互换，棕色和蓝色端子不可互换，否则将会导致防碰撞传感器无法正常工作。

c. 带有插头的控制线连接到防撞主体的插孔中，并紧固结实，另外一端连接到机器人控制柜的安全面板上。

2.2.2　变位机控制

（1） Modbus RTU 通信说明

Modbus 的通信方式是单主机/多从机系统方式。主机是指上位可编程控制器（PLC）或控制器，伺服驱动器为从机。Modbus RTU 的 RS485 通信如图 2-65 所示，表 2-1 是有一

表 2-1　一个变位机情况

名称	PLC	变位机
Modbus-RTU	主站	从站
站地址	轮询	1
通信方式	RS485 串口	
通信协议	Modbus-RTU	
通信模式	半双工(RS485)两线制	
波特率	19200	
奇偶校验	无	
数据位	8 位字符	
停止位	2	

个变位机的情况，PLC与变位机通信见表2-2，端口组态模块如图2-66所示，参数说明见表2-3，主站通信模块如图2-67所示，参数说明见表2-4，数据传输见表2-5，主机可以对应连接从机的最大数量为31台，根据连接条件或干扰环境的不同也存在最大连接台数低下的情况。

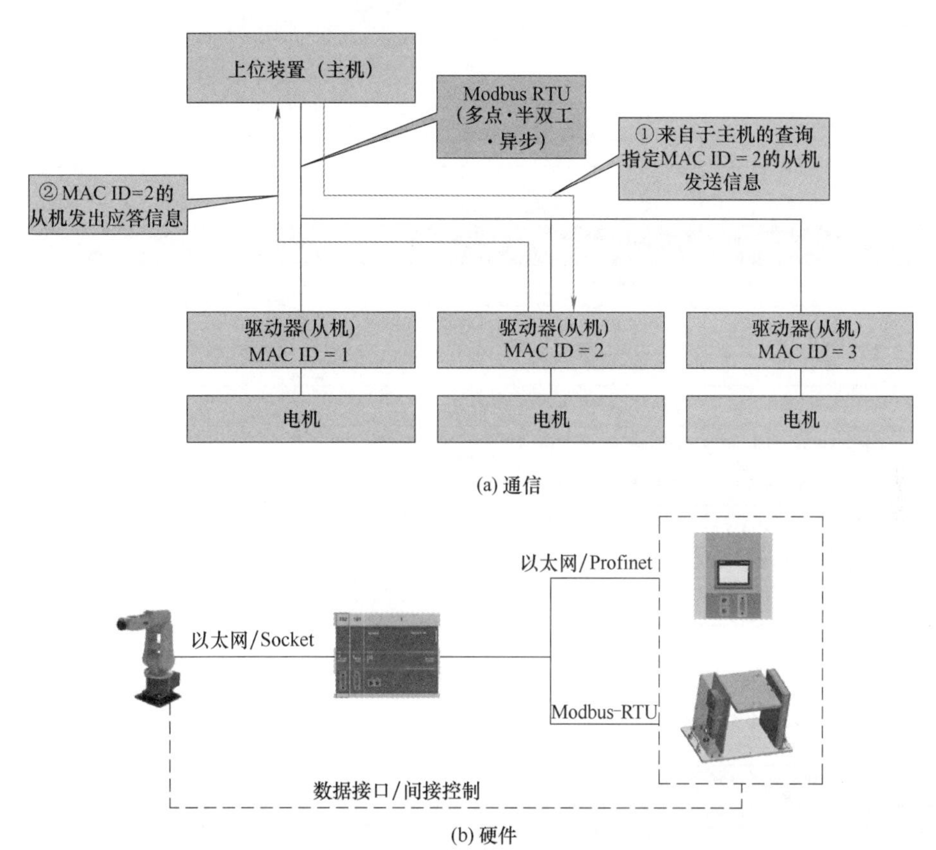

(a) 通信

(b) 硬件

图 2-65　变位机设备系统组态

表 2-2　PLC 与变位机通信

PLC		变位机			Modbus-RTU
数据块	DB_变位机状态	伺服参数	监视器组	参数说明	访问地址
名称	数据类型	名称	数据类型	状态参数	读取
DB_变位机状态 伺服状态显示	WORD	ID20 伺服 状态显示	WORD	伺服当前状态	40021
DB_变位机状态 I/O 状态	WORD	ID21 伺服 I/O 显示	WORD	伺服 I/O 状态	40022
DB_变位机状态 警报编码	WORD	ID22 报警编码	WORD	伺服报警代码	40023
DB_变位机状态 反馈位置	DInt	ID40 反馈位置	DInt	伺服电机当前 位置(编码器值)	42001、42002
DB_变位机状态 反馈速度	Int	ID41 反馈速度	Int	伺服电机当前 转速/(r/min)	42003
数据块	DB_变位机命令	伺服参数	指令组	参数说明	访问地址
名称	数据类型	名称	数据类型	命令参数	写入
DB_变位机命令 伺服命令	WORD	ID30 伺服指令	WORD	伺服命令	41001

续表

PLC		变位机			Modbus-RTU
数据块	DB_变位机状态	伺服参数	监视器组	参数说明	访问地址
名称	数据类型	名称	数据类型	状态参数	读取
DB_变位机命令 控制模式	WORD	ID31 控制模式	WORD	控制模式	41002
DB_变位机命令 目标位置	DInt	ID32 定位 目标位置	DInt	伺服电机目标 位置(编码器值)	41003、41004
DB_变位机命令 目标速度	Int	ID33 定位 目标速度	Int	伺服电机目标 速度/(r/min)	41005

表 2-3　Modbus_Comm_Load_DB 参数

序号	功能块参数	Modbus_Comm_Load 说明
1	REQ	通信请求，可使用 1
2	PORT	目标设备，使用组态的硬件标识符
3	BAUD	通信速率，使用 19200
4	PARITY	奇偶校验，使用默认值 0
5	FLOW_CTRL	流控制，使用默认值 0
6	RTS_ON_DLY	接通延时，使用 50(ms)
7	RTS_OFF_DLY	关断延时，使用 50(ms)
8	RESP_TO	响应超时，使用默认值 1000(ms)
9	MB_DB	关联背景数据块

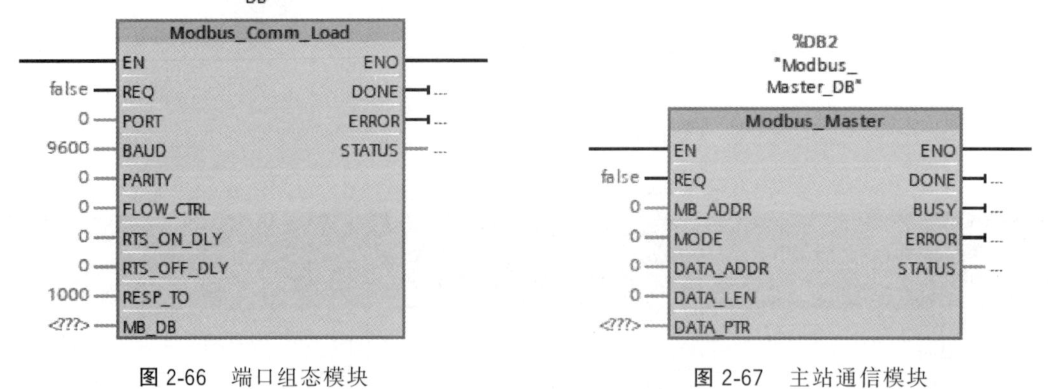

图 2-66　端口组态模块　　　　图 2-67　主站通信模块

表 2-4　Modbus_Master_DB 参数说明

序号	功能块参数	Modbus_Master 说明
1	REQ	通信请求，需编辑触发条件
2	MB_ADDR	Modbus RTU 站地址
3	MODE	模式选择：0 读取、1 写入
4	DATA_ADDR	访问的起始地址
5	DATA_LEN	数据长度(字为单位)
6	DATA_PTR	数据指针：指向要进行数据写入或数据读取的标记或数据块地址

表 2-5　数据传输

变位机(机器人↔PLC)		变位机(PLC 端)		变位机伺服
数值型变量	说明	数值型变量	说明	数值型变量
DB _ PLC _ STATUS. PLC _ Send_Data. s. 变位机状态	数据解析	DB _ PLC _ STATUS. PLC _ Status. 变位机状态	赋值	DB_变位机状态 伺服状态显示
DB _ PLC _ STATUS. PLC _ Send_Data. . 变位机当前位置		DB _ PLC _ STATUS. PLC _ Status. 变位机当前位置	数值换算	DB_变位机状态 反馈位置
DB _ PLC _ STATUS. PLC _ Send_Data. . 变位机当前速度		DB _ PLC _ STATUS. PLC _ Status. 变位机当前速度	赋值	DB_变位机状态 反馈速度
DB _ RB _ CMD. PLC _ RCV _ Data. 变位机命令		DB_RB_CMD. RB_CMD. 变位机命令	赋值	DB_变位机命令 伺服命令
DB _ RB _ CMD. PLC _ RCV _ Data. 变位机目标位置		DB_RB_CMD. RB_CMD. 变位机目标位置	数值换算	DB_变位机命令 目标位置
DB _ RB _ CMD. PLC _ RCV _ Data. 变位机目标速度		DB_RB_CMD. RB_CMD. 变位机目标速度	赋值	DB_变位机命令 目标速度

(2) 机器人端接口及编程

在 ABB 工业机器人系统中，预先自定义“turn”数据类型（图 2-68），用于存储变位机运行指令和运行状态数据（图 2-69）。变位机需要根据工业机器人系统发出的指令运行（图 2-70），同时，变位机也将运行的状态数据反馈给机器人（图 2-71），变位机回零的程序如图 2-72 所示。

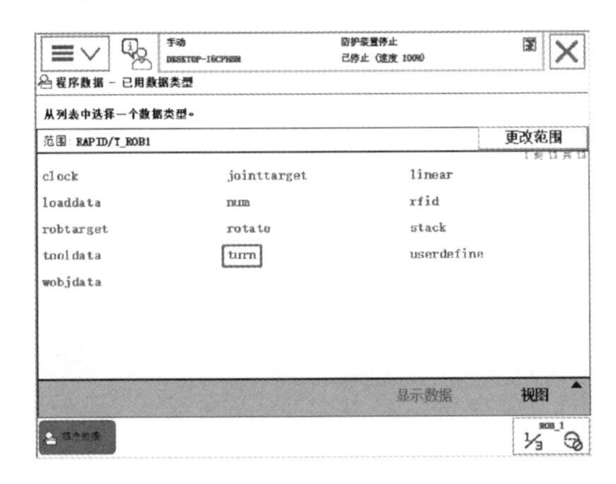

图 2-68　“turn”数据类型

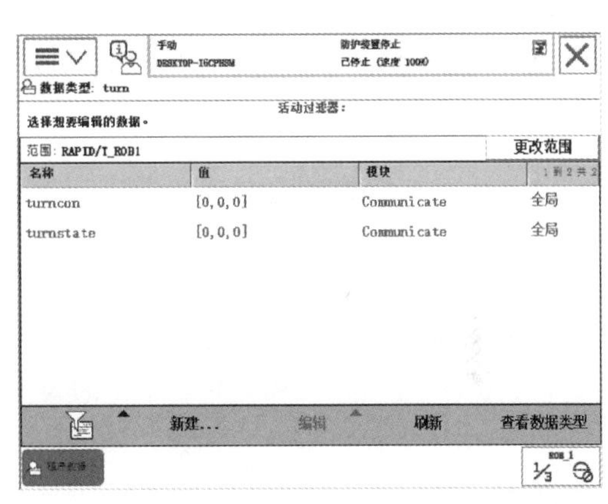

图 2-69　运行状态数据

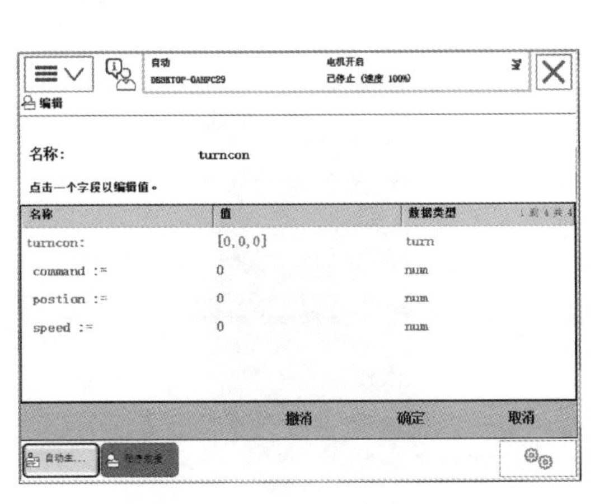

图 2-70　机器人端命令下发

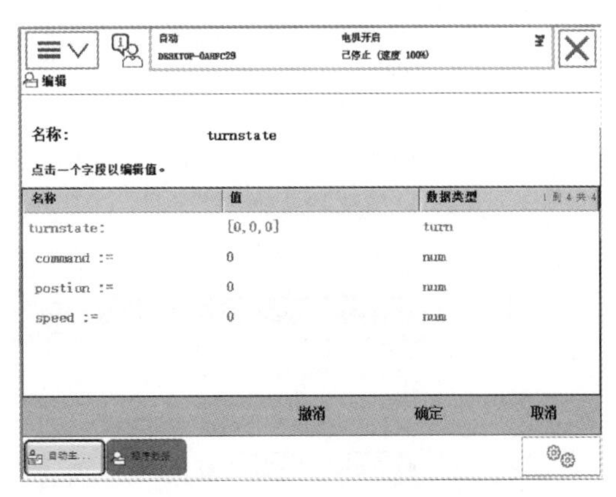

图 2-71　机器人端状态反馈

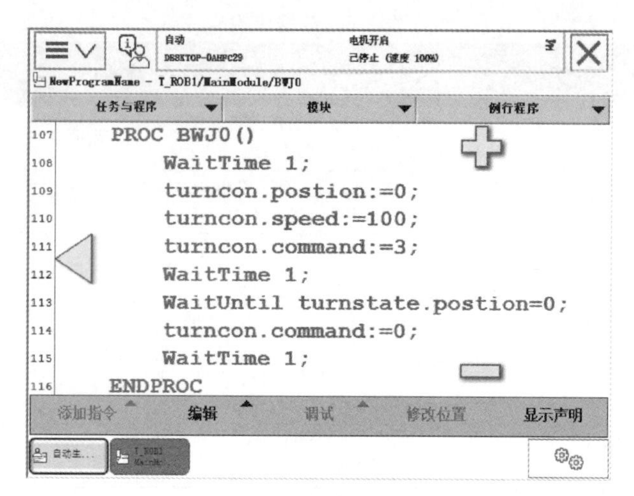

图 2-72 变位机回零

2.3 弧焊机器人与焊机总线通信

2.3.1 ABB 弧焊机器人与国产焊机总线通信

机器人与焊机之间，通常采用 I/O+模拟量的通信方式，通过 DI/DO 控制起弧收弧，通过 AO 信号控制焊机的电流和电压。越来越多的焊机支持总线通信，例如 PROFINET、Ethernet/IP、DeviceNet 等。以 ABB 机器人与国产奥太焊机基于 DeviceNet 通信配置为例介绍。

① 确认机器人有 DeviceNet 选项。进入控制面板—配置—I/O，点击 DeviceNet Device，新建，如图 2-73 所示。模板选择 DeviceNet Generic Device，如图 2-74 所示。

② 根据奥太焊机提供的参数，修改如下，其中默认奥太焊机 DeviceNet 地址为 5，如图 2-75 所示。

③ 进入 Signal，根据奥太焊机定义，创建信号，所属 Device 选择刚创建的 ab6001，如图 2-76 所示。

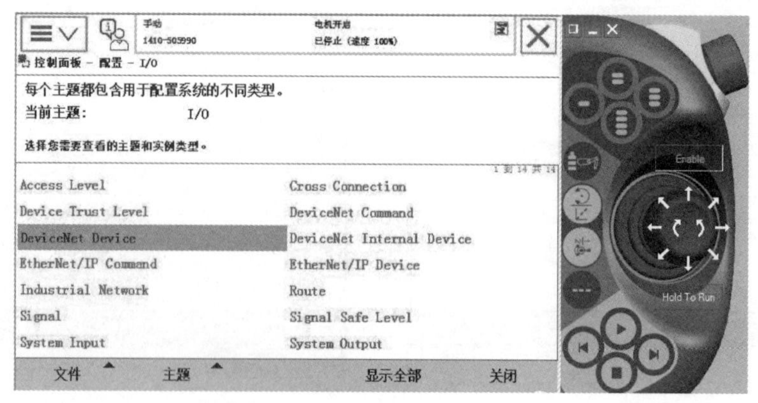

图 2-73 点击 DeviceNet Device

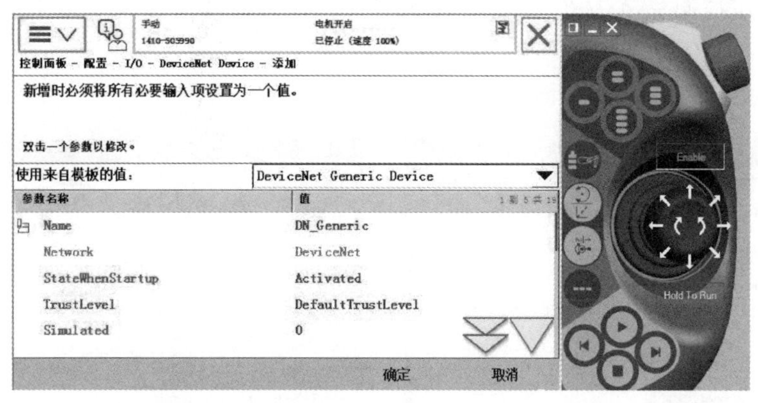

图 2-74　模板选择 DeviceNet Generic Device

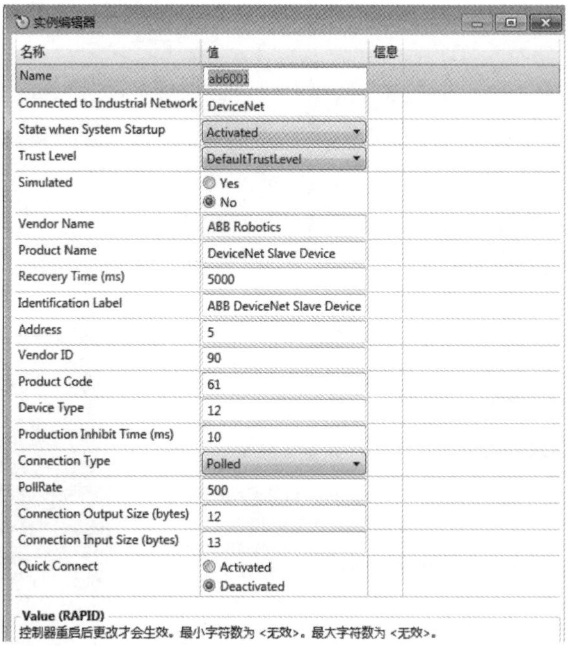

实例编辑器

名称	值	信息
Name	ab6001	
Connected to Industrial Network	DeviceNet	
State when System Startup	Activated	
Trust Level	DefaultTrustLevel	
Simulated	○ Yes ◉ No	
Vendor Name	ABB Robotics	
Product Name	DeviceNet Slave Device	
Recovery Time (ms)	5000	
Identification Label	ABB DeviceNet Slave Device	
Address	5	
Vendor ID	90	
Product Code	61	
Device Type	12	
Production Inhibit Time (ms)	10	
Connection Type	Polled	
PollRate	500	
Connection Output Size (bytes)	12	
Connection Input Size (bytes)	13	
Quick Connect	○ Activated ◉ Deactivated	

Value (RAPID)
控制器重启后更改才会生效。最小字符数为 <无效>。最大字符数为 <无效>。

图 2-75　修改参数

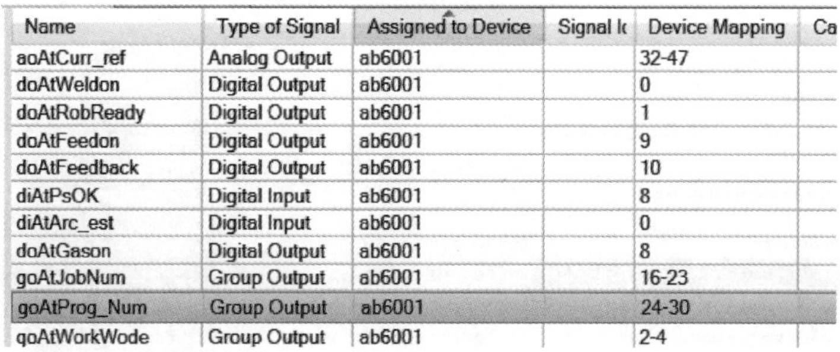

Name	Type of Signal	Assigned to Device	Signal I(	Device Mapping	Ca
aoAtCurr_ref	Analog Output	ab6001		32-47	
doAtWeldon	Digital Output	ab6001		0	
doAtRobReady	Digital Output	ab6001		1	
doAtFeedon	Digital Output	ab6001		9	
doAtFeedback	Digital Output	ab6001		10	
diAtPsOK	Digital Input	ab6001		8	
diAtArc_est	Digital Input	ab6001		0	
doAtGason	Digital Output	ab6001		8	
goAtJobNum	Group Output	ab6001		16-23	
goAtProg_Num	Group Output	ab6001		24-30	
goAtWorkWode	Group Output	ab6001		2-4	

图 2-76　进入 Signal

④ 假设连接的为奥太 500 型焊机（最大电流为 500A），创建控制电流模拟量 aoAtCurr_ref，参数设置如图 2-77 所示。

⑤ 设置电压控制 aoAtVol_ref，参数如下（具体数据参考奥太焊机手册），如图 2-78 所示。

⑥ 进入配置 Process，如图 2-79 所示。

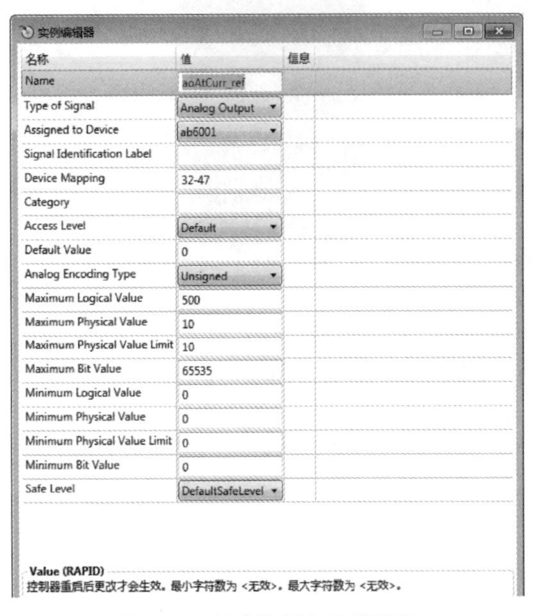

图 2-77 创建控制电流模拟量

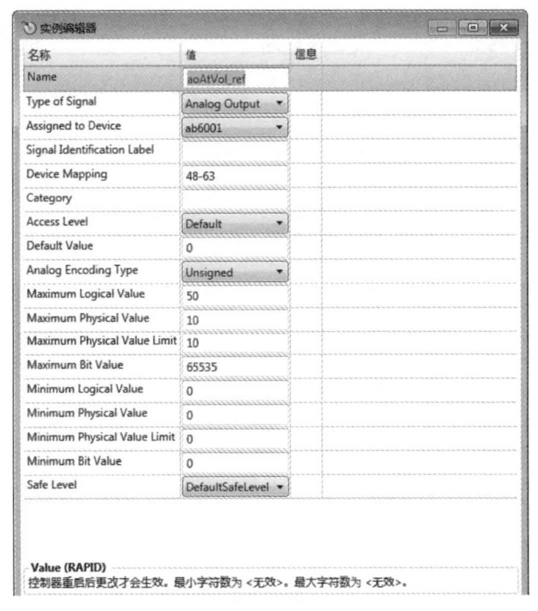

图 2-78 设置电压控制 aoAtVol_ref 参数

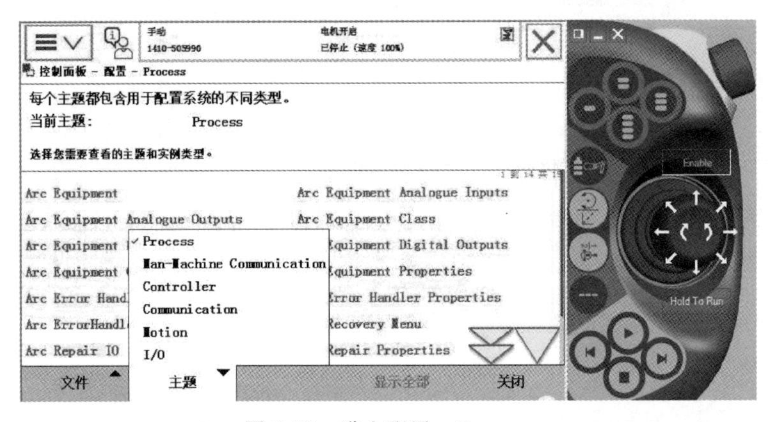

图 2-79 进入配置—Process

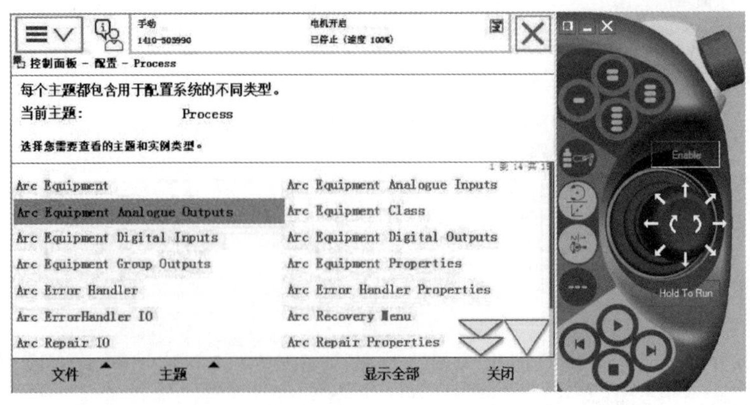

图 2-80 进入 Arc Equipment Analogue Outputs 界面

⑦ 进入 Arc Equipment Analogue Outputs 界面，如图 2-80 所示。选择对应的电流电压变量，如图 2-81 所示。

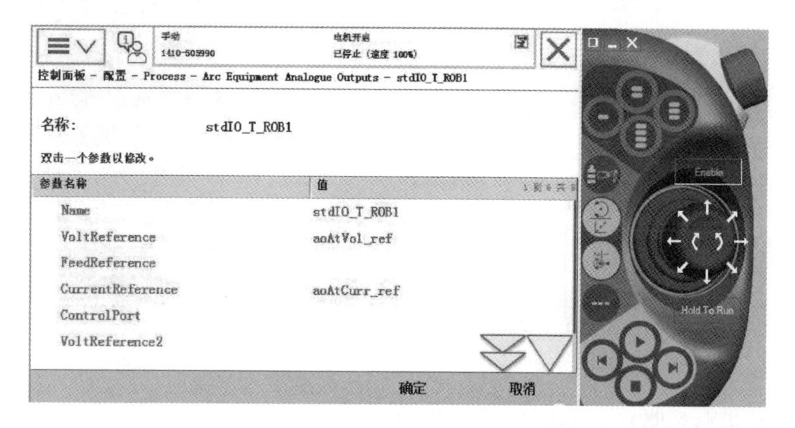

图 2-81　选择对应的电流电压变量

⑧ 设置 Arc Equipment Digital Outputs 和 Arc Equipment Digital Inputs 以及 Arc Equipment Group Outputs，如图 2-82～图 2-84 所示。

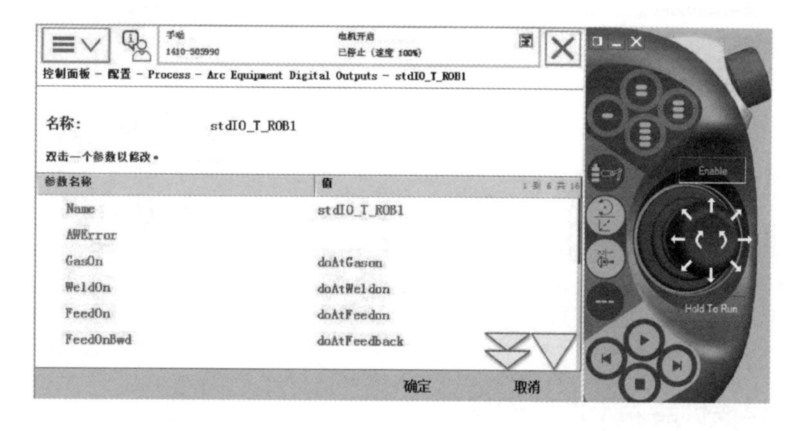

图 2-82　设置 Arc Equipment Digital Outputs

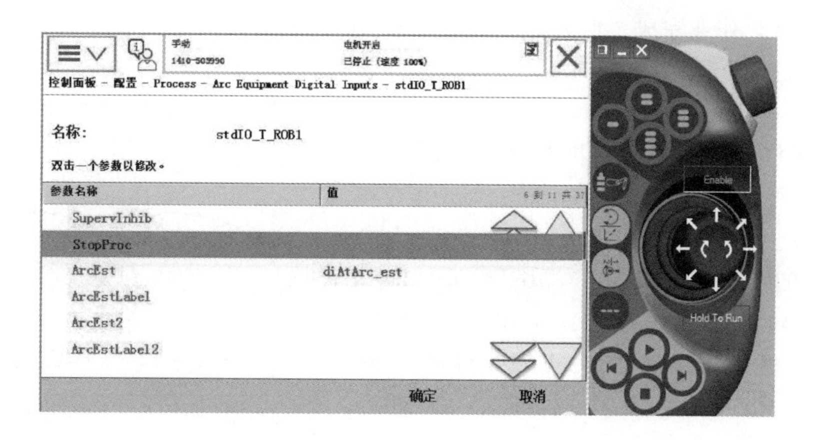

图 2-83　设置 Arc Equipment Digital Inputs

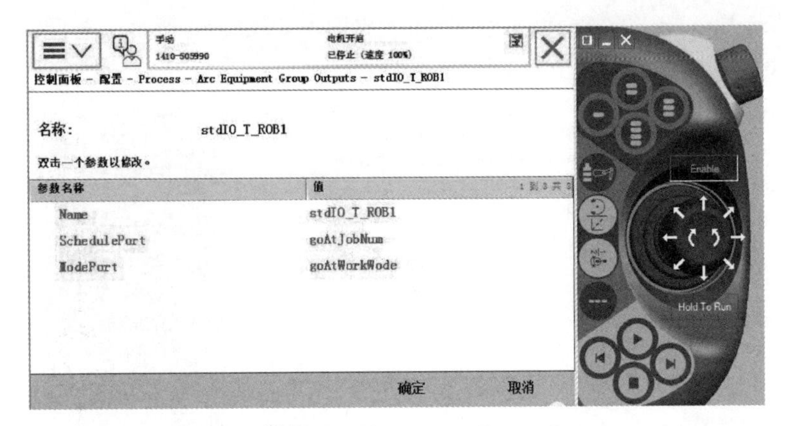

图 2-84　设置 Arc Equipment Group Outputs

⑨ 若要开启起弧、收弧，关闭回烧功能等，进入 Arc Equipment Properties 进行设置，如图 2-85 所示。

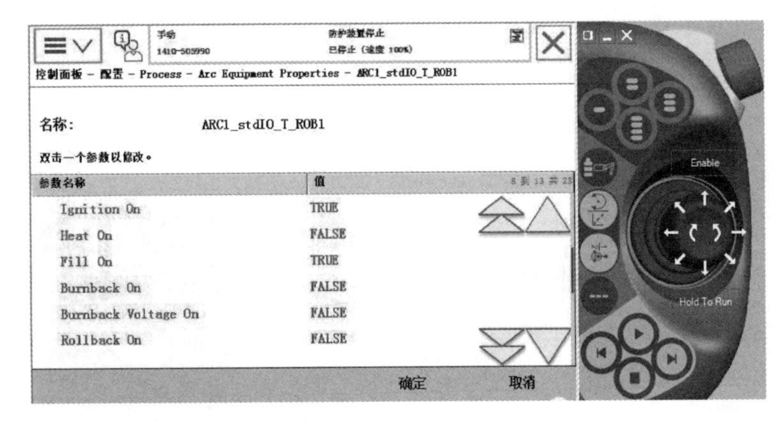

图 2-85　设置 Arc Equipment Properties

⑩ 完成后重启即可。

2.3.2　ABB 焊接机器人干涉区的建立

信号干涉区是指两台机器人之间的干涉区，一台机器人具有绝对的优先权，即该机器人首先进入干涉区，作业完成之后另一台机器人才可以进入干涉区内工作。

在这里我们假设干涉区名为 interential，在初始状态下 A、B 两台机器人的 interential=on。

图 2-86 为机器人干涉区示意图。在图 2-86 中 A、B 两个机器人程序中 Q 和 P 两点马上要接近干涉区位置，为了使两机器人不能同时进入，所以 QP 两点均有 do interential=off 和 wite di=on 的指令。假设 A 号机器人具有绝对的优先权，到达 Q 点时先运行 do interential=off 指令，B 机器人运行到 P 点时便停止 wite di=on 指令，当 A 机器人离开干涉区到达 W 点时，将运行 do interential=on 指令，此时 B 号机器人可以进行作业。

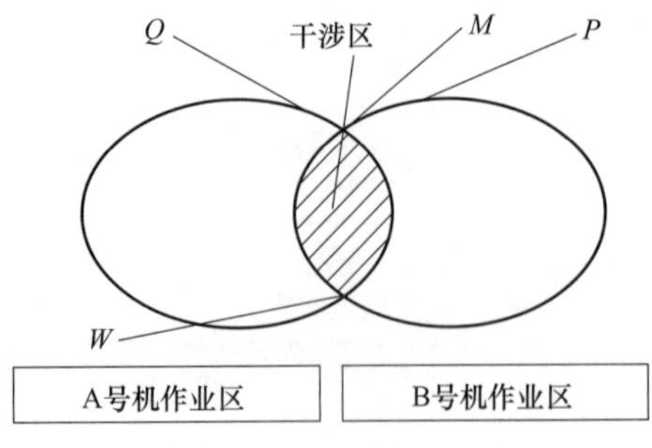

图 2-86　机器人干涉区示意图

同理假设B机器人是绝对优先，那么B号机器人运行到W时也要运行 do interential=on 指令，A号机器人也会继续作业。

干涉区不仅仅是两台机器人，如果周边还有其他机器人，因动作而结合干涉区都要进行设置。

2.3.3 2台机器人 DeviceNet 通信配置

2台机器人，如果有多个信号要通信，除了I/O接线外，使用总线，诸如PROFINET、Ethernet/IP等可以进行通信，但都需要购买选项；大多数机器人都配置了709-1DeviceNetMASTER/SLAVE选项，完成两台机器人接线和相应配置后，就可以通过DeviceNet通信，经济、快速。如果2台机器人都是compact紧凑柜，则只需把2台机器人的xs17 DeviceNet上的2、4针脚互连（1和5为柜子供电，不需要互连），原有终端电阻保持（不要拿掉）。DeviceNet回路上至少有一个终端电阻，或者链路两端各有一个终端电阻。紧凑柜本身只有一个终端电阻，故2台机器人连接后链路只有2个终端电阻，不需要拆除。如果是2台标准柜，因为柜内本身就有2处终端电阻，在相应DeviceNet接线处把2台柜子的DeviceNet针脚2和4互连（1和5为供电，不需要互连），然后柜内各拆除一个终端电阻（保证整个链路上只有2个终端电阻）。

第3章

弧焊工业机器人工作站的编程

3.1 一般弧焊工业机器人工作站的编程

3.1.1 弧焊作业的规划

以图 3-1 焊接工件为例，采用在线示教方式为机器人输入 AB、CD 两段弧焊作业程序，加强对直线、圆弧的示教。其程序点说明见表 3-1，作业示教流程如图 3-2 所示。

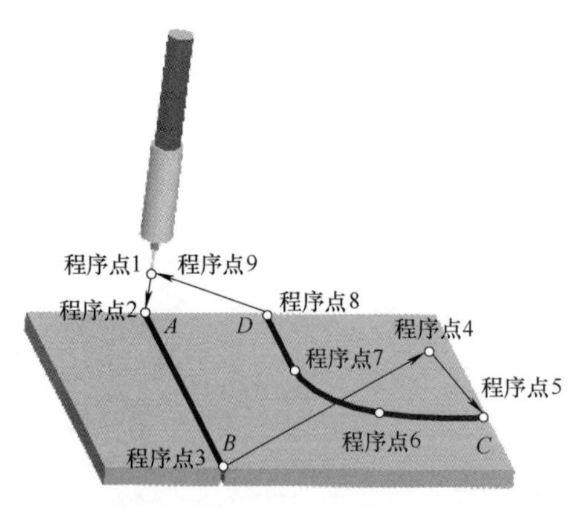

注：为提高工作效率，通常将程序点9和程序点1设在同一位置。

图 3-1 弧焊机器人运动轨迹

（1） TCP 点确定

同点焊机器人 TCP 设置有所不同，弧焊机器人 TCP 一般设置在焊枪尖头，而激光焊接机器人 TCP 设置在激光焦点上，如图 3-3 所示。实际作业时，需根据作业位置和板厚调整焊枪角度。以平（角）焊为例，主要采用前倾角焊（前进焊）和后倾角焊（后退焊）两种方式，如图 3-4 所示。

表 3-1　程序点说明

程序点	说　明	程序点	说　明	程序点	说　明
程序点 1	作业临近点	程序点 4	作业过渡点	程序点 7	焊接中间点
程序点 2	焊接开始点	程序点 5	焊接开始点	程序点 8	焊接结束点
程序点 3	焊接结束点	程序点 6	焊接中间点	程序点 9	作业临近点

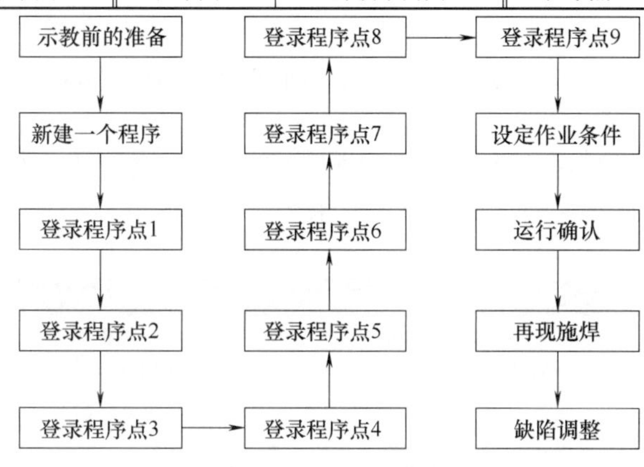

图 3-2　作业示教流程

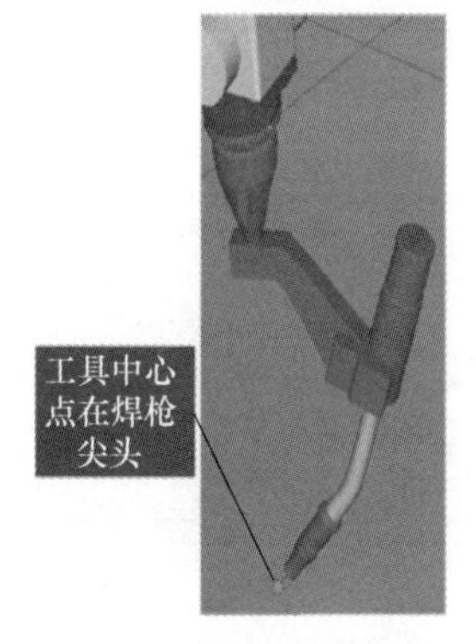

图 3-3　弧焊机器人工具中心点

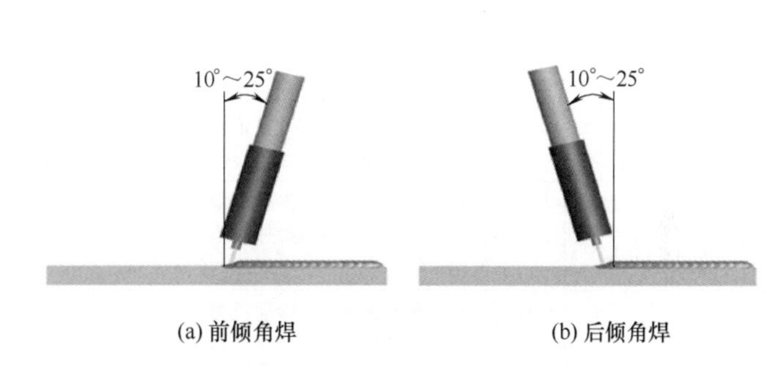

图 3-4　前倾角焊和后倾角焊

板厚相同的话，基本上为 10°～25°，焊枪立得太直或太倒的话，难以产生熔深。前倾角焊接时，焊枪指向待焊部位，焊枪在焊丝后面移动，因电弧具有预热效果，焊接速度较快，熔深浅、焊道宽，所以一般薄板的焊接采用此法；而后倾角焊接时，焊枪指向已完成的焊缝，焊枪在焊丝前面移动，能够获得较大的熔深，焊道窄，通常用于厚板的焊接。同时，在板对板的连接之中，焊枪与坡口垂直。对于对称的平角焊而言，焊枪要与拐角成 45°角 ，如图 3-5 所示。

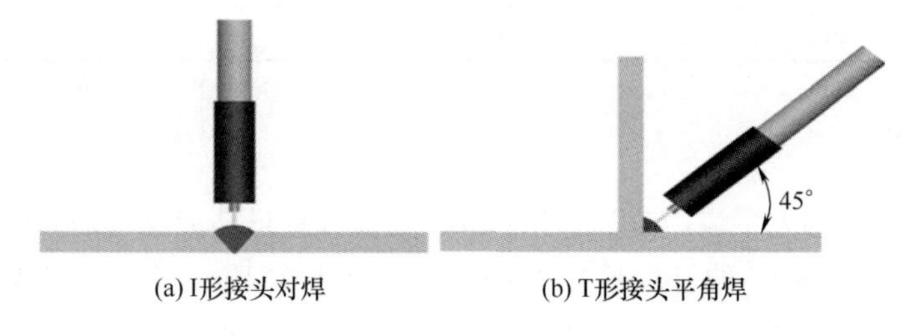

图 3-5　焊枪作业姿态

（2）操作

1）示教前的准备

① 工件表面清理。

② 工件装夹。

③ 安全确认。

④ 机器人原点确认。

2）新建作业程序

点按示教器的相关菜单或按钮，新建一个作业程序“Arc _ sheet”。

3）程序点的登录

如表 3-2 所示，手动操纵机器人分别移动到程序点 1 至程序点 9 位置。作业位置附近的程序点 1 和程序点 9，要处于与工件、夹具互不干涉的位置。

表 3-2 弧焊作业示教

程序点	示教方法
程序点 1 （作业临近点）	①手动操纵机器人，移动机器人到作业临近点，调整焊枪姿态 ②将程序点属性设定为“空走点”，插补方式选“直线插补” ③确认保存程序点 1 为作业临近点
程序点 2 （焊接开始点）	①保持焊枪姿态不变，移动机器人到直线作业开始点 ②将程序点属性设定为“焊接点”，插补方式选“直线插补” ③ 确认保存程序点 2 为直线焊接开始点 ④如有需要，手动插入弧焊作业命令
程序点 3 （焊接结束点）	①保持焊枪姿态不变，移动机器人到直线作业结束点 ②将程序点属性设定为“空走点”，插补方式选“直线插补” ③确认保存程序点 3 为直线焊接结束点
程序点 4 （作业过渡点）	①保持焊枪姿态不变，移动机器人到作业过渡点 ②将程序点属性设定为“空走点”，插补方式选“PTP” ③确认保存程序点 4 为作业过渡点
程序点 5 （焊接开始点）	①保持焊枪姿态不变，移动机器人到圆弧作业开始点 ②将程序点属性设定为“焊接点”，插补方式选“圆弧插补” ③确认保存程序点 5 为圆弧焊接开始点
程序点 6 （焊接中间点）	①保持焊枪姿态不变，移动机器人到圆弧作业中间点 ②将程序点属性设定为焊接点，插补方式选“圆弧插补” ③确认保存程序点 6 为圆弧焊接中间点
程序点 7 （焊接中间点）	①持焊枪姿态不变，移动机器人到圆弧作业结束点 ②将程序点属性设定为“焊接点”，插补方式选“圆弧插补” ③确认保存程序点 7 为圆弧焊接中间点
程序点 8 （焊接结束点）	①保持焊枪姿态不变，移动机器人到直线作业结束点 ②将程序点属性设定为“空走点”，插补方式选“直线插补” ③确认保存程序点 8 为直线焊接结束点
程序点 9 （作业临近点）	①保持焊枪姿态不变，移动机器人到作业临近点 ②将程序点属性设定为“空走点”，插补方式选“PTP” ③确认保存程序点 9 为作业临近点

3.1.2 弧焊指令

目前，工业机器人四大主流厂商都有相应的专业软件提供功能强大的弧焊指令，比如 ABB 的 RobotWare-Arc，KUKA 的 KUKA. ArcTech、KUKA. LaserTech、KUKA. SeamTech、KUKA TouchSense，FANUC 的 Arc Tool Software。可快速地将熔焊（电弧焊和激光焊）

投入运行和编制焊接程序，并具有接触传感、焊缝跟踪等功能，其焊接开始与结束指令见表 3-3。现以 ABB 焊接工业机器人指令介绍之。

表 3-3 工业机器人行业四大主流厂商的焊接开始与结束指令

类别	弧焊作业命令			
	ABB	FANUC	YASKAWA	KUKA
焊接开始	ArcLStart/ArcCStart	Arc Start	ARCON	ARC_ON
焊接结束	ArcLEnd/ArcCEnd	Arc End	ARCOFF	ARC_OFF

（1）ABB 焊接机器人运动指令

弧焊指令的基本功能与普通“Move”指令一样，可实现运动及定位，主要包括：ArcL、ArcC、sm（seam），wd（weld），Wv（weave）。任何焊接程序都必须以 ArcLStart 或者 ArcCStart 开始，通常我们运用 ArcLStart 作为起始语句；任何焊接过程都必须以 ArcLEnd 或者 ArcCEnd 结束；焊接中间点用 ArcL 或者 ArcC 语句。焊接过程中不同语句可以使用不同的焊接参数（seam data、weld data 和 weave data）。

1）直线焊接指令 ArcL（Linear Welding）

直线弧焊指令，类似于 MoveL，包含如下 3 个选项：

① ArcLStart 表示开始焊接，用于直线焊缝的焊接开始，工具中心点 TCP 线性移动到指定目标位置，整个过程通过参数进行监控。ArcLStart 语句具体内容如图 3-6 所示。

② ArcLEnd 表示焊接结束，用于直线焊缝的焊接结束，工具中心点 TCP 线性移动到指定目标位置，整个过程通过参数进行监控。ArcLEnd 语句具体内容如图 3-7 所示。

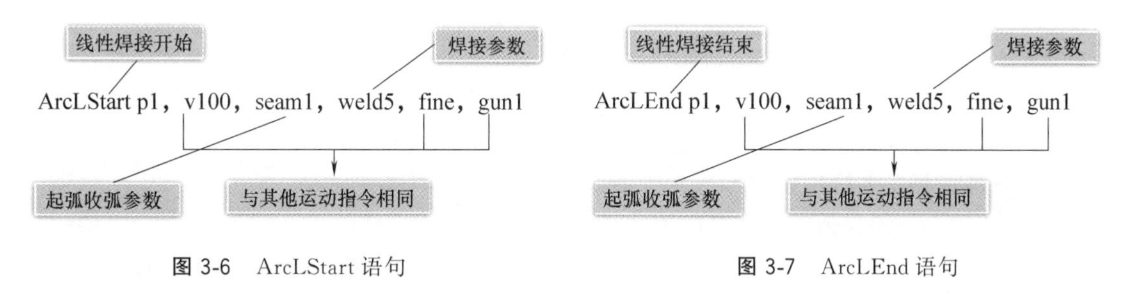

图 3-6 ArcLStart 语句　　图 3-7 ArcLEnd 语句

③ ArcL 表示焊接中间点。ArcL 语句具体内容如图 3-8 所示。

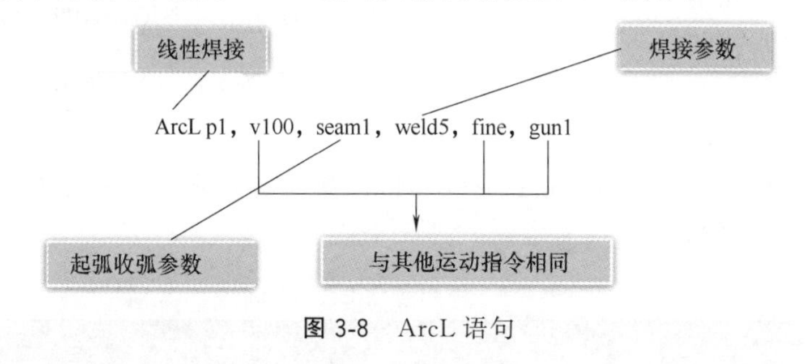

图 3-8 ArcL 语句

2）圆弧焊接指令 ArcC（Circular Welding）

圆弧弧焊指令，类似于 MoveC，包括 3 个选项：

① ArcCStart 表示开始焊接，用于圆弧焊缝的焊接开始，工具中心点 TCP 线性移动到指定目标位置，整个过程通过参数进行监控。ArcCStart 语句具体内容如图 3-9 所示。

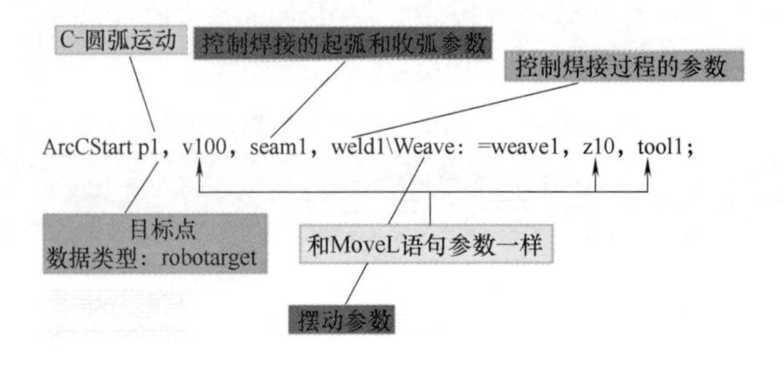

图 3-9　ArcCStart 语句

② ArcC　ArcC 用于圆弧弧焊焊缝的焊接，工具中心点 TCP 圆弧运动到指定目标位置，焊接过程通过参数控制。ArcC 语句具体内容如图 3-10 所示。

③ ArcCEnd　用于圆弧焊缝的焊接结束，工具中心点 TCP 圆弧运动到指定目标位置，整个焊接过程通过参数监控。ArcCEnd 语句具体内容如图 3-11 所示。

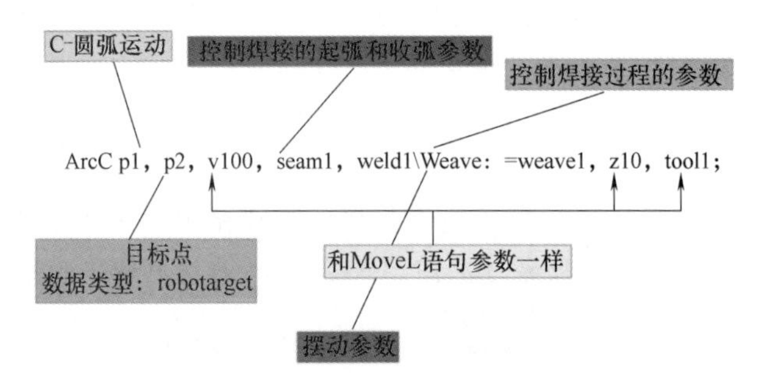

图 3-10　ArcC 语句

（2）焊接程序数据的设定

焊接编程中主要包括三个重要的程序数据：Seamdata、Welddata 和 Weavedata。这三个焊接程序数据是提前设置并存储在程序数据里的，在编辑焊接指令时可以直接调用。同时，在编辑调用时我们也可以对这些数据进行修改。

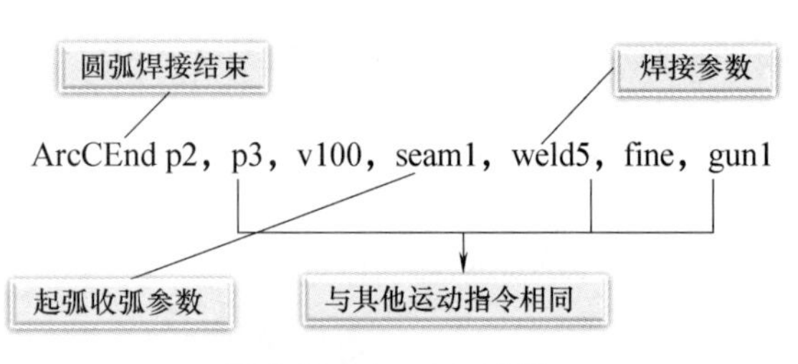

图 3-11　ArcCEnd 语句

1）Seamdata 的设定

弧焊参数的一种，定义起弧和收弧时的焊接参数，其参数说明见表 3-4。在示教器中设置 Seamdata 的操作步骤如表 3-5 所示。

表 3-4　弧焊参数 Seamdata

序号	参数	说明
1	Purge_time	保护气管路的预充气时间，以秒为单位，这个时间不会影响焊接的时间
2	Preflow_time	保护气的预吹气时间，以秒为单位
3	Bback_time	收弧时焊丝的回烧量，以秒为单位
4	Postflow_time	尾送气时间，收弧时为防止焊缝氧化保护气体的吹气时间，以秒为单位

表 3-5　参数 Seamdata 的设置

操作说明	操作界面
1. 在 ABB 主菜单中单击“程序数据”	
2. 单击“视图”，单击“全部数据类型”	
3. 在全部数据类型中选择“seamdata”，单击“显示数据”	
4. 单击“新建”，建立一个新的 seamdata 数据	

续表

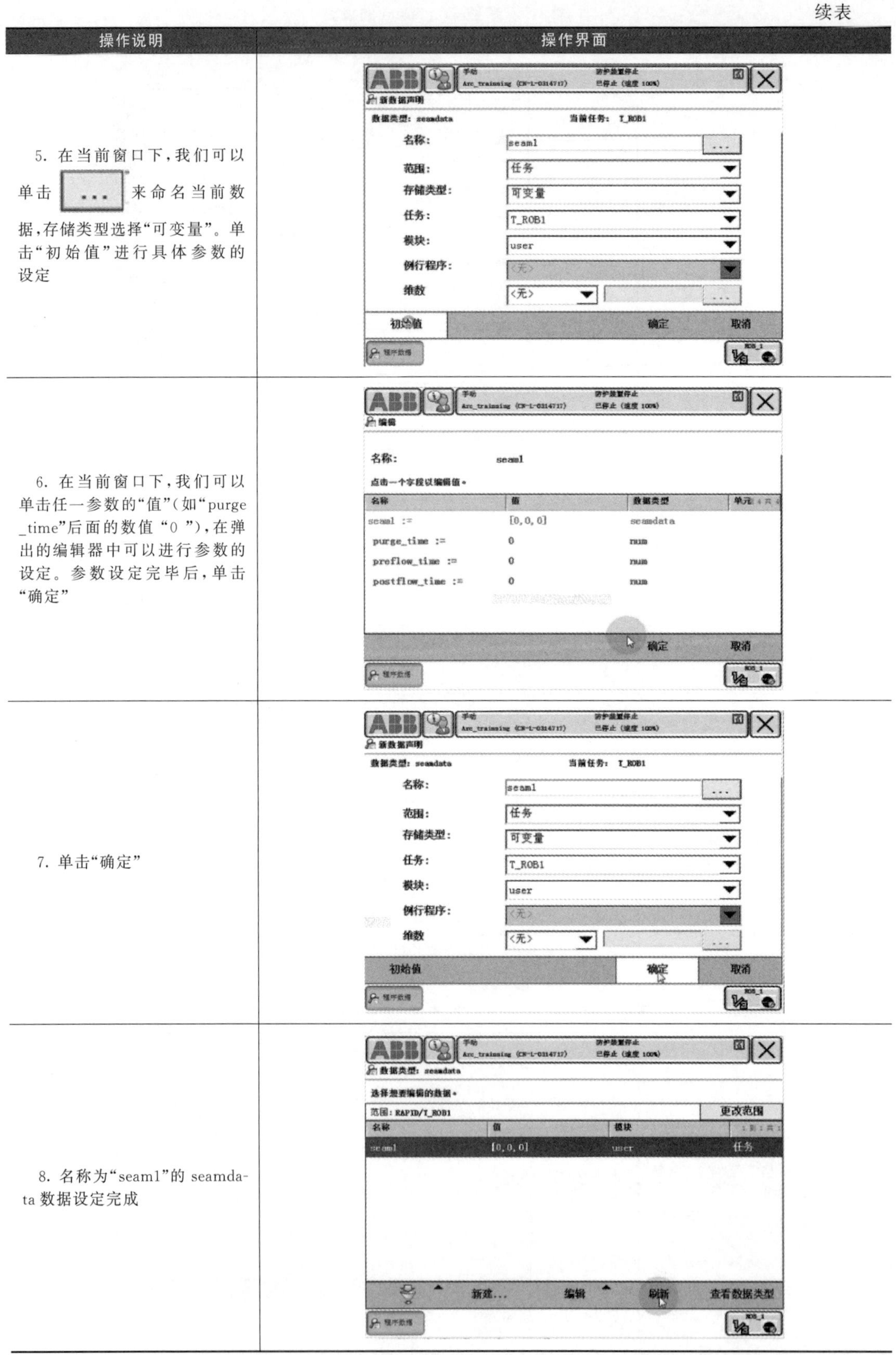

操作说明	操作界面
5. 在当前窗口下，我们可以单击 [...] 来命名当前数据，存储类型选择“可变量”。单击“初始值”进行具体参数的设定	
6. 在当前窗口下，我们可以单击任一参数的“值”(如“purge_time”后面的数值“0”)，在弹出的编辑器中可以进行参数的设定。参数设定完毕后，单击“确定”	
7. 单击“确定”	
8. 名称为“seam1”的 seamdata 数据设定完成	

2）Welddata 的设定

弧焊参数的一种，定义焊接加工中的焊接参数，主要参数说明见表 3-6。在示教器中设置 Welddata 的操作步骤如表 3-7 所示。

表 3-6　弧焊参数 Welddata

序号	弧焊指令	指令定义的参数
1	Weld_speed	焊缝的焊接速度，单位是 mm/s
2	Weld_voltage	定义焊缝的焊接电压，单位是 V
3	Weld_wirefeed	焊接时送丝系统的送丝速度，单位是 m/min
4	Weld_speed	焊缝的焊接速度，单位是 mm/s

表 3-7　参数 Welddata 的设置

操作说明	操作界面
1. 在 ABB 主菜单中选择“程序数据”	
2. 单击“视图”，单击“全部数据类型”	
3. 在全部数据类型中选择“welddata”，单击“显示数据”	

续表

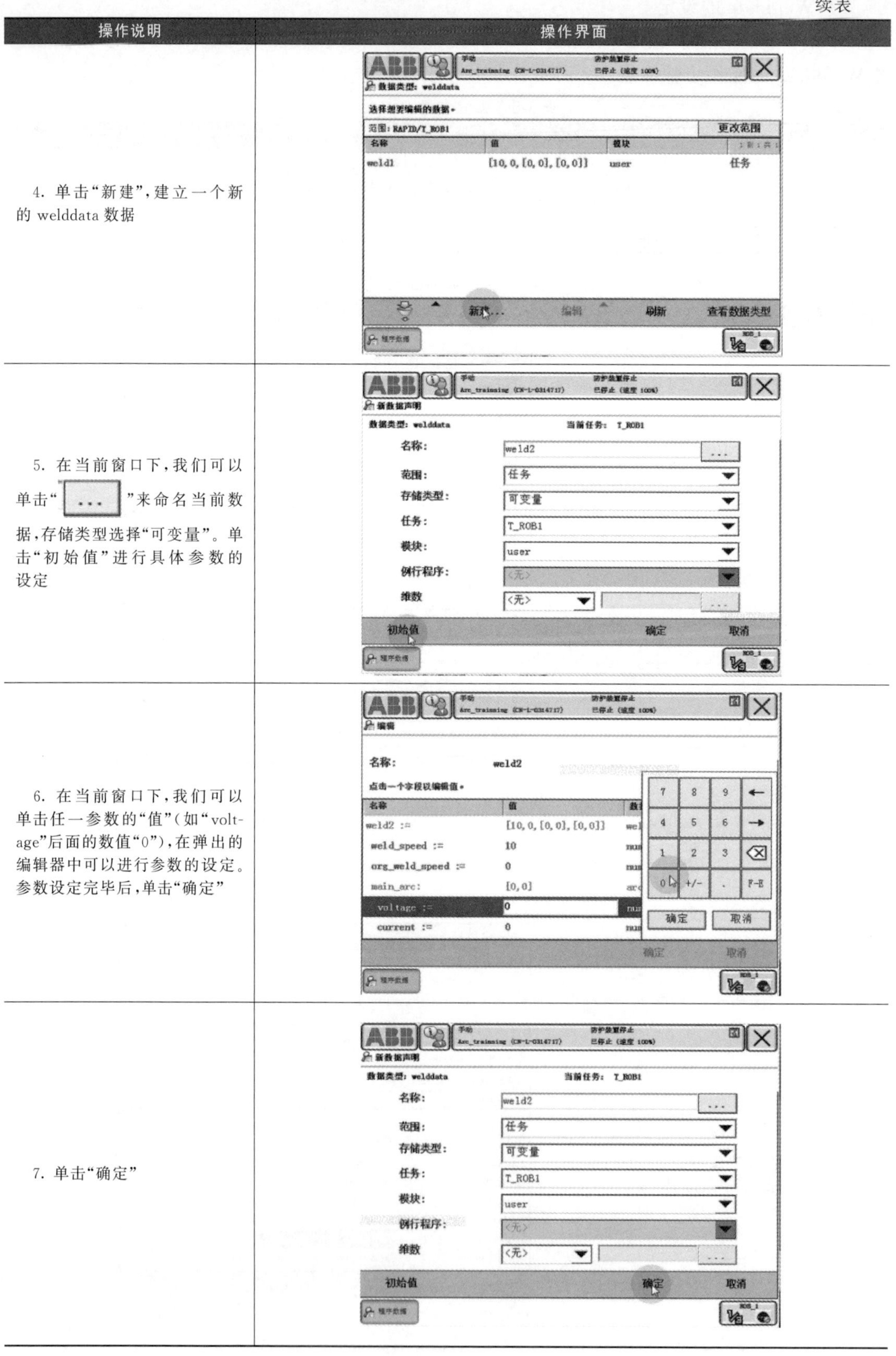

操作说明	操作界面
4. 单击“新建”，建立一个新的 welddata 数据	
5. 在当前窗口下，我们可以单击“ ... ”来命名当前数据，存储类型选择“可变量”。单击“初始值”进行具体参数的设定	
6. 在当前窗口下，我们可以单击任一参数的“值”（如“voltage”后面的数值“0”），在弹出的编辑器中可以进行参数的设定。参数设定完毕后，单击“确定”	
7. 单击“确定”	

续表

操作说明	操作界面
8. 名称为“weld2”的 welddata 数据设定完成	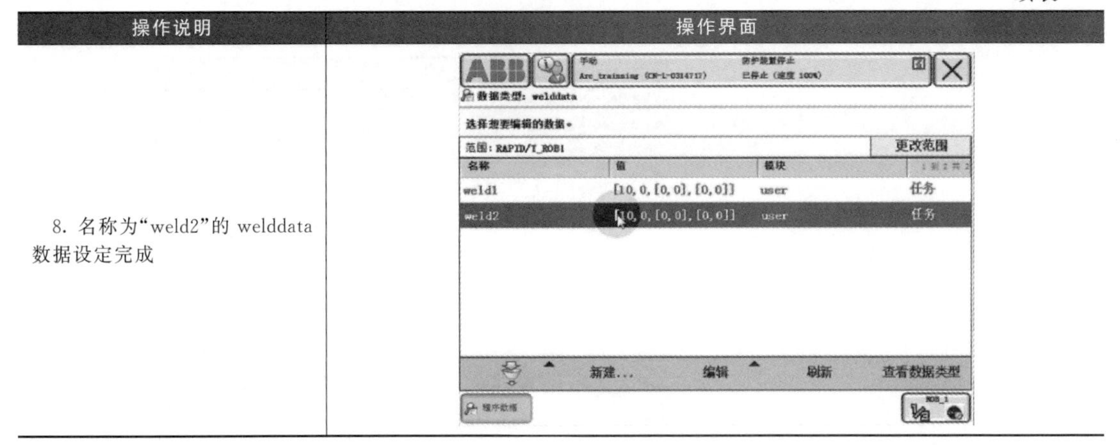

3）Weavedata 的设定

弧焊参数的一种，定义焊接过程中焊枪摆动的参数，其参数说明见表 3-8。在示教器中设置 Weavedata 的操作步骤如表 3-9 所示。

表 3-8　弧焊参数 Weavedata

序号	弧焊指令	指令定义的参数	
1	Weave_shape 焊枪摆动类型	0	无摆动
		1	平面锯齿形摆动
		2	空间 V 字形摆动
		3	空间三角形摆动
2	Weave_type 机器人摆动方式	0	机器人六个轴均参与摆动
		1	仅 5 轴和 6 轴参与摆动
		2	1、2、3 轴参与摆动
		3	4、5、6 轴参与摆动
3	Weave_length	摆动一个周期的长度	
4	Weave_width	摆动一个周期的宽度	
5	Weave_height	空间摆动一个周期的高度，只有在三角形摆动和 V 字形摆动时此参数才有效	

表 3-9　参数 Weavedata 的设置

操作说明	操作界面
1. 在 ABB 主菜单中选择“程序数据”	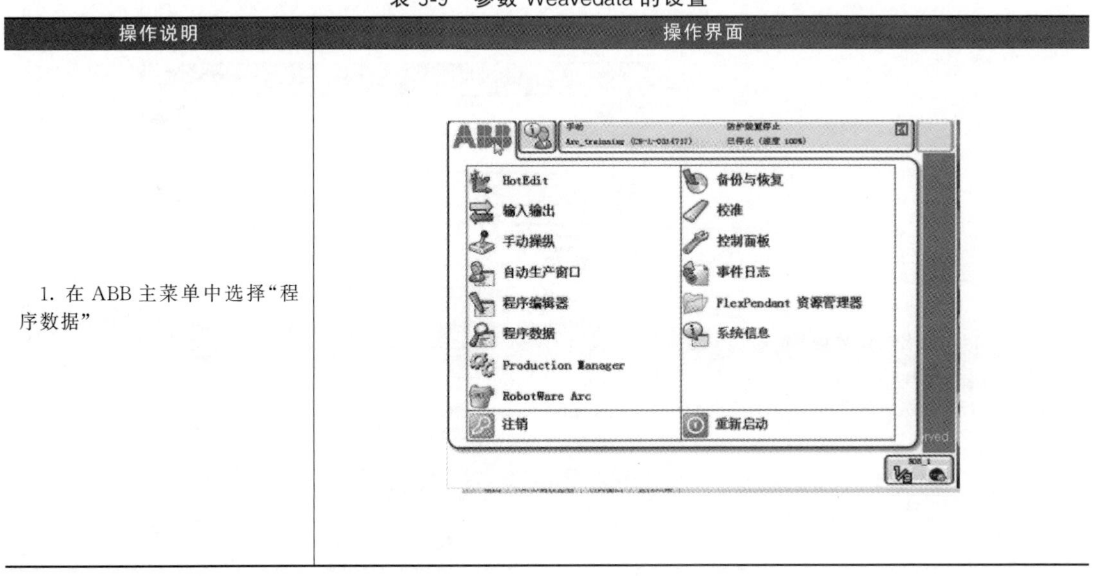

续表

操作说明	操作界面
2. 单击“视图”，单击“全部数据类型”	
3. 在全部数据类型中选择“weavedata”，单击“显示数据”	
4. 单击“新建”，建立一个新的 weavedata 数据	
5. 在当前窗口下，我们可以单击“ ... ”来命名当前数据，存储类型选择“可变量”。单击“初始值”进行具体参数的设定	

续表

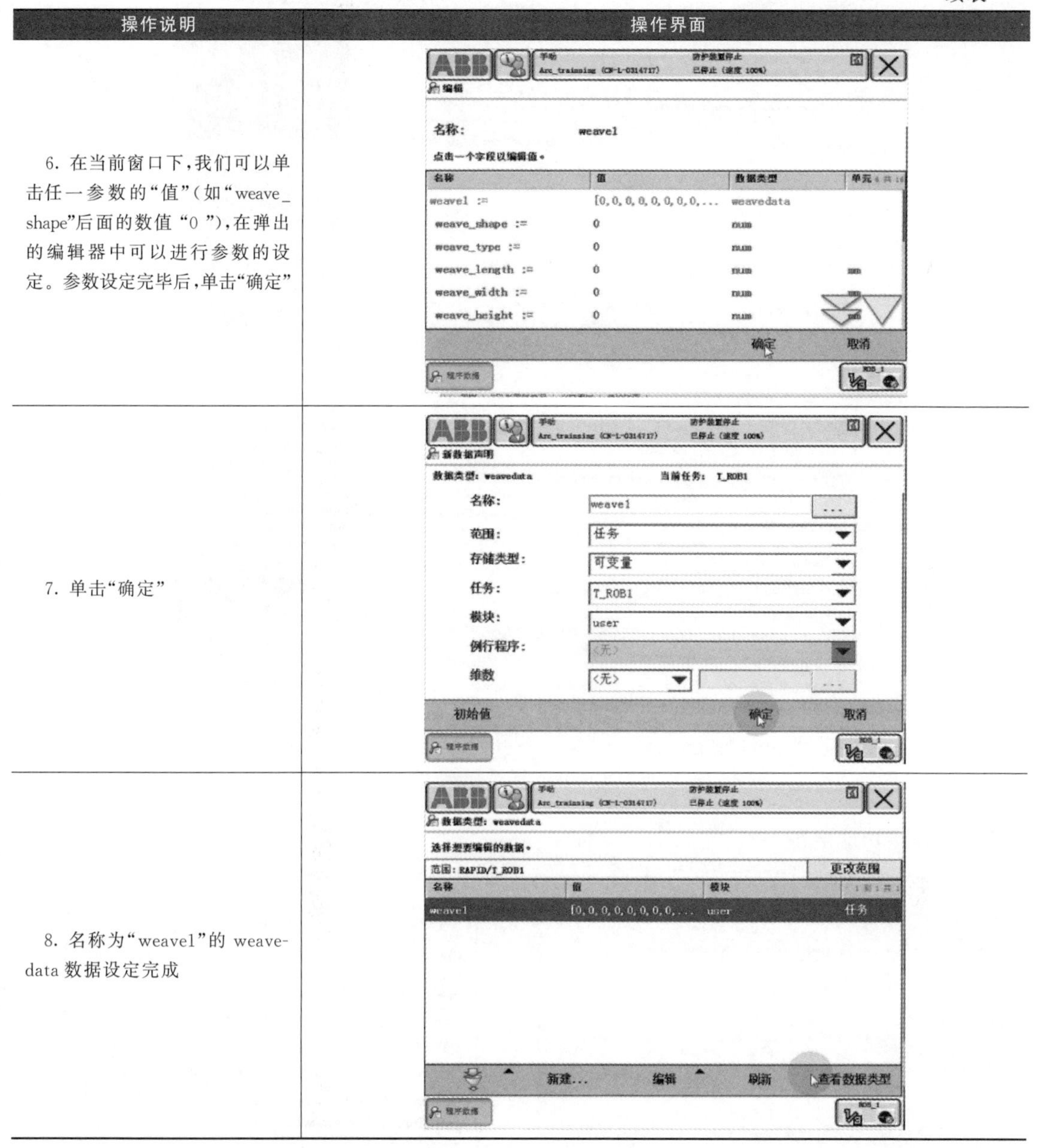

操作说明	操作界面
6. 在当前窗口下，我们可以单击任一参数的“值”（如“weave_shape”后面的数值“0”），在弹出的编辑器中可以进行参数的设定。参数设定完毕后，单击“确定”	
7. 单击“确定”	
8. 名称为“weavel”的 weavedata 数据设定完成	

4）单独设置参数

以单独设置起弧、收弧以及回烧电流电压为例来介绍之，其步骤如下。

① 示教器→控制面板→配置→主题选择 Process，如图 3-12 所示。

② 选择 Arc Equipment Properties，如图 3-13 所示。

③ 修改 Ignition On 为 true（可以设置起弧参数），修改 Fill On 为 true（可以设置收弧参数），修改 Burnback On 为 true（回烧有效，可以设置回烧时间），修改 Burnback Voltage On 为 true（可以设置回烧电压），如图 3-14 所示。

④ 重启。

⑤ 程序数据，seamdata 里，可以设置起弧、收弧及回烧参数。

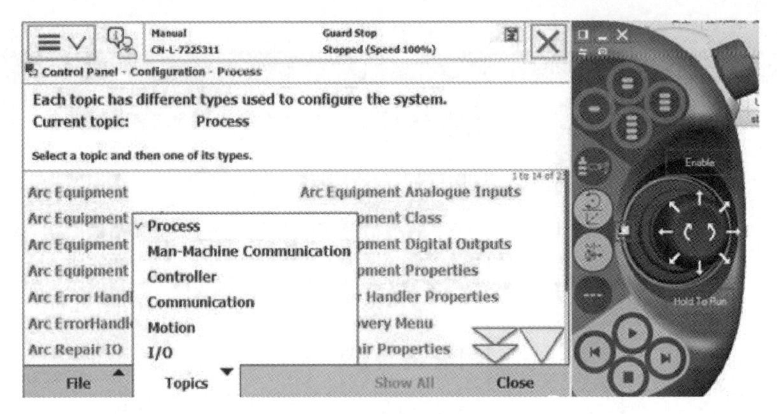

图 3-12 选择 Process

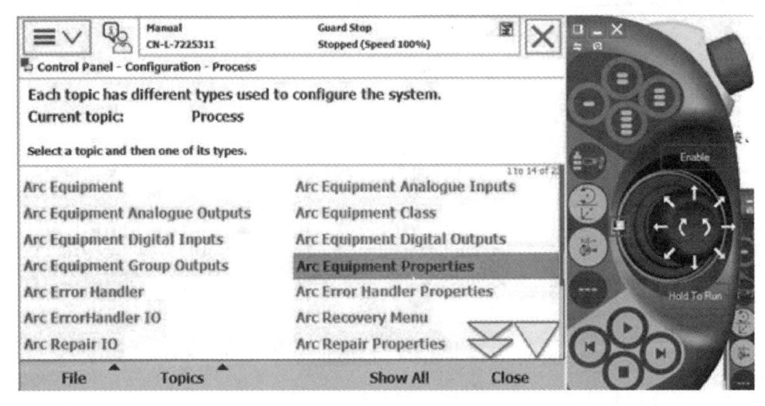

图 3-13 选择 Arc Equipment Properties

5）焊接功能屏蔽

① 进入“ RobotWare Arc”窗口，如图 3-15 所示。

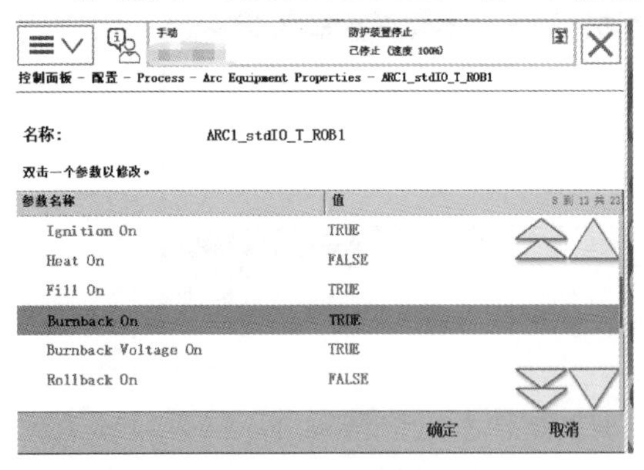

图 3-14 修改参数

图 3-15 RobotWare Arc

② 选择“Blocking”，如图 3-16 所示。

③ 选择“ Welding Blocked”，如图 3-17 所示。

④ 完成焊接功能屏蔽。

6）弧焊系统

① 独立弧焊系统参数设置，如图 3-18 与图 3-19 所示。独立焊接工业机器人的系统参数见表 3-10。

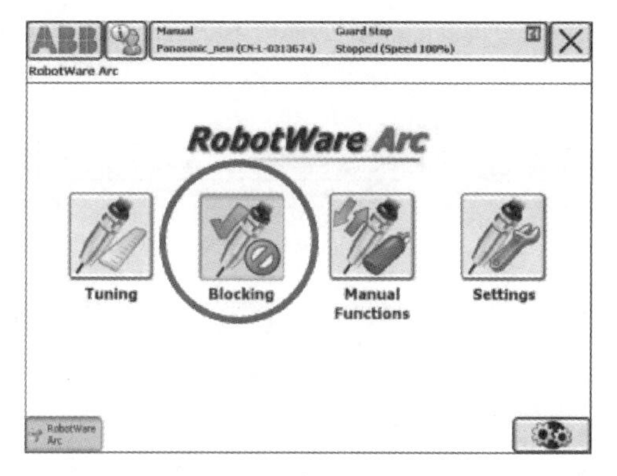

图 3-16　选择“Blocking”

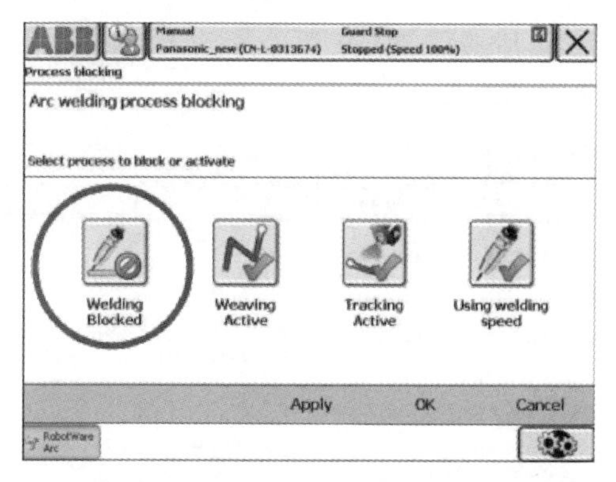

图 3-17　选择“ Welding Blocked”

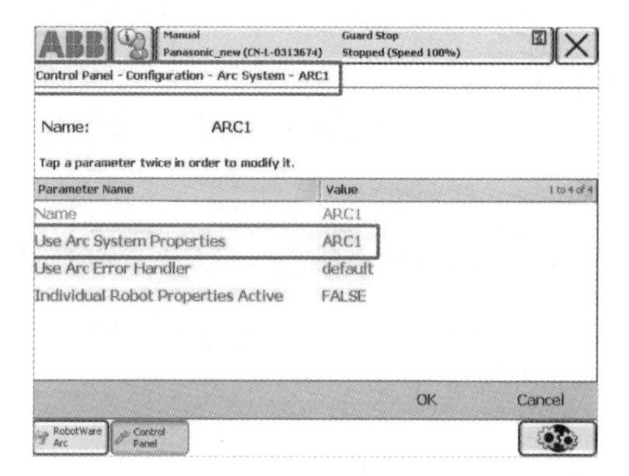

图 3-18　进入弧焊系统

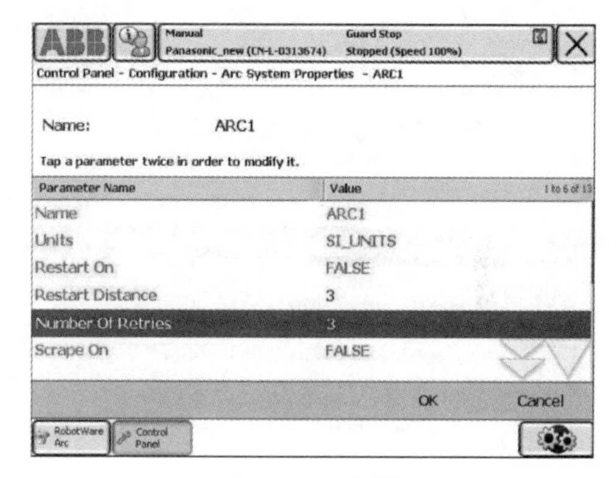

图 3-19　参数

表 3-10　独立焊接工业机器人的系统参数

参数	名称	值	说明	类型
Restart On	重复起弧设置	TRUE	机器人会在起弧失败后进行重复起弧	bool
		FALSE	机器人不会在起弧失败后进行重复起弧	
Restart Distance	回退距离		每次进行重复引弧时，回退的距离	num
Number Of Restart	重复引弧最大次数		重复引弧的最大次数，超过设置的次数，机器人不会再进行反复起弧	num
Scrape On	刮擦起弧设置	TRUE	采用刮擦起弧，刮擦起弧方式在“seamdata”中进行设置	bool
		FALSE	不采用刮擦起弧	
Scrape Option On	刮擦起弧选项设置	TRUE	可对刮擦起弧参数进行设置，包括电流、电压等	bool
		FALSE	不对刮擦起弧参数进行设置	
Scrape Width	刮擦宽度		刮擦起弧时刮擦宽度	num
Scrape Direction	刮擦起弧方向	0	垂直于焊缝进行刮擦起弧	num
		90	平行于焊缝进行刮擦起弧	
Scrape Cycle Time	刮擦起弧时间		单位：s	num
Ignition Move Delay On	时间设置	TRUE	引弧成功后，可设置等待时间，机器人再开始运动	bool
		FALSE	引弧成功后，机器人直接开始运动；当设置为“TRUE”时，在 seamdata 中会出现延迟时间选项，单位：s	

② 协作焊接工业机器人的系统参数，如图 3-20 与图 3-21 所示。独立焊接工业机器人的系统参数见表 3-11。

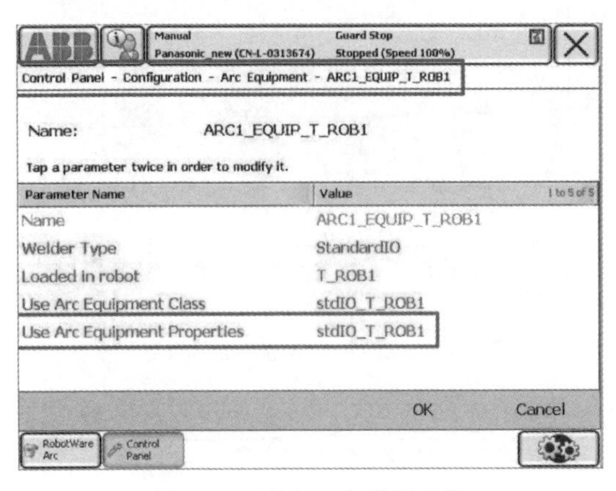

图 3-20 进入一个弧焊系统

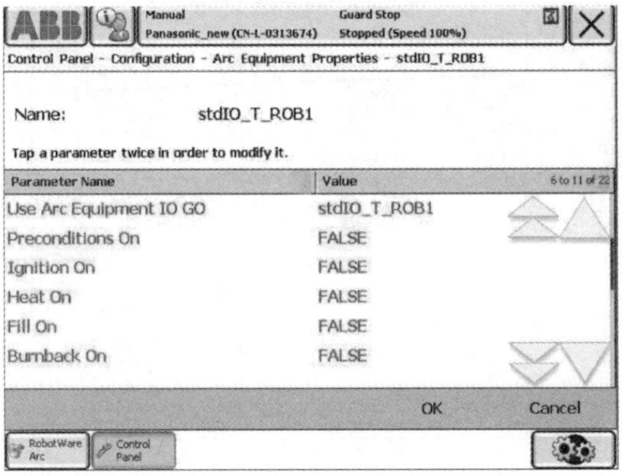

图 3-21 参数

表 3-11 协作焊接工业机器人的系统参数

参数	名称	值	说明	类型
Ignition On	引弧功能设置	TRUE	在 seamdata 中出现引弧电流电压参数，可对引弧参数进行设置	bool
		FALSE	不对引弧参数进行设置	
Heat On	热起弧参数设置	TRUE	在 seamdata 中出现热起弧电流电压与距离，可对热起弧参数进行设置	bool
		FALSE	不对热起弧参数进行设置	
Fill On	填弧坑参数设置	TRUE	在 seamdata 中出现填弧坑电流电压、填弧坑时间与冷却时间，可对填弧坑参数进行设置	bool
		FALSE	不对填弧坑参数进行设置	
Burnback On	回烧时间	TRUE	在 seamdata 中出现回烧时间，可对回烧时间进行设置	bool
		FALSE	不设置回烧时间	
Burnback Voltage On	回烧电压	TRUE	在 seamdata 中出现回烧电压，可对回烧电压进行设置	bool
		FALSE	不设置回烧电压	
Arc Preset	焊接开始前设置		焊接参数准备，单位为 s，设置为 1，表示焊接开始前 1s，机器人将焊接电流与电压预先发给焊接系统	num
Ignition Timeout	引弧时间参数		引弧时间参数，通常设为 1，单位为 s；当机器人将起弧信号给焊机后，在 1s 内仍未收到起弧成功信号，机器人会自动再次引弧，引弧次数超过设置的起弧次数，系统会报错	num
Motion Time Out	同时引弧时间差		用于 Multimove 系统中，表示两台机器人同时引弧时允许的时间差；如果超过这个时间差，系统会报错	num

3.1.3 ABB 弧焊机器人轨迹示教操作

轨迹示教操作一般有直线与圆弧焊缝轨迹两种，现以图 3-22 所示圆弧焊缝轨迹示教为例介绍之。当弧焊机器人的加工焊缝为圆弧焊缝时，主要示教点的编辑操作包括 MoveL、ArcCStart、ArcC、ArcCEnd。

在图中，MoveL 是指机器人行走的空间路径，在此处并无焊接操作。整个焊缝包含两条圆弧焊缝和一条直线焊缝。具体示教编程操作如表 3-12 所示。

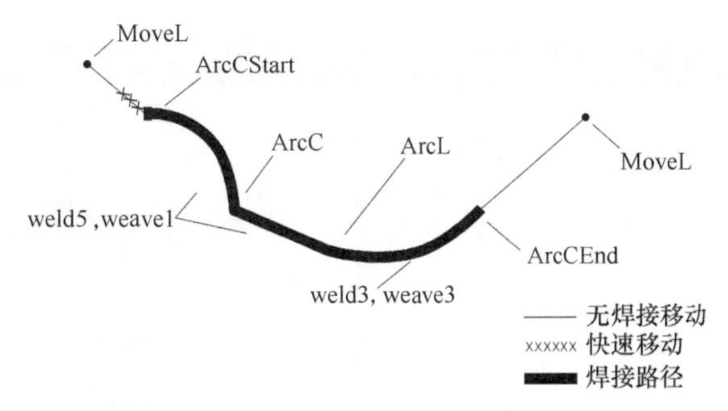

图 3-22　圆弧焊缝示意图

表 3-12　圆弧焊缝编程示教

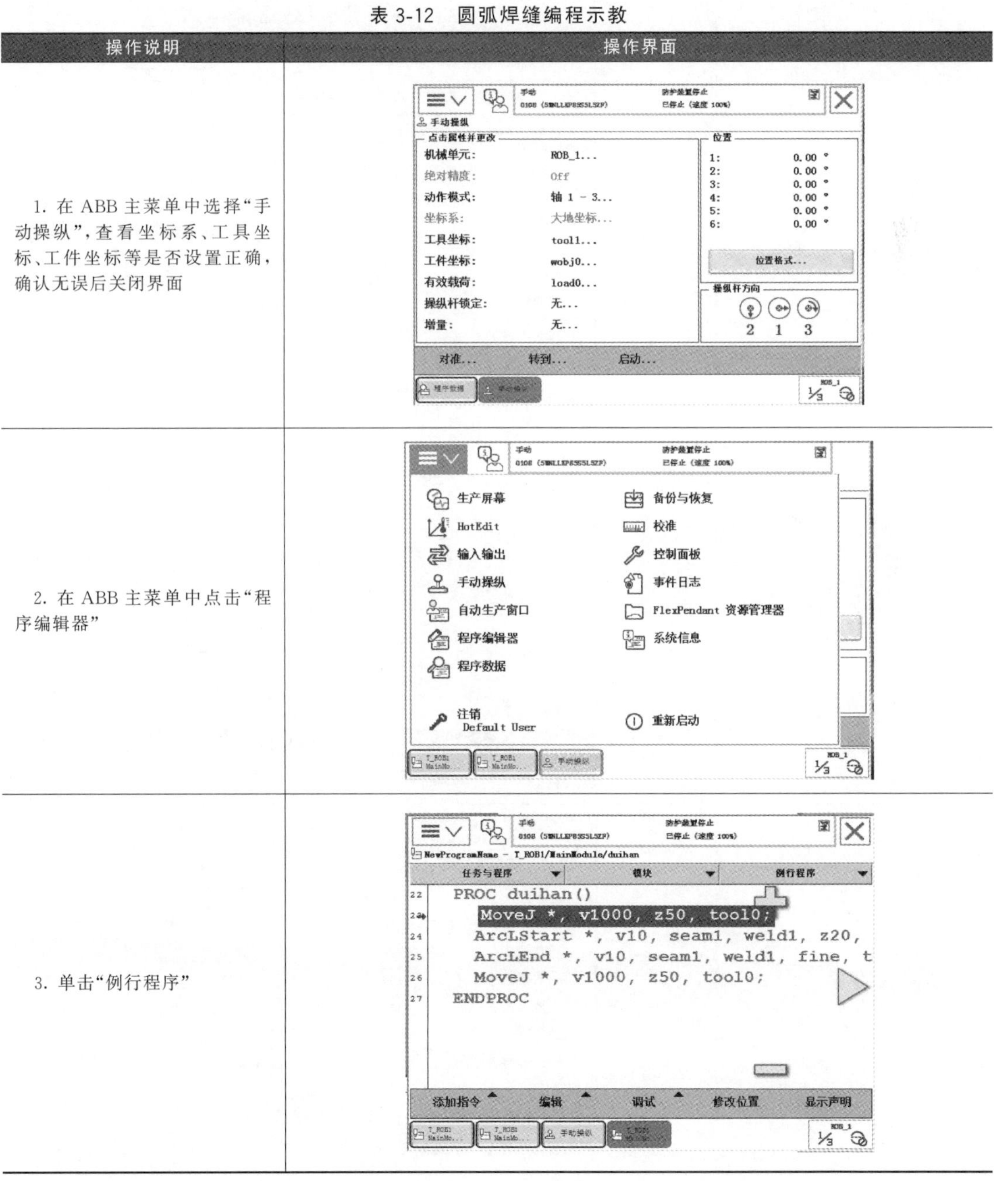

操作说明	操作界面
1. 在 ABB 主菜单中选择“手动操纵”，查看坐标系、工具坐标、工件坐标等是否设置正确，确认无误后关闭界面	手动操纵 点击属性并更改 机械单元：ROB_1... 绝对精度：Off 动作模式：轴 1 - 3... 坐标系：大地坐标... 工具坐标：tool1... 工件坐标：wobj0... 有效载荷：load0... 操纵杆锁定：无... 增量：无... 位置 1: 0.00° 2: 0.00° 3: 0.00° 4: 0.00° 5: 0.00° 6: 0.00° 位置格式... 操纵杆方向 2 1 3 对准... 转到... 启动...
2. 在 ABB 主菜单中点击“程序编辑器”	生产屏幕　备份与恢复 HotEdit　校准 输入输出　控制面板 手动操纵　事件日志 自动生产窗口　FlexPendant 资源管理器 程序编辑器　系统信息 程序数据 注销 Default User　重新启动
3. 单击“例行程序”	NewProgramName - T_ROB1/MainModule/duihan 任务与程序　模块　例行程序 22 PROC duihan() 23 MoveJ *, v1000, z50, tool0; 24 ArcLStart *, v10, seam1, weld1, z20, 25 ArcLEnd *, v10, seam1, weld1, fine, t 26 MoveJ *, v1000, z50, tool0; 27 ENDPROC 添加指令　编辑　调试　修改位置　显示声明

续表

操作说明	操作界面
4. 单击“文件”，单击“新建例行程序...”	
5. 单击“ABC...”，命名例行程序	
6. 在键盘中输入例行程序名字“yuanhu”，单击“确定”	
7. 单击“确定”	

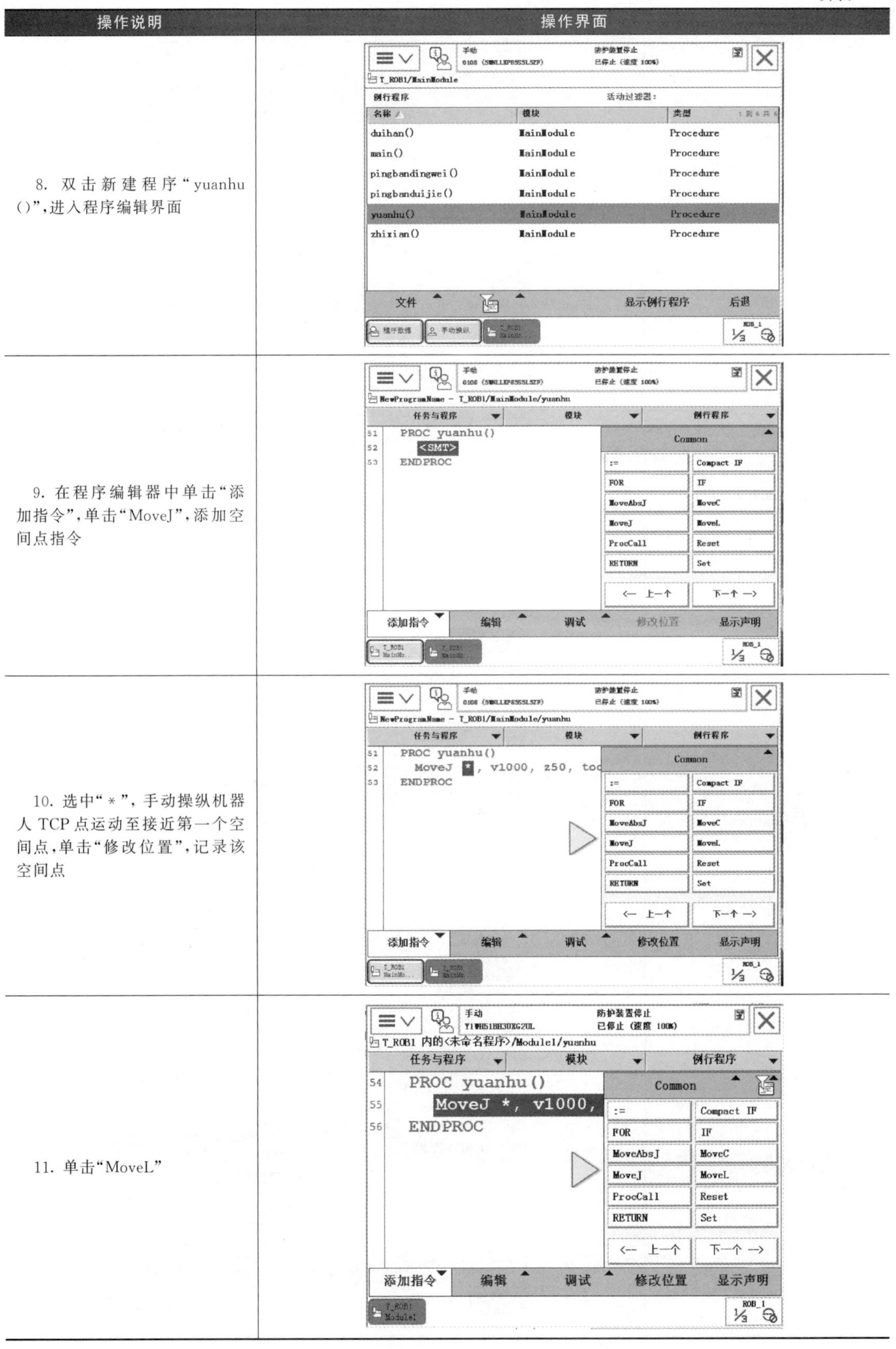

操作说明	操作界面
8. 双击新建程序“yuanhu()”，进入程序编辑界面	
9. 在程序编辑器中单击“添加指令”，单击“MoveJ”，添加空间点指令	
10. 选中“*”，手动操纵机器人 TCP 点运动至接近第一个空间点，单击“修改位置”，记录该空间点	
11. 单击“MoveL”	

续表

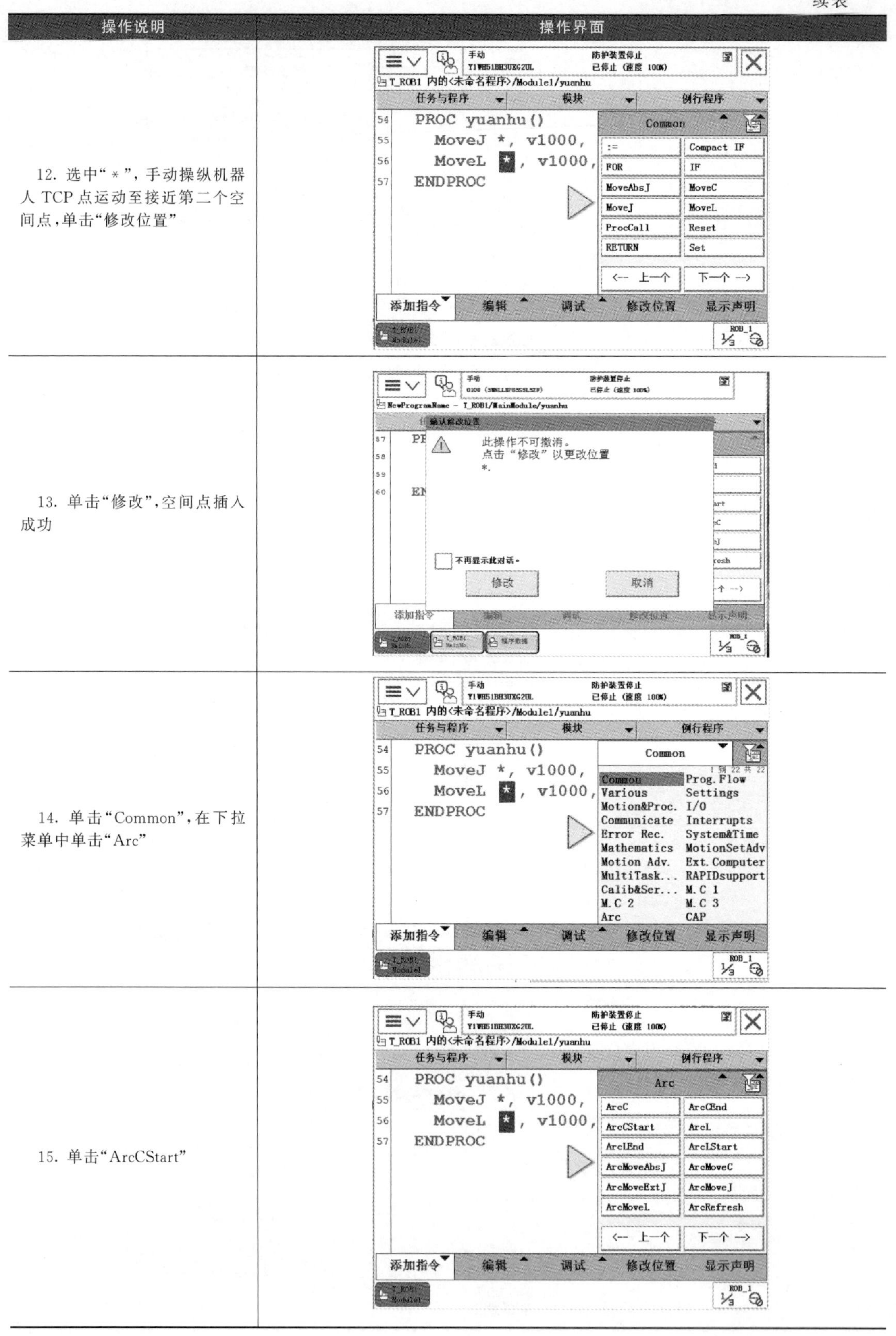

操作说明	操作界面
12. 选中“*”，手动操纵机器人 TCP 点运动至接近第二个空间点，单击“修改位置”	
13. 单击“修改”，空间点插入成功	
14. 单击“Common”，在下拉菜单中单击“Arc”	
15. 单击“ArcCStart”	

续表

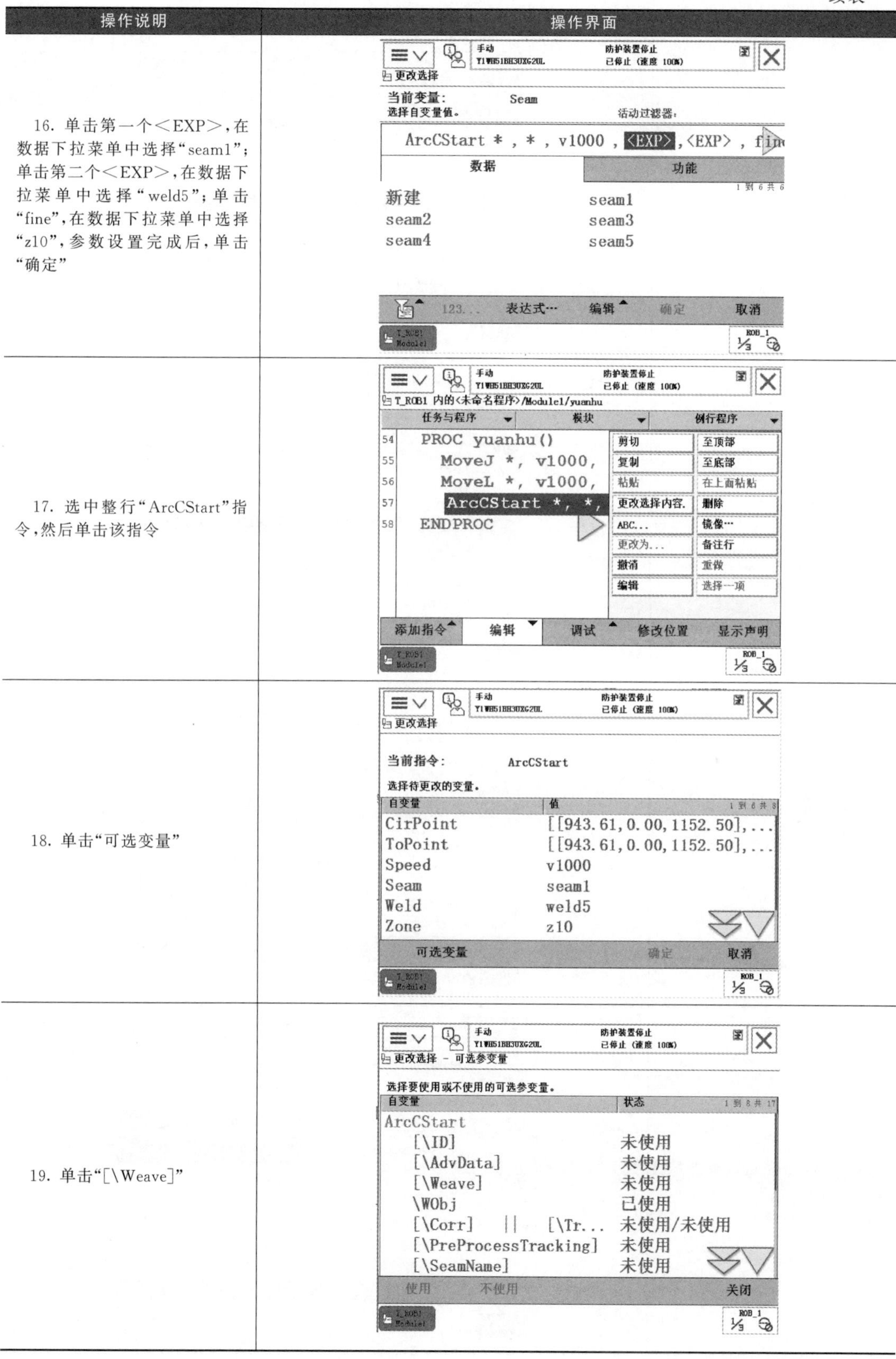

操作说明	操作界面
16. 单击第一个＜EXP＞，在数据下拉菜单中选择“seam1”；单击第二个＜EXP＞，在数据下拉菜单中选择“weld5”；单击“fine”，在数据下拉菜单中选择“z10”，参数设置完成后，单击“确定”	
17. 选中整行“ArcCStart”指令，然后单击该指令	
18. 单击“可选变量”	
19. 单击“[\Weave]”	

续表

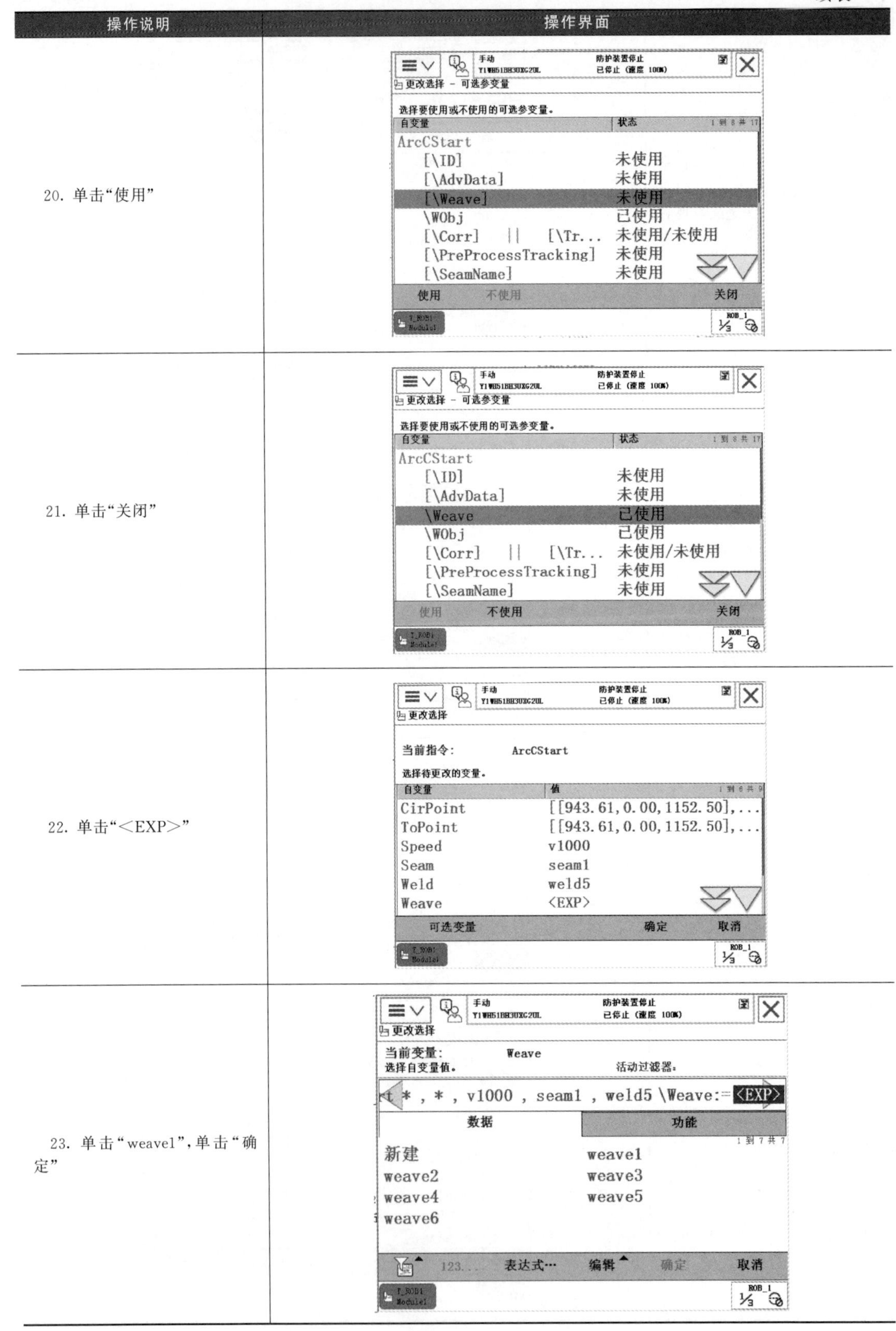

操作说明	操作界面
20. 单击“使用”	
21. 单击“关闭”	
22. 单击“<EXP>”	
23. 单击“weave1”，单击“确定”	

续表

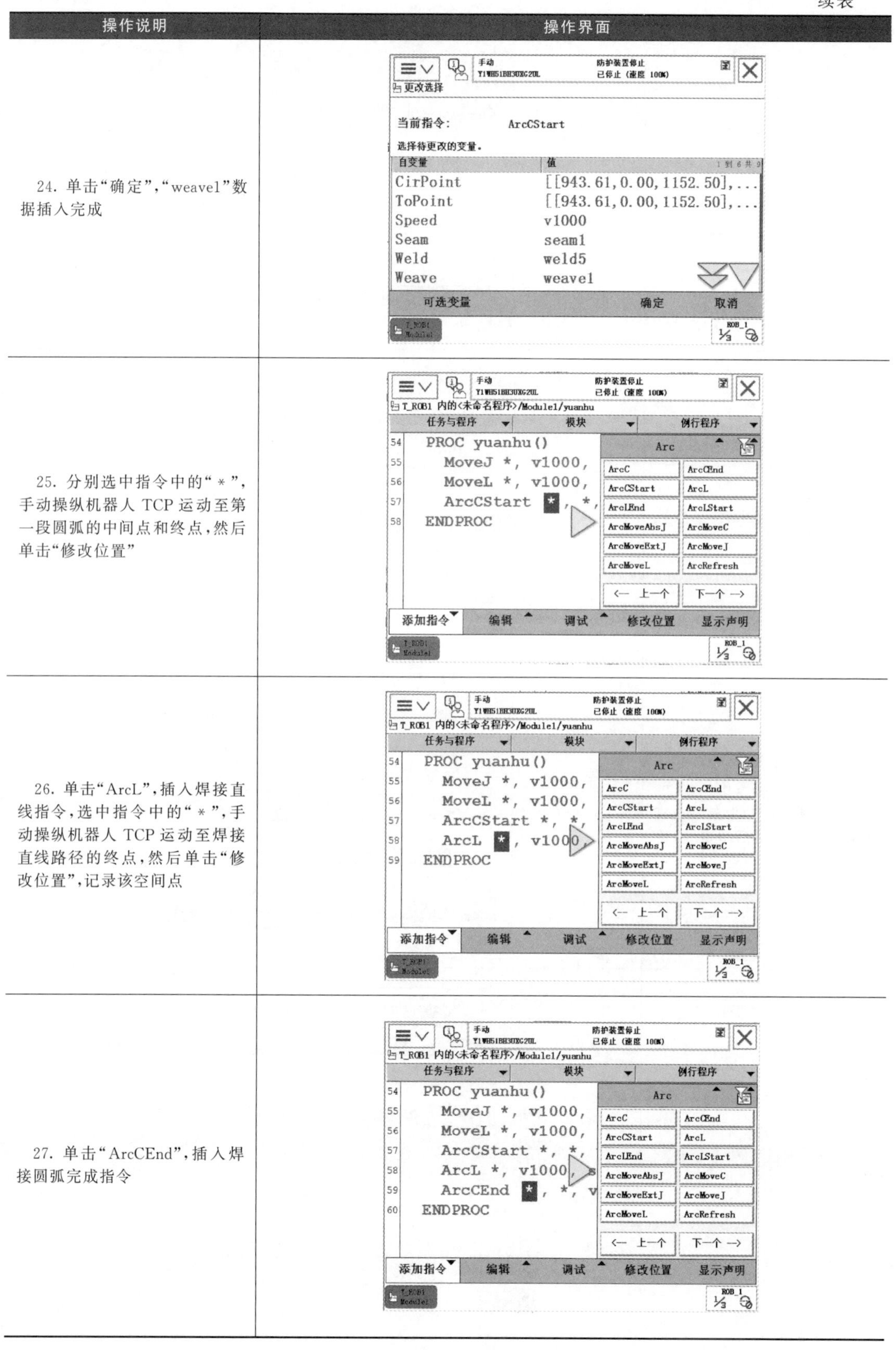

操作说明	操作界面
24. 单击“确定”,“weave1”数据插入完成	
25. 分别选中指令中的“*”，手动操纵机器人 TCP 运动至第一段圆弧的中间点和终点，然后单击“修改位置”	
26. 单击“ArcL”，插入焊接直线指令，选中指令中的“*”，手动操纵机器人 TCP 运动至焊接直线路径的终点，然后单击“修改位置”，记录该空间点	
27. 单击“ArcCEnd”，插入焊接圆弧完成指令	

续表

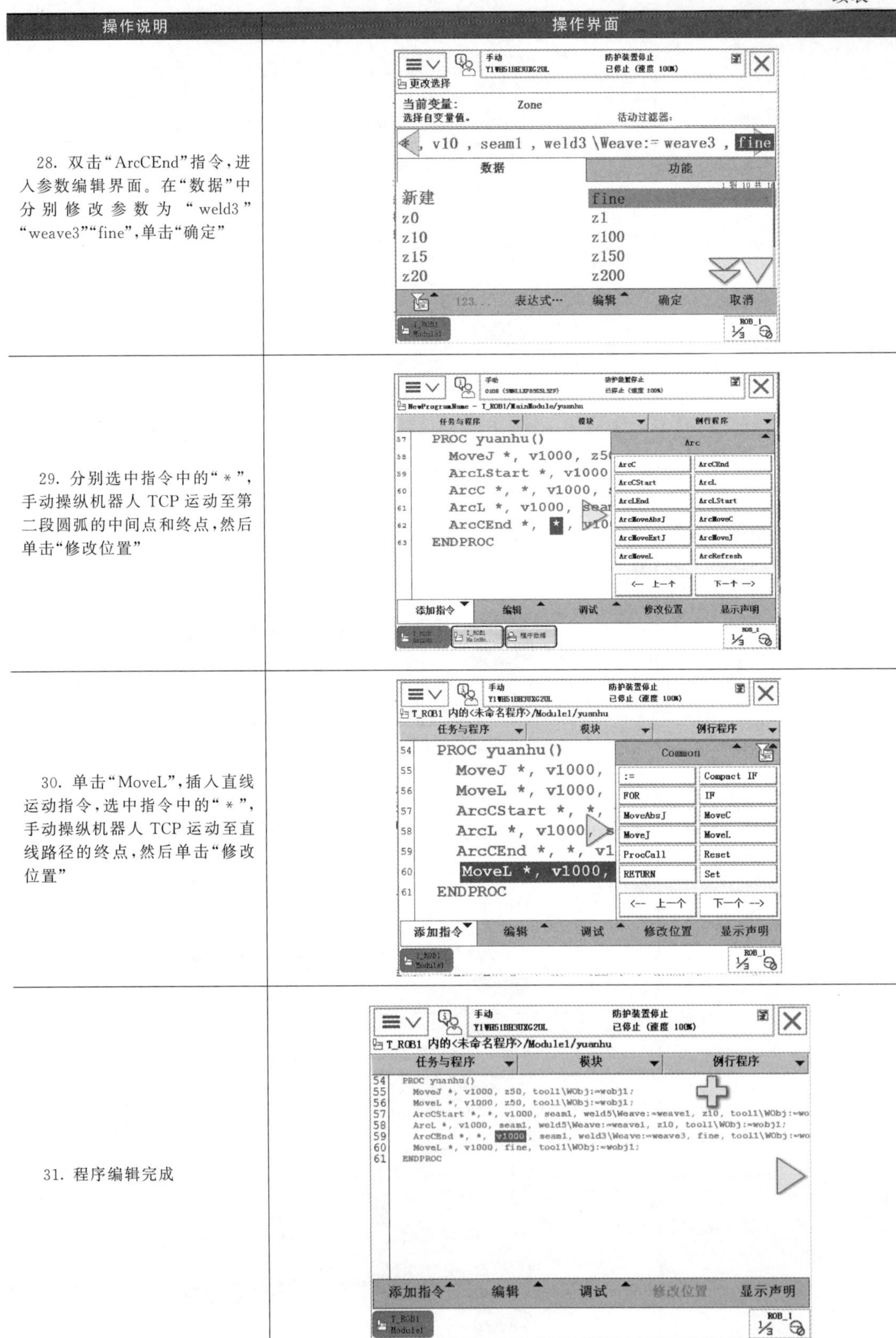

操作说明	操作界面
28. 双击“ArcCEnd”指令，进入参数编辑界面。在“数据”中分别修改参数为“weld3”“weave3”“fine”，单击“确定”	
29. 分别选中指令中的“＊”，手动操纵机器人TCP运动至第二段圆弧的中间点和终点，然后单击“修改位置”	
30. 单击“MoveL”，插入直线运动指令，选中指令中的“＊”，手动操纵机器人TCP运动至直线路径的终点，然后单击“修改位置”	
31. 程序编辑完成	

圆弧焊缝的示教程序如下：

```
PROC yuanhu()
MoveJ  * ,v1000,z50,tool1\Wobj:=wobj1;
ArcL * , v1000, z50,tool1\Wobj:=wobj1;
ArcCStart * , * , v1000,seam1,weld5\Weave=weave5,z10,tool1\Wobj:=wobj1;
ArcL * , v1000,seam1,weld5\Weave=weave5,z10,tool1\Wobj:=wobj1;
ArcCEnd * , * , v1000,seam1,weld3\Weave=weave3,fine,tool1\Wobj:=wobj1;
MoveJ  * ,v1000,fine,tool1\Wobj:=wobj1;
ENDPROC
```

程序编辑完成后首先空载运行，检查程序编辑及各点示教的准确性。检查无误后运行程序。

3.1.4 平板对焊示教编程

使用机器人焊接专用指令，设置合适的焊接参数，实现平板堆焊焊接过程。要求用二氧化碳气体保护焊在 Q235 低碳钢热轧钢板（C 级）表面平敷堆焊不同宽度的焊缝，图 3-23 是其零件图样。

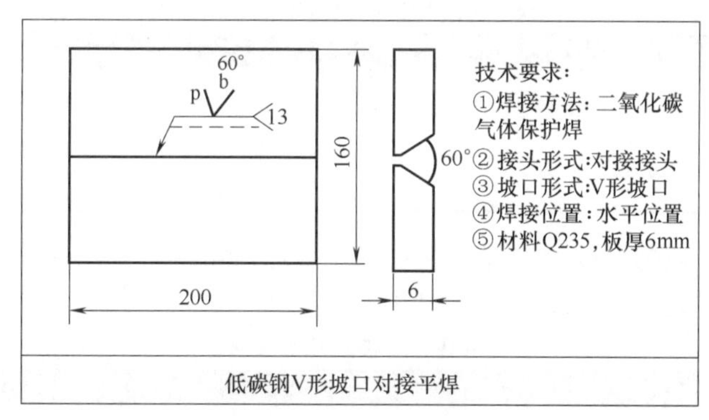

图 3-23　零件图样

（1）工艺分析

1）焊接材料分析

Q235 是一种普通碳素结构钢，其屈服强度约为 235MPa，随着材质厚度的增加屈服值减小。由于 Q235 钢含碳量适中，因此其综合性能较好，强度、塑性和焊接等性能有较好的配合，用途最为广泛，大量应用于建筑及工程结构，以及一些对性能要求不太高的机械零件。焊接工件材质为 Q235 低碳钢，工件尺寸为 300mm×400mm×10mm，化学成分如表 3-13 所示。

表 3-13　Q235 热轧钢化学成分

牌号	等级	化学成分(质量分数)/%				
		C	Mn	Si	S	P
				≤		
Q235	A	0.14～0.22	0.30～0.65	0.300	0.050	0.045
	B	0.12～0.20	0.30～0.70		0.045	
	C	≤0.18	0.35～0.80		0.040	0.040
	D	≤0.17			0.35	0.35

2）焊接性分析

Q235 的碳和其他合金元素含量较低，其塑性、韧性好，一般无淬硬倾向，不易产生焊接裂纹等倾向，焊接性能优良。Q235 焊接时，一般不需要预热和焊后热处理等特殊的工艺措施，也不需选用复杂和特殊的设备。对焊接电源没有特殊要求，一般的交、直流弧焊机都可以焊接。在实际生产中，根据工件的不同加工要求，可选择手工电弧焊、CO_2 气体保护焊、埋弧焊等焊接方法。

3）焊接工艺设计

二氧化碳气体保护焊工艺一般包括短路过渡和细滴过渡两种。短路过渡工艺采用细焊丝、小电流和低电压。焊接时，熔滴细小而过渡频率高，飞溅小，焊缝成形美观。短路过渡工艺主要用于焊接薄板及全位置焊接。

细滴过渡工艺采用较粗的焊丝，焊接电流较大，电弧电压也较高。焊接时，电弧是连续的，焊丝熔化后以细滴形式进行过渡，电弧穿透力强，母材熔深大。细滴过渡工艺适合于中厚板焊件的焊接。CO_2 焊的焊接参数包括焊丝直径、焊接电流、电弧电压、焊接速度、保护气流量及焊丝伸出长度等。如果采用细滴过渡工艺进行焊接，电弧电压必须选取在 34～45V 的范围内，焊接电流则根据焊丝直径来选择，对于不同直径的焊丝，实现细滴过渡的焊接电流下限是不同的（如表 3-14 所示）。

表 3-14　细滴过渡的电流下限及电压范围

焊丝直径/mm	电流下限/A	电弧电压/V
1.2	300	34～45
1.6	400	
2.0	500	
4.0	750	

本例中，工件材质为低碳钢，焊接性良好，板厚 10mm，采用细滴过渡工艺的 CO_2 焊接，具体工艺参数如表 3-15 所示。

表 3-15　平板堆焊焊接参数

焊丝直径/mm	电流下限/A	电弧电压/V	焊接速度/(m/h)	保护气流量/(L/min)
1.2	300	34～45	40～60	25～50

（2）示教编程与运行

1）示教编程

示教编程的操作步骤如表 3-16 所示。

表 3-16　平板堆焊示教编程

操作说明	操作界面
1. 在 ABB 主菜单中单击“手动操纵”，查看坐标系、工具坐标、工件坐标等是否设置正确，确认无误后关闭界面	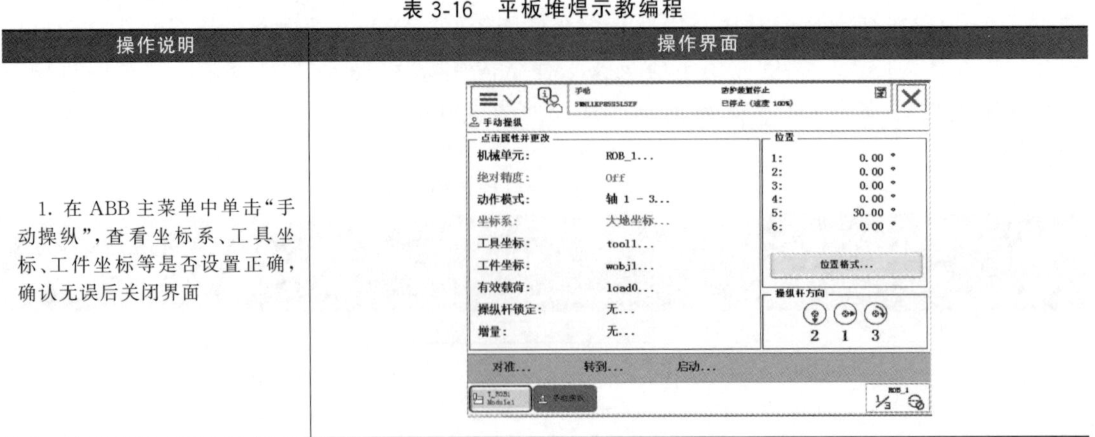

续表

操作说明	操作界面
2. 在 ABB 主菜单中单击“程序编辑器”	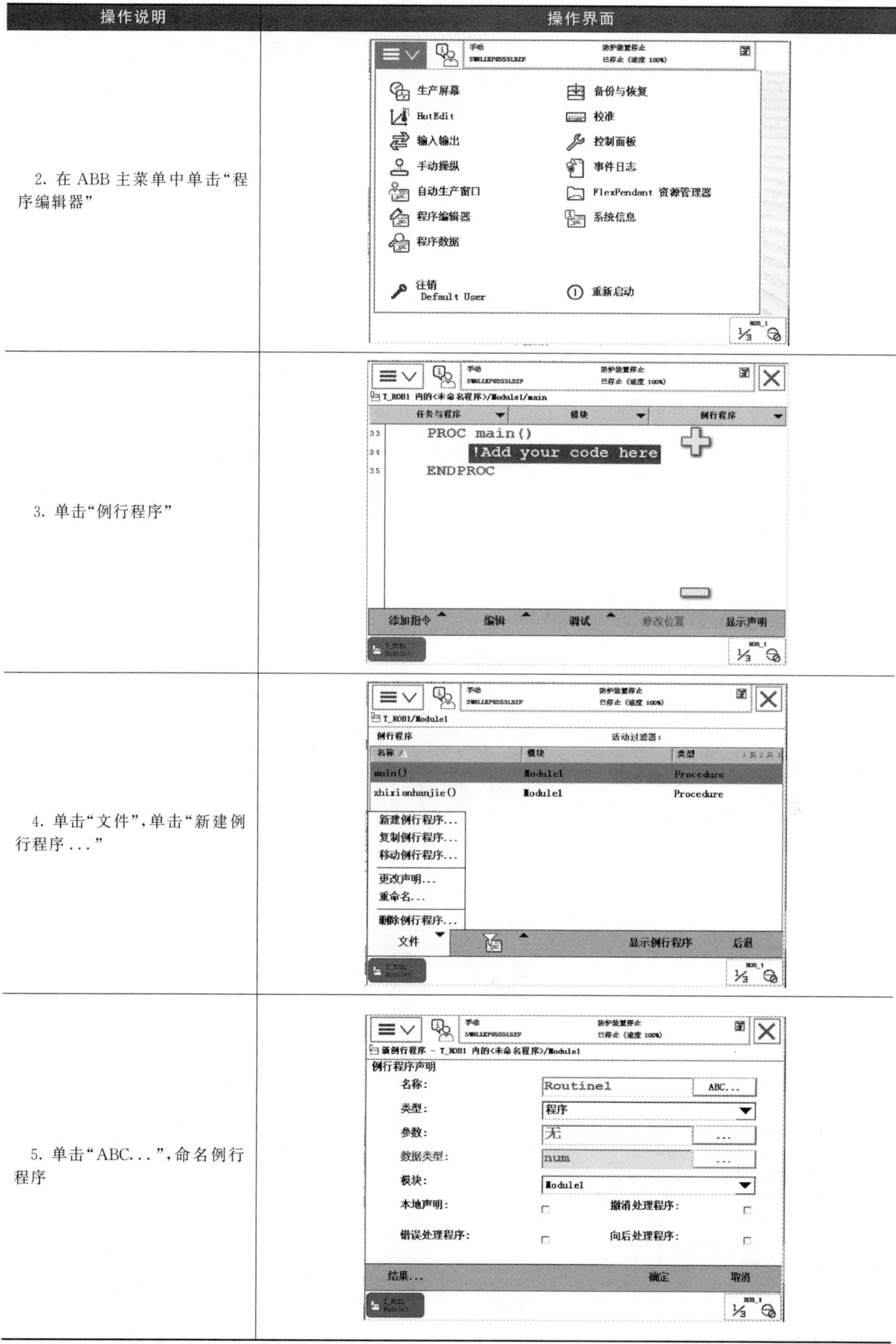
3. 单击“例行程序”	
4. 单击“文件”，单击“新建例行程序...”	
5. 单击“ABC...”，命名例行程序	

续表

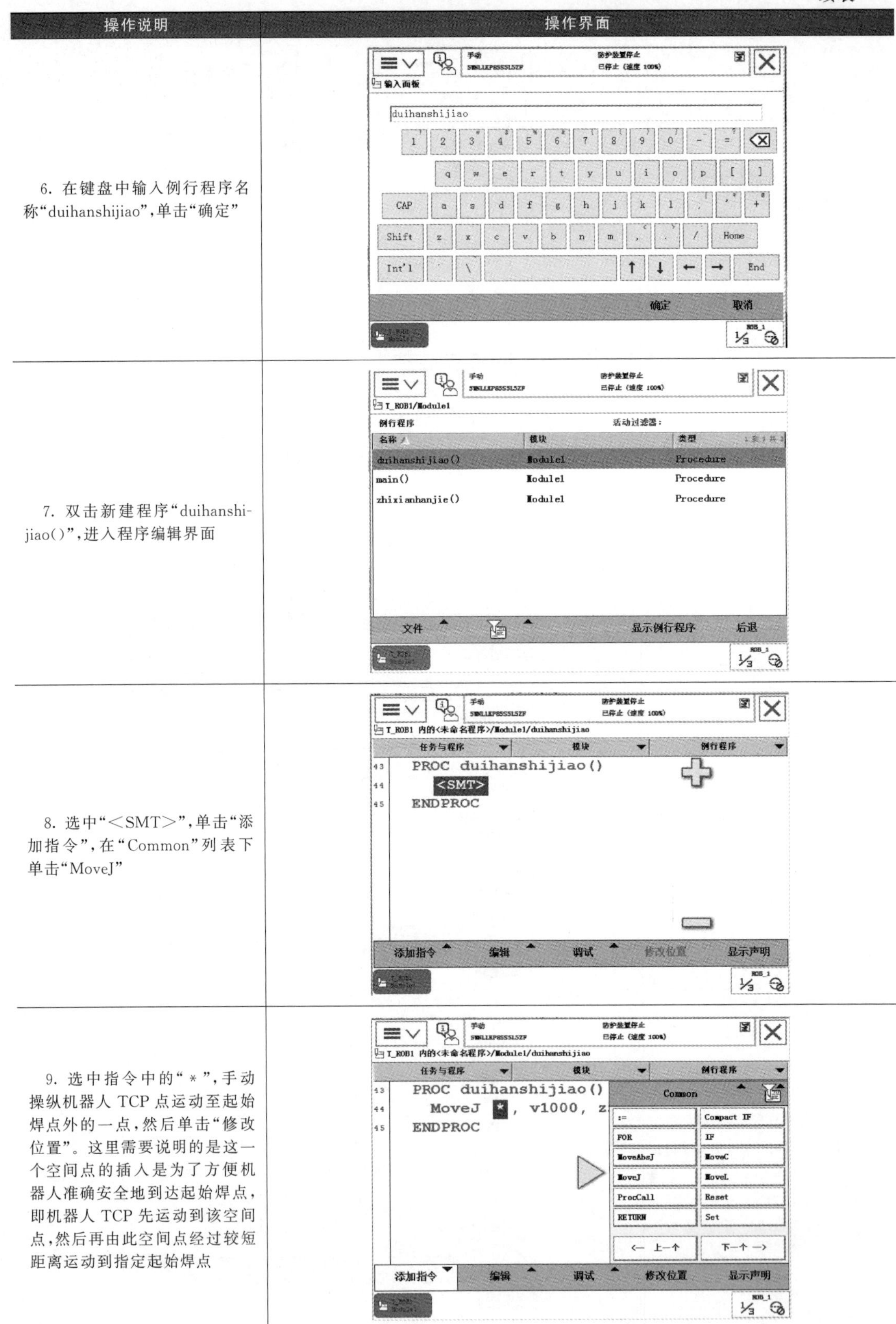

操作说明	操作界面
6. 在键盘中输入例行程序名称“duihanshijiao”，单击“确定”	
7. 双击新建程序“duihanshijiao()”，进入程序编辑界面	
8. 选中“<SMT>”，单击“添加指令”，在“Common”列表下单击“MoveJ”	
9. 选中指令中的“*”，手动操纵机器人TCP点运动至起始焊点外的一点，然后单击“修改位置”。这里需要说明的是这一个空间点的插入是为了方便机器人准确安全地到达起始焊点，即机器人TCP先运动到该空间点，然后再由此空间点经过较短距离运动到指定起始焊点	

续表

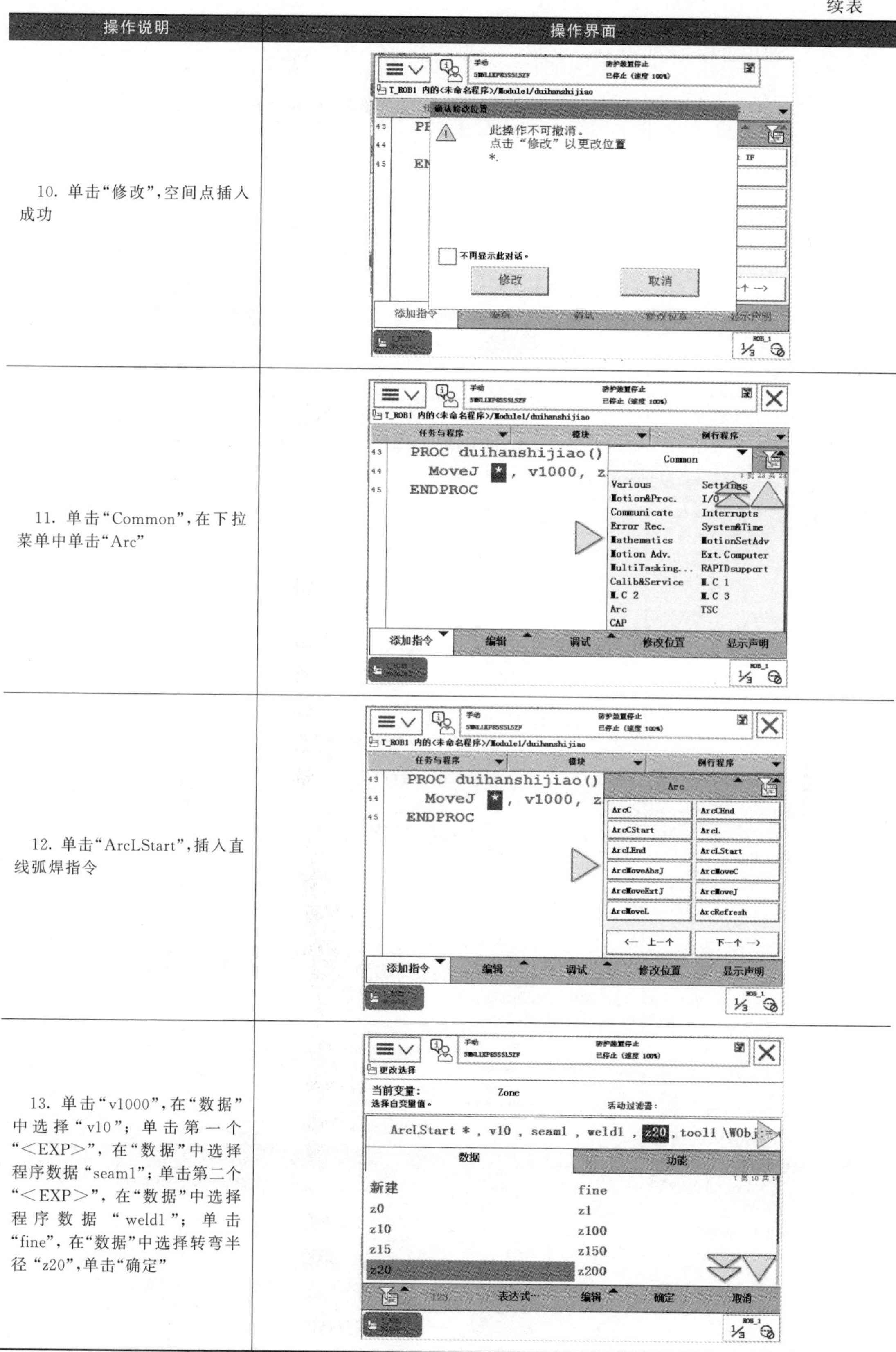

操作说明	操作界面
10. 单击“修改”，空间点插入成功	
11. 单击“Common”，在下拉菜单中单击“Arc”	
12. 单击“ArcLStart”，插入直线弧焊指令	
13. 单击“v1000”，在“数据”中选择“v10”；单击第一个“<EXP>”，在“数据”中选择程序数据“seam1”；单击第二个“<EXP>”，在“数据”中选择程序数据“weld1”；单击“fine”，在“数据”中选择转弯半径“z20”，单击“确定”	

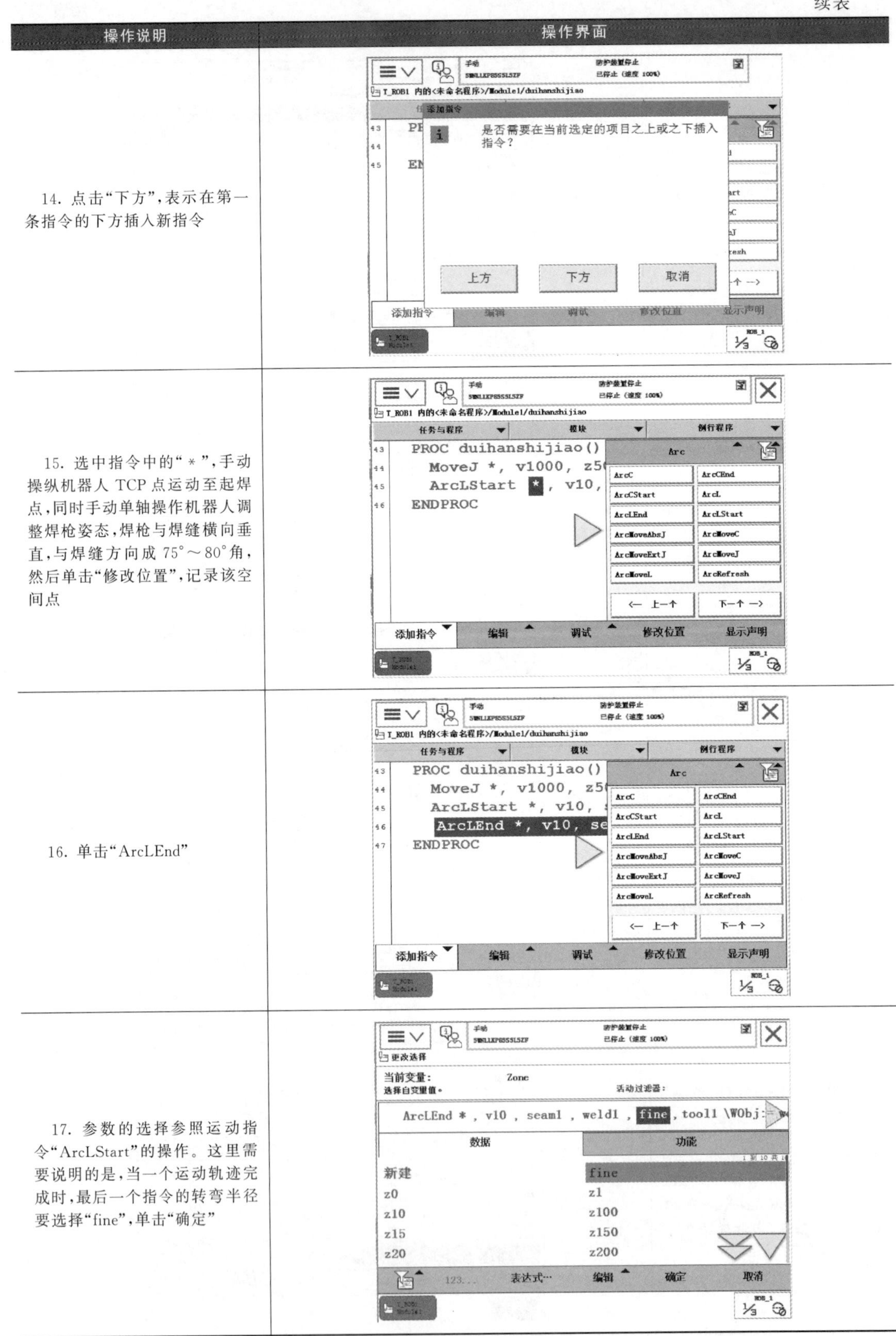

操作说明	操作界面
14. 点击“下方”，表示在第一条指令的下方插入新指令	
15. 选中指令中的“＊”，手动操纵机器人TCP点运动至起焊点，同时手动单轴操作机器人调整焊枪姿态，焊枪与焊缝横向垂直，与焊缝方向成75°～80°角，然后单击“修改位置”，记录该空间点	
16. 单击“ArcLEnd”	
17. 参数的选择参照运动指令“ArcLStart”的操作。这里需要说明的是，当一个运动轨迹完成时，最后一个指令的转弯半径要选择“fine”，单击“确定”	

续表

操作说明	操作界面
18. 选中指令中的“*”，手动操纵机器人 TCP 点运动至焊缝终点，然后单击“修改位置”，记录该空间点	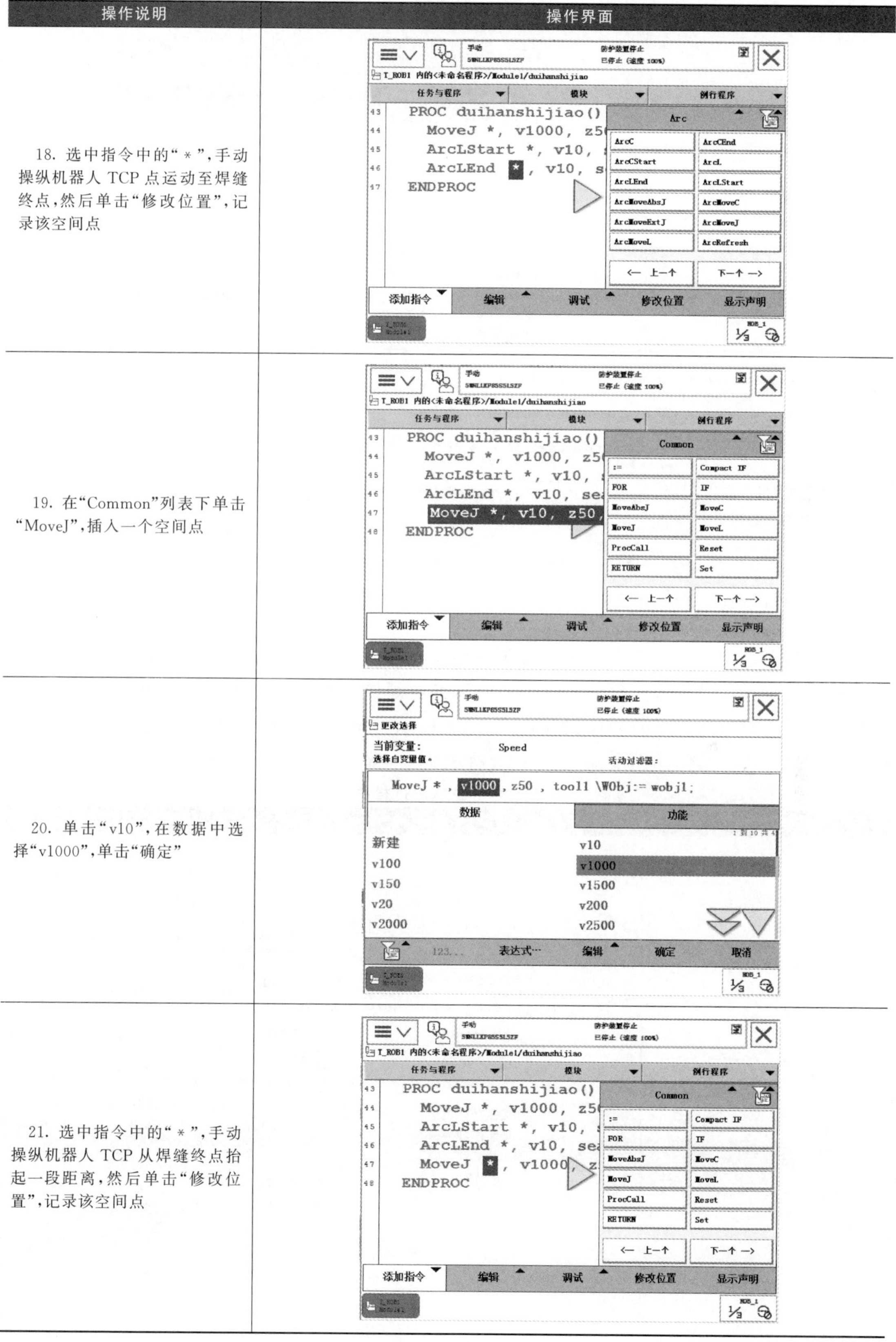
19. 在“Common”列表下单击“MoveJ”，插入一个空间点	
20. 单击“v10”，在数据中选择“v1000”，单击“确定”	
21. 选中指令中的“*”，手动操纵机器人 TCP 从焊缝终点抬起一段距离，然后单击“修改位置”，记录该空间点	

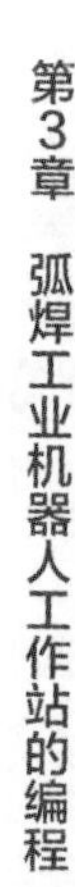

续表

操作说明	操作界面
22. 程序编辑完成	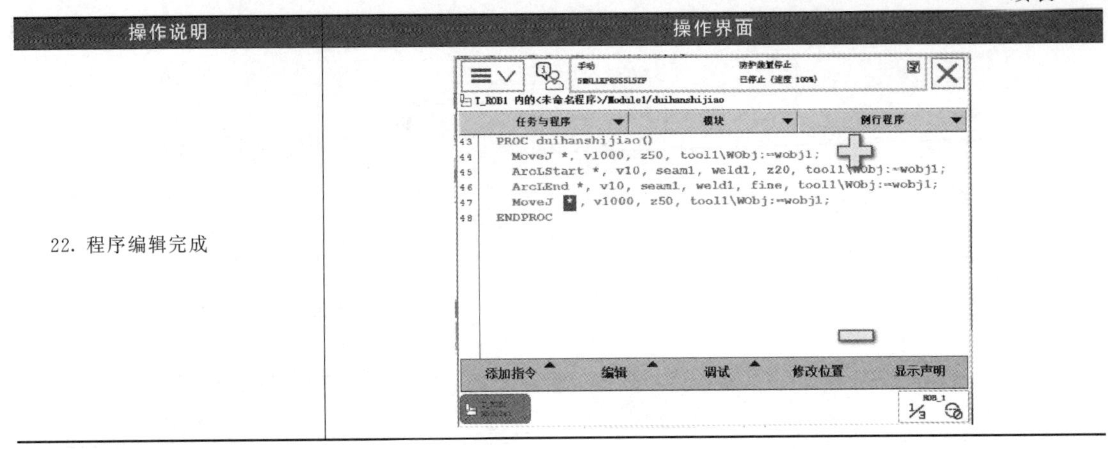

平板堆焊的示教程序如下：

```
PROC duihanshijiao()
MoveJ *,v1000,z50,tool1\wobj:=wobj1;
ArcLStart *, v10,seam1;weld1,z20,tool1\wobj:=wobj1;
ArcLEnd *, v10,seam1;weld1,fine,tool1\wobj:=wobj1;
MoveJ *,v1000,z50,tool1\wobj:=wobj1;
ENDPROC
```

2）运行程序

编辑程序完成后，必须先空载运行所编程序，查看机器人运行路径是否正确，再进行焊接。在空载运行或调试焊接程序时，需要使用禁止焊接功能；或者禁止其他功能，如禁止焊枪摆动等。空载运行程序的具体操作如表 3-17 所示。编辑程序经空载运行验证无误后，运行程序进行焊接。具体操作步骤如表 3-18 所示。

表 3-17　空载运行程序

操作说明	操作界面
1. 在 ABB 主菜单中单击“生产屏幕”	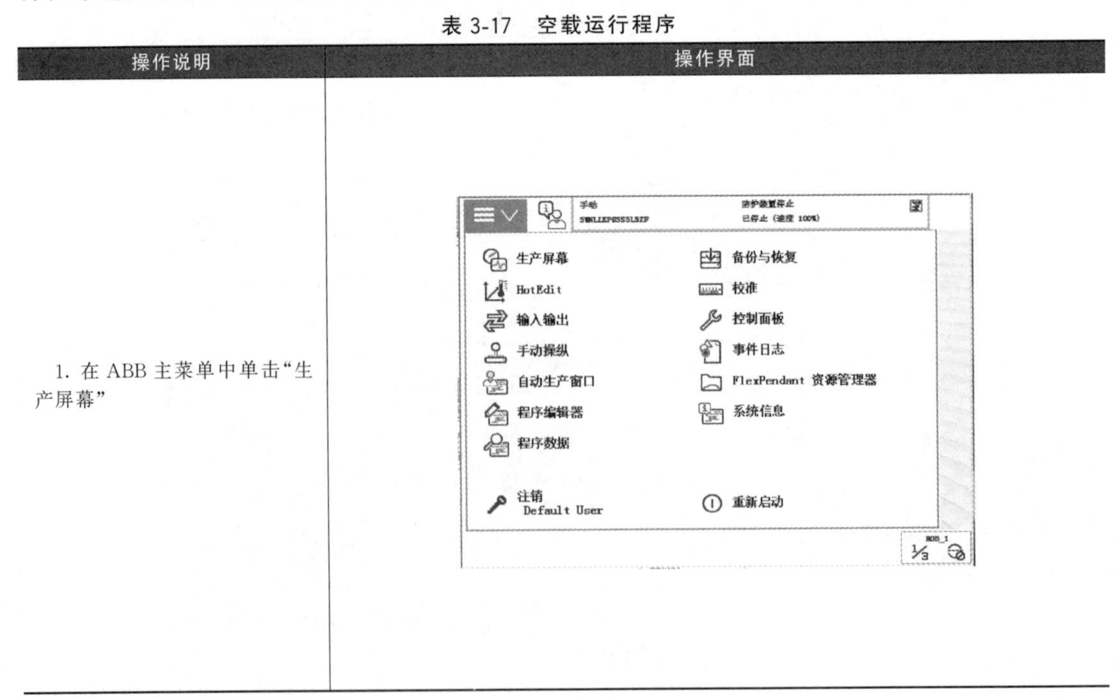

续表

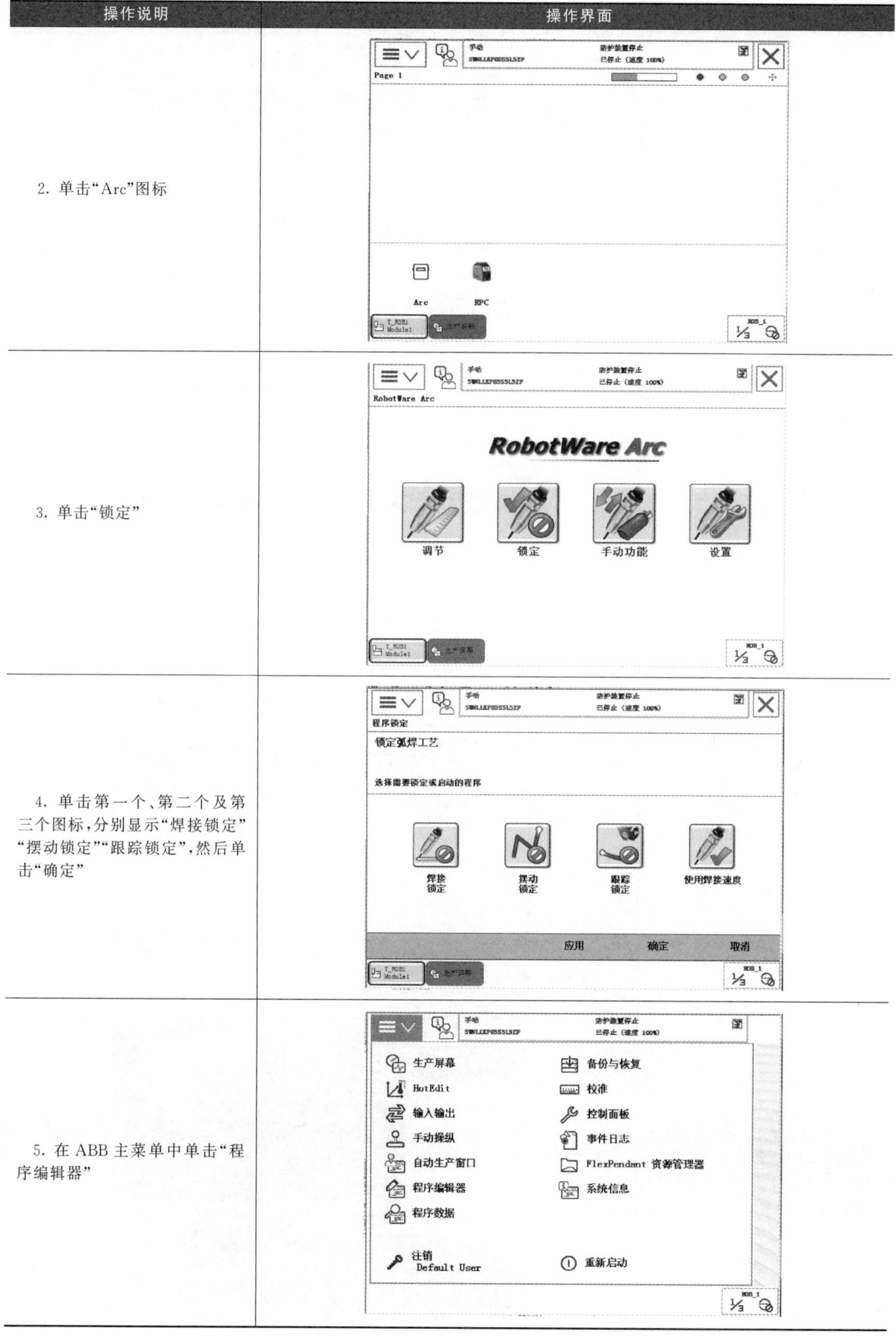

操作说明	操作界面
2. 单击“Arc”图标	
3. 单击“锁定”	
4. 单击第一个、第二个及第三个图标，分别显示“焊接锁定”“摆动锁定”“跟踪锁定”，然后单击“确定”	
5. 在 ABB 主菜单中单击“程序编辑器”	

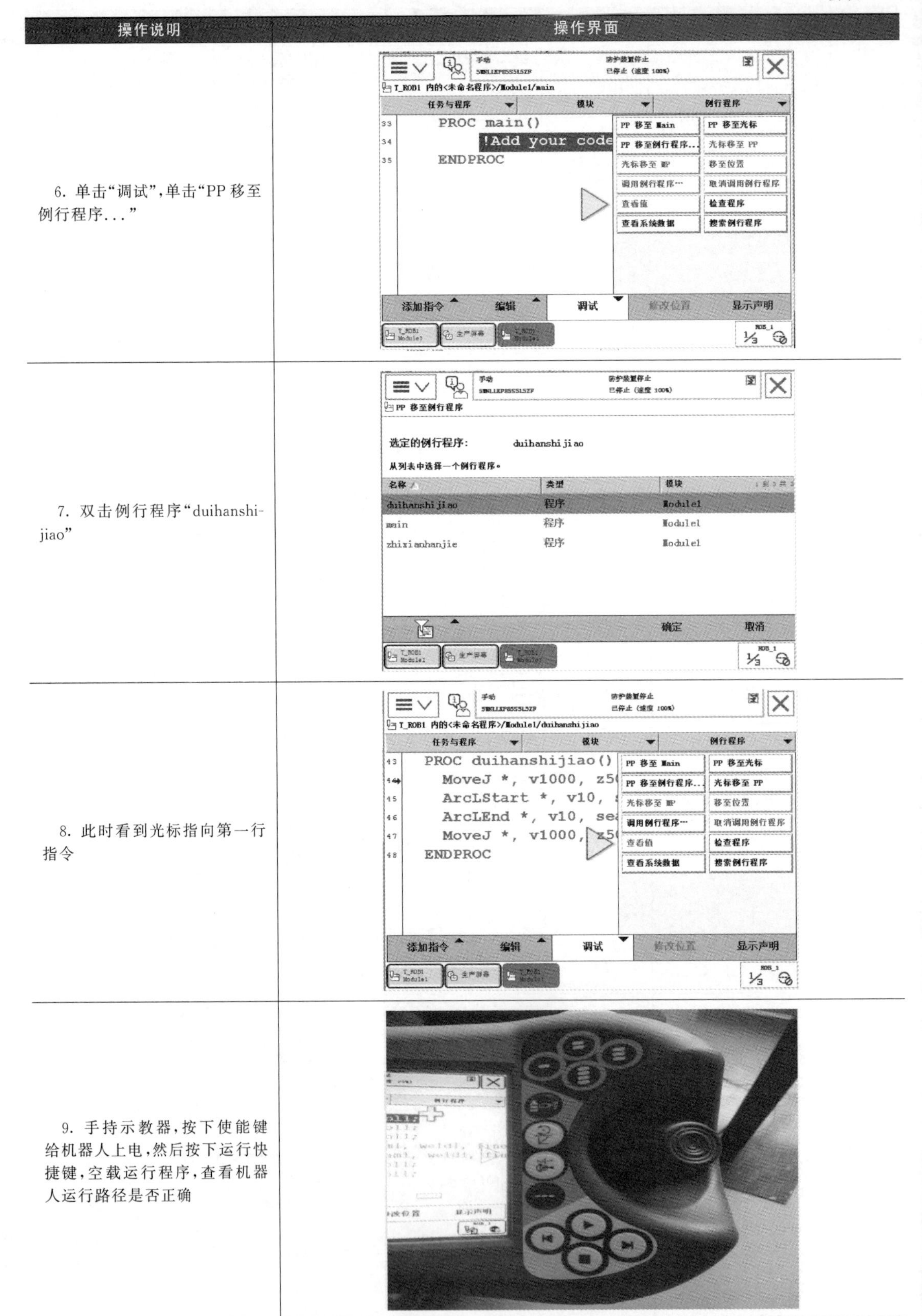

操作说明	操作界面
6. 单击“调试”,单击“PP 移至例行程序...”	
7. 双击例行程序“duihanshi-jiao”	
8. 此时看到光标指向第一行指令	
9. 手持示教器,按下使能键给机器人上电,然后按下运行快捷键,空载运行程序,查看机器人运行路径是否正确	

表 3-18　运行程序

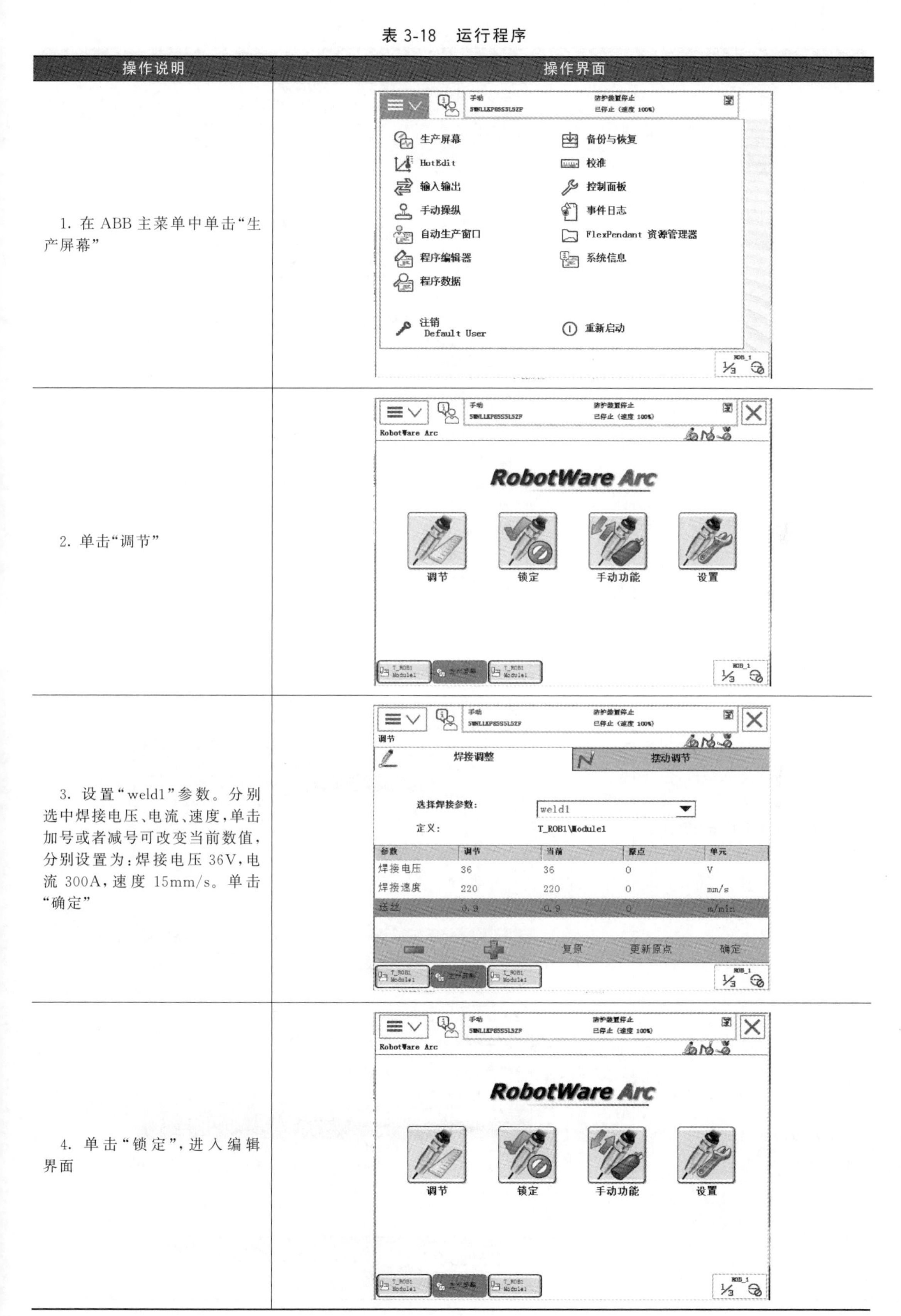

操作说明	操作界面
1. 在 ABB 主菜单中单击“生产屏幕”	
2. 单击“调节”	
3. 设置“weld1”参数。分别选中焊接电压、电流、速度，单击加号或者减号可改变当前数值，分别设置为：焊接电压 36V，电流 300A，速度 15mm/s。单击“确定”	
4. 单击“锁定”，进入编辑界面	

续表

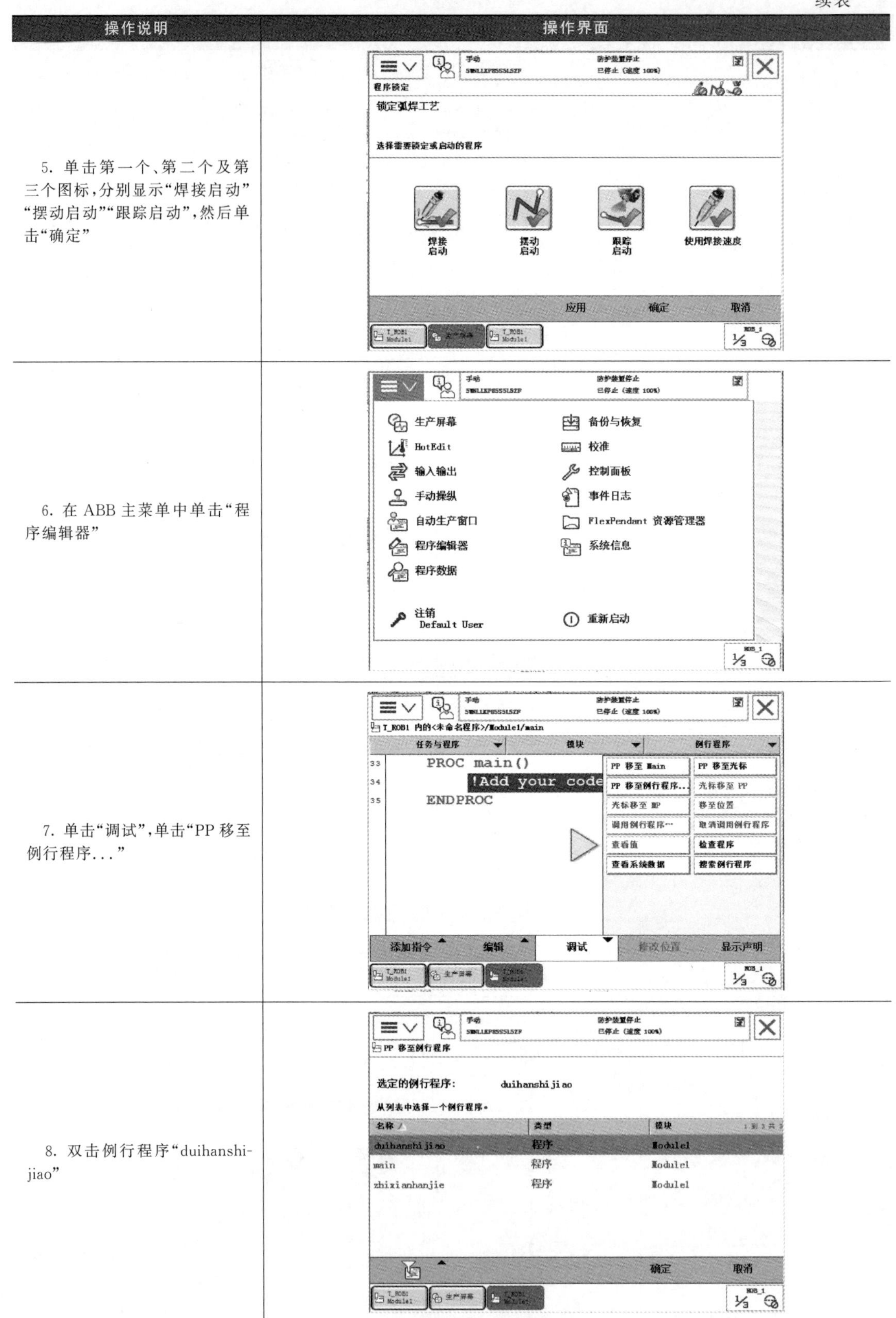

操作说明	操作界面
5. 单击第一个、第二个及第三个图标，分别显示“焊接启动”“摆动启动”“跟踪启动”，然后单击“确定”	
6. 在ABB主菜单中单击“程序编辑器”	
7. 单击“调试”，单击“PP移至例行程序...”	
8. 双击例行程序“duihanshi-jiao”	

续表

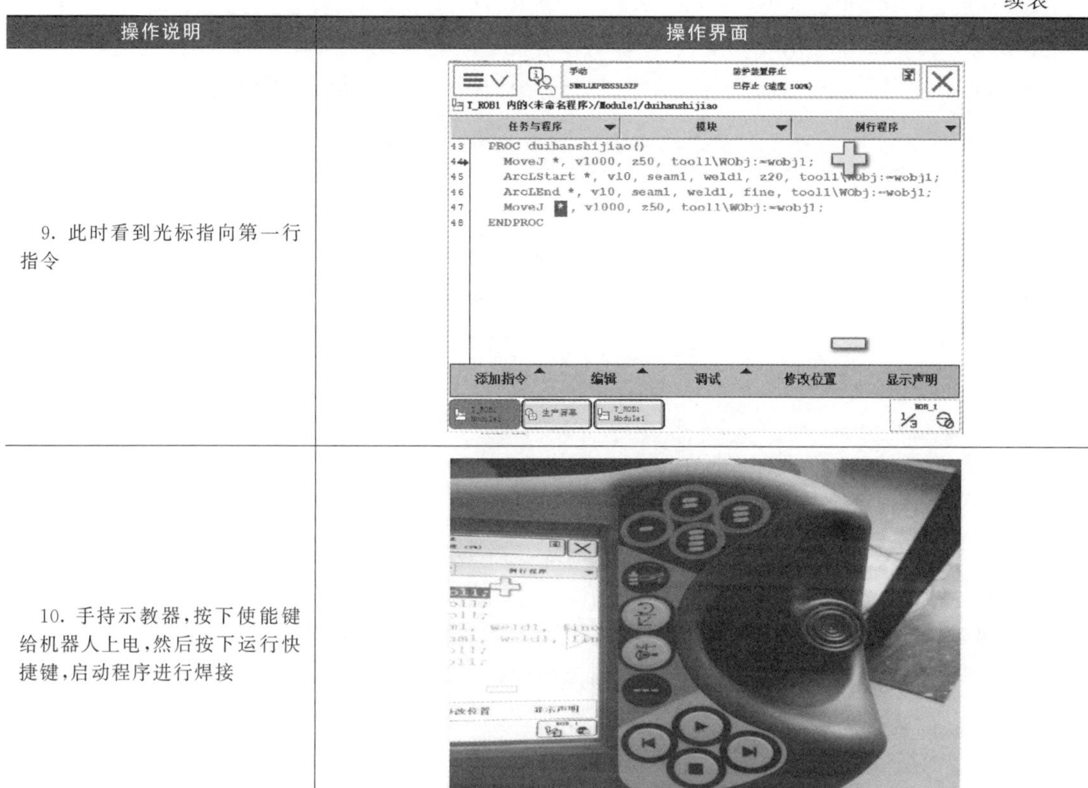

操作说明	操作界面
9. 此时看到光标指向第一行指令	
10. 手持示教器，按下使能键给机器人上电，然后按下运行快捷键，启动程序进行焊接	

3.1.5 焊枪清理

（1）安装及信号配置

不同类型的焊枪清理机构和机器人型号安装方式不同，需要参考设备安装书进行安装。设备安装完成后，需要在机器人 I/O 板定义相关信号，以实现机器人对清枪机构的控制。在已定义的尚有备用电的 I/O 板上增加输出和输入点，具体配置内容根据焊枪清理装置而定。以 ABB IRB1410 配置日本 OTC 气控清枪器为例，需要在 I/O 板上增加两个输出点 Clear-Gun1、Clear-Gun2 和一个输入点 Clear-Gun。输出点 Clear-Gun1、Clear-Gun2 通过中间继电器驱动两个电磁阀固定夹持焊枪和清枪，输入点 Clear-Gun 检测刀具是否升到位。

（2）焊接机器人清枪程序

焊接机器人清枪流程为：当机器人焊枪运动到清枪空间点→夹紧焊枪→气动马达启动带动清枪刀具旋转→刀具升降气缸动作刀具升到位→等待检测信号后并持续 2s→刀具升降气缸动作刀具降到位→等待 1s 并收到检测信号→夹紧气缸动作松开焊枪。

应用 ABB 机器人 RAPID 编辑语言指令，在机器人手动模式下对焊枪进行编程示教，示教的清枪程序如下：

PROC Clean Gun（） ……………………………… （程序注释）

TP Erase； ……………………………………………… 清屏指令

TP Writ “Clean gun”； ……………………………… 写屏指令

MoveJ pHome，v1000，z50，tool1； ……………… 运动指令

```
MoveJ *, v1000, z50, tWeld Gun;      ……………… 运动指令
MoveJ *, v1000, fine, tWeld Gun;     ……………… 运动指令
Set cleangun1;                       ……………… 置位焊枪夹紧动作
Wait Time \ InPos, 1;                ……………… 等待1s
Set cleangun2;                       ……………… 置位清枪动作
Wait DI clean gun 0;                 ……………… 等待检测信号为0
Wait Time \ InPos, 2;                ……………… 等待2s
ReSet cleangun2;                     ……………… 复位清枪动作
Wait Time \ InPos, 1;                ……………… 等待1s
Wait DI clean gun 1;                 ……………… 等待检测信号为10
ReSet cleangun1;                     ……………… 复位焊枪夹紧动作
MoveJ *, v1000, z50, tWeld Gun;      ……………… 运动指令
MoveJ *, v1000, z50, tWeld Gun;      ……………… 运动指令
Wait Time \ InPos, 0.5;              ……………… 等待焊枪加涂助焊剂时间
MoveJ *, v1000, z50, tWeld Gun;      ……………… 运动指令
MoveJ pHome, v1000, z50, tool1;      ……………… 机器人回原点
ENDPROC;                             ……………… 程序结束
```

3.1.6 运动监控（碰撞）的使用

每台机器人都带有运动监控。如果没有613-1 Collision Detection选项，机器人运动监控只有在自动运行的时候自动开启，灵敏度默认100，不能调。如果有613-1 Collision Detection选项，可以设置灵敏度，如图3-24、图3-25所示。

路径监控即运行程序时的监控，灵敏度数字越大，机器人越不敏感，数字越小，越灵敏。但若数字小于80，可能机器人由于自身的阻力而报警，故不建议设太小。手动操纵机器人如果发生了碰撞，可以暂时关闭运动监控；运动监控的关闭、打开和调节也可通过示教器语句指令实现，如图3-26所示。

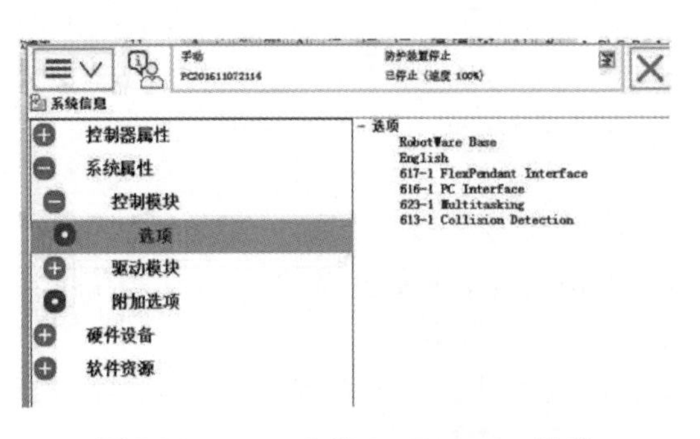

图3-24 613-1 Collision Detection选项

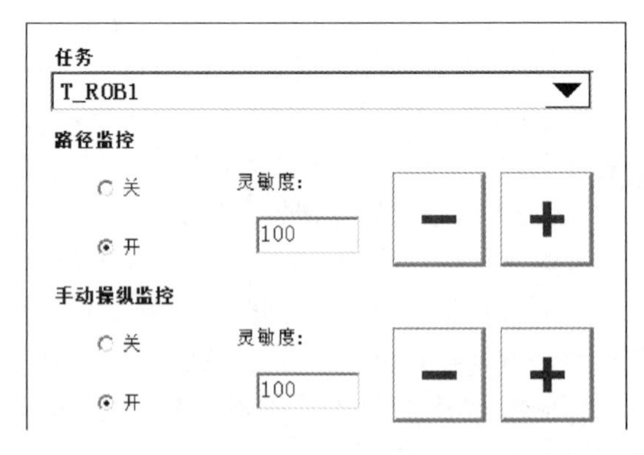

图3-25 设置

3.1.7 焊缝起始点寻位功能

如图3-27所示，焊接工件起始点位置有偏差，可以使用焊缝起始点寻位功能。其步骤

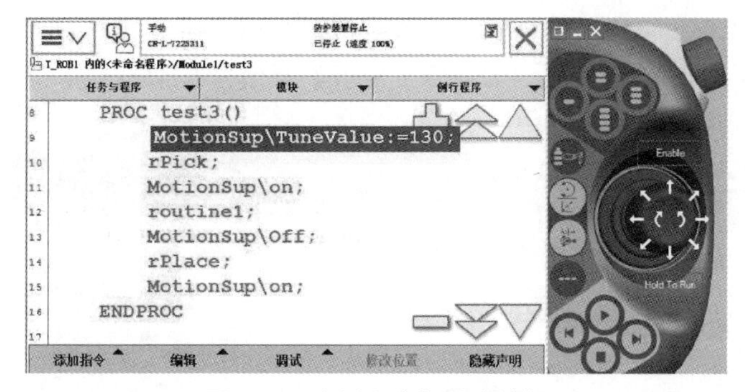

图 3-26　应用程序打开或关闭

如下。

① 选择 Smartac 选项，如图 3-28 所示。

② 在 SmarTac 里找到 Search_1D，添加指令，如图 3-29 所示，程序为

Search_1D peOffset，p1，p2，v200，tweldGun；

机器人走到 p1 点，然后往 p2 方向走，p2 是标准位置。过程中如果收到接触信号，机器人会记录当前位置和 p2 的偏差，并记录到 peOffset 里（pose 类型数据），然后沿原路径后退。

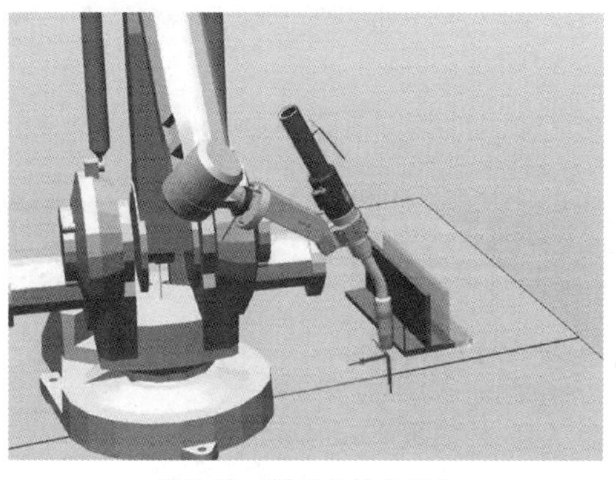

图 3-27　焊缝起始点寻位

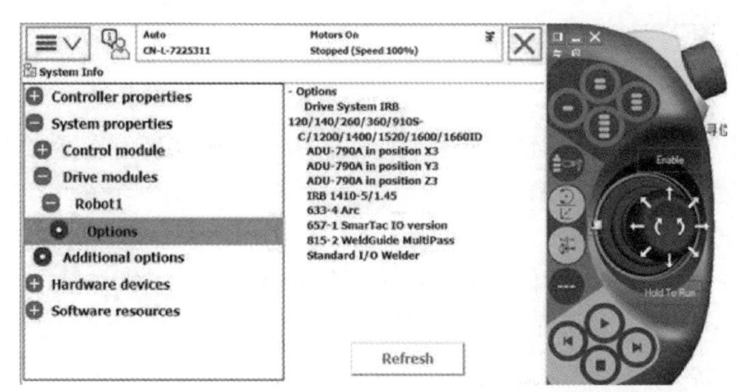

图 3-28　选择 Smartac 选项

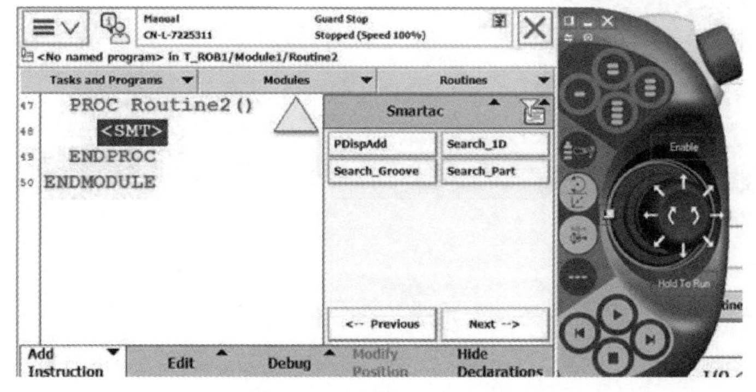

图 3-29　添加 Search_1D

如图 3-30 所示，PDispSet peOffset 表示将偏差应用于后续所有点。此时运行 Path_10，所有点均会产生 pcOffset 的偏移。PDispOff 表示关闭偏移。

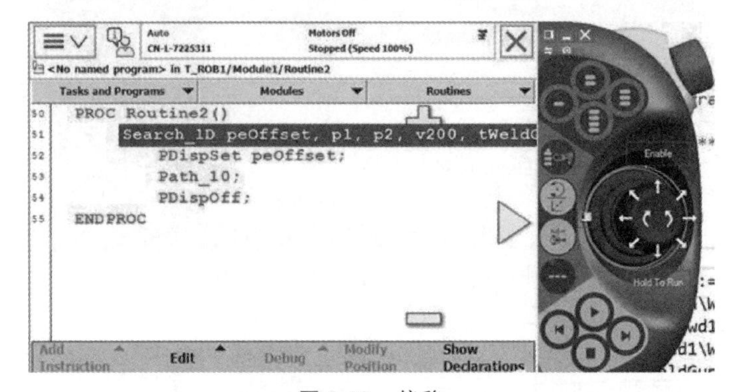

图 3-30　偏移

3.2　具有外轴弧焊工业机器人工作站的编程

3.2.1　外轴指令

（1）外轴激活 ActUnit

1）书写格式

ActUnit　MecUnit

MecUnit：外轴名（mecunit）

2）应用

将机器人一个外轴激活，例如：当多个外轴共用一个驱动板时，通过外轴激活指令 ActUnit 选择当前所使用的外轴。例如：

```
MoveL p10,v100,fine,tool1;P10,外轴不动
ActUnit  track_motion;P20,外轴联动 Track_motion
MoveL p20,v100,z10,tool1;P30,外轴联动 Orbit_a
DeactUnit  track_motion;
ActUnit  orbit_a;
MoveL p30,v100,z10,tool1;
```

3）限制

① 不能在指令 StorePath……RestorePath 内使用。

② 不能在预置程序 RESTART 内使用。

③ 不能在机器人转轴处于独立状态时使用。

（2）关闭外轴 DeactUnit

1）书写格式

DeactUnit　MecUnit

MecUnit：　外轴名　　（mecunit）

2）应用

将机器人一个外轴失效，例如：当多个外轴共用一个驱动板时，通过外轴激活指令 DeactUnit 使当前所使用的外轴失效。

机器人外轴可以设置开机不自动激活，然后通过 jogging 界面或者程序激活和停用。比如变位机 STN1，开机未激活，如图 3-31 所示。进入 jogging 界面切换到 STN1 界面，点击 Activate 激活外轴，如图 3-32 所示。程序里可以通过 active 进行激活，deactive 进行停用。

如果要判断当前外轴是否激活，可以使用函数 IsMechUnitActive，返回 true 表示激活，返回 false 表示未激活，如图 3-33 所示。如果未激活，则通过程序进行激活。

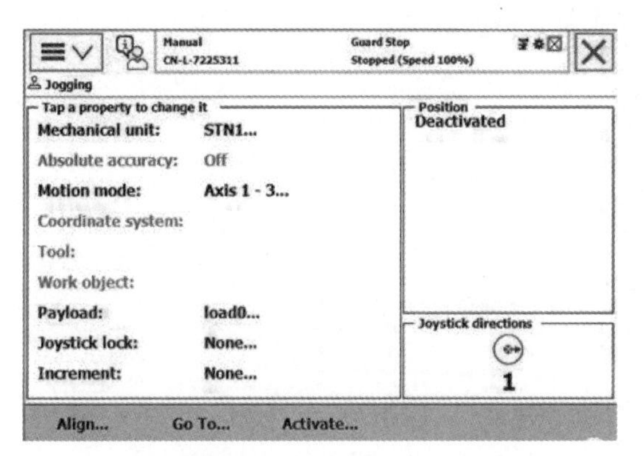

图 3-31 变位机 STN1 开机未激活

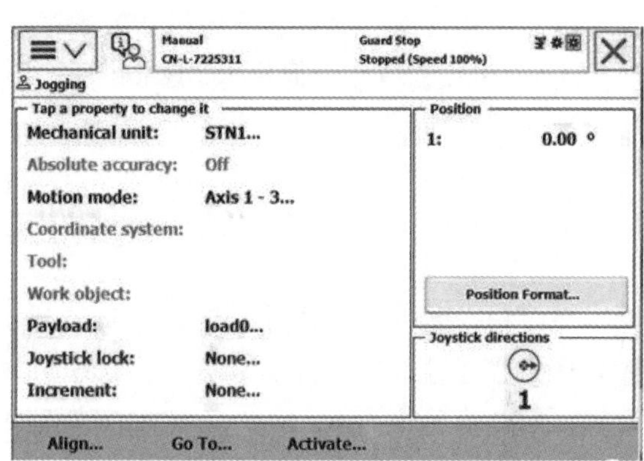

图 3-32 点击 Activate 激活外轴

（3）外轴偏移关闭 EOffsOff

1）书写格式

EOffsOff

2）应用

当前指令用于使机器人通过编程达到的外轴位置更改功能失效，必须与指令 EOffsOn 或 EOffsSet 同时使用，程序实例如下：

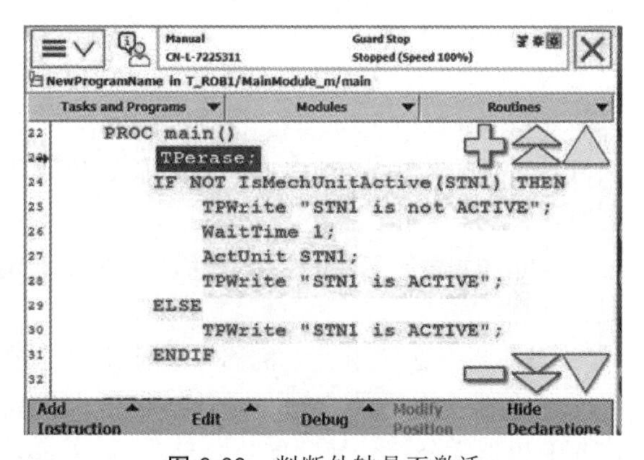

图 3-33 判断外轴是否激活

MoveL p10,v500,z10,tool1;外轴位置更改失效

EOffsOn\Exep:=p10,p11,tool1;

MoveL p20,v500,z10,tool1;外轴位置更改生效

MoveL p30,v500,z10,tool1;

EOffsOff;

MoveL p50,v500,z10,tool1;外轴位置更改失效

（4）外轴偏移激活 EOffsOn

1）书写格式

PDispOn [\ExeP]ProgPoint;

[\Exep]:　　运行起始点　　　(robtarget)

ProgPoint:坐标原始点　　　(robtarget)

2）应用

当前指令可以使机器人外轴通过编程进行实时更改，带导轨的机器人程序实例如下：

```
SearchL sen1,psearch,p10,v100,tool1;
PDispOn\Exep:=pscarch,*,tool1;
EOffsOn\Exep:=psearch,*;
```

3）限制

① 当前指令在使用后，机器人外轴位置将被更改，直到使用指令 EOffsOff 后才失效。

② 在下列情况下，机器人坐标转换功能将自动失效：

机器人系统冷启动；加载新机器人程序；程序重置（Start From Beginning）。

（5）指定数值外轴偏移 EOffsSet

1）书写格式

EOffsSet EAxOffs;

EAxOffs：外轴位置偏差量　（extjoint）

2）应用

当前指令通过输入外轴位置偏差量，使机器人外轴位置通过编程进行实时更改。对于导轨类外轴，偏差值单位为 mm；对于转轴类外轴，偏差值单位为（°）。程序实例如下，程序执行如图 3-34 所示。

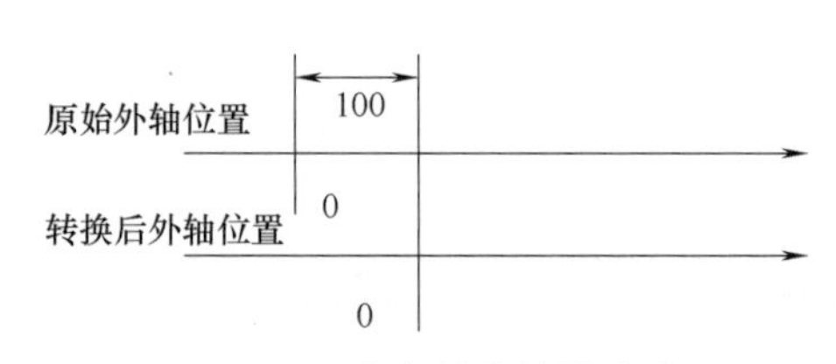

图 3-34　指定数值外轴偏移

```
VAR extjoint eax_a_p100:=[[100,0,0,0,0];
MoveL p10,v500,z10,tool1;外轴位置更改失效
EOffsSet eax_a_p100;
MoveL p20,v500,z10,tool1;外轴位置更改生效
EOffsOff;
MoveL p30,v500,z10,tool1;外轴位置更改失效
```

3）限制

① 当前指令在使用后，机器人外轴位置将被更改，直到使用指令 EOffsOff 后才失效。

② 在机器人系统冷启动、加载新机器人程序、程序重置（Start From Beginning）等三种情况下机器人坐标转换功能将自动失效。

3.2.2　外轴校准

（1）变位机粗校准

ABB 标准变位机等外轴设备，并未有与图 3-35 所示的机器人本体一样的，电机偏移值标签贴在变位机上。

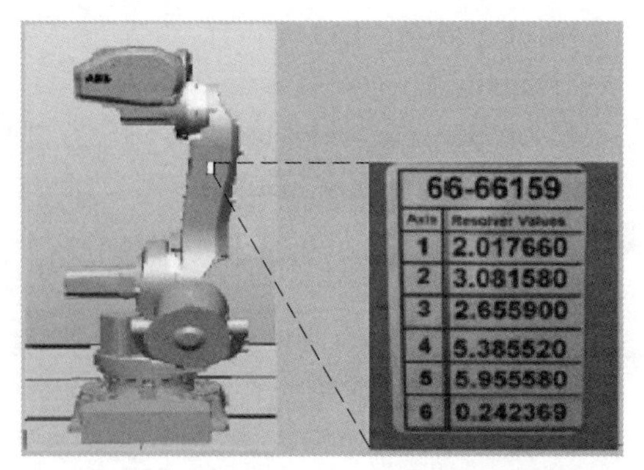

图 3-35　机器人本体 6 个电机零位数据

变位机的零件校准是先单轴移动变位机某一轴，如图 3-36 所示，使得该轴标记位置对齐。如图 3-37 所示，再点击示教器→校准→校准参数→微校，将当前位置作为变位机该轴绝对零位（此操作会修改该轴电机校准偏移）。

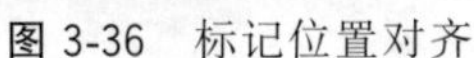

图 3-36　标记位置对齐

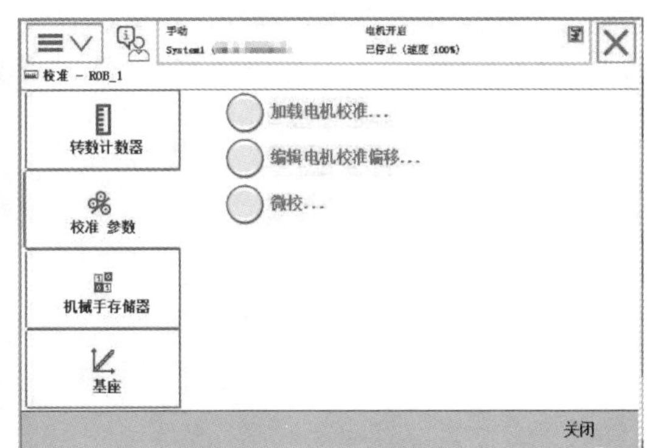

图 3-37　校准

（2）变位机精校准

建立准确的 tool 数据（TCP），设置过程中使用正确的 tool。如图 3-38 所示，设置步骤如下。

① 进入手动操纵界面，选择正确的工具坐标。

② 进入校准，选择变位机，选择“基座”（base），如图 3-37 所示。

③ 移动机器人工具至变位机旋转盘上一标记处，并点击“修改位置”记录位置，如图 3-39 所示。

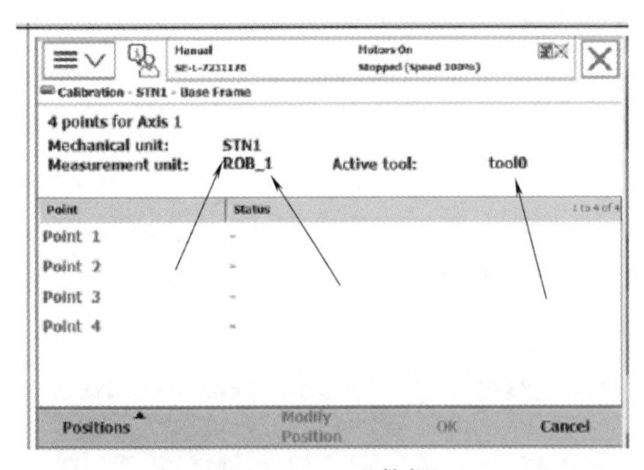

图 3-38　tool 数据

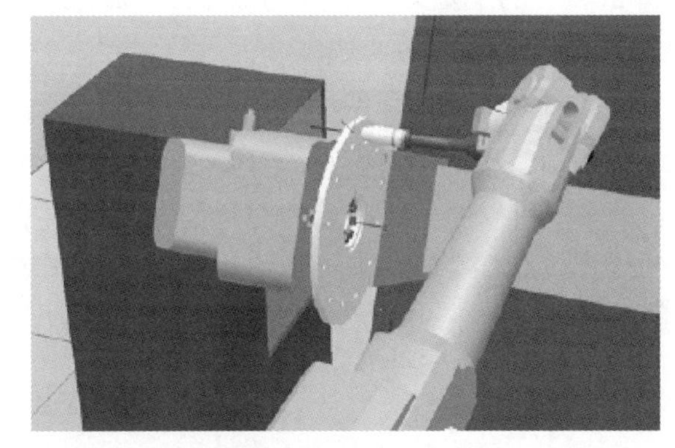

图 3-39　第一个位置

④ 旋转变位机一定角度（比如 45°），再次移动机器人工具至变位机旋转盘上标记处，并点击“修改位置”记录第二个位置，如图 3-40 所示，用同样的方法记录点 3 和点 4。

⑤ 移动机器人离开变位机并记录为延伸器点 *Z*（该操作仅设定变位机 base 的 *Z* 的正方向）。完成所有记录后点击“确定”，完成计算，如图 3-41 所示。

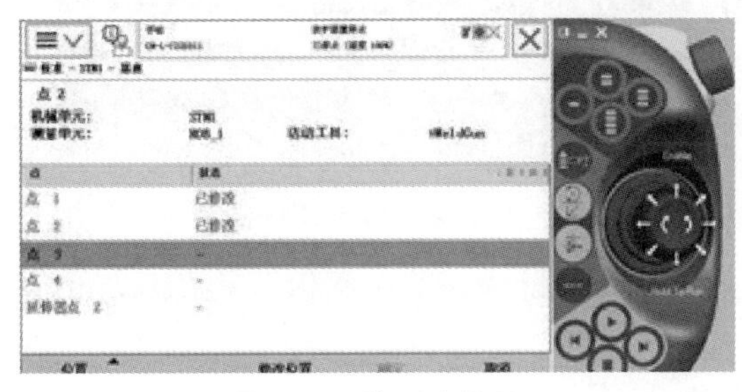

图 3-40　第二个位置

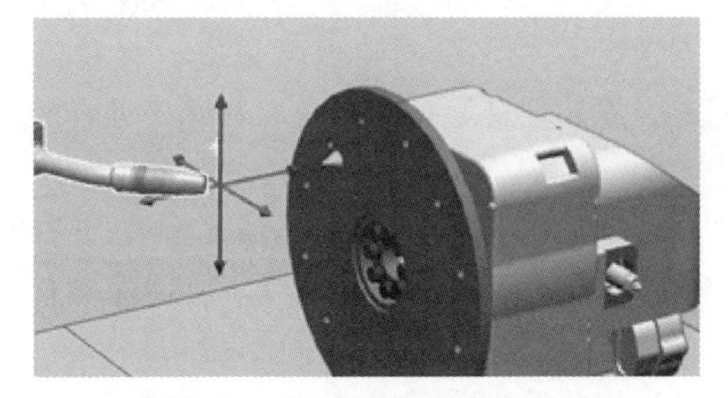

图 3-41　移动机器人离开变位机

⑥ 在手动操纵界面，选择工件坐标并新建一个工件坐标系，修改该坐标系的 ufprog 为 false（即 uframe 不能人为修改值），ufmec 修改为变位机的名字（即该坐标系被变位机驱动），如图 3-42 所示，此后记录的点位坐标均在该坐标系下，可以轻易实现联动。

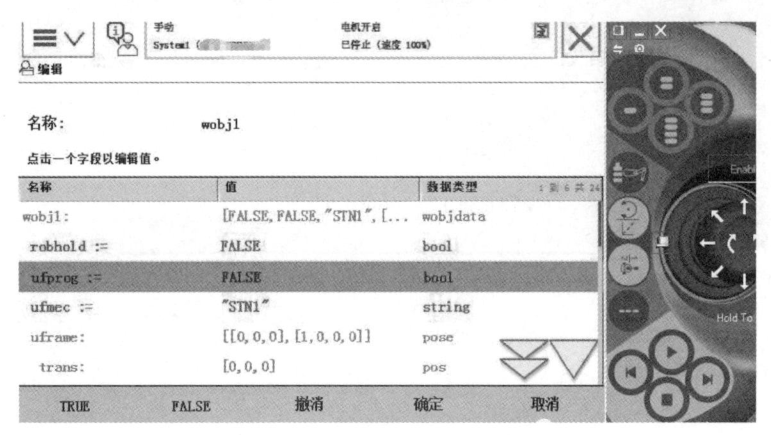

图 3-42　修改工件坐标系

⑦ 可以进入示教器—控制面板—配置—主题 motion，在 single 下看到变位机的 base 相对于 world 坐标系的关系。

3.2.3　T 形接头拐角焊缝机器人和变位机联动焊接

在机器人焊接复杂焊缝时，例如 T 形接头拐角焊缝、螺旋焊缝、曲线焊缝、马鞍形焊缝等，为了获得良好的焊接效果需要采用机器人和变位机联动焊接的方式。在联动焊接过程中，变位机要做相应运动而非静止，变位机的运动必须能和机器人共同合成焊缝的轨迹，并保持焊接速度和焊枪姿态在要求范围内，其目的就是在焊接过程中通过变位机的变位让焊缝各点的熔池始终都处于水平或小角度下坡状态，焊缝外观平滑美观，焊接质量高。

（1）布置任务

这里仅以机器人和变位机联动焊接一条角焊缝为例，介绍机器人和变位机联动焊接的操作。需要焊接的直线拐角焊缝如图 3-43 中的白线所示，母材为 6mm 的 Q235 钢板，不开坡口。

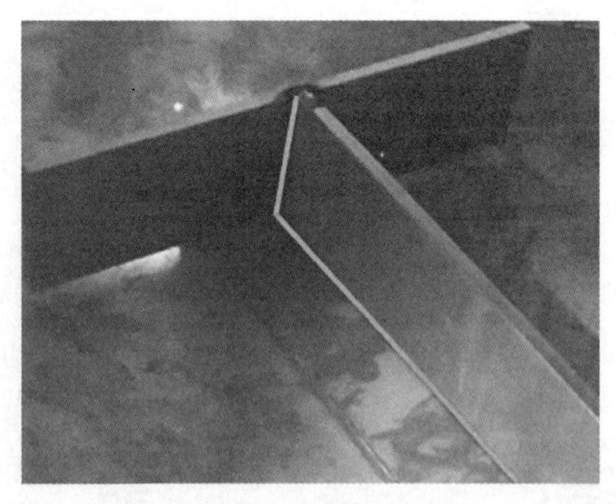

图 3-43　直线拐角焊缝

（2）工艺分析

1）母材及焊接性分析

Q235 钢属于普通低碳钢，影响淬硬倾向的元素含量较少，根据碳当量估算，裂纹倾向不明显，焊接性良好，无需采取特殊工艺措施。

2）焊材

根据母材型号，按照等强度原则选用规格 ER49-1、直径 1.2mm 的焊丝，使用前检查焊丝是否损坏，除去污物杂锈保证其表面光滑。

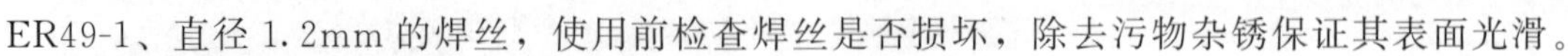

3）焊接设备

采用旋转-倾斜变位机＋弧焊机器人联动工作站。

4）焊接参数

焊接参数如表 3-19 所示。

表 3-19　焊接参数

焊接层次	电流/A	电压/V	焊接速度/(mm/s)	摆动幅度/mm	焊丝直径/mm	CO_2 气流量/(L/min)	焊丝伸出长度/mm
1	125	21	3	2.5	1.2	15	12

（3）焊接准备

1）检查焊机

① 冷却水、保护气、焊丝/导电嘴/送丝轮规格。

② 面板设置（保护气、焊丝、起弧收弧、焊接参数等）。

③ 工件接地良好。

2）检查信号

① 手动送丝、手动送气、焊枪开关及电流检测等信号。

② 水压开关、保护气检测等传感信号，调节气体流量。

③ 电流、电压等控制的模拟信号是否匹配。

（4）定位焊

选用二保焊进行点焊定位（如图 3-44 所示），为了保证既焊透又不烧穿，必须留有合适的对接间隙和合理的钝边。选用工装夹具将焊件固定在变位机上，如图 3-45 所示。

图 3-44　定位焊

（5）示教编程

在焊接路径上，我们设置的示教点位置如图 3-46 所示。为了保证焊接路径准确，我们

图 3-45　将焊件固定在变位机

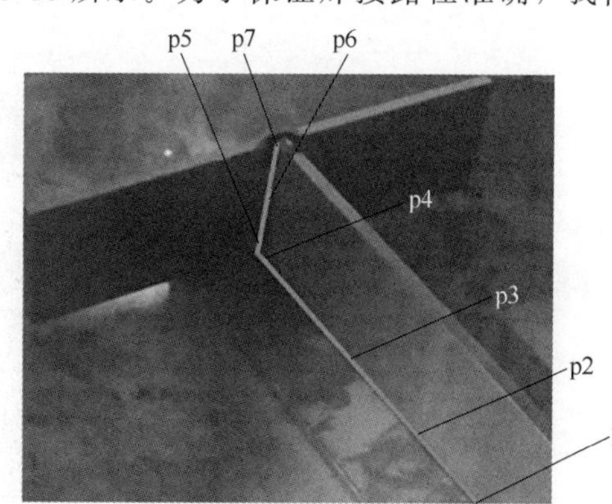

图 3-46　焊缝路径上示教点的分布

在第一条直焊缝上设置了四个示教点，第二条直焊缝设置了三个示教点，其中 p4 和 p5 两点是靠近拐角位置的两个点，在焊接路径上共设置七个点。为了保证拐角位置焊接质量，p4 和 p5 两点应靠近拐角位置，并分别设置在拐角两侧。焊接程序的示教编程操作如表 3-20 所示。

表 3-20　直线拐角焊缝的示教编程

操作说明	操作界面
1. 在 ABB 主菜单中选择“手动操纵”，查看坐标系、工具坐标、工件坐标等是否设置正确，这里工件坐标系要选择联动坐标系“wobj_STN1Move...”，确认无误后关闭界面	
2. 在 ABB 主菜单中选择“程序编辑器”	
3. 双击第一行“T_ROB1”	

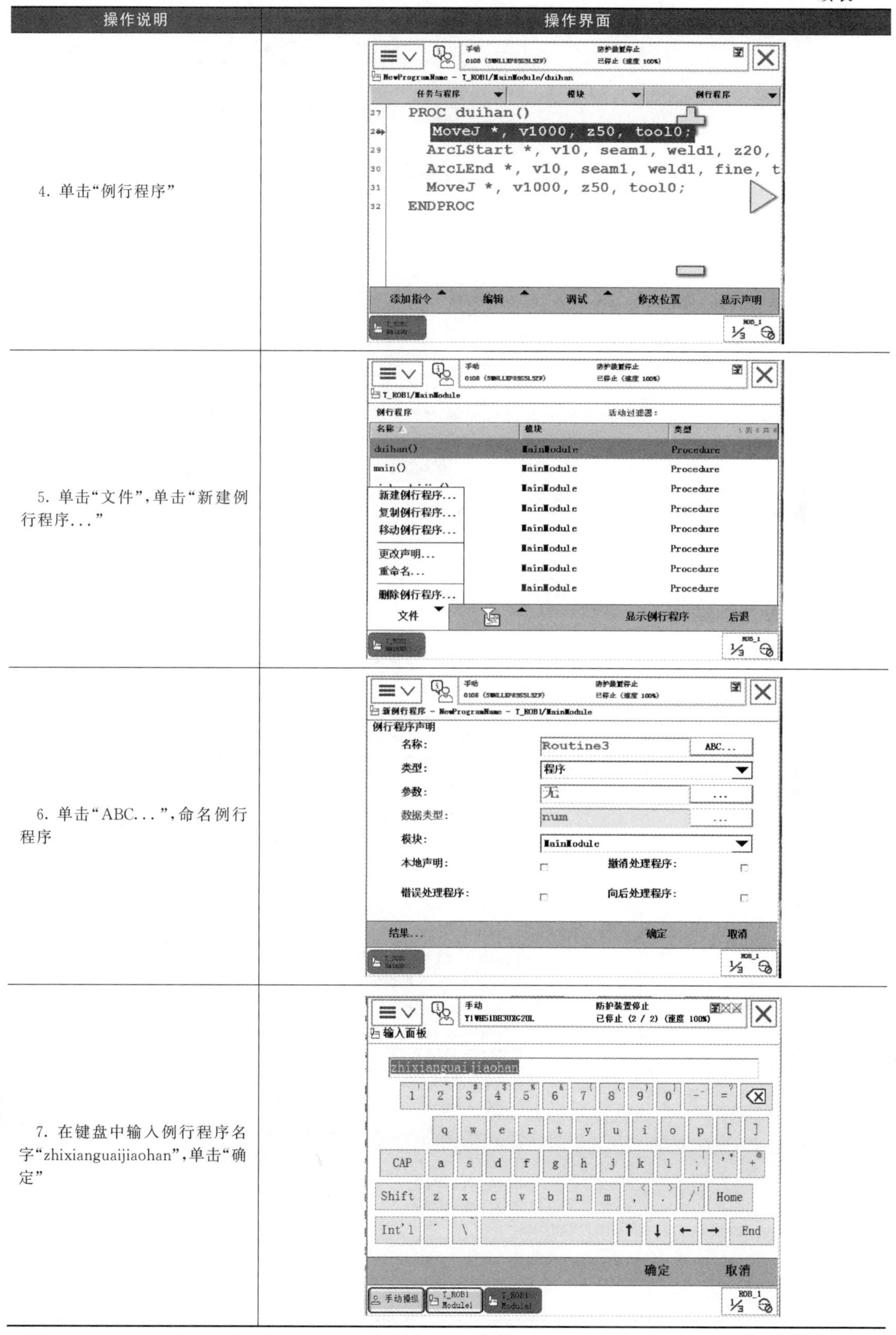

操作说明	操作界面
4. 单击“例行程序”	
5. 单击“文件”，单击“新建例行程序...”	
6. 单击“ABC...”，命名例行程序	
7. 在键盘中输入例行程序名字“zhixianguaijiaohan”，单击“确定”	

续表

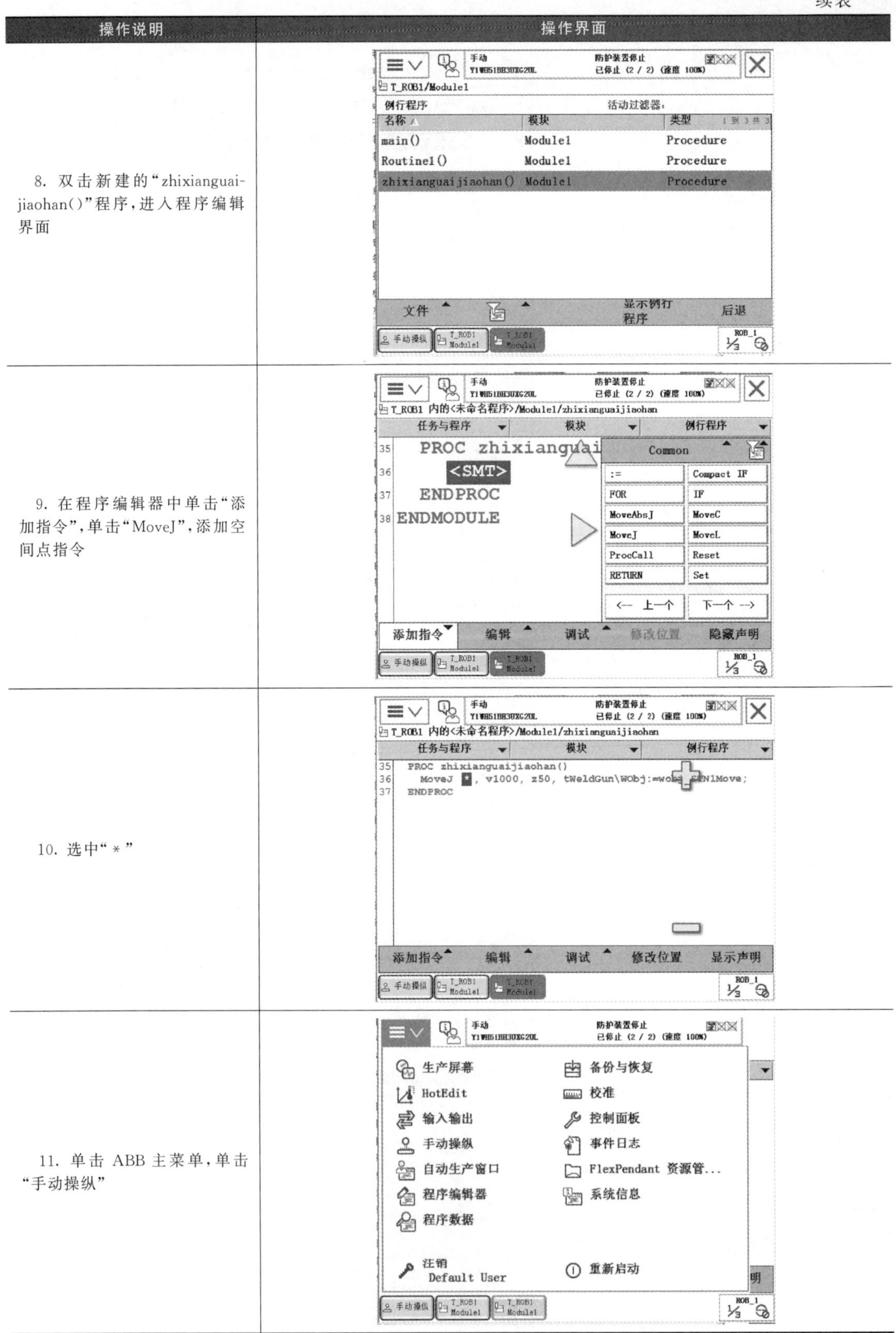

操作说明	操作界面
8. 双击新建的"zhixianguaijiaohan()"程序，进入程序编辑界面	
9. 在程序编辑器中单击"添加指令"，单击"MoveJ"，添加空间点指令	
10. 选中"＊"	
11. 单击 ABB 主菜单，单击"手动操纵"	

续表

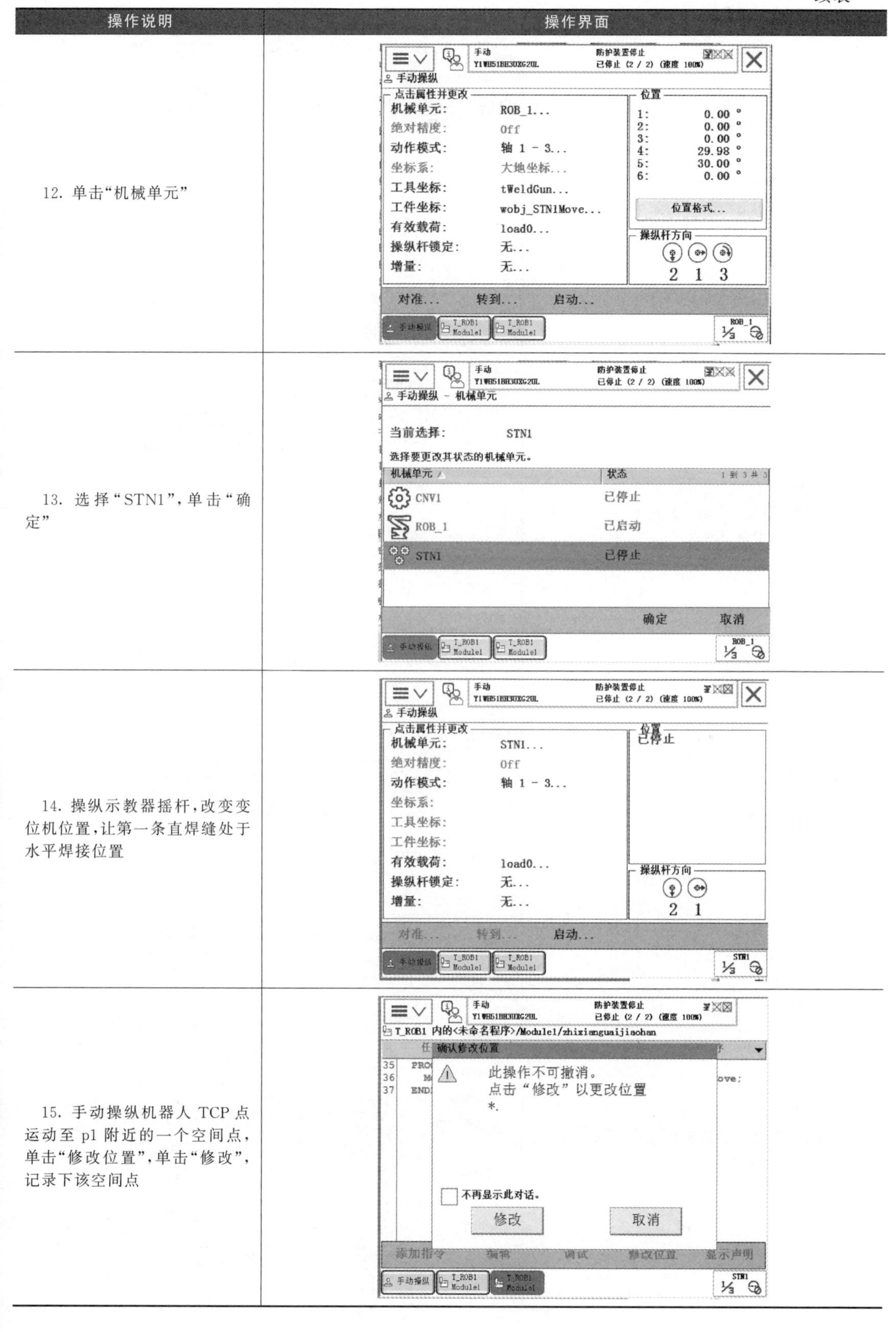

操作说明	操作界面
12. 单击“机械单元”	
13. 选择“STN1”，单击“确定”	
14. 操纵示教器摇杆，改变变位机位置，让第一条直焊缝处于水平焊接位置	
15. 手动操纵机器人 TCP 点运动至 p1 附近的一个空间点，单击“修改位置”，单击“修改”，记录下该空间点	

续表

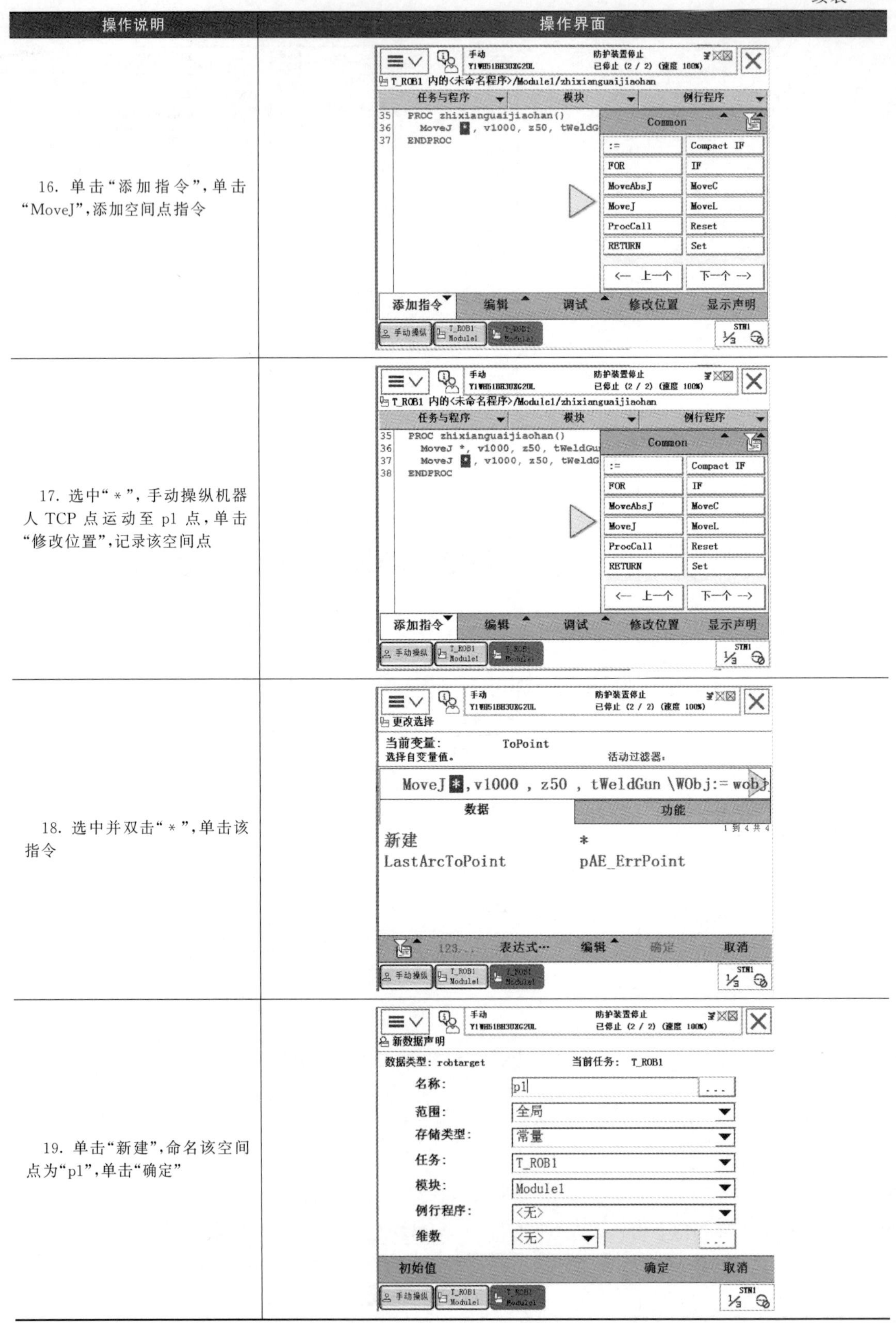

操作说明	操作界面
16. 单击“添加指令”，单击“MoveJ”，添加空间点指令	
17. 选中“*”，手动操纵机器人 TCP 点运动至 p1 点，单击“修改位置”，记录该空间点	
18. 选中并双击“*”，单击该指令	
19. 单击“新建”，命名该空间点为“p1”，单击“确定”	

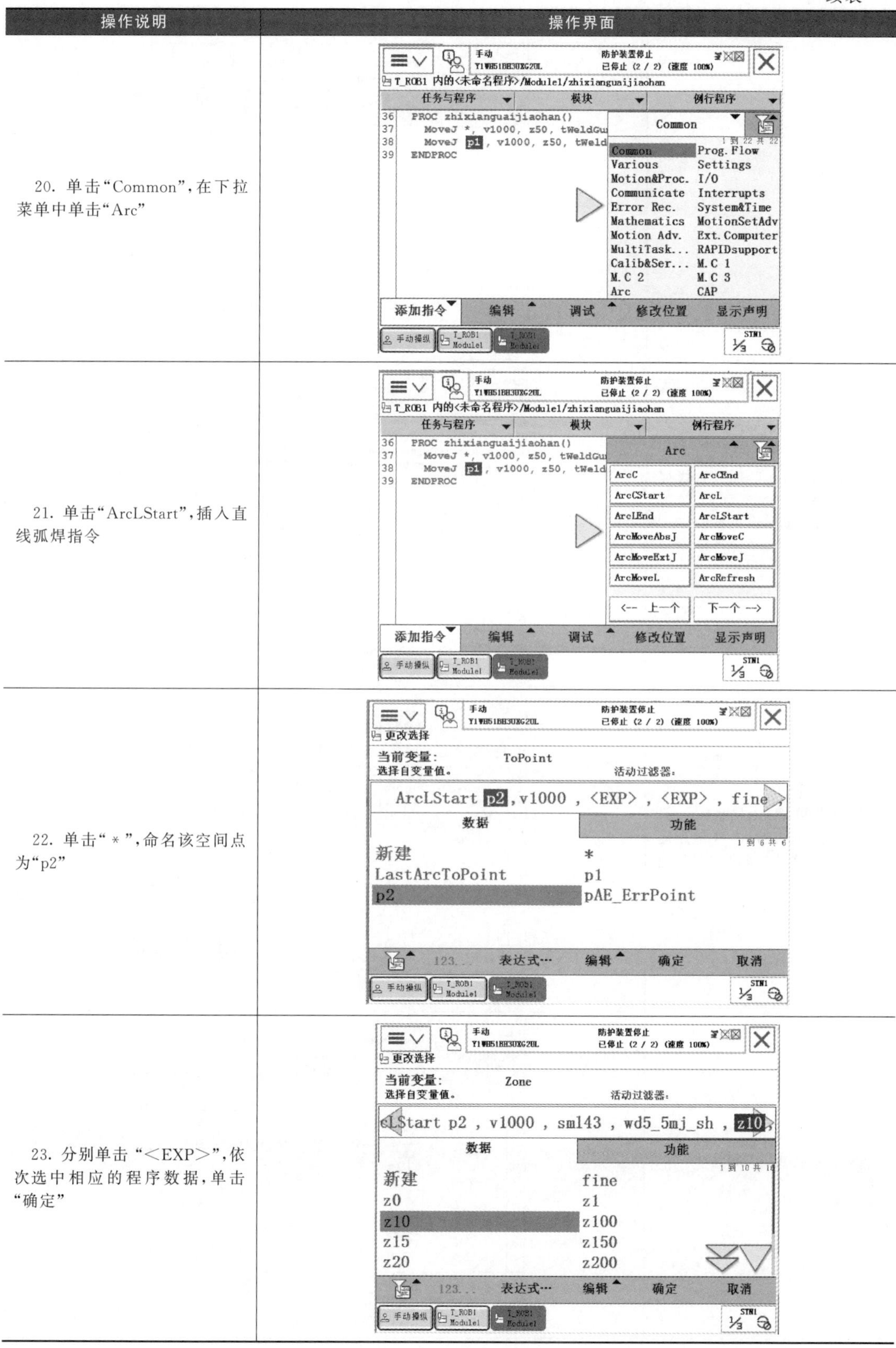

操作说明	操作界面
20. 单击“Common”，在下拉菜单中单击“Arc”	
21. 单击“ArcLStart”，插入直线弧焊指令	
22. 单击“*”，命名该空间点为“p2”	
23. 分别单击“＜EXP＞”，依次选中相应的程序数据，单击“确定”	

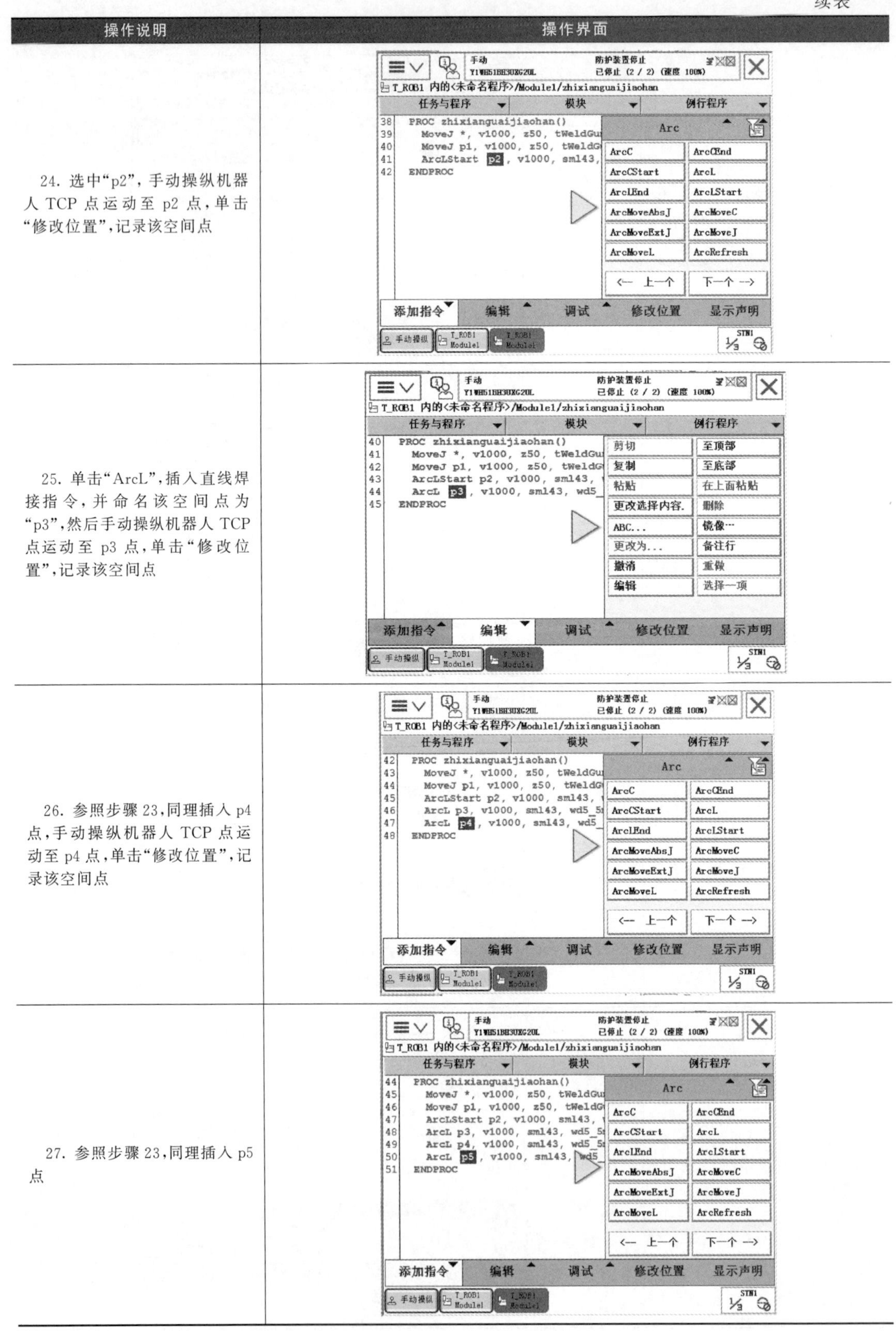

操作说明	操作界面
24. 选中“p2”，手动操纵机器人 TCP 点运动至 p2 点，单击“修改位置”，记录该空间点	
25. 单击“ArcL”，插入直线焊接指令，并命名该空间点为“p3”，然后手动操纵机器人 TCP 点运动至 p3 点，单击“修改位置”，记录该空间点	
26. 参照步骤 23，同理插入 p4 点，手动操纵机器人 TCP 点运动至 p4 点，单击“修改位置”，记录该空间点	
27. 参照步骤 23，同理插入 p5 点	

续表

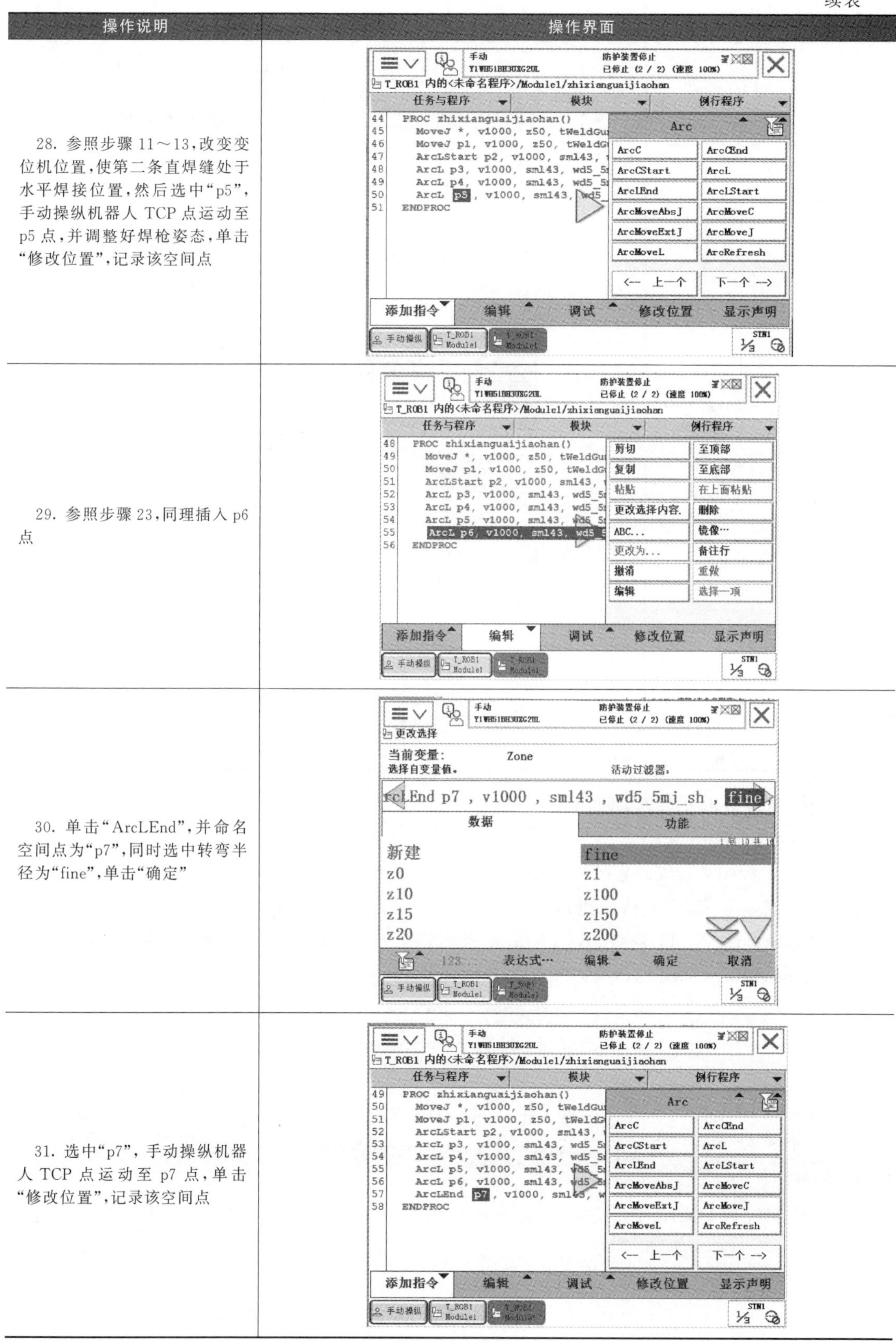

操作说明	操作界面
28. 参照步骤 11～13，改变变位机位置，使第二条直焊缝处于水平焊接位置，然后选中“p5”，手动操纵机器人 TCP 点运动至 p5 点，并调整好焊枪姿态，单击“修改位置”，记录该空间点	
29. 参照步骤 23，同理插入 p6 点	
30. 单击“ArcLEnd”，并命名空间点为“p7”，同时选中转弯半径为“fine”，单击“确定”	
31. 选中“p7”，手动操纵机器人 TCP 点运动至 p7 点，单击“修改位置”，记录该空间点	

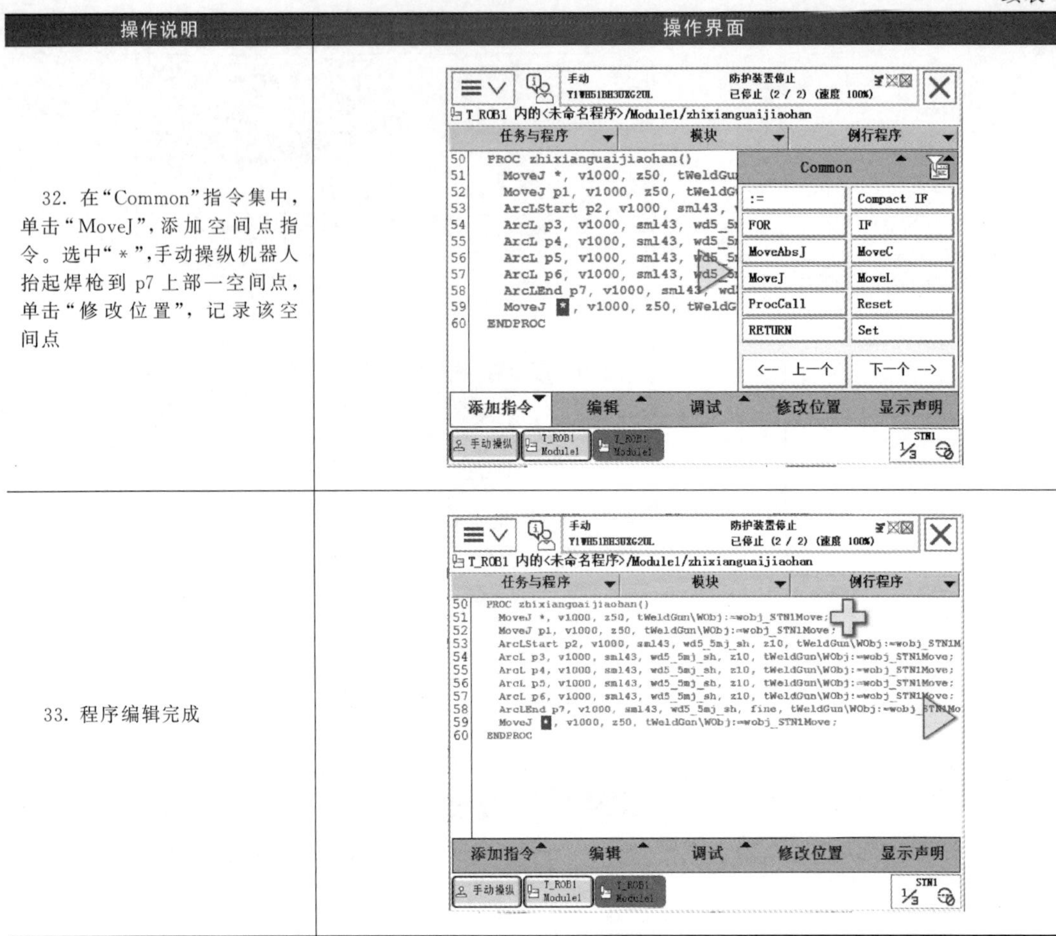

操作说明	操作界面
32. 在“Common”指令集中，单击“MoveJ”，添加空间点指令。选中“*”，手动操纵机器人抬起焊枪到 p7 上部一空间点，单击“修改位置”，记录该空间点	
33. 程序编辑完成	

直线拐角焊缝的示教程序如下：

```
PROCzhixianguaijiaohan()
    MoveJ *,v1000,z50,tWeldGun\wobj:=wobj_STN1Move;
    MoveJ p1,v1000,z50,tWeldGun\wobj:=wobj_STN1Move;
    ArcLStart p2,v1000,sm143,wd5_5mj_sh,z10,tWeldGun\wobj:=wobj_STN1Move;
    ArcL p3,v1000,sm143,wd5_5mj_sh,z10,tWeldGun\wobj:=wobj_STN1Move;
    ArcL p4,v1000,sm143,wd5_5mj_sh,z10,tWeldGun\wobj:=wobj_STN1Move;
    ArcL p5,v1000,sm143,wd5_5mj_sh,z10,tWeldGun\wobj:=wobj_STN1Move;
    ArcL p6,v1000,sm143,wd5_5mj_sh,z10,tWeldGun\wobj:=wobj_STN1Move;
    ArcLEnd p7,v1000,sm143,wd5_5mj_sh,z10,tWeldGun\wobj:=wobj_STN1Move;
    MoveJ *,v1000,z50,tWeldGun\wobj:=wobj_STN1Move;
ENDPROC
```

程序编辑完成后首先空载运行，检查程序编辑及各点示教的准确性。检查无误后运行程序。

第4章 轻型加工机器人工作站的集成与编程

4.1 轻型加工机器人工作站的集成

4.1.1 轻型加工机器人工作站的组成

如图 4-1 所示，随着加工行业的发展，工业机器人在加工行业中的应用也得到了进一步的发展。

(a) 激光切割

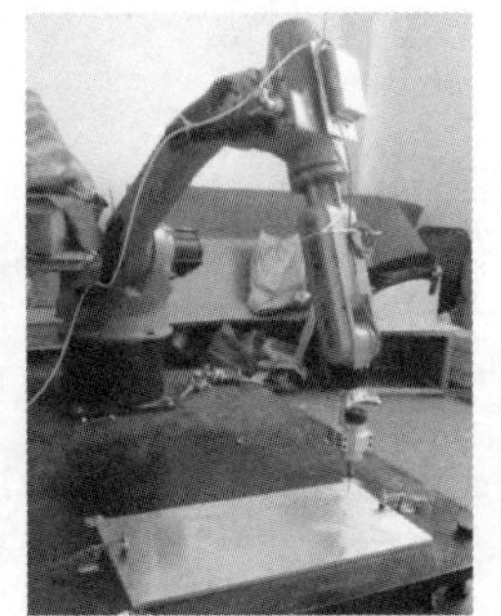

(b) 自动化打孔

(c) 去毛刺机器人工作站(打磨)

(d) 数控加工机器人工作站

图 4-1 轻型加工机器人工作站

（1）打磨机器人工作站的组成

打磨工业机器人工作站如图 4-2 所示，主要设备包括工业机器人、机器人底座、去毛刺工具、机器人法兰盘、电气控制柜、工作台、工件夹具、工件等。当然，还包括除尘器、空压机等周边设备，如图 4-3 所示。砂带机主要结构见图 4-4，抛光机主要结构见图 4-5，除尘组件结构见图 4-6。

图 4-2　打磨机器人工作站

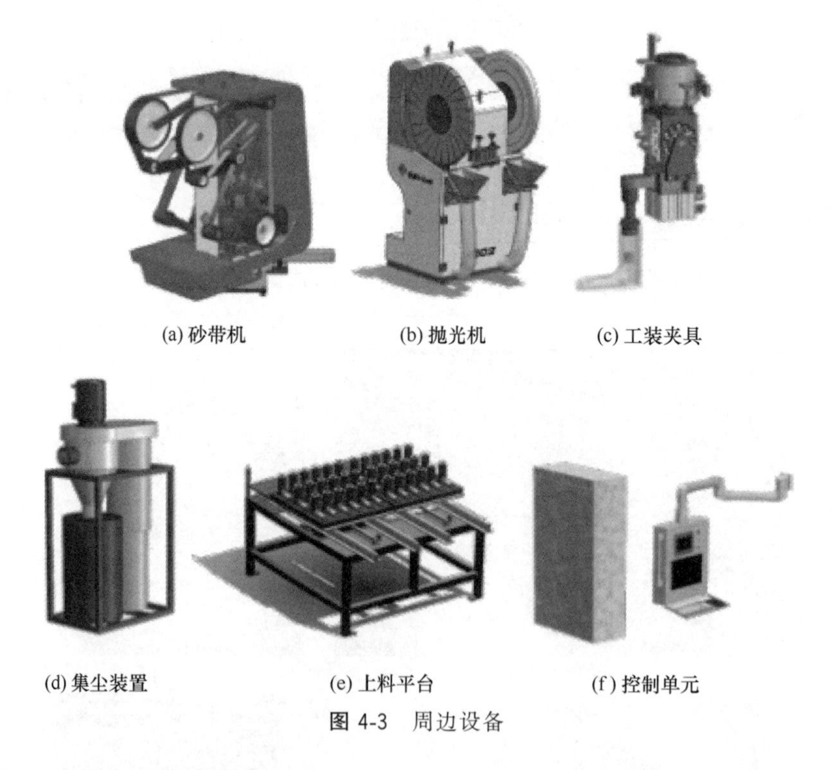

图 4-3　周边设备

（2）打磨机器人工作站的集成

1）设备选型

① 机器人　根据实际去毛刺工作站的要求，现选用 ABB 公司的 IRB1410 型工业机器人，控制系统可选用 IRC5，如图 4-7 所示。

② 加工工具。

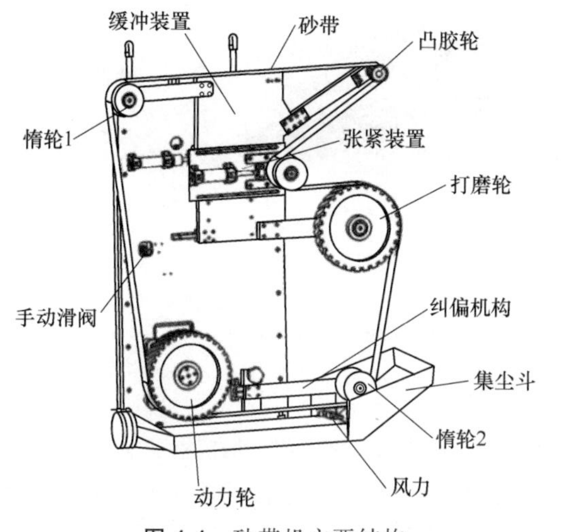

图 4-4　砂带机主要结构

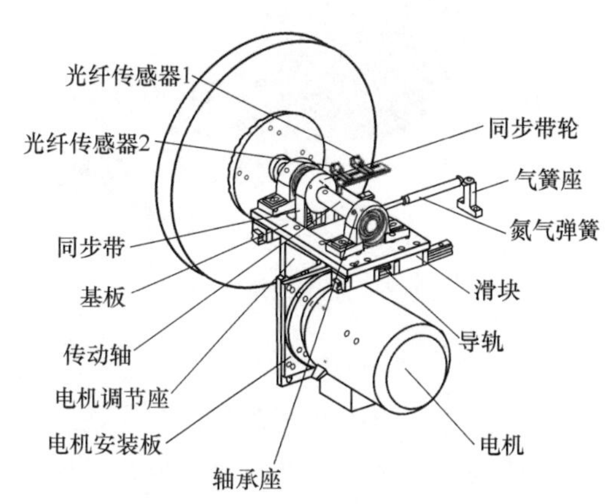

图 4-5　抛光机主要结构

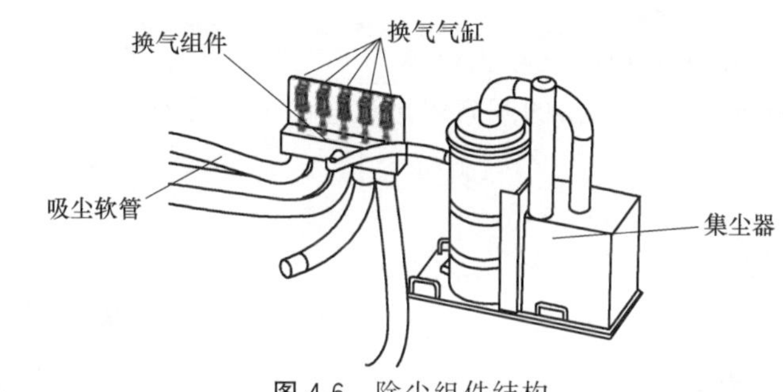

图 4-6　除尘组件结构

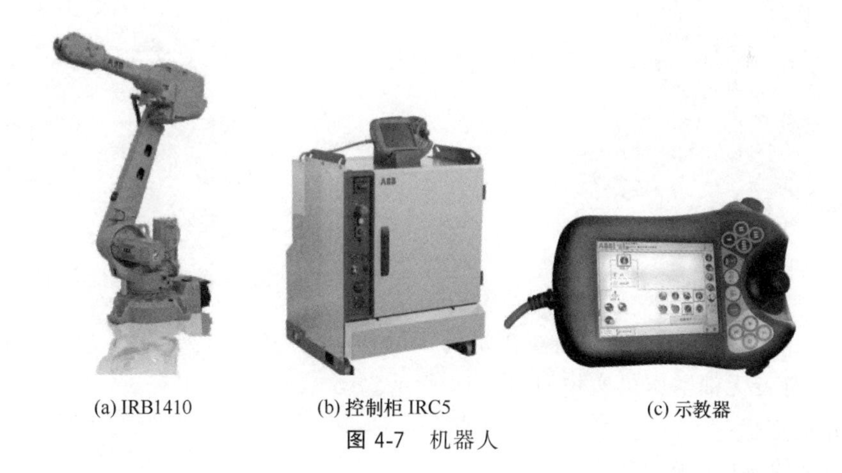

(a) IRB1410　(b) 控制柜 IRC5　(c) 示教器

图 4-7　机器人

a. 径向浮动工具　径向浮动工具是工业机器人实现去毛刺加工的末端执行器，其主轴高速旋转运动由压缩空气提供动力，具有径向浮动功能，浮动量为±8mm，转速最高可达 40000r/min，质量 1.2kg，正常工作气压 0.62MPa，如图 4-8 所示。

b. 轴向浮动工具　轴向浮动工具是工业机器人实现去毛刺加工的末端执行器，其主轴高速旋转运动由压缩空气提供动力，具有轴向浮动功能，浮动量为±7.5mm，转速最高可达 5600r/min，质量 3.3kg，正常工作气压 0.62MPa，如图 4-8 所示。

③ 电气控制柜　电气控制柜内主要包括工作站总电源开关、工业机器人电源开关、除

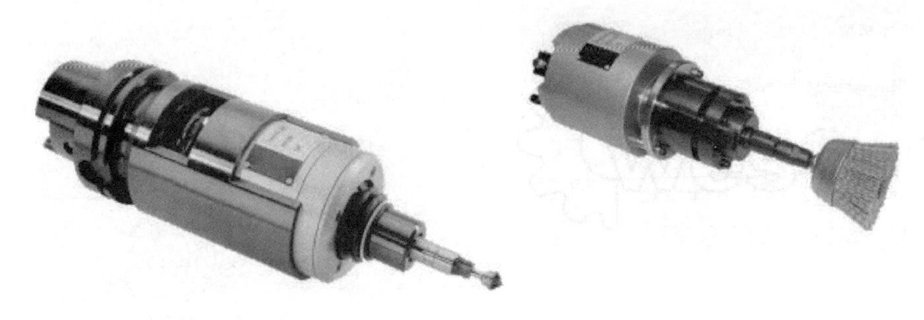

(a) 径向浮动工具　　　　(b) 轴向浮动工具

图 4-8　加工工具

尘器电源开关、稳压电源开关、空气处理装置和气压调节装置。空气处理装置主要功能是过滤气泵处理的压缩空气中的油和水；气压调节装置即精密减压阀，用于调节气压的大小来控制径向浮动所需要动力大小。空气处理装置使用时，压力调到 0.7～0.8MPa 之间，精密减压阀压力调节到 0.15MPa 左右。

④ 除尘器　除尘器的主要功能是除去机器人去毛刺过程中产生的毛刺屑，以防止毛刺飞溅到眼中，如图 4-9 所示。除尘器的开启停止通过两个开关即可实现，其中一个为闭合开关，另一个为断开开关。

图 4-9　除尘器

图 4-10　静音无油空压机

⑤ 静音无油空压机　静音无油空压机的主要功能是为径向浮动工具的高速旋转提供压缩空气动力。静音无油空压机实物如图 4-10 所示。

2）电路的连接

① 主回路的连接（图 4-11）。

② 控制回路的连接（图 4-12）。

③ 防护回路的连接（图 4-13）。

④ 气路的连接（图 4-14）。

3）信号设置

本工作站机器人控制器配置的通信 I/O 模块型号为 DSQC625，与通信 I/O 模块连接的外部设备包括加工工具（轴向与径向）、气缸（两个）、除尘器、蜂鸣警报器、安全光栅。其设置如表 4-1 所示。

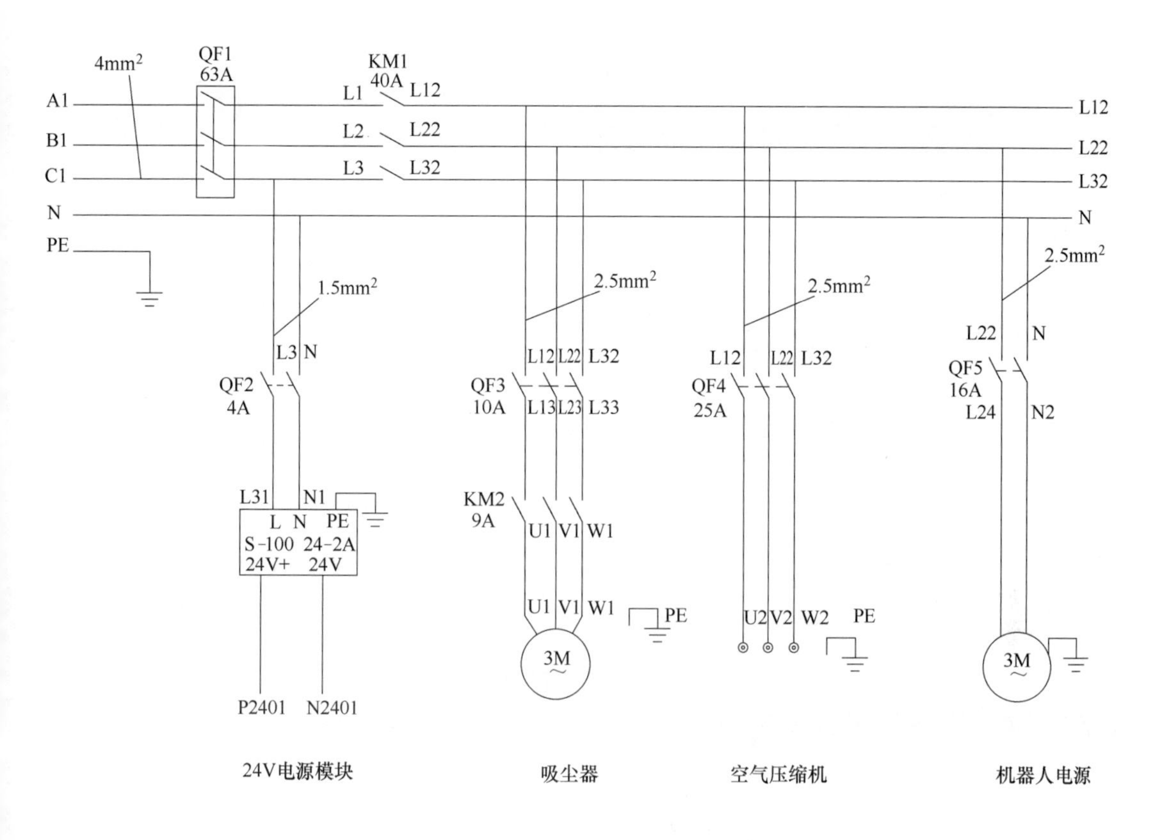

图 4-11 主回路的连接

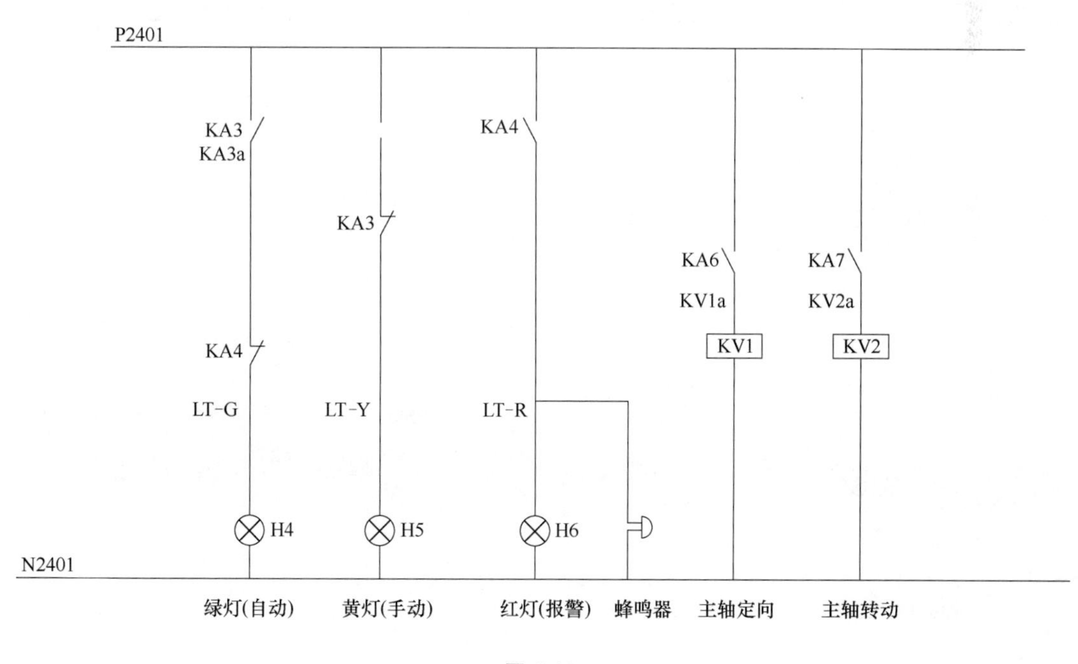

图 4-12

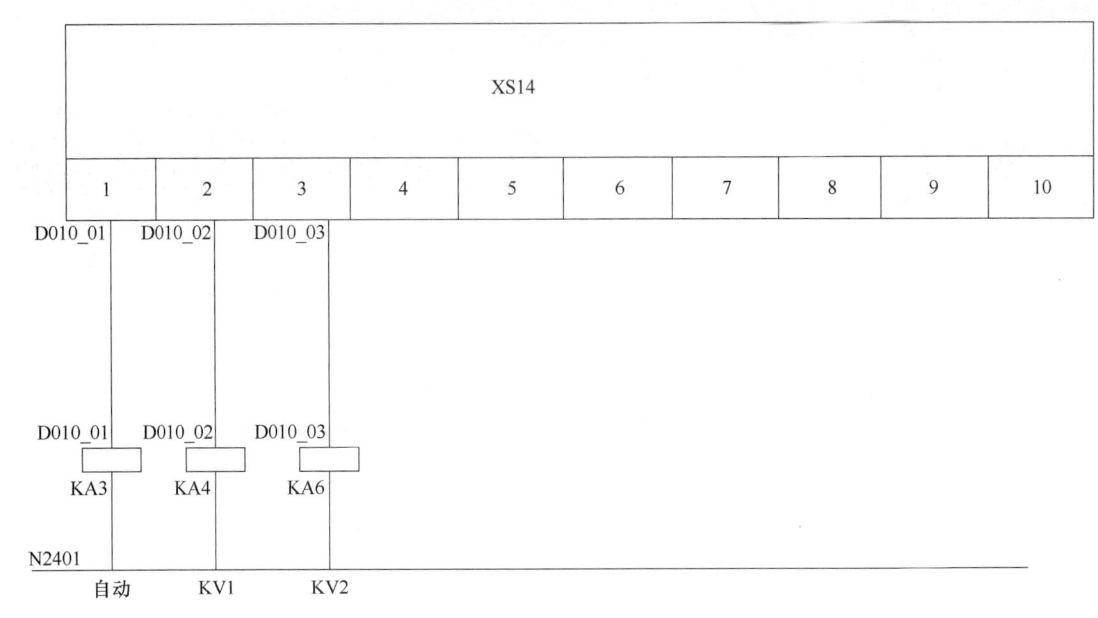

图 4-12 控制电路

表 4-1 去毛刺工作站信号设置

信号	设置	说明	设置	说明
do1	1	径向浮动工具的主轴转动	0	主轴停
do2	1	径向浮动工具的浮动方向控制打开	0	控制关闭
do3	1	除尘器开启	0	除尘器关闭
do4	1	夹具供气开	0	夹具供气关
do5	1	若 do4 为 1 气缸夹紧工具	0	若 do4 为 1 气缸松开工具
do6	1	系统模式状态下为自动模式	0	系统模式状态下为手动模式
do7	1	安全光栅开启检测	0	安全光栅关闭检测

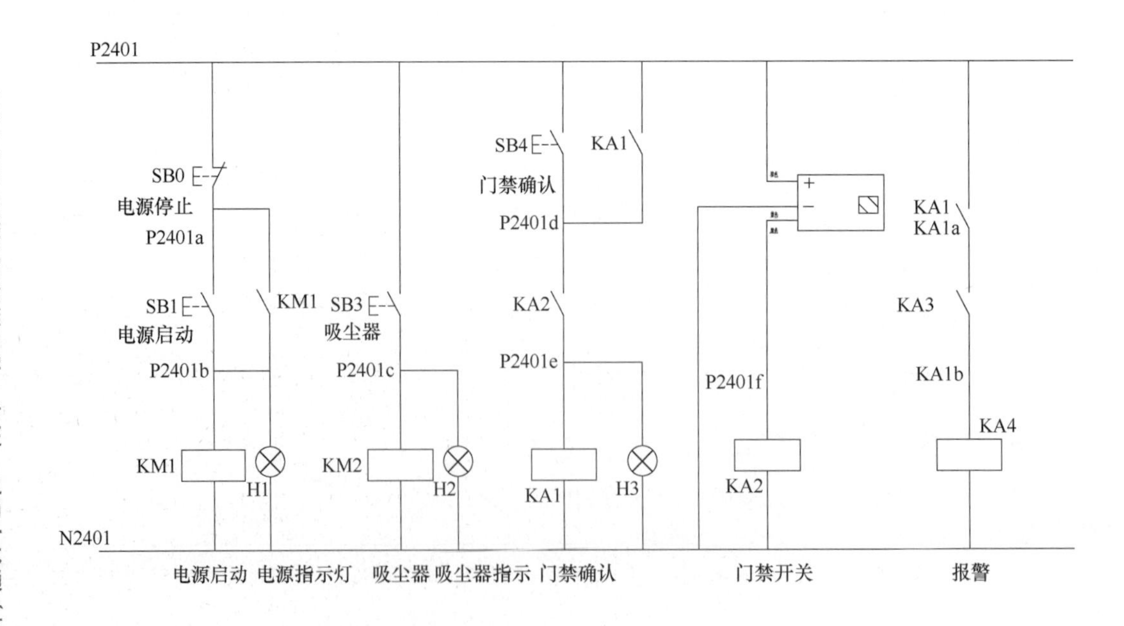

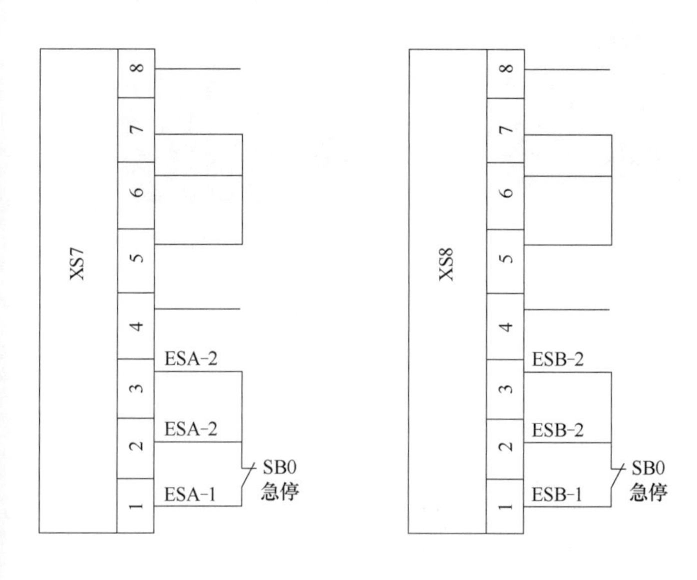

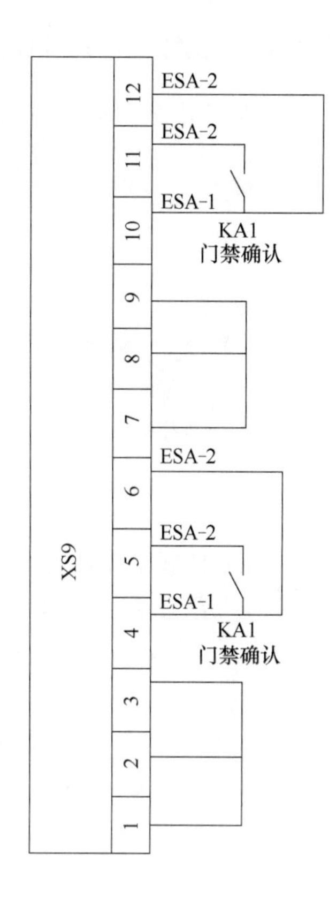

图 4-13　防护回路的连接

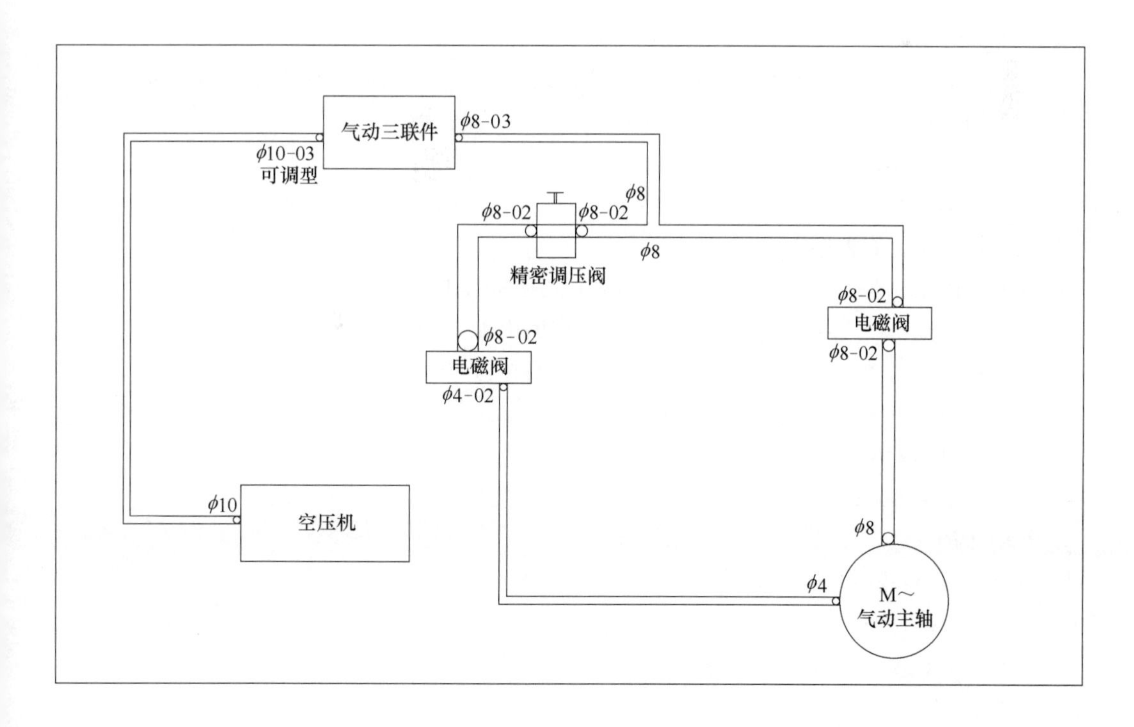

图 4-14　气路的连接

4.1.2 打磨工作站的通信编程

打磨工作站的通信总览见图 4-15。

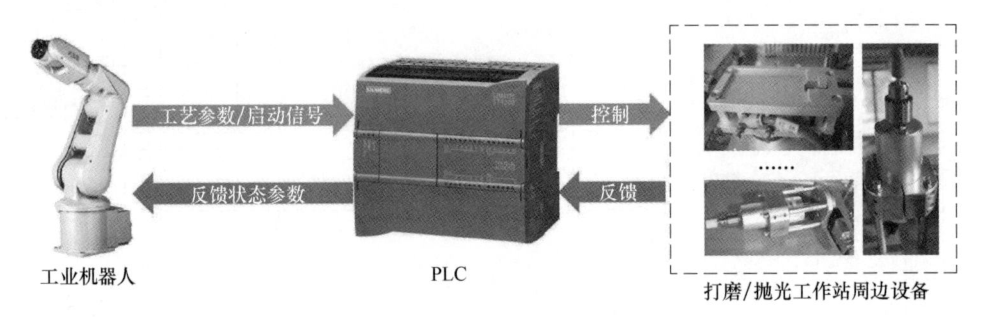

图 4-15 通信总览

（1）打磨工作站的通信编程

1）机器人端通信程序

VAR socketdev Socket_Polish；　　定义变量 Socket_Polish，它属于 socketdev 的数据类型

```
PROC SendPolishpara()
    SocketClose Socket_Polish;      关闭套接字
    WaitTime 1;
    SocketCreate Socket_Polish;     创建套接字
    SocketConnect Socket_Polish,"192.168.0.1",2000\Time:=30;     连接远程计算机
    WaitTime 1;
    SocketSend Socket_Polish\Data:=Polishpara;     向远程计算机发送数据
    WaitTime 1;
    SocketClose Socket_Polish;      关闭套接字
  ENDPROC
```

2）打磨参数赋值程序

```
PROC FPolishpara(num PolishOn,num PolishSpeed)
    Polishpara{1}:=PolishOn;         打磨电源开启
    Polishpara{2}:=PolishSpeed;      打磨速度
    SendPolishpara;
    WaitTime 0.5;
    ReceiveState;
  ENDPROC
VAR num Stateback{2}:=[0,0];
PROC ReceiveState()
    SocketClose Socket_Polish;
    WaitTime 1;
    SocketCreate Socket_Polish;
```

```
    SocketConnect Socket_Polish,"192.168.0.1",2000\Time:=30;
    WaitTime 1;
    SocketReceive Socket_Polish\Data:=Stateback\Time:=20;
    WaitTime 1;
    SocketClose Socket_Polish;
  ENDPROC
```

（2）PLC 端通信程序（图 4-16～图 4-21）

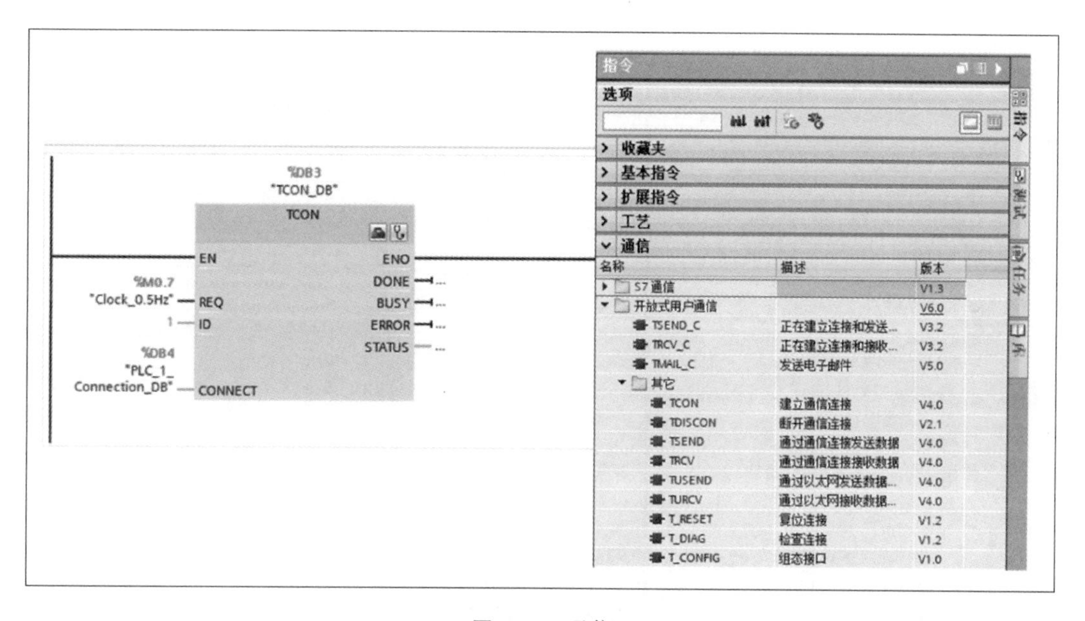

图 4-16 通信

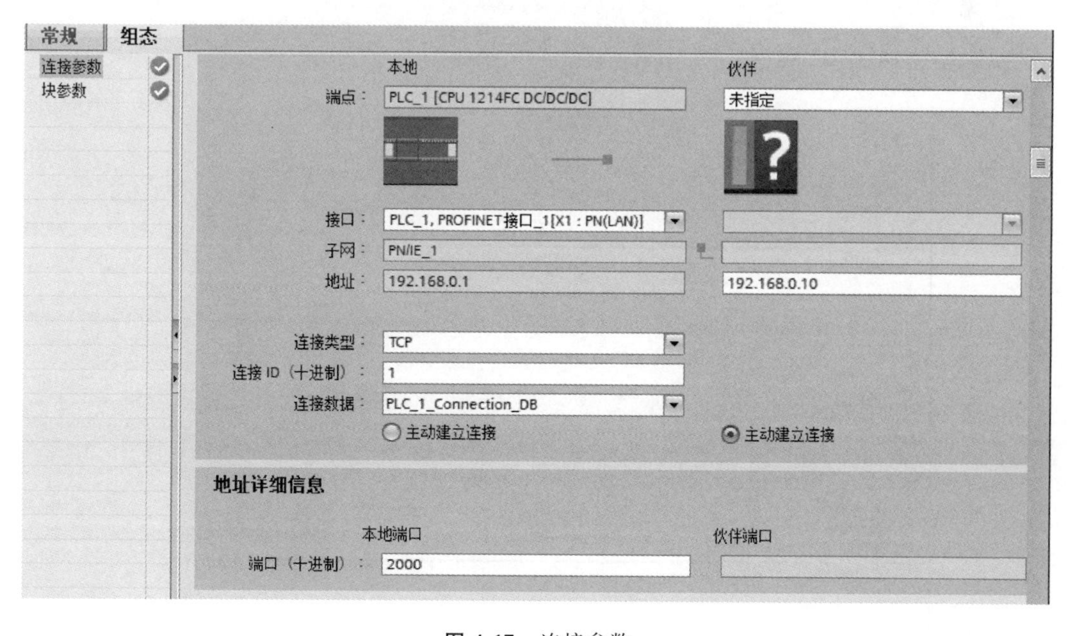

图 4-17 连接参数

%DB5
"TSEND_DB"
TSEND
EN
ENO
DONE
BUSY
ERROR
STATUS
%M0.7
"Clock_0.5Hz"
REQ
1
ID
2
LEN
"机器人数据".发送
DATA
%DB6
"TRCV_DB"
TRCV
EN
ENO
NDR
BUSY
ERROR
STATUS
%M0.7
"Clock_0.5Hz"
EN_R
1
ID
2
LEN
"机器人数据".接收
DATA
RCVD_LEN

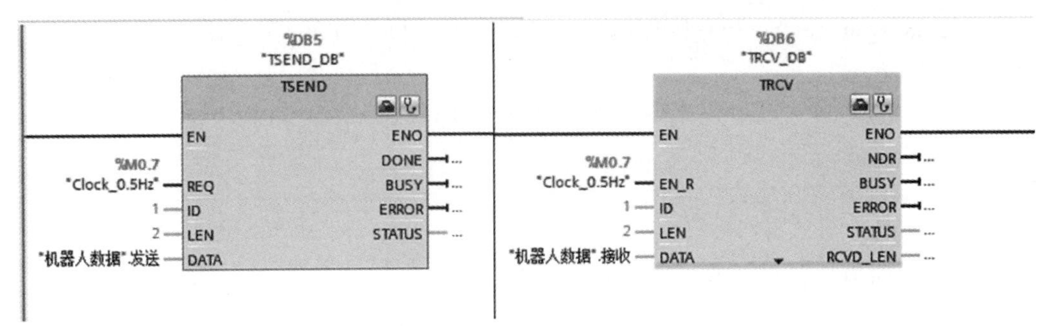

图 4-18　机器人数据 DATA

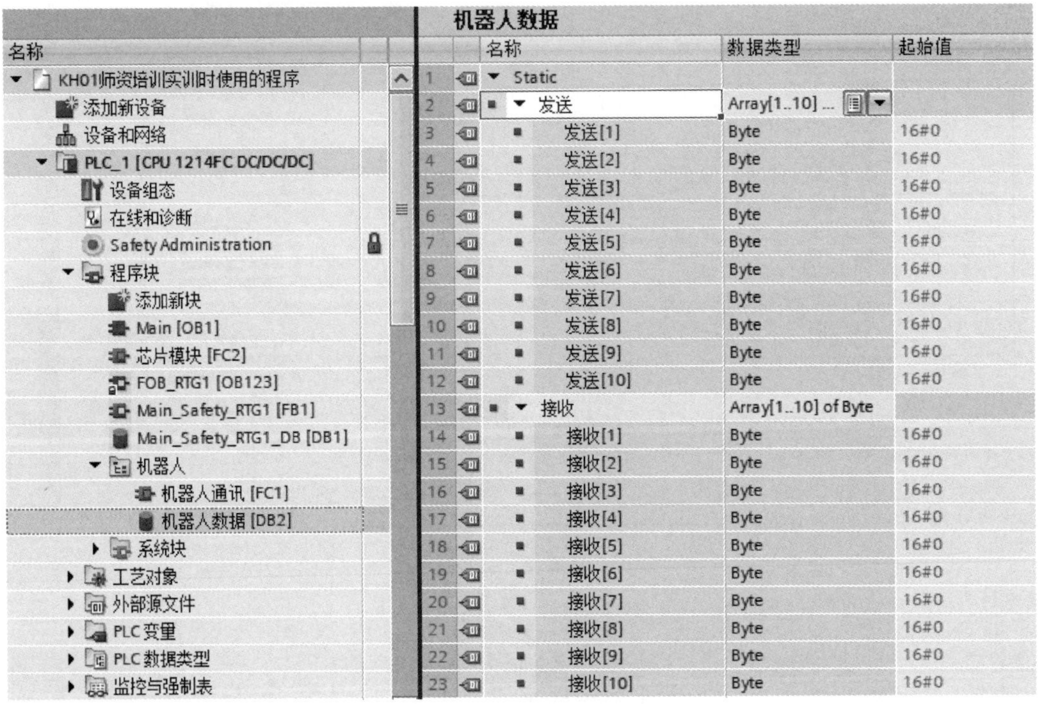

名称
KH01师资培训实训时使用的程序
添加新设备
设备和网络
PLC_1 [CPU 1214FC DC/DC/DC]
设备组态
在线和诊断
Safety Administration
程序块
添加新块
Main [OB1]
芯片模块 [FC2]
FOB_RTG1 [OB123]
Main_Safety_RTG1 [FB1]
Main_Safety_RTG1_DB [DB1]
机器人
机器人通讯 [FC1]
机器人数据 [DB2]
系统块
工艺对象
外部源文件
PLC 变量
PLC 数据类型
监控与强制表
机器人数据
名称
数据类型
起始值
1 Static
2 发送 Array[1..10] ...
3 发送[1] Byte 16#0
4 发送[2] Byte 16#0
5 发送[3] Byte 16#0
6 发送[4] Byte 16#0
7 发送[5] Byte 16#0
8 发送[6] Byte 16#0
9 发送[7] Byte 16#0
10 发送[8] Byte 16#0
11 发送[9] Byte 16#0
12 发送[10] Byte 16#0
13 接收 Array[1..10] of Byte
14 接收[1] Byte 16#0
15 接收[2] Byte 16#0
16 接收[3] Byte 16#0
17 接收[4] Byte 16#0
18 接收[5] Byte 16#0
19 接收[6] Byte 16#0
20 接收[7] Byte 16#0
21 接收[8] Byte 16#0
22 接收[9] Byte 16#0
23 接收[10] Byte 16#0

图 4-19　机器人数据 DB2

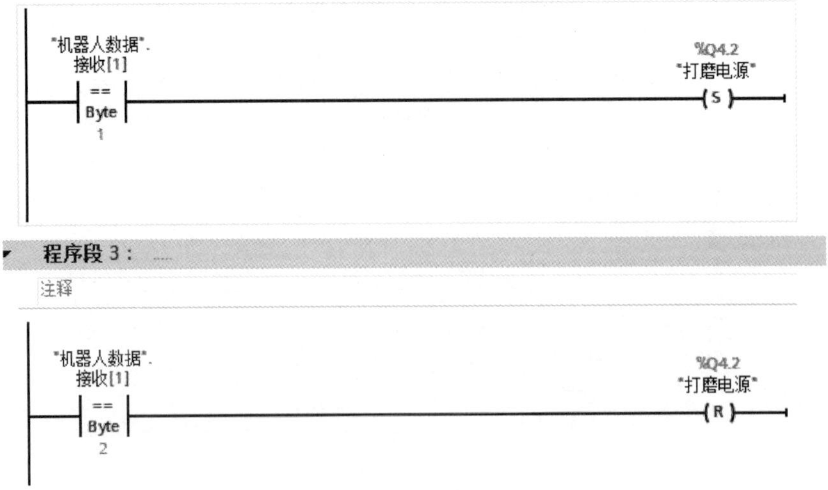

"机器人数据".
接收[1]
==
Byte
1
%Q4.2
"打磨电源"
S
程序段 3：
注释
"机器人数据".
接收[1]
==
Byte
2
%Q4.2
"打磨电源"
R

图 4-20　机器人数据接收

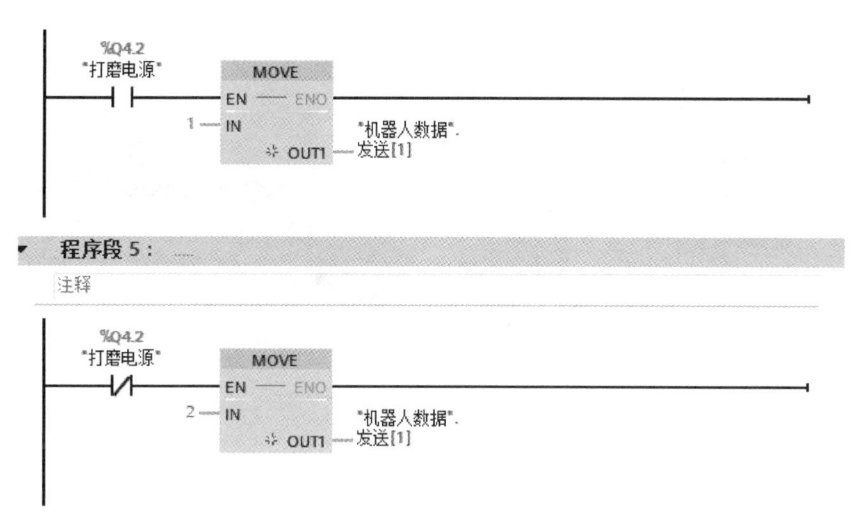

图 4-21 机器人数据发送

4.1.3 末端执行装置及其保养

轻型加工机器人具有加工能力，本身具有加工工具，比如刀具等，刀具的运动是由工业机器人的控制系统控制的，主要用于切割、去毛刺、抛光与雕刻等轻型加工。这类工业机器人有的已经具有了加工中心的某些特性，如刀库等。不同的工业机器人工作站，其刀库与刀具交换装置是有异的。常用的刀库与工业机器人末端法兰连接器如图 4-22 所示。现以打磨工作站为例介绍之。

(a) 工具快换刀库

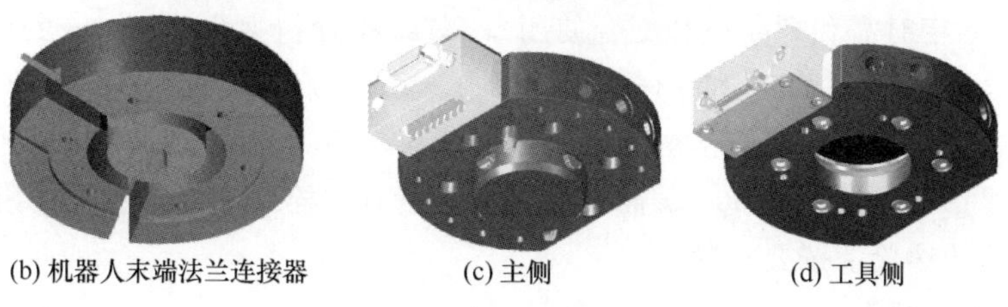

(b) 机器人末端法兰连接器　(c) 主侧　(d) 工具侧

图 4-22 工具快换刀库与末端法兰

不同的工具快换系统虽有异，但其结构与维护相差不大，图 4-23 为某型号的工具快换系统，其维护与保养方式如下。

图 4-23 某型号工具快换系统

（1）检查固定螺栓

如图 4-24 所示，换枪盘的安装分为两部分。

第一部分由换枪盘厂家安装集成，出厂时按照扭力要求固定好。

第二部分由线体商将整套换枪盘设备与机器人和工具集成安装，安装时涂抹螺纹紧固胶，并按照扭力要求拧紧。

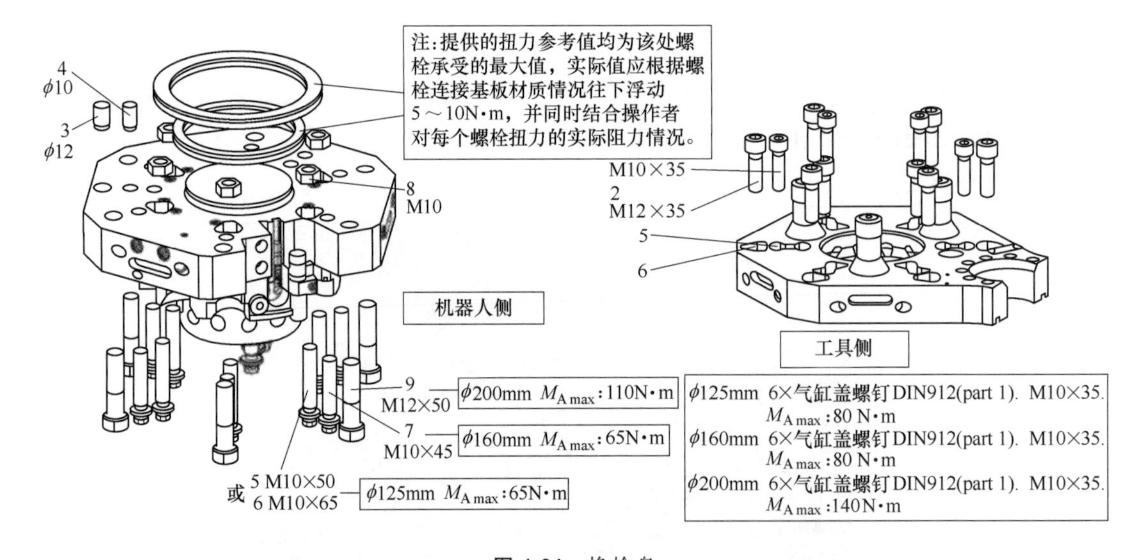

图 4-24 换枪盘

机器人侧换枪盘在分度圆 ϕ125 和 ϕ160 安装扭力：M10 螺栓扭力为 $M_{\text{Amax}}=65\text{N}\cdot\text{m}$（M10 螺栓安装固定时需和螺纹衬套配合使用）；M12 螺栓扭力为 $M_{\text{Amax}}=110\text{N}\cdot\text{m}$。

工具侧换枪盘分度圆 ϕ125 和 ϕ160 安装扭力：线体商需配合工具侧基座材质进行扭力值确认，若为史陶比尔换枪盘转接法兰盘，我们建议的扭力值为 $M_{\text{Amax}}=80\text{N}\cdot\text{m}$。

检查周期：每月或者每 50000 次插拔检查一次所有螺栓，确保固定螺栓扭力正确，且无松动；发现松动的螺栓请按要求紧固。

（2）检查水气接头

史陶比尔换枪盘配备的 SPM12 接头要求水质颗粒不大于 100μm；水质颗粒过大不仅影响循环水流量，还会造成 SPM12 接头内的密封圈因密封不严导致渗水现象，降低接头的使用寿命。

SPM12 接头渗水时，并不绝对意味着接头的损坏，若接头外观没有损伤或形变，且接头密封圈未破损，我们通过对接头的清洁能使其重复利用，可参考如下具体操作。

1）拆解并清洁工具侧 SPM 接头

① 拆除安装在水接头固定板上的螺栓和挡条，取下接头，如图 4-25 所示。

② 用 M38 套筒（或扳手）旋出接头，将接头拆分为两部分，如图 4-26 所示。

③ 使用相匹配的一字旋具，顺时针旋开接头背面的固定螺栓（左旋螺纹），如图 4-27 所示。

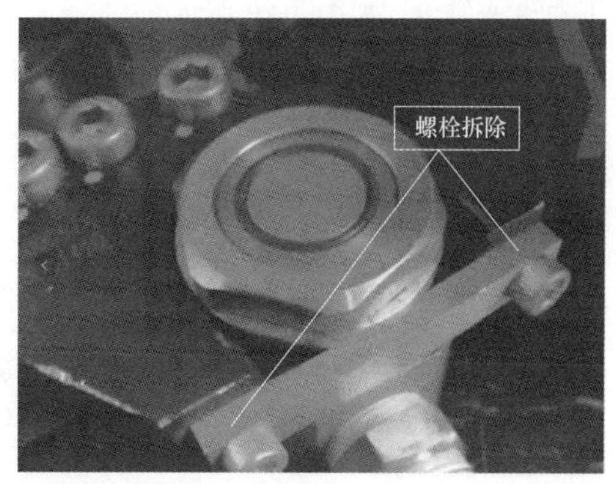

图 4-25　取下接头

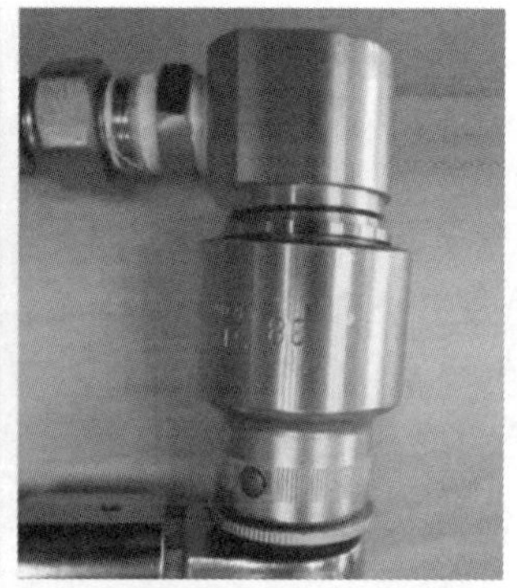
图 4-26　将接头拆分为两部分

注意：一字旋具的大小和厚度应与螺栓（铜材质螺栓，硬度小于钢材质）相匹配，螺栓旋开后，接头内部分离。

④ 取出弹簧、密封套及连接头，如图 4-28 所示。

⑤ 用清水清洗内部，清除内部异物，并用清洁布擦拭密封圈，然后涂抹油脂进行复位安装。如内部无法清洁，且密封受损，建议直接更换新接头。

图 4-27　旋开固定螺栓

图 4-28　取出物件

2）拆解并清洁机器人侧 SPM 接头

① 参考工具侧接头拆解方法，将机器人侧 SPM12 接头拆解成两部分 ，使用一字旋具

将五边卡簧取出，如图 4-29 所示。

② 依次取出卡环、挡片、弹簧和密封头，如图 4-30 所示。

图 4-29　取出五边卡簧

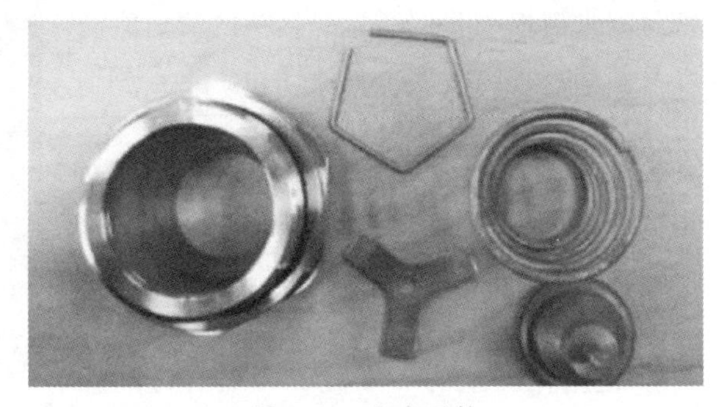

图 4-30　取出元件

③ 如图 4-31 所示，用清水清洗内部，清除内部异物，并用清洁布擦拭密封圈，然后涂抹油脂进行复位安装。如内部无法清洁，且密封受损，建议直接更换新接头。

图 4-31　用清水清洗内部元件

3）SPM12 接头清洁后的组装

① 参考以上拆解方法组装接头。

② 接头与铜套的安装转矩约 40N·m。

③ 铜套与螺纹处接头连接，需使用管螺纹密封胶。

备注：SPM12 接头日常保养时，需进行清洁和润滑处理。

检查周期：建议每周清洁一次，并涂抹润滑脂（可根据生产排配情况，制订相应计划）。

（3）清洁插针

通信模块的信号传输和焊接电源模块的电力传输，都依赖于插针的稳定连接。定期清洁插针结合面的灰尘及异物有其必要性。日常可使用电子清洁剂和清洁布对公针表面进行清洁；母针内部无法触及的部位，可借助吹尘枪进行清洁。

说明：史陶比尔插针连接采用表带触指技术，如图 4-32 所示，连接时具有自清洁功能。

检查周期：建议每周清洁一次，发现插针磨损严重需及时更换（客户可根据生产排配情况，制订相应计划）。

（4）检查传感器及线缆

① 目测各传感器及传感器连接电缆有无损坏。

② 检查各线缆接头有无松动，捆扎是否牢固，是否存在干涉与拉扯。

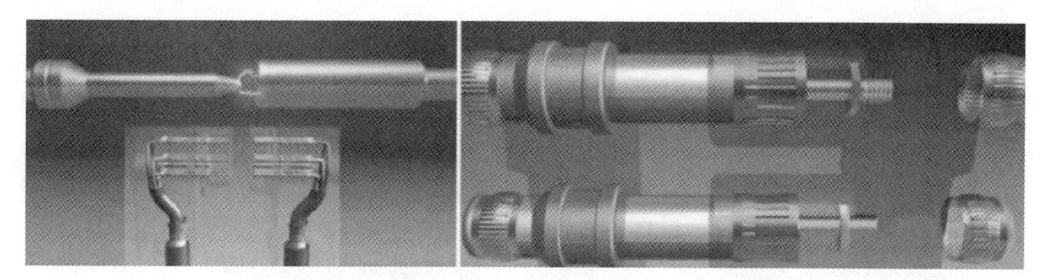

图 4-32　表带触指技术

③ 检查换枪盘周边模块是否损坏。

检查周期：建议每月检查一次。

（5）换枪盘润滑保养

检查周期：每周或者每 10000 次插拔后进行润滑（可根据生产排配情况，制订相应计划）。

换枪盘润滑脂推荐 G47（型号 R60000047，规格 1kg；型号 R60000048，规格 100g）。

（6）换枪盘示教

说明：判断换枪盘是否需要进行校准的条件。

① 通过肉眼观察换枪盘机械连接部位的磨损情况进行判断。

② 机器人低速状态下耦合换枪盘，通过手触摸工具的方式，感受工具的振荡情况进行判断。

1）安装工具

安装校准工具，具体步骤参考图 4-33。

2）定位

通过校准工具自带的两颗定位销将停靠站浮动机构进行定位，如图 4-34 所示。

3）校准

① 慢慢调整机器人位置，对准工具端。

② Z 轴方向对准：外围使用直尺或类似工具通过目视方式检查。

③ XY 平面的对齐：可使用塞尺帮助对齐。

④ 保存示教位置。

注意：校准后，必须将刚才插入的两颗定位销从浮动机构拔出。

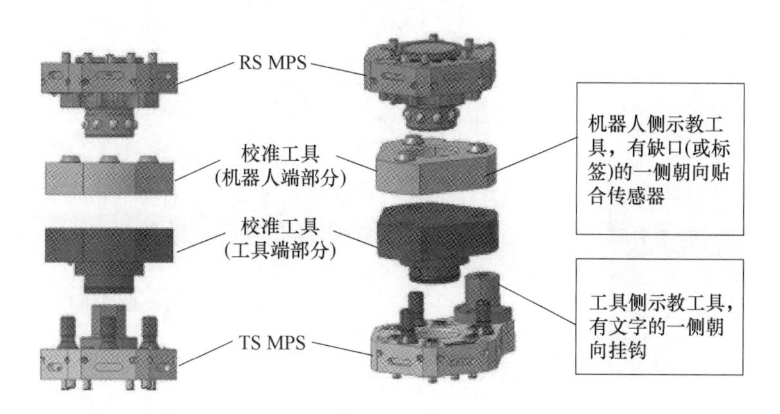

图 4-33　步骤

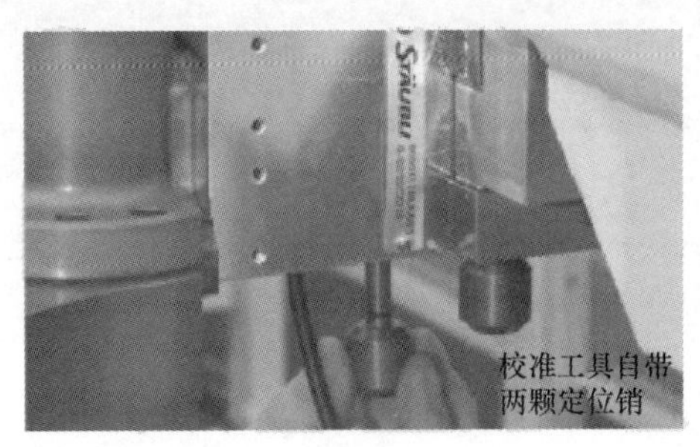

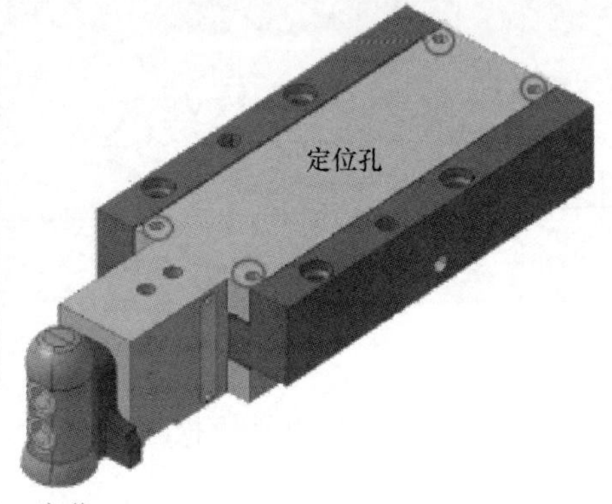

图 4-34 定位

（7）维护保养注意事项

① 换枪盘维护保养前，需先将工具拖放至停靠站，然后将机器人移动至维修位，切勿在换枪盘耦合状态下维护保养设备。

② 换枪盘设备需关闭电源后，再进行相关维护保养工作。

③ 如果必须带电作业，如进行功能检查或故障查找，必须极其小心，并且只能使用耐电压的工具。

④ 佩戴防护工具，如：安全帽、防护手套、护目镜等。

4.1.4 安全锁与安全继电器

（1）安全锁

安全锁如图 4-35 所示，与安全门组成了一套安全锁定装置，它是一种可靠的防护设备，可防止人员进入危险区域。在设备自动运行和设备维护维修时保护作业人员。

图 4-35 安全锁

（2）安全继电器

如图 4-36 所示，安全继电器是一个安全回路中所必需的控制部分，它接收安全输入，通过内部回路的判断，确保输出开关信号到设备的控制回路里。

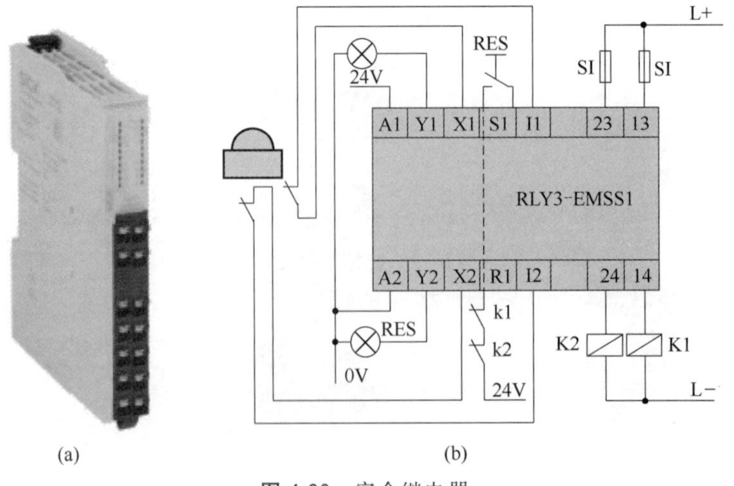

图 4-36 安全继电器

4.1.5 PLC 程序设计

网络 1：第一个扫描周期初始化（图 4-37）。

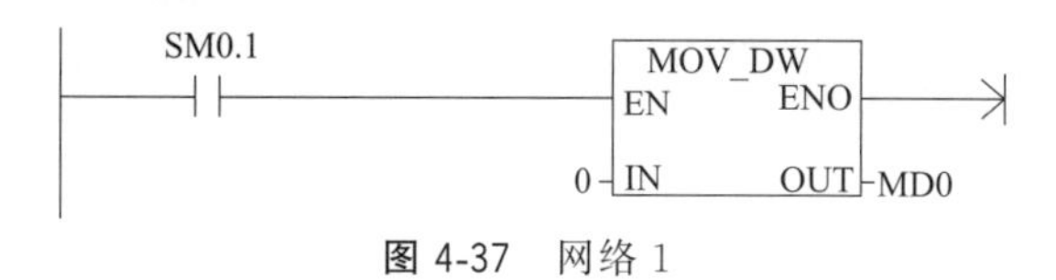

图 4-37 网络 1

网络 2：急停和光幕报警（图 4-38）。

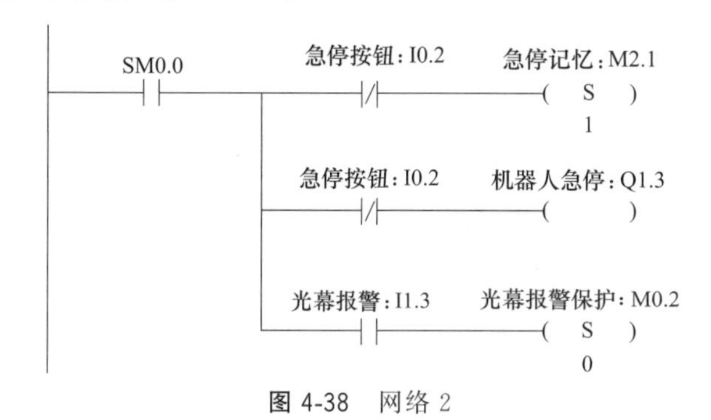

图 4-38 网络 2

网络 3：准备就绪（图 4-39）。

自动状态：I0.4 急停记忆：M2.1 光幕报警保护：M0.2 机器人急停 I1.0 就绪标志：M2.0

图 4-39 网络 3

网络 4：设备复位（图 4-40）。

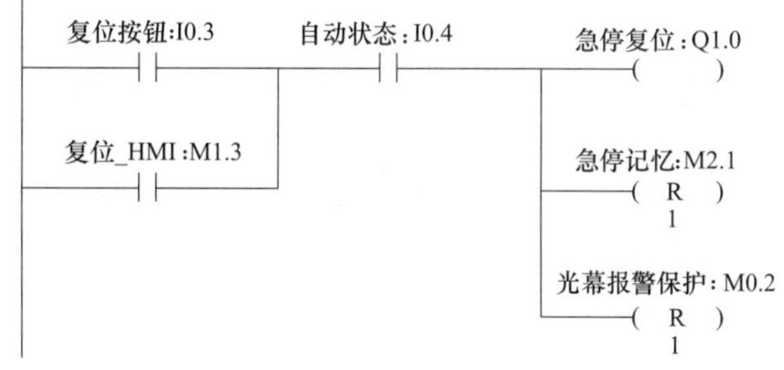

图 4-40 网络 4

网络 5：系统运行（图 4-41）。

启动按钮：I0.0 就绪标志:M2.0 自动状态：I0.4 急停记忆：M2.1 焊接完成：I0.7 运行标志:M2.2
启动_HMI：M1.0
运行标志：M2.2

图 4-41 网络 5

网络 6：机器人伺服电机使能，使能后机器人程序开始（图 4-42）。

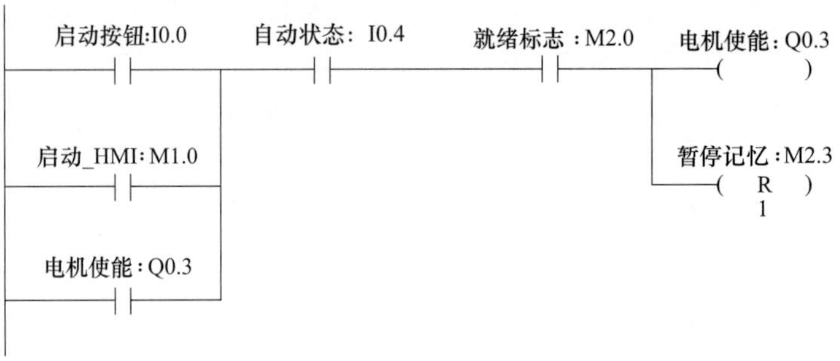

启动按钮:I0.0　自动状态: I0.4　就绪标志 :M2.0　电机使能: Q0.3
启动_HMI: M1.0　暂停记忆 :M2.3 (R) 1
电机使能: Q0.3

图 4-42　网络 6

网络 7：电机使能后，电机使能开始 I0.5＝ON，否则是脉冲信号（图 4-43）。

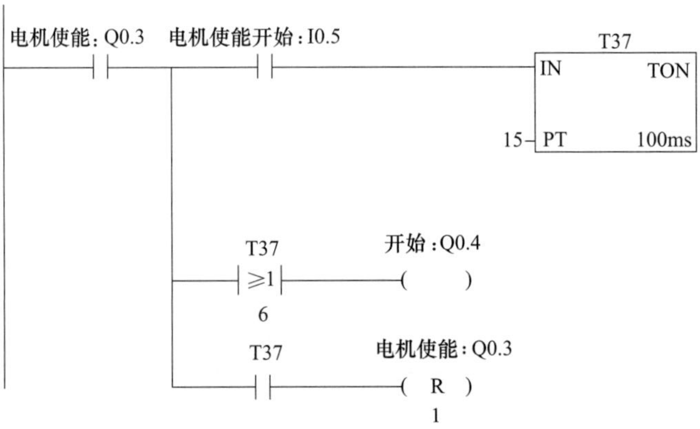

电机使能: Q0.3　电机使能开始: I0.5　T37 IN TON 15-PT 100ms
T37 ≥1 6　开始 :Q0.4
T37　电机使能: Q0.3 (R) 1

图 4-43　网络 7

网络 8：安全光幕动作后或焊接完成或有暂停命令，机器人都将暂停（图 4-44）。

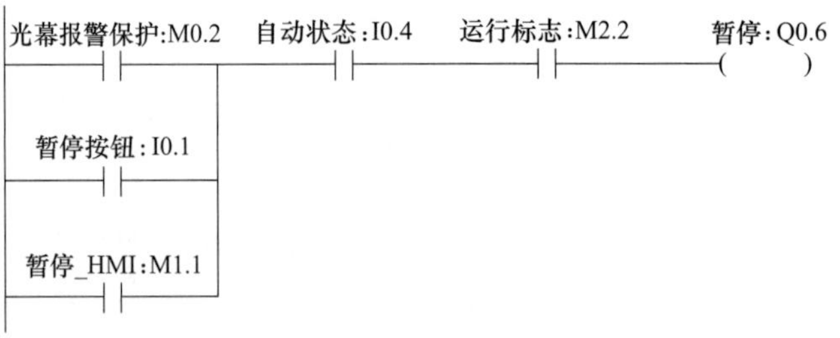

光幕报警保护:M0.2　自动状态 :I0.4　运行标志 :M2.2　暂停: Q0.6
暂停按钮 : I0.1
暂停_HMI: M1.1

图 4-44　网络 8

网络 9：有急停或光幕动作记忆时，红色警示灯以 1Hz 的频率闪烁（图 4-45）。

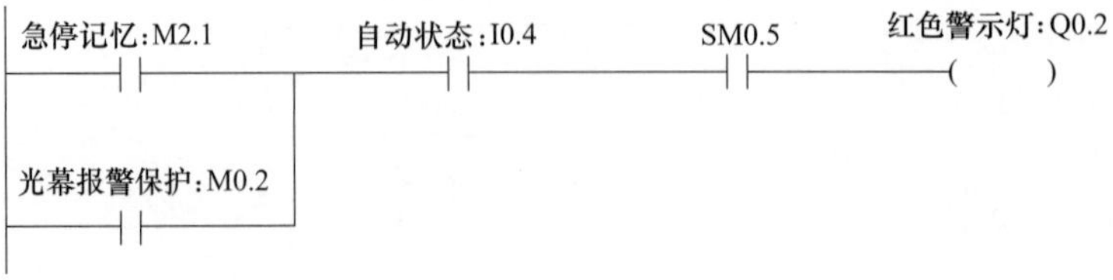

急停记忆:M2.1　自动状态 :I0.4　SM0.5　红色警示灯: Q0.2
光幕报警保护: M0.2

图 4-45　网络 9

就绪标志:M2.0　运行标志:M2.2　自动状态:I0.4　黄色警示灯:Q0.1
运行标志:M2.2

图 4-46　网络 10

网络 10：当系统没运行时系统就绪，或系统运行时，黄色警示灯常亮（图 4-46）。

网络 11：暂停记忆（图 4-47）。

网络 12：系统运行时暂停，绿色警示灯以 1Hz 的频率闪烁；系统运行时没有暂停，绿色警示灯常亮（图 4-48）。

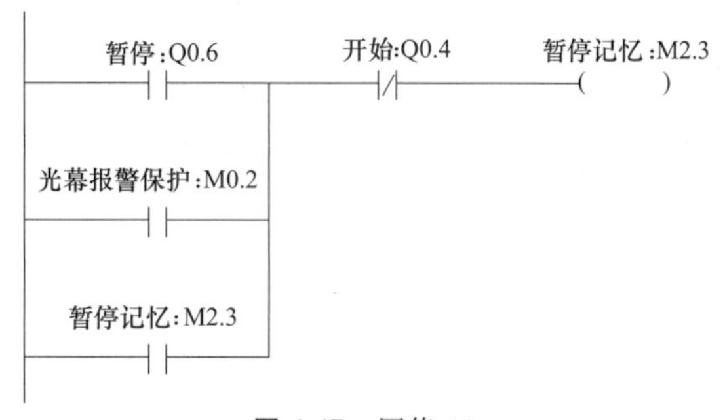

图 4-47　网络 11

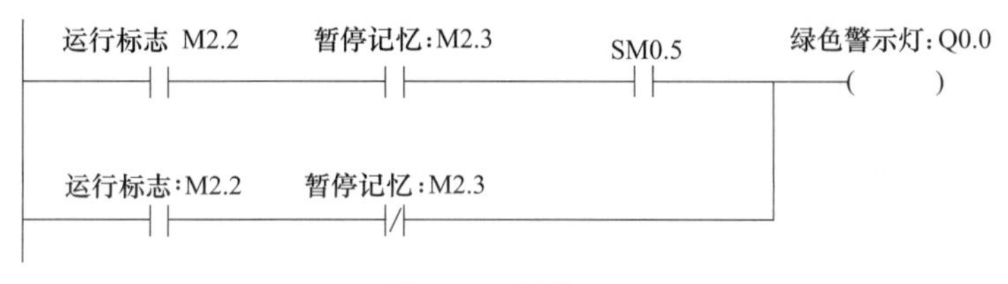

图 4-48　网络 12

4.2　轻型加工机器人工作站的编程

以打磨工作站的编程为例介绍之。

4.2.1　打磨工艺

如图 4-49 所示，打磨工作站的打磨对象为切割完成的工件，工件的切口处带有加工后的毛刺，毛刺的存在可能导致由该工件所组成的机械设备运行不畅，使可靠性和稳定性降低。当存在毛刺的机器做机械运动或振动时，脱落的毛刺也可能会造成机器滑动表面过早磨损、噪声增大，甚至使机构卡死、动作失灵。

（1）打磨工艺流程（图 4-50）

（2）打磨工位示意

1）工件坐标系

工件坐标系建立在倾斜的平面上，如图 4-51 所示。

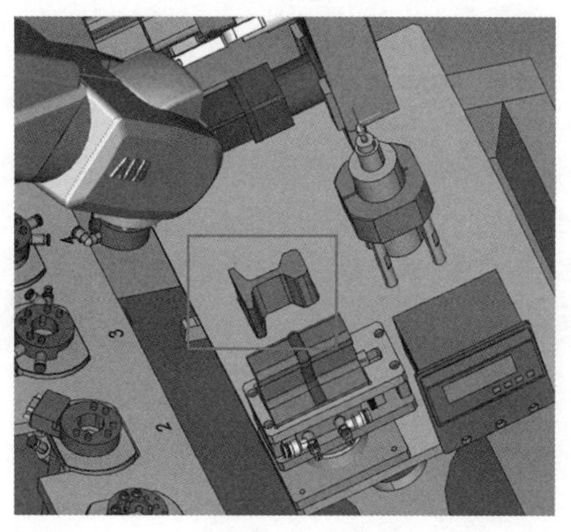

图 4-49　工件

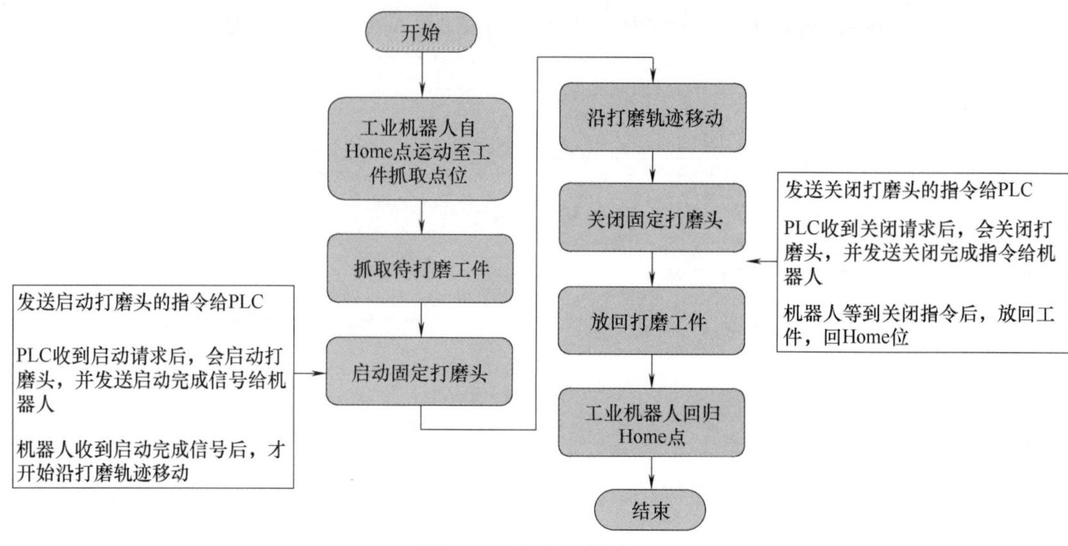

图 4-50　打磨工艺流程

2）确定轨迹点

工件坡口边缘的打磨轨迹点位如图 4-52 所示。

图 4-51　建立工件坐标系

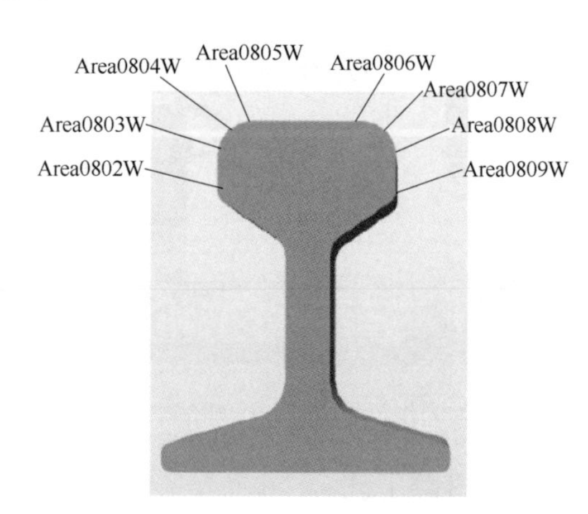

图 4-52　轨迹点位

4.2.2 程序编制

（1）抓取工件程序

```
PROC GetWorkpiece()
    MoveAbsJ Home\NoEOffs,v400,z50,tool2;
    MoveJ Area0720R,v100,z10,tool2;
    Reset Grip;
    MoveL Offs(Area0721W,0,0,50),v100,z10,tool2;
    MoveL Area0721W,v50,fine,tool2;
    WaitTime 0.5;
    Set Grip;
```

```
    WaitTime 0.5;
    MoveL Offs(Area0721W,0,0,50),v50,fine,tool2;
    MoveJ Area0720R,v100,z10,tool2;
    MoveAbsJ Home\NoEOffs,v400,z50,tool2;
  ENDPROC
```

（2）放置工件程序

```
PROC PutWorkpiece()
    MoveAbsJ Home\NoEOffs,v400,z50,tool2;
    MoveJ Area0720R,v100,z10,tool2;
    MoveL Offs(Area0722W,0,0,50),v100,fine,tool2;
    MoveL Area0722W,v50,fine,tool2;
    MoveL Area0723W,v20,fine,tool2;
    WaitTime 0.5;
    Reset Grip;
    WaitTime 0.5;
    MoveL Area0722W,v20,fine,tool2;
    MoveL Offs(Area0722W,0,0,50),v50,fine,tool2;
    MoveJ Area0720R,v100,z10,tool2;
    MoveAbsJ Home\NoEOffs,v400,z50,tool2;
  ENDPROC
```

（3）打磨工件程序

```
PROC PPolish()
    GetWorkpiece;
    MoveJ Area0801R,v100,z10,tool2;
    FPolishpara 1,0;
    WaitUntil Stateback{1}=1;
    MoveL Area0802W,v10,fine,tool2;
    MoveL Area0803W,v10,fine,tool2;
    MoveC Area0804W,Area0805W,v10,fine,tool2;
    MoveL Area0806W,v10,fine,tool2;
    MoveC Area0807W,Area0808W,v10,fine,tool2;
    MoveL Area0809W,v10,fine,tool2;
    MoveJ Area0801R,v100,z10,tool2;
    FPolishpara 2,0;
    WaitUntil Stateback{1}=2;
    PutWorkpiece;
  ENDPROC
```

4.2.3 独立轴设置及使用

① 现场如有打磨工艺，可以省去打磨电机，直接由 6 轴驱动。因为理论上 6 轴可以无

限旋转，或者变位机某一轴无限循环。

② 要无限旋转，需要有选项 610-1Independent Axis，如图 4-53 所示。

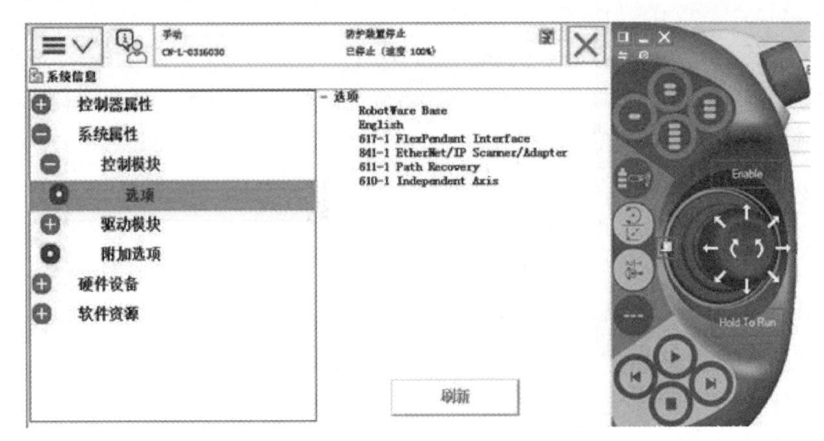

图 4-53　选项 610-1Independent Axis

③ 控制面板—配置，选择 Motion，Arm 下找到 6 轴，修改上下限和 Independent Joint，然后重启，如图 4-54 所示。

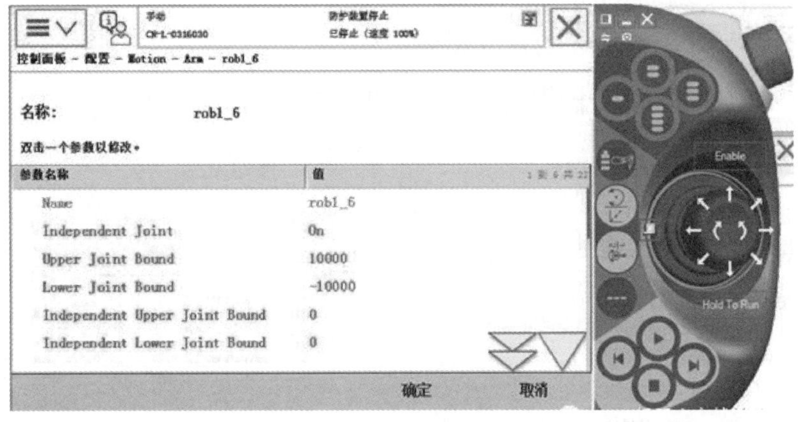

图 4-54　修改上下限

第5章

工业机器人常见故障的诊断与维修

5.1 认识工业机器人的故障

工业机器人上有众多的指示，其不同的指示表示工业机器人的不同状态，当然，也可能大体上指示其故障位置与处理方式。DSQC 512 板的指示如图 5-1 所示。LED 含义如表 5-1 所示。

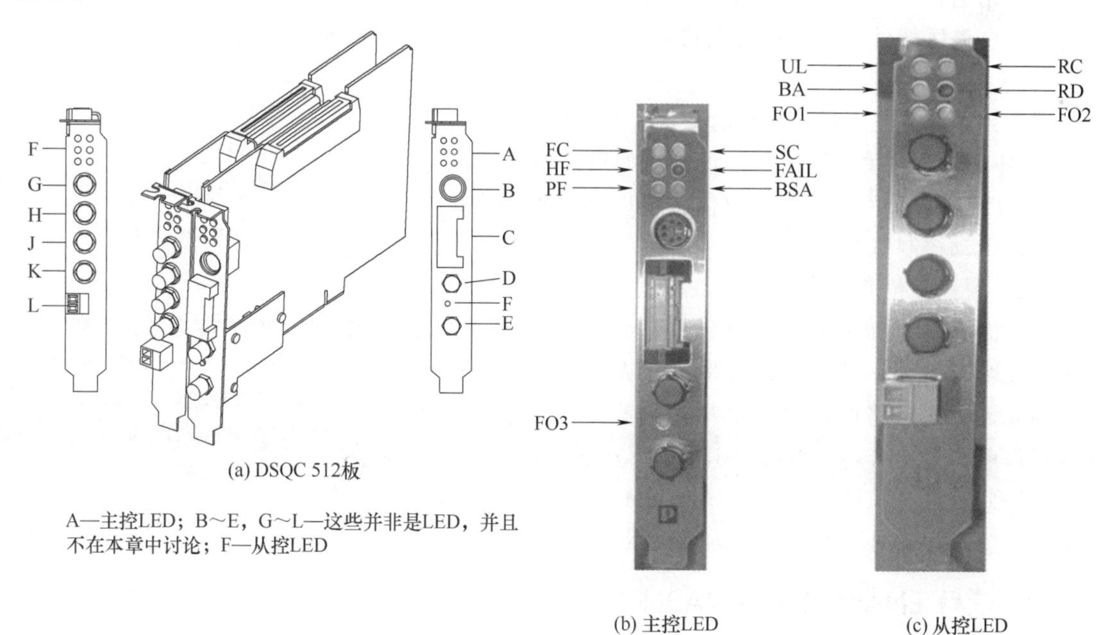

图 5-1　DSQC 512 板的情况

表 5-1 LED 含义

序号	名称		颜色	描述
1	主控LED	PF	黄色	外围设备故障，连接该总线的一个或多个外围设备有故障
2		HF	黄色	主机故障，该单元与主机断开连接
3		FC	绿色	保留，不可用
4		BSA	黄色	总线中止，一个或多个总线被断开(禁用)
5		FAIL	红色	总线失败，INTERBUS 系统中发生错误
6		SC	闪烁绿色	状态控制器，单元活动，但没有配置
7		SC	绿色	状态控制器，单元活动，并且已经配置
8		FO3	黄色	通道 3 的光纤正常。在主控电路板初始化或者通信失败期间亮起
9	从控LED	UL	绿色	电源，单元使用外部 24V DC 电源供电
10		BA	闪烁绿色	总线活动，单元活动，但没有配置
11		BA	绿色	总线活动，单元活动，并且已经配置
12		FO1	黄色	通道 1 的光纤正常。在从控电路板初始化或者通信失败期间亮起
13		RC	绿色	远程总线检查，单元外的总线处于活动状态
14		RD	红色	远程总线禁用，单元外的总线被禁用
15		FO2	黄色	通道 2 的光纤正常。在从控电路板初始化或者通信失败期间亮起

5.1.1 限位开关链

限位开关是可移动的机电开关，安装在操纵器轴的工作范围末端。这样，出现安全或其他原因，可将开关用于将操纵器的部件限定在可能的工作范围内。通常，机器人程序包含了在操纵器工作范围内设置的软件限制，以便在正常操作期间永远不会拨动机电限位开关。但是，如果拨动限位开关，必须是因为某些故障而导致，Motors ON 链被取消激活且机器人停止运作。一个特殊的覆盖功能可用于在拨动覆盖开关之后在该区域外手动微动控制机器人。

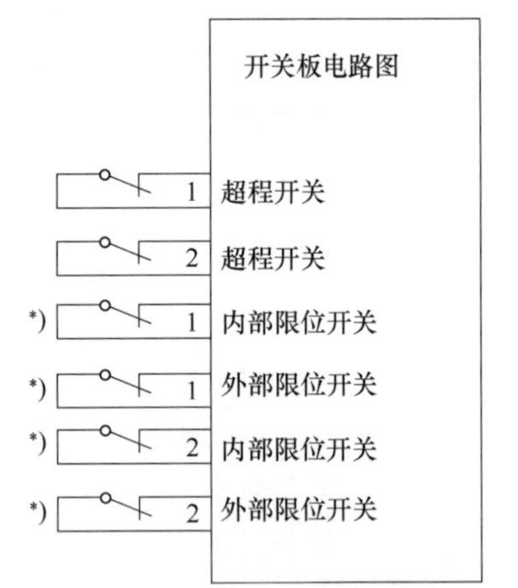

图 5-2 限位开关电路的原理

*）表示在交付时旁通电路，即除跳线之外没有连接任何东西，可串联任何数量的开关。

（1）电路

图 5-2 显示了限位开关电路的原理，其说明如下。

① 外部限位开关。用于外部设备，如跟踪动作等。

② 覆盖限位开关。可覆盖限位开关以便在离开限位开关的地方微动控制机器人。

（2）覆盖限位开关电路

如果因为限位开关跳闸而导致操作停止，Motors ON 电路可能暂时闭合，以手动方式将机器人运行回其工作区内。为此，它要求将两极“限位开关覆盖开关”连接到接触器接口电路板输入端。如图 5-3 所示。

保持此覆盖开关闭合，可按下 FlexPendant 上的 Motors ON 按钮，使用控制杆手动运行机器人。

5.1.2 信号 ENABLE1 和 ENABLE2

信号 ENABLE1 和 ENABLE2 是控制器在启动（即通电）之前对自身进行检查的一种

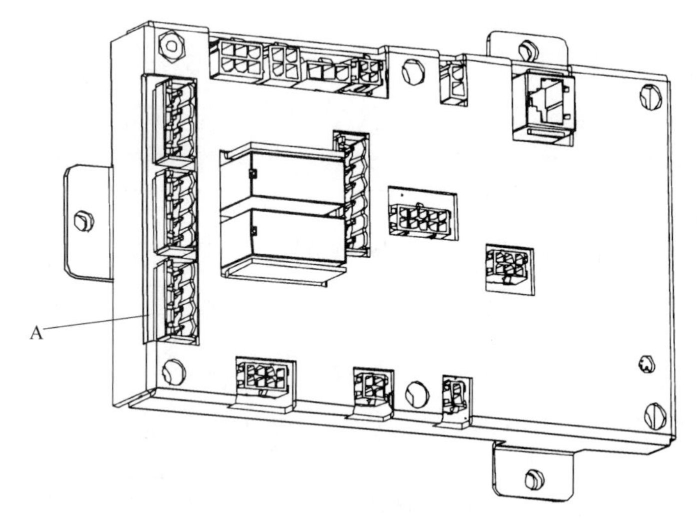

图 5-3　覆盖限位开关电路

A—接触器接口电路板上的连接器 X23：在针脚 1～2 之间连接限位开关覆盖开关第一极，在针脚 3～4 之间连接第二极

方法。如果任一计算机检测到错误，会影响 ENABLE1 和 ENABLE2 中的一个信号。

（1） ENABLE1

ENABLE1 信号由主机监控，并通过大量检查其状态的单元来运行：

① 面板单元；

② Drive Module。

所有单元正常时，电路可能闭合，以激活 Motors ON 接触器。

（2） ENABLE2

ENABLE2 信号由轴计算机监控，并通过大量检查其状态的设备来运行：

① 面板单元；

② 轴计算机；

③ 驱动系统整流器；

④ 接触器电路板。

所有单元正常时，电路可能闭合，以激活 Motors ON 接触器。

（3）信号 EN1 和 EN2

信号 EN1 和 EN2 不能与信号 ENABLE1 和 ENABLE2 混淆。在 FlexPendant 上按下并联的两个使动装置时，将生成 EN1 和 EN2 信号。

5.1.3　电源

（1）电源——Control Module

1）电路图

图 5-4 为主电源线路图示。

2）说明

① Panel Board（A21）：Panel Board 使用 G2 单元提供的 ±24V DC 电源。

② 主机单元（A3）：主机单元使用 G2 单元提供的 ±24V DC 电源。该单元还有一个内部的 DC/DC 变频器，用于对逻辑电路供电。

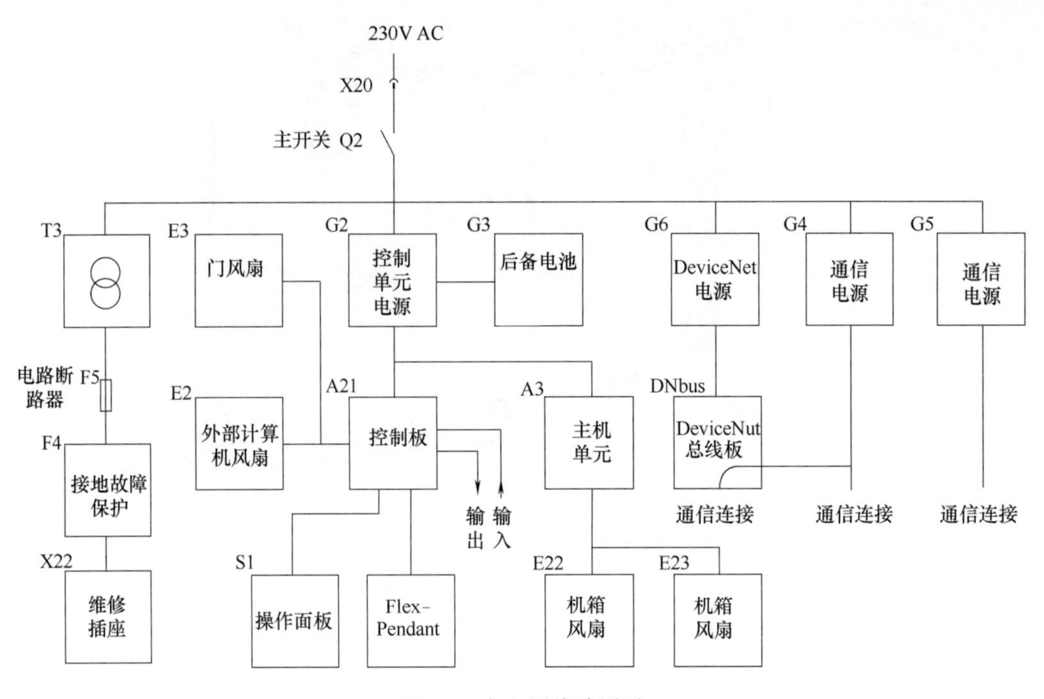

图 5-4　主电源线路图示

③ 外部计算机风扇（E2）：冷却风扇安装在模块的后面。它通过 Panel Board 采用 G2 单元提供的 24V COOL 电源。

④ 门风扇（E3），备选件：冷却风扇安装在模块门的内侧。它通过 Panel Board 采用 G2 单元提供的 24V COOL 电源。

⑤ 机箱风扇（E22）：冷却风扇装在计算机单元的内部。它使用计算机主机电路板上的 G31 电源单元供电。

⑥ 机箱风扇（E23）：冷却风扇装在计算机单元的内部。它使用计算机主机电路板上的 G31 电源单元供电。

⑦ 接地故障保护（F4）备选件：维修插座的接地故障保护，以免 115V/230V AC 维修插座受到潜在接地电流的损坏。

⑧ 电路断路器（F5）备选件：电路断路器保护维修插座免受过流（2A）损坏。

⑨ Control Module 电源（G2）：Control Module 电源是主 AC/DC 变频器（DSQC 604），将许多单元的 230V AC 电源转换为 ±24V DC 电源。

⑩ 后备电池（G3）：后备电池（电容器）用于向主机单元供电。在发生电源故障的情况下，该单元确保在故障发生之前对内存内容作一个完整的备份。G3 单元由 G2 单元供电。

⑪ Customer Power Supply（G4、G5）：Customer Power Supply 是可选的电源单元（DSQC 608），用于为 Customer Connections 供电。

⑫ DeviceNet 电源（G6）备选件：DeviceNet 电源是为 DeviceNet 单元供电的备选电源（DSQC 608）。

⑬ DNbus 备选件：DeviceNet 总线板由 G6 单元供电。

⑭ Q2：Control Module 前面的主开关。

⑮ 操作面板（S1）：该面板由 G2 单元供电，且为操作面板和 FlexPendant 供电。

⑯ 变压器（T3）备选件：为维修插座供电的 230V AC 变压器。

⑰ X20：从 Drive Module 中的主变压器将 230V AC 电源连接至 Control Module 的连接器。

⑱ 维修插座（X22）备选件：为外部维修设备（如笔记本电脑等）供电的 230V AC 维修插座。

3）位置

图 5-5 显示了 Control Module 中电源的物理位置。其参数如表 5-2 所示。

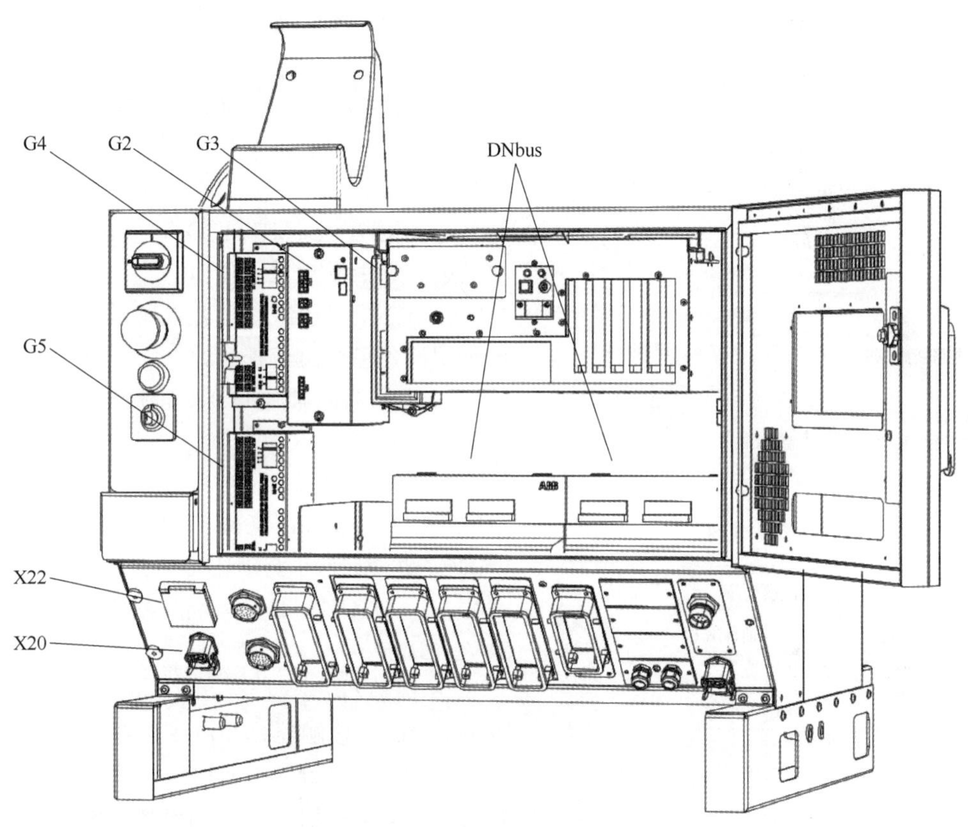

图 5-5 Control Module 电源物理位置

表 5-2 Control Module 电源参数

序号	电压	生成电压的电源单元	电源
1	24V COOL	G2	Panel board
2	24V SYS	G2	Panel board
3	24V PC	G2	主机单元
4	24V I/O	G4、G5	Customer Connections
5	24V DeviceNet	G6	
6	24V PANEL	A21	
7	24V TP_POWER	A21	

（2）电源——Drive Module

1）电路图

图 5-6 为主电源线路图示。

2）说明

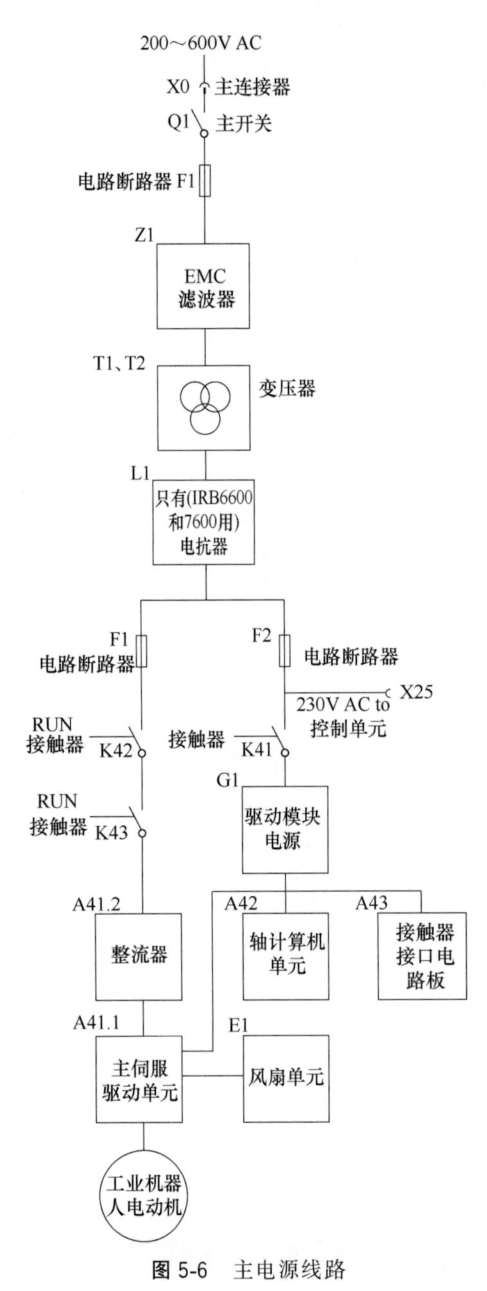

图 5-6 主电源线路

① 主伺服驱动单元（A41.1）：向机器人的电机提供电源的驱动单元。它也为风扇单元供电。驱动单元中的低压电子装置由 Drive Module 电源供电。

② 整流器（A41.2）：向驱动单元提供 DC 电压的驱动设备整流器。

③ 轴计算机单元（A42）：轴计算机单元还有一个内部的 DC/DC 变频器，用于对逻辑电路供电。

④ 接触器接口电路板（A43）：接触器接口电路板控制系统中有许多接触器，例如，两个 RUN 接触器。

⑤ 风扇单元（E1）：Drive Module 后面的冷却风扇，它由驱动单元供电。

⑥ 电路断路器（F1）：电路断路器（25A）保护驱动设备免受过流损害。

⑦ 电路断路器（F2）：保护电子元件电源的电路断路器（10 A）。

⑧ Drive Module 电源（G1）：Drive Module 中的 Drive Module 电源（用于较小型机器人的 DSQC 626 以及用于 IRB 340、IRB 6600 和 IRB 7600 的 DSQC 627），将 230V AC 转换为 24V DC。

⑨ 接触器（K41）：由 Control Module Panel Board 控制的接触器，为电子装置供电。

⑩ RUN 接触器（K42）：由接触器电路板控制的 RUN 接触器，为驱动设备供电。

⑪ RUN 接触器（K43）：由接触器电路板控制的第二个 RUN 接触器，为驱动设备供电。

⑫ 主开关（Q1）：Drive Module 前面的主开关。

⑬ 变压器（T1 或 T2）。T1：主变压器，将主电源（200～600V AC）转换为 3×262V AC（小型机器人）、3×400V AC（IRB 6600）或 3×480V AC（IRB 7600）。T2：由直流电源机器人，如 IRB 6600（400～480V）和 IRB 7600（480V）向各种类型的电源单元提供 230V AC 电源。

⑭ X0：Drive Module 连接器面板上的主连接器。未显示位置，位于盖后面。

⑮ X25：向 Control Module 提供二相电源的连接器。未显示位置，位于盖后面。

⑯ Z1 备选件：EMC 滤波器。

3）位置

图 5-7 显示了 Drive Module 中电源的物理位置。其参数如表 5-3 所示。

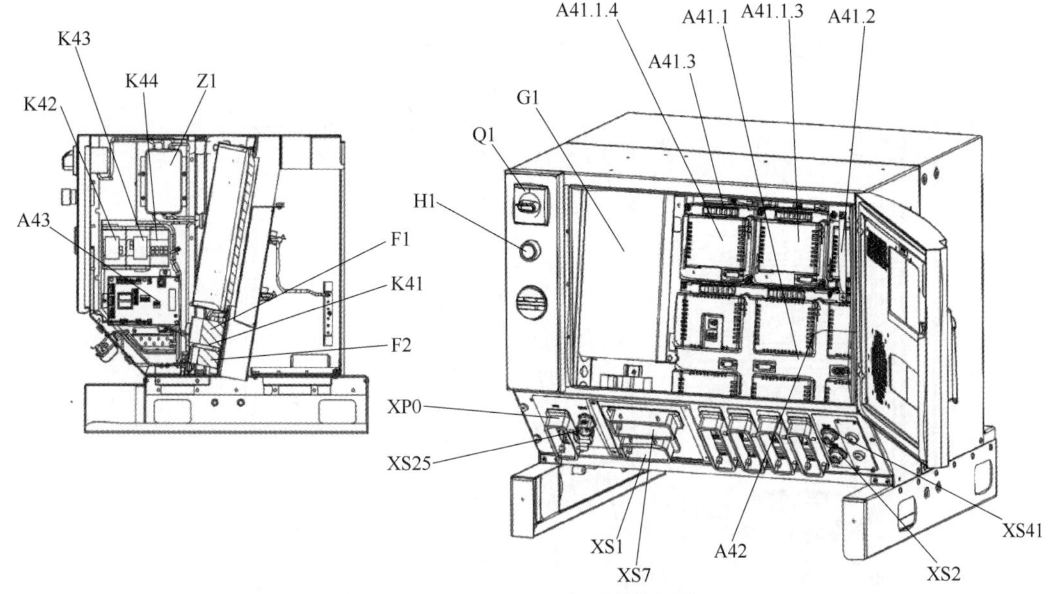

图 5-7　Drive Module 电源的物理位置

表 5-3　Drive Module 电源的参数

序号	电压	生成电压的电源单元	电源
1	24V COOL	G1	接触器单元、主伺服驱动单元
2	24V SYS	G1	
3	24V DRIVE	G1	轴计算机、主伺服驱动单元、接触器单元
4	24V BREAK	G1	接触器单元

5.1.4　保险丝

（1）伺服系统保险丝，F1

伺服系统的电源使用 25A 自动保险丝保护。

（2）主保险丝，F2

Drive Module 电源和轴计算机的电源使用 10A 的自动保险丝保护。

（3）插座连接器的保险丝(F5)和接地故障保护单元(F4)

Control Module 上的维修插座（115～230V AC）使用保险丝（欧洲为 2A，美国为 4A）和接地故障保护单元。

（4）可选的电路断路器，F6

可将一个 25A 的电路断路器作为备选件直接安装在 Drive Module 上的 Q1 主开关后面。

（5）位置

Control Module 位置如图 5-8 所示。

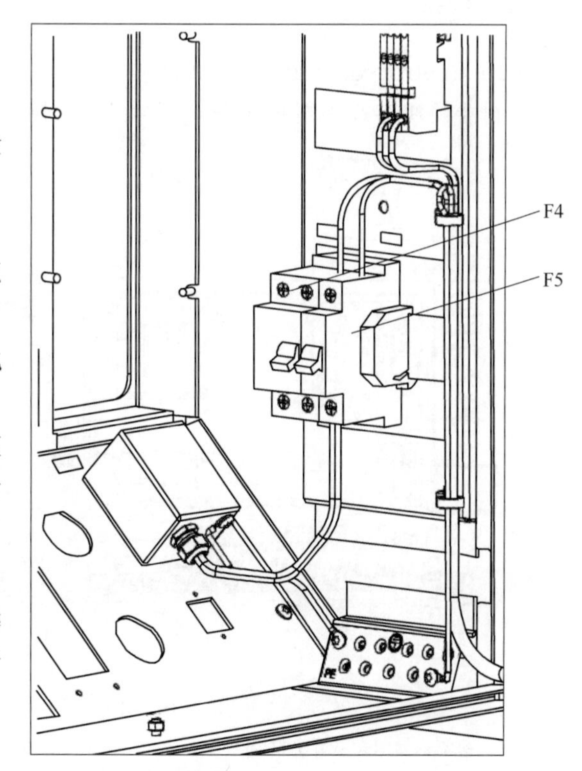

图 5-8　保险丝位置（Control Module）

Drive Module 位置如图 5-9 所示。

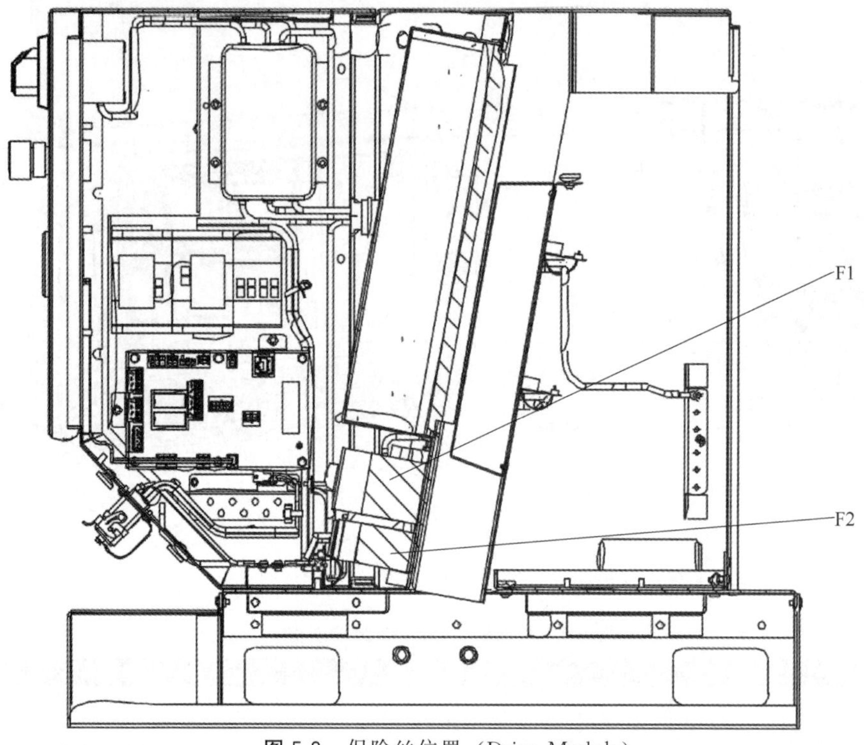

图 5-9　保险丝位置（Drive Module）

5.1.5　指示

（1）Control Module 中的 LED

控制器模块有许多指示 LED，它为故障排除提供重要的信息。图 5-10 显示了所有单元

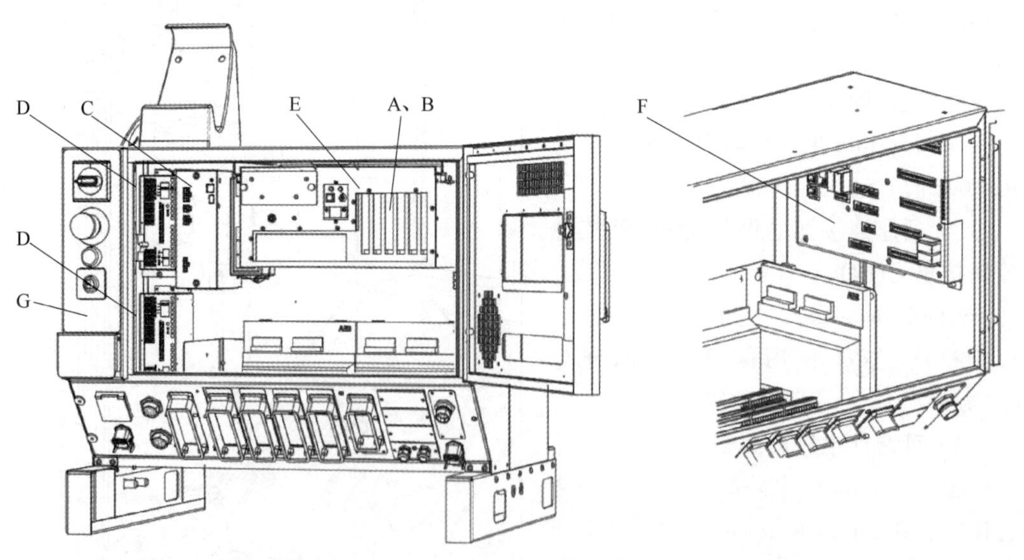

图 5-10　所有单元及 LED

A—机器人通信卡（五个板槽中的任何一个）；B—以太网电路板（五个板槽中的任何一个）；C—Control Module 电源；D—客户 I/O 电源（多达三个单元）；E—计算机单元；F—Panel board；G—LED 板

及 LED。

1）机器人通信卡（RCC）

图 5-11 显示了机器人通信卡上的 LED。含义如表 5-4 所示。

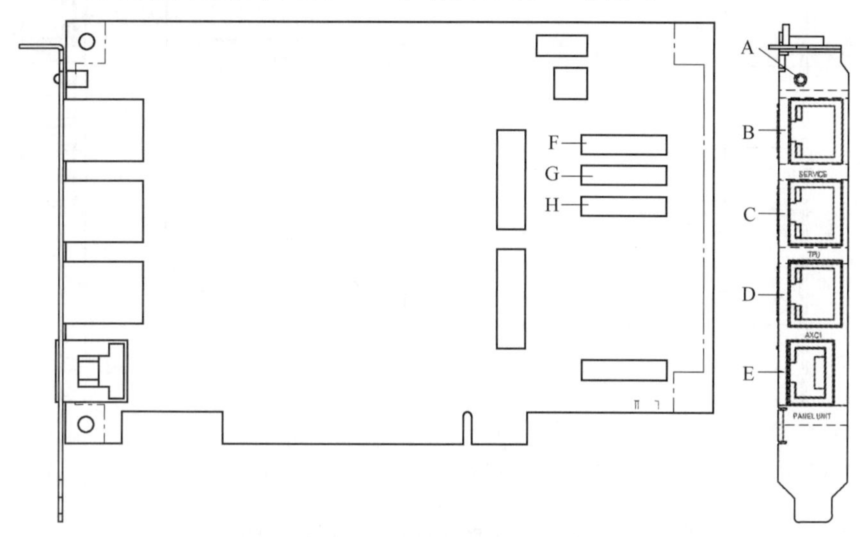

图 5-11 机器人通信卡上的 LED

A—主机单元状态 LED（注意：并非 RCC 电路板状态 LED）；B—服务连接器 LED；C—TPU 连接器 LED；D—AXC 连接器 LED；E～H—这些并非 LED

表 5-4 机器人通信卡 LED 含义

序号	描述	含义
1	主机状态 LED（在启动期间）	以下按正常启动期间亮起的顺序说明 LED 的含义。 ①持续红灯：主机引导序列正在运行。在正常引导序列期间，LED 在几秒之后进入闪烁状态。如果持续亮红灯，引导计算机的磁盘可能出现故障并且必须更换。 ②闪烁红灯：正在加载主机操作系统。 ③闪烁绿灯：系统正在启动。 ④持续绿灯：系统完成启动
2	服务连接器 LED	显示服务连接器通信。此 LED 仅在系统已经启动(即，计算机单元状态 LED 为持续的绿灯)并且服务端口已经初始化之后亮起。 ①绿灯熄灭：选择了 10Mbps 数据率。 ②绿灯亮起：选择了 100Mbps 数据率。 ③黄灯闪烁：两个单元正在以太网通道上通信。 ④黄灯持续：LAN 链路已建立。 ⑤黄灯熄灭：LAN 链路未建立
3	TPU 连接器 LED	显示 FlexPendant 和机器人通信卡之间的以太网通信状态
4	AXC1 连接器 LED	显示轴计算机 1 和机器人通信卡之间的以太网通信状态

2）以太网电路板

图 5-12 显示了以太网电路板上的 LED。其含义如表 5-5 所示。

3）控制模块电源

Control Module 电源上的 LED 有 DCOK 指示灯，其状态与含义如下。

① 绿色：在所有 DC 输出都超过指定的最低水平时。

② 关：在一个或多个 DC 输出低于指定的最低水平时。

4）控制模块配电板

控制模块配电板也有 DCOK 指示灯，其状态与含义如下。

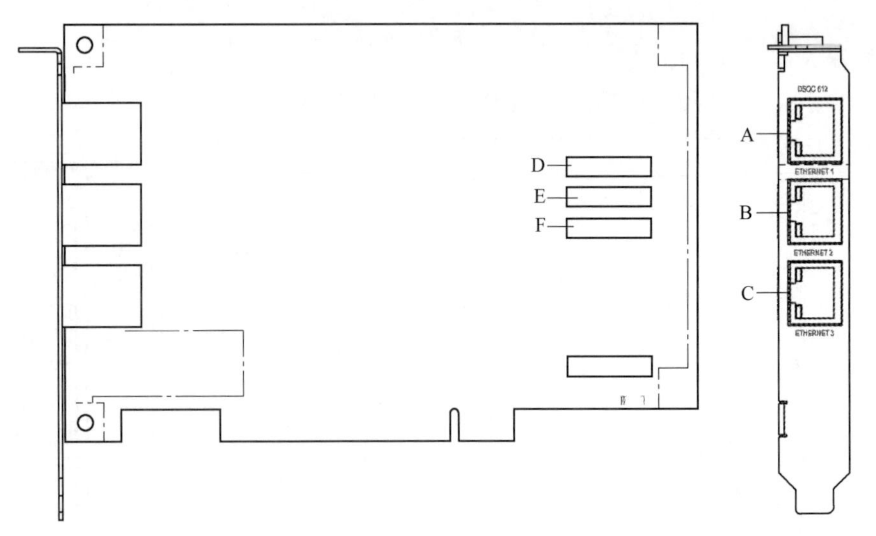

图 5-12 以太网电路板上的 LED

A—AXC2 连接器 LED；B—AXC3 连接器 LED；C—AXC4 连接器 LED；D～F—这些并非是 LED

表 5-5 以太网电路板上的 LED 含义

序号	描述	含义
1	AXC2 连接器 LED	显示轴计算机 2 和以太网电路板之间的以太网通信状态。 ①绿灯熄灭：选择了 10Mbps 数据率。 ②绿灯亮起：选择了 100Mbps 数据率。 ③黄灯闪烁：两个单元正在以太网通道上通信。 ④黄灯持续：LAN 链路已建立。 ⑤黄灯熄灭：LAN 链路未建立
2	AXC3 连接器 LED	显示轴计算机 3 和以太网电路板之间的以太网通信状态，参见以上所述
3	AXC4 连接器 LED	显示轴计算机 4 和以太网电路板之间的以太网通信状态，参见以上所述

① 绿色：在直流输出超出指定的最小电压时。

② 关：在直流输出低于指定的最小电压时。

5）Customer Power Supply

Customer Power Supply Module 上的 LED 也有 DCOK 指示灯，其状态与含义和 Control Module 电源上的 LED 指示灯的状态与含义一样。

6）计算机单元

图 5-13 显示了计算机单元上的 LED。其含义如表 5-6 所示。

表 5-6 计算机单元上的 LED 含义

序号	描述	含义
1	以太网 LED	显示主机以太网通道上的通信状态： ①绿灯熄灭：选择了 10Mbps 数据率； ②绿灯亮起：选择了 100Mbps 数据率； ③黄灯闪烁：两个单元正在以太网通道上通信； ④黄灯持续：LAN 链路已建立； ⑤黄灯熄灭：LAN 链路未建立
2	海量存储器指示 LED	黄灯：闪烁的 LED 指示硬盘和处理器之间通信
3	电源开启 LED	①持续绿灯：计算机单元通电并且工作正常 ②绿灯熄灭：单元未通电

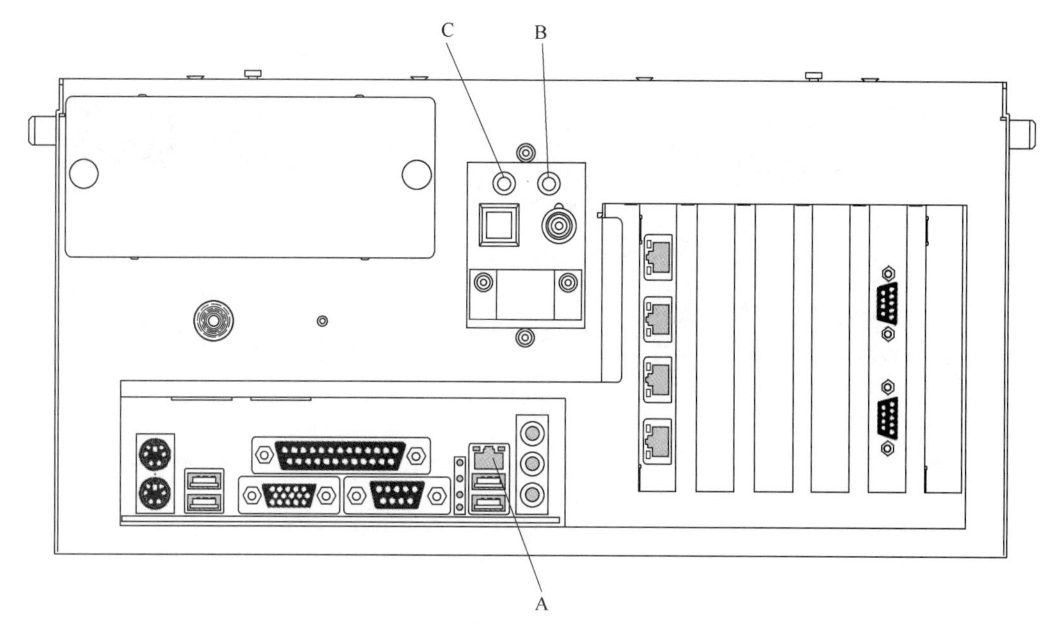

图 5-13 计算机单元上的 LED

A—以太网 LED；B—海量存储器指示 LED；C—电源开启 LED

7）Panel Board

Panel Board 上的 LED 含义如表 5-7 所示。

表 5-7 Panel Board 上 LED 含义

序号	描述	含义
1	状态 LED	闪烁绿灯：串行通信错误
		持续绿灯：找不到错误，且系统正在运行
		闪烁红灯：系统正在加电/自检模式中
		持续红灯：出现串行通信错误以外的错误
2	指示 LED，ES1	黄灯 在紧急停止链 1 关闭时亮起
3	指示 LED，ES2	黄灯 在紧急停止链 2 关闭时亮起
4	指示 LED，GS1	黄灯 在常规停止开关链 1 关闭时亮起
5	指示 LED，GS2	黄灯 在常规停止开关链 2 关闭时亮起
6	指示 LED，AS1	黄灯 在自动停止开关链 1 关闭时亮起
7	指示 LED，AS2	黄灯 在自动停止开关链 2 关闭时亮起
8	指示 LED，SS1	黄灯 在上级停止开关链 1 关闭时亮起
9	指示 LED，SS2	黄灯 在上级停止开关链 2 关闭时亮起
10	指示 LED，EN1	黄灯 在 ENABLE1＝1 且 RS 通信正常时亮起

（2）Drive Module 中的 LED

驱动模块有许多指示 LED，它为故障排除提供重要的信息，图 5-14 显示了所有单元及 LED。

1）轴计算机

图 5-15 显示了轴计算机上的 LED。其含义如表 5-8 所示。

2）伺服驱动器与整流器单元

有两种主伺服驱动单元，都用于为六轴机器人供电的六单元驱动器和三单元驱动器。三单元驱动器是六单元驱动器大小的一半，但指示 LED 在相同的位置。Drive Module 主伺服

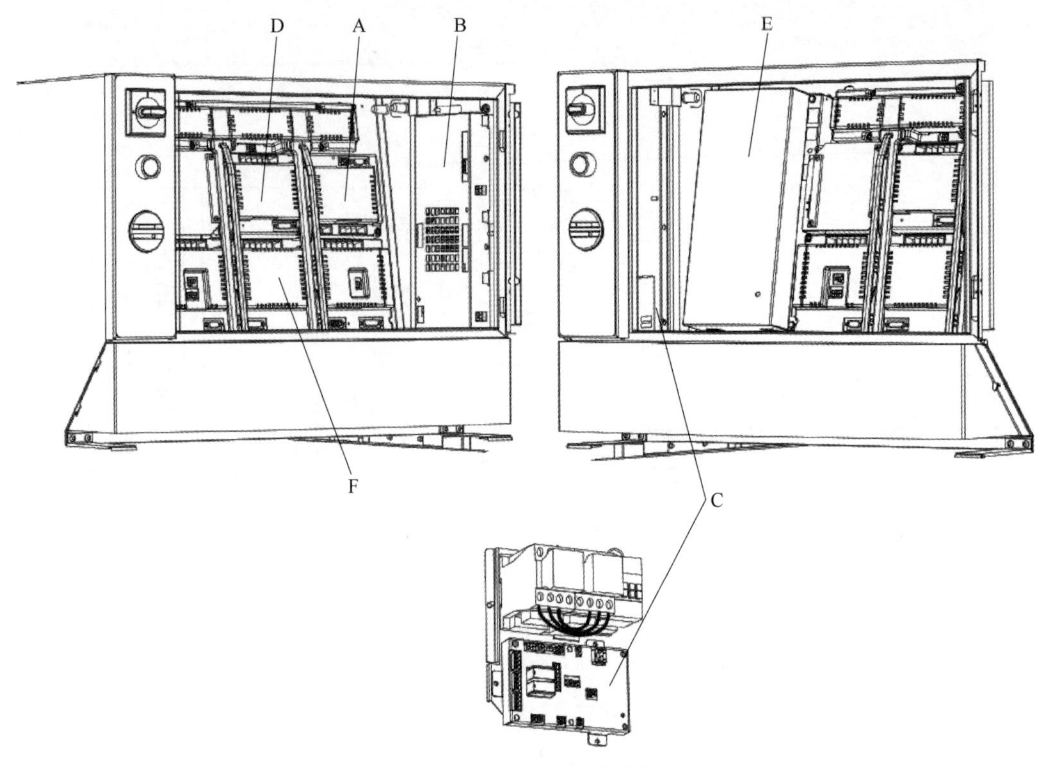

图 5-14 Drive Module 中的 LED

A—整流器；B—轴计算机；C—接触器接口电路板；D—单伺服驱动器；
E—Drive Module 电源；F—主伺服驱动器

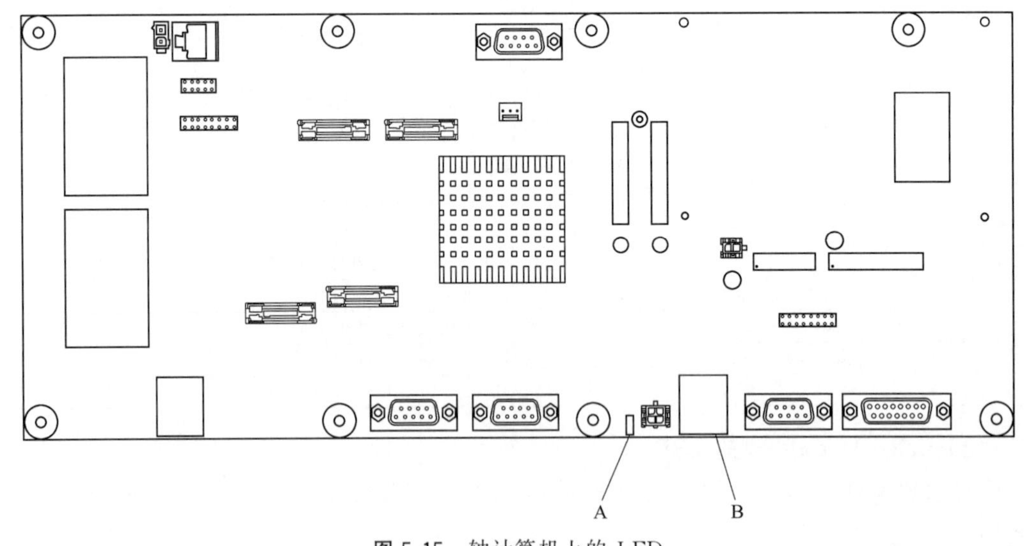

图 5-15 轴计算机上的 LED

A—状态 LED；B—以太网 LED

驱动器、单伺服驱动器和整流器单元上的指示 LED 的含义如下。

① 闪烁绿灯：内部功能正常，但与单元的接口中出现故障。不需要更换单元。

② 持续绿灯：程序加载成功，单元功能正常并且与这些单元的所有接口功能正常。

表 5-8　轴计算机上的 LED 含义

序号	描述	含义
1	状态 LED	按正常启动期间亮起的顺序说明各 LED 的含义： ①持续红灯：电源开启，轴计算机正在初始化基本的硬件和软件； ②闪烁红灯：正在连接主机，尝试下载 IP 地址和图像文件至轴计算机； ③持续绿灯：启动序列就绪。VxWorks 正在运行； ④闪烁红灯：出现初始化错误。如有可能，轴计算机会通知主机
2	以太网 LED	显示其他轴计算机（2、3 或 4）和以太网电路板之间的以太网通信状态： ①绿灯熄灭：选择了 10Mbps 数据率； ②绿灯亮起：选择了 100Mbps 数据率； ③黄灯闪烁：两个单元正在以太网通道上通信； ④黄灯持续：LAN 链路已建立； ⑤黄灯熄灭：LAN 链路未建立

③ 持续红灯：检测到永久性内部故障。如果启动时内部自测故障或者在检测到运行的系统中有内部故障，LED 会有此种模式。很可能需要更换单元。

3）Drive Module 电源

Drive Module 电源上的 LED 也有 DCOK 指示灯，其状态与含义和 Control Module 电源上的 LED 指示灯的状态与含义一样。

4）接触器接口电路板

图 5-16 显示了接触器接口电路板上的 LED。状态 LED 的含义如下。

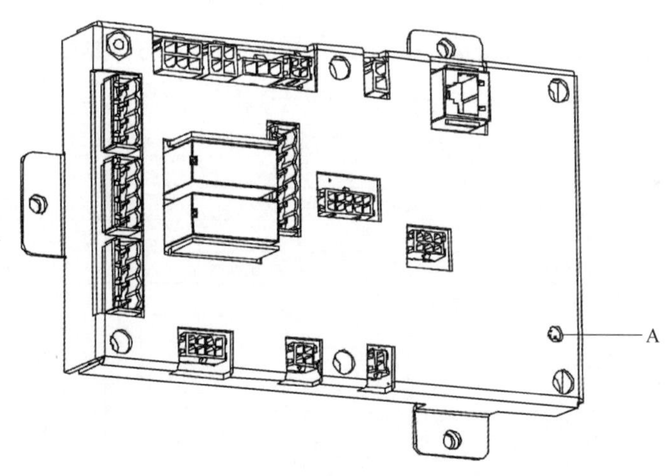

图 5-16　接触器接口电路板上的 LED

A—状态 LED

① 闪烁绿灯：串行通信错误。

② 持续绿灯：找不到错误，且系统正在运行。

③ 闪烁红灯：系统正在加电/自检模式中。

④ 持续红灯：出现串行通信错误以外的错误。

（3）I/O 单元

所有数字和组合 I/O 单元都有相同的 LED 指示。图 5-17 显示了数字 I/O 单元 DSQC 328，并且适用于以下的 I/O 单元：

① 120V AC I/O DSQC 320。

② 组合 I/O DSQC 327。

③ 数字 I/O DSQC 328。

④ 继电器 I/O DSQC 332。

其含义见表 5-9 所示。

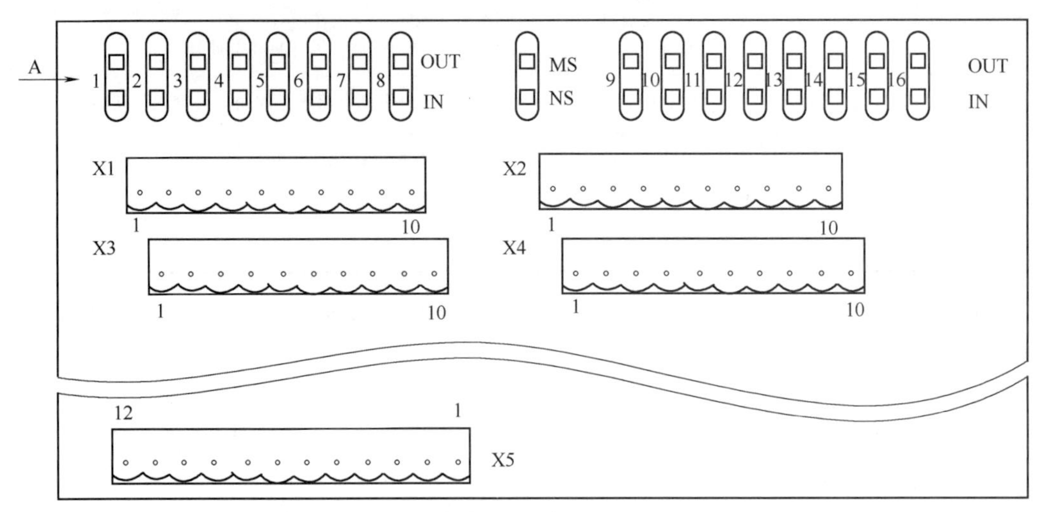

图 5-17 数字 I/O 单元 DSQC 328

表 5-9 数字 I/O 单元 LED 的含义

序号	名称	颜色	描述	
1	IN	黄灯	输入高信号时亮起。施加的电压越高，LED 发出的光越亮。也就是说，即使输入电压在电压级别“1”之下，LED 也会发出微光	
2	OUT	黄灯	输出高信号时亮起。施加的电压越高，LED 发出的光越亮	
3	MS	颜色	指示	要求操作
		熄灭	未通电	检查 24V CAN
		绿灯	正常条件	—
		闪烁绿灯	软件配置缺失，处于待机状态	配置设备
		闪烁绿灯/红灯	设备自检	等待测试完成
		闪烁红灯	小故障(可修复)	重启设备
		红灯	不可修复的故障	更换设备
4	NS	关	未通电/离线	—
		闪烁绿灯	在线，未连接	等待连接
		绿灯	在线，已建立连接	—
		红灯	关键链路故障，不能通信(重复的 MAC ID 或者总线断开)	更改 MAC ID 和(或)检查 CAN 连接/电缆

（4）加电时的 DeviceNet 总线状态 LED

系统在启动期间执行 MS 和 NS LED 的测试。此测试的目的是检查所有 LED 是否正常工作。测试按表 5-10 所示的方式运行。

表 5-10 加电时的 DeviceNet 总线状态 LED

顺序	LED 操作	顺序	LED 操作
1	NS LED 关闭	5	NS LED 打开，绿灯亮起约 0.25s
2	MS LED 打开，绿灯亮起约 0.25s	6	NS LED 打开，红灯亮起约 0.25s
3	MS LED 打开，红灯亮起约 0.25s	7	NS LED 打开绿灯
4	MS LED 打开绿灯		

（5）Interbus 通信板上的 LED

Interbus 通信板通常安装在控制模块中。在板的前面，许多指示 LED 显示单元的状态及其通信。

1）DSQC 351A

DSQC 351A 板上的 LED 如图 5-18 所示。特定 LED 的含义如表 5-11 所示。

2）DSQC 529

如图 5-19 所示。主控 LED 如图 5-20 所示。LED 含义如表 5-12 所示。

（6）Profibus 通信板上的 LED

Profibus 通信板通常安装在控制模块中。在板的前面，许多指示 LED 显示单元的状态及其通信。

1）DSQC 352

DSQC 352 板上的实际情况，如图 5-21 所示。板的特定 LED 含义如表 5-13 所示。

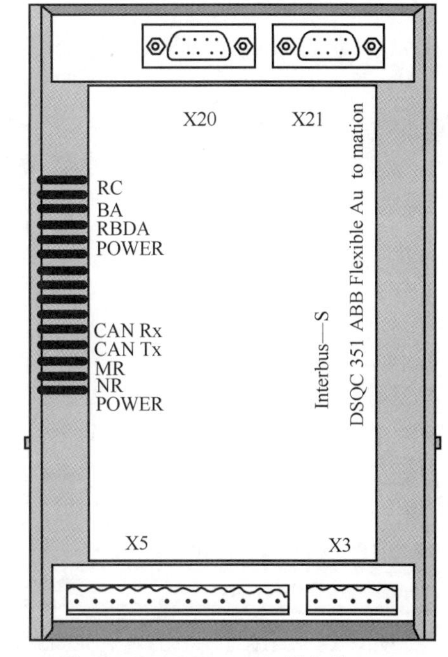

图 5-18　DSQC 351A 板上的 LED

表 5-11　DSQC 351A 板上特定 LED 含义

序号	名称	颜色	描述
1	POWER-24V DC（上部指示灯）	绿色	①指示有电源电压，并且电压超过 12V DC ②如果没有亮起，检查电源模块上是否有电压。另外检查电源连接器中是否有电。如果没有，检查电缆和连接器 ③如果向单元加电，但其未工作，则更换单元
2	POWER- 5V DC（下部指示灯）	绿色	①在 5V DC 电源在限制内并且复位不活动时亮起 ②如果没有亮起，检查电源模块上是否有电压。另外检查电源连接器中是否有电。如果没有，检查电缆和连接器 ③如果向单元加电，但其未工作，则更换单元
3	RBDA	红色	此 Interbus 工作站是 Interbus 网络中最后一个工作站时亮起。如果不是，需检查 Interbus 配置
4	BA	绿色	① 在 Interbus 活动时亮起 ②如果未亮起，需检查网络、节点和连接
5	RC	绿色	①在 Interbus 通信无错误运行时亮起 ②如果未亮起，需检查机器人和 Interbus 网络中的系统消息

表 5-12　DSQC 529 LED 含义

序号	名称	颜色	描述
1	HF	黄色	主机故障，该单元与主机断开连接
2	FC	绿色	保留，不可用
3	BSA	黄色	总线段中止，一个或多个总线段被断开（禁用）
4	FAIL	红色	总线失败，Interbus 系统中发生错误
5	SC	闪烁绿色	状态控制器，单元活动，但没有配置
6	SC	绿色	状态控制器，单元活动，并且已经配置
7	FO3	黄色	仅适用于 DSQC 512。通道 3 的光纤正常。在主控电路板初始化或者通信失败期间亮起

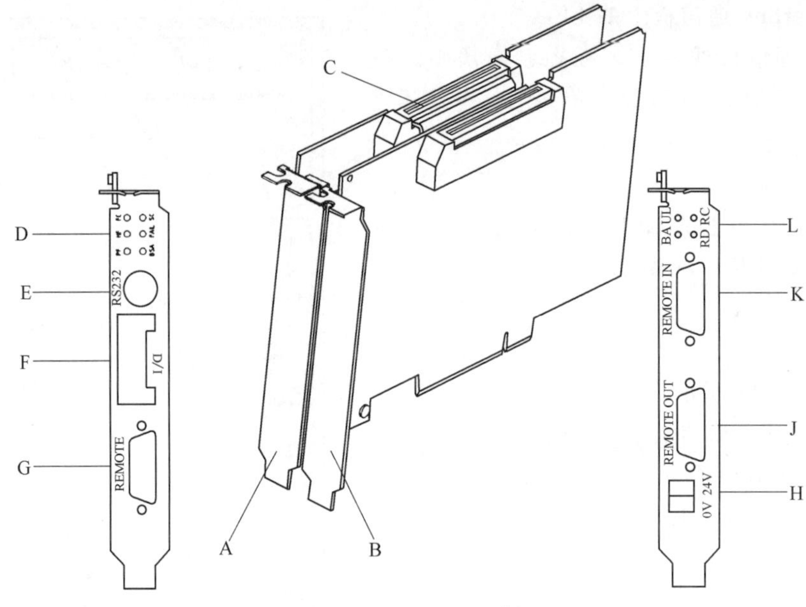

图 5-19　DSQC 529 板

A～C，E～H，J～K—这些并非是 LED，并且不在本章中讨论；D—主控 LED；L—从控 LED

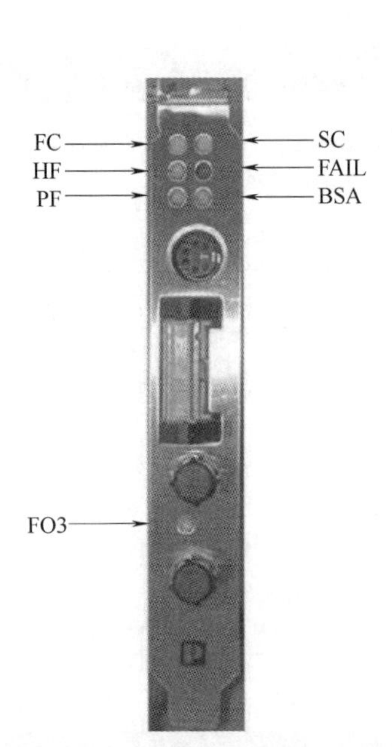

图 5-20　DSQC 529 板主控 LED

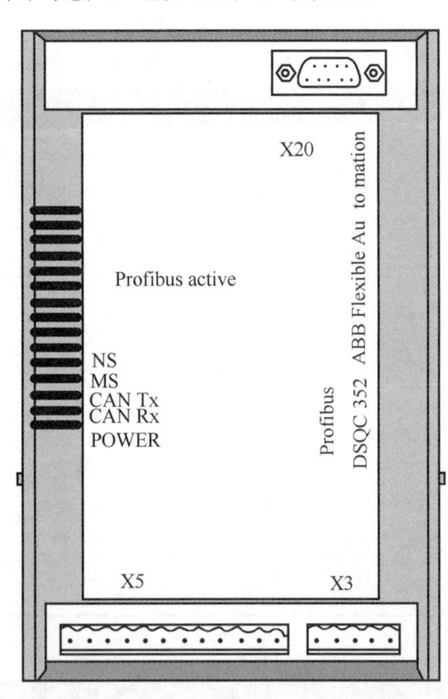

图 5-21　DSQC 352 板上的实际情况

表 5-13　DSQC 352 板的特定 LED 含义

序号	名称	颜色	描述
1	Profibus active	绿色	①在节点与主节点通信时亮起 ②如果未亮起，则检查机器人和 Profibus 网络中的系统消息
2	POWER，24V DC	绿色	①指示有电源电压，并且电压超过 12V DC ②如果未亮起，需检查电源单元和电源连接器中是否有电压；如果没有，则检查电缆和连接器 ③如果向单元加电，但其未工作，则更换单元

2）DSQC 510

DSQC 510 板上的实际情况，如图 5-22 所示。LED 含义见表 5-14。

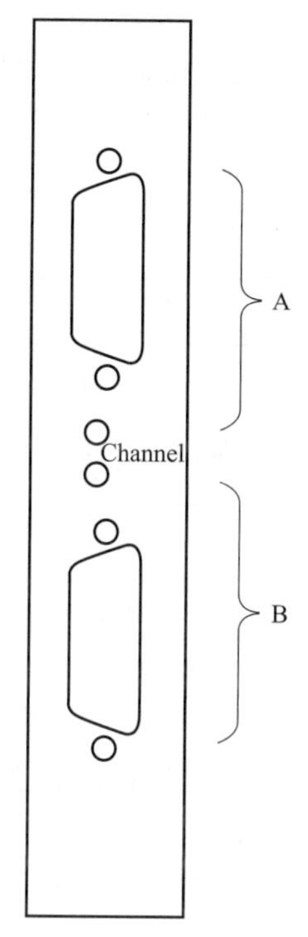

图 5-22　DSQC 510 板上的实际情况

A—从控通道，LED 标记 S；B—主控通道，LED 标记 M

表 5-14　DSQC 510 板上 LED 含义

序号	名称	描述
1	0	①指示从控通道的状态。 ②在从控通道处于数据交换模式时亮起
2	1	①指示主控通道的状态。 ②在主控具有 Profibus 信号时亮起

5.2　故障诊断与排除的前期操作

5.2.1　故障排除期间的安全性

所有正常的检修、安装、维护和维修工作通常在关闭全部电气、气压和液压动力的情况下执行。一般使用机械挡块等防止所有操纵器运动。

（1）故障排除期间的危险

这意味着在故障排除期间必须考虑如下注意事项。

① 所有电气部件必须视为是带电的。

② 操纵器必须一直能够进行任何运动。

③ 由于安全电路可以断开或者绑住以启用正常禁止的功能，因此必须能够相应地执

行操作。

（2）安全故障排除

1）没有轴制动闸的机器人可能产生致命危险

机器人手臂系统非常沉重，特别是大型机器人。如果没有连接制动闸，或因连接错误、制动闸损坏或任何故障导致制动闸无法使用，都会产生危险。

① 如果怀疑制动闸不能正常使用，要在作业前使用其他的方法确保机器人手臂系统的安全性。

② 如果打算通过连接外部电源禁用制动闸，当禁用制动闸时，切勿站在机器人的工作范围内（除非使用了其他方法支撑手臂系统）。

2）Drive Module 内带电危险

即使在主开关关闭的情况下，Drive Module 也带电，可直接从后盖后面及前盖内部接触。如图 5-23 所示，排除方法如下。

① 确保已经关闭输入主电源。

② 使用电压表检验，确保任何终端之间没有电压。

③ 继续检修工作。

（3）受静电影响排除方式

① 使用手腕带，手腕带必须经常检查以确保没有损坏并且要正确使用。

② 使用 ESD 保护地垫。地垫必须通过限流电阻接地。

③ 使用防静电桌垫。此垫应能控制静电放电且必须接地。

④ 在不使用时，手腕带必须始终连接手腕带按钮。

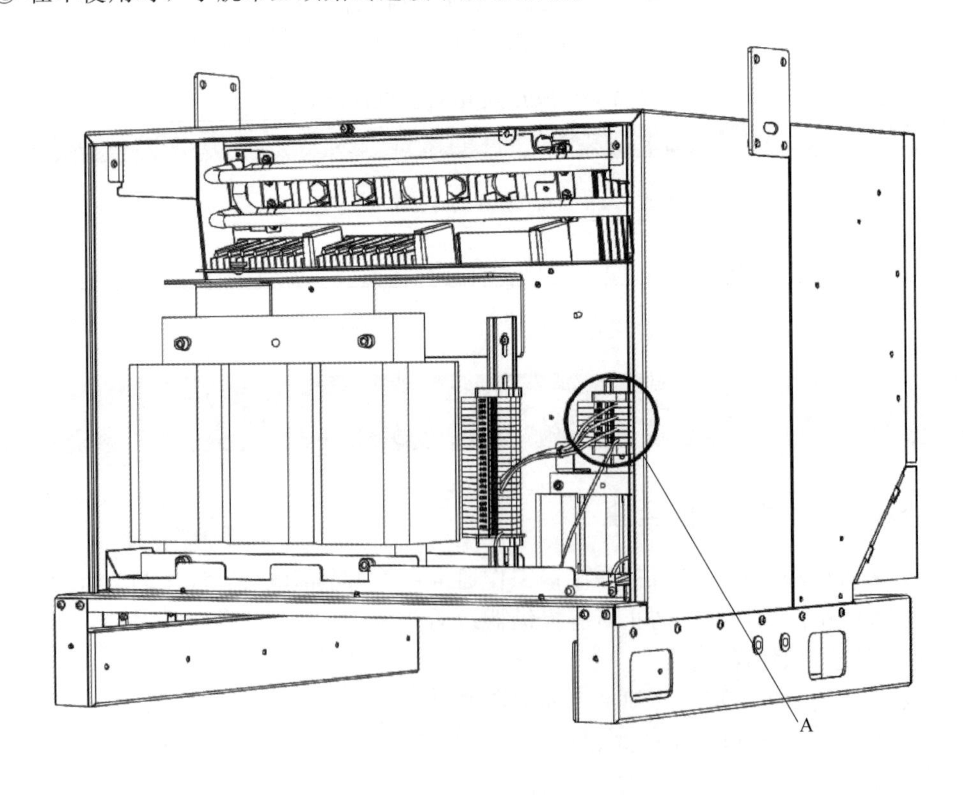

A—变压器端子带电，即使在主电源开关关闭时也带电

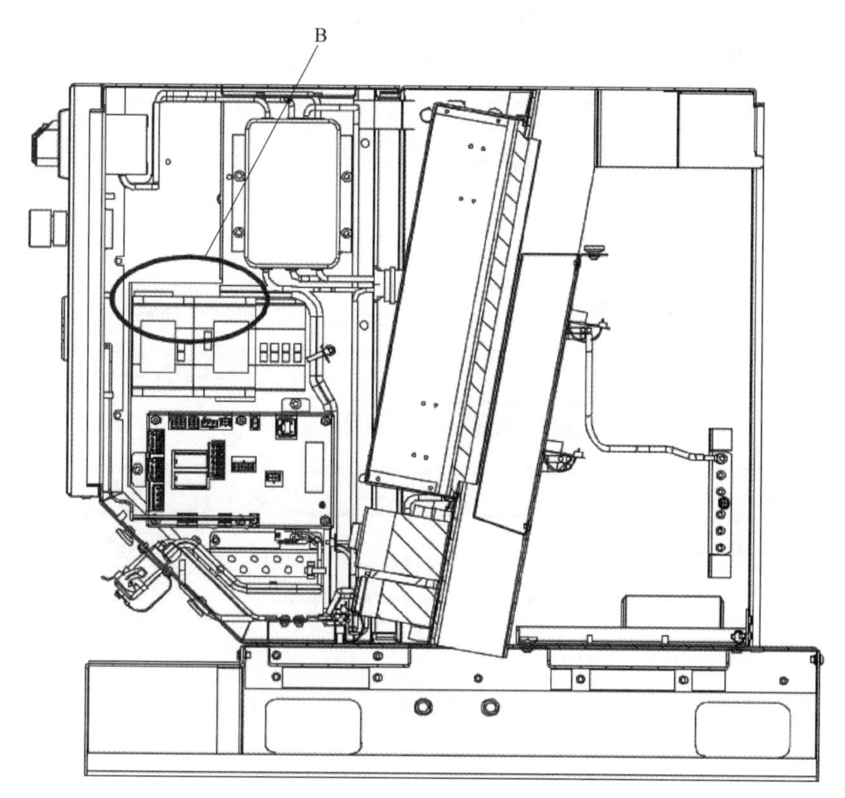

图 5-23 Drive Module 内带电

B—电机的 ON 端带电，即使在主电源开关关闭时也带电

（4）热部件可能会造成灼伤

在正常运作期间，许多操纵器部件会变热，尤其是驱动电机和齿轮。触摸它们可能会造成各种严重的灼伤。

① 在实际触摸之前，务必用手在一定距离感受可能会变热的组件是否有热辐射。

② 如果要拆卸可能会发热的组件，需等到它冷却，或者采用其他方式处理。

5.2.2 提交错误报告

如果需要 ABB 支持人员协助对系统进行故障排除，可以提交一个正式的错误报告。为了使 ABB 支持人员更好地解决问题，可根据要求附上系统生成的专门诊断文件。

（1）诊断文件

① 事件日志：所有系统事件的列表。

② 备份：为诊断而作的系统备份。

③ 系统信息：供 ABB 支持人员使用的内部系统信息。

注意，若非支持人员明确要求，则不必创建或者向错误报告附加任何其他文件。

（2）创建诊断文件

① 点击 ABB，然后点击 控制面板，再点击“诊断”。显示图 5-24 所示屏幕。

② 指定诊断文件的名称、其保存文件夹，然后点击“确定”。默认的保存文件夹是 C：/Temp，但可选择任何文件夹，例如外部连接的 USB 存储器。在显示“正在创建文件。

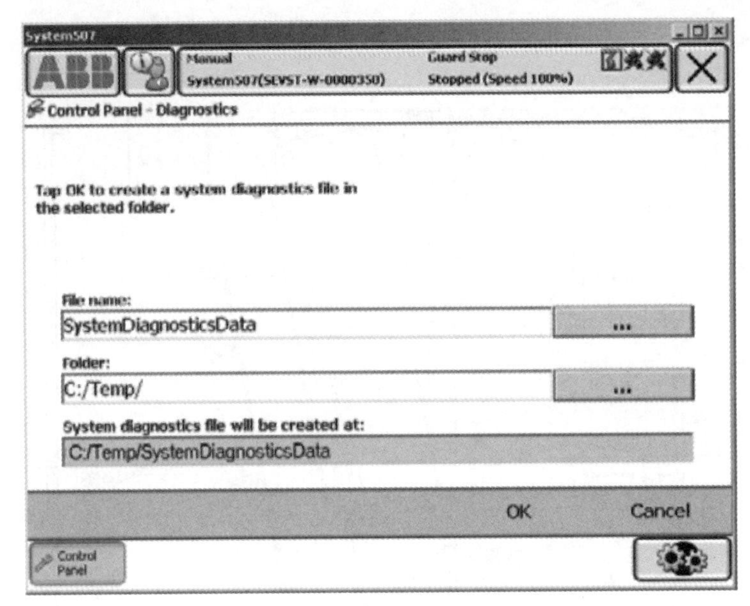

图 5-24 创建诊断文件

请等待!”时，可能需要几分钟的时间。

③ 要缩短文件传输时间，可以将数据压缩进一个 zip 文件中。

④ 写一封普通的电子邮件给当地的 ABB 支持人员，确保包括下面的信息：

- 机器人序列号；
- RobotWare 版本；
- 书面故障描述，越详细就越便于 ABB 支持人员提供帮助；
- 如有许可证密钥，也需随附；
- 附加诊断文件。

5.2.3 安全处理 USB 存储器

当插入 USB 存储器时，正常情况下，系统会在几秒之内检测到设备并准备使用。系统启动时可以自动检测到插入的 USB 存储器。

系统运行中，可以插入和拔除 USB 存储器。为了避免出现问题，操作时应注意：

① 切勿插入 USB 存储器后立刻拔除。应等待 5s 直至系统检测到此设备。

② 切勿在文件操作（例如保存或复制文件）时拔除 USB 存储器。许多 USB 存储器通过闪烁的 LED 指示设备正在操作。

③ 切勿在系统关闭过程中拔除 USB 存储器。应等待关闭过程完成。

注意以下 USB 存储器的使用限制：

① 不保证支持所有的 USB 存储器。

② 有些 USB 存储器有写保护开关。由于写保护引起的文件操作失败，系统不可检测。

5.2.4 安全地断开 Drive Module 电气连接器

在接通电源时，Drive Module 上的某些连接器如果断开，会因为大功率电流而被损坏，如图 5-25 所示。

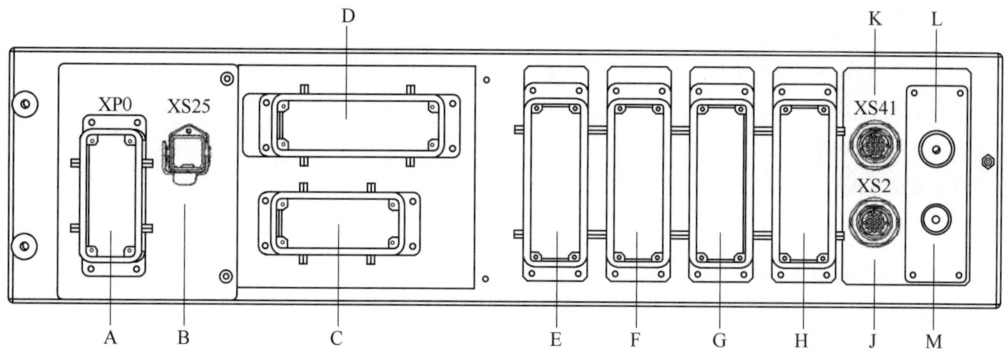

图 5-25　Drive Module 电气连接器

A—连接器 XP0：输入主电源，在断开之前确保关闭驱动模块主开关；B—连接器 XS25：从驱动模块到控制模块的主电源，在断开之前确保关闭控制模块主开关；C—连接器 XS1：到机器人的马达电流，在断开之前确保关闭驱动模块主开关；D—连接器 XS7：到外部轴（如果使用的话）的马达电流，在断开之前确保关闭驱动模块主开关；E～H—用户使用的额外连接器，如果用于马达电流连接器，在断开之前请确保附近的马达没有运行；K～J—串行测量信号连接器，如果在操作期间断开就不会损坏；L～M—固定螺钉

5.2.5　串行测量电路板

（1）描述

串行测量板（称为 SMB）是测量系统的一部分，并且通常位于机器人的底座中。在用于额外的外部轴时，其位置可能不同。

（2）图示

图 5-26 所示为串行测量电路板。

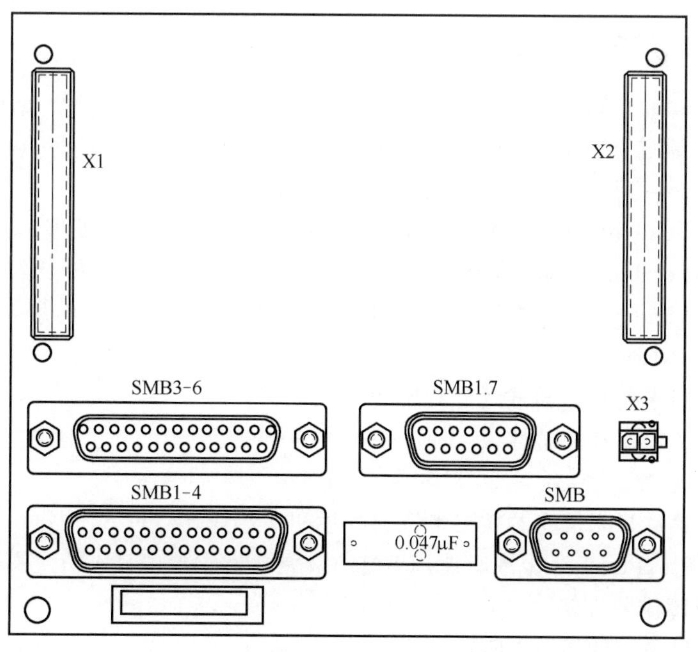

图 5-26　SMB 板

SMB1-4—轴 1～4 的分解器连接；SMB3-6—轴 3～6 的分解器连接；SMB1.7—轴 1 和 7 的分解器连接；SMB—Drive Module 电源单元的 24V DC 电源以及与轴计算机的通信；X1—连接器 1 至 SMS-01 控制器板；X2—连接器 2 至 SMS-01 控制器板；X3—连接器至电池组（SMB 存储器的电源）

（3）实际数据

适用于串行测量电路板的大量实际数据。在以下情况使用此数据：

① 校准轴；

② 应更换操纵器；

③ 应更换 SMB；

④ 应更换控制器。

以下数据存储于 SMB 上：

① 校准数据；

② 机械单元序列号；

③ SIS 数据。

（4）SMB 上的数据处理

① 可从机器人 SMB 将 SMB 机器人参数加载到控制器存储器中。

② 如果将该机器人更换为同类型的另一机器人，可将控制器中的参数读进 SMB 中。

③ SMB 存储器可删除。

④ 可删除参数存储器中与控制器有关的参数。

⑤ 如果 SMB 中的数据与控制器存储器中的不同，可以选择所需的数据。

⑥ 按 SIS 数据中的指定，可以更新和读取机器人历史记录（以后的版本中）。

5.3 工业机器人常见故障的处理

5.3.1 典型单元故障的排除方法

（1）FlexPendant 故障排除方法

FlexPendant 通过 Panel Board 与 Control Module 主机通信。FlexPendant 使用电缆物理连接至 Panel Board，其中具有+24V 电源并且运行两个使动装置链。

① 如果 FlexPendant 完全“死机”，请按“FlexPendant 死机”处理。

② 如果 FlexPendant 启动，但不能正常操作，请按“FlexPendant 无法通信”处理。

③ 如果 FlexPendant 启动并且似乎可以操作，但显示错误事件消息，请按“FlexPendant 的偶发事件”处理。

④ 如果显示器未亮起，尝试调节对比度。

⑤ 检查电缆的连接和完整性。

⑥ 检查 24V 电源。

⑦ 阅读错误事件日志消息并按参考资料的说明进行操作。FlexPendant 和主计算机之间的通信错误可在 FlexPendant 上或者使用 RobotStudio 当作事件日志消息查看。

（2）电源故障排除方法

① 检查电源设备上的指示 LED。

② 断开电源单元的输出连接器。

③ 测量单元的输出电压。

④ 测量输入电压。

⑤ 如有必要，从电源单元逐一断开负载，以消除任何过载。

⑥ 如果发现电源单元出现故障，则进行更换，并检查故障是否已经修复。

（3）通信故障排除方法

① 有故障的电缆（如发送和接收信号相混）。

② 传输率（波特率）。

③ 不正确设置的数据宽度。

（4）I/O 单元故障排除方法

1）功能检查

以某个 I/O 单元没有按预期通过其输入和输出通信为例说明之。

① 检查当前的 I/O 信号状态是否正常。使用 FlexPendant 显示器上的 I/O 菜单。

② 检查当前输入或输出的 I/O 单元的 LED。如果输出 LED 未亮起，则检查 24VI/O 电源是否正常。

③ 检查从 I/O 单元到过程连接的所有连接器和电缆。

④ 确保 I/O 单元连接的过程总线正常工作。如果总线停止运行，事件日志中通常会存储一个事件日志消息。另外请检查总线板上的指示 LED。

2）通道通信检查

可从 FlexPendant 上的 I/O 菜单读取并激活 I/O 通道。如果与机器人的往返通信存在 I/O 通信错误，请按如下步骤进行检查：

① 当前程序中是否有 I/O 通信程序？

② 在所提单元上，MS（模块状态）和 NS（网络状态）LED 必须持续亮起绿灯。

（5）启动故障排除方法

1）症状

① 任何单元上面无 LED 指示灯亮起。

② 接地故障保护跳闸。

③ 无法加载系统软件。

④ FlexPendant 已“死机”。

⑤ FlexPendant 启动，但未对任何输入做出响应。

⑥ 包含系统软件的磁盘未正确启动。

2）无 LED 指示的操作

① 确保系统的主电源通电并且在指定的极限之内。

② 确保 Drive Module 中的主变压器正确连接，以符合现有的主电压要求。

③ 确保打开主开关。

④ 确保 Control Module 电源和 Drive Module 电源在各自指定的限制范围内。

⑤ 如果无 LED 亮起，按“所有 LED 熄灭”处理。

⑥ 如果系统好像完全“死机”，按“控制器死机”处理。

⑦ 如果 FlexPendant 显示为“死机”，按“FlexPendant 死机”处理。

⑧ 如果 FlexPendant 启动，但未与控制器通信，按“FlexPendant 无法通信”处理。

⑨ 如果系统硬盘正常工作，在启动后应立即发出“嗡嗡”声，并且前面的 LED 会亮起。如果在尝试启动之后，计算机发出两声“嘀”声之后停止，表明磁盘不能正常工作。

5.3.2 间歇性故障

（1）现象

在操作期间，错误和故障的发生可能是随机的。

（2）后果

操作被中断，并且偶尔显示事件日志消息，有时并不像是实际系统故障。这类问题有时会相应地影响紧急停止或启用链，并且可能难以查明原因。

（3）可能的原因

此类错误可能会在机器人系统的任何地方发生，可能的原因有：

① 外部干扰。

② 内部干扰。

③ 连接松散或者接头干燥，例如，未正确连接电缆屏蔽。

④ 热现象，例如工作场所内很大的温度变化。

（4）处理

要矫正该症状，建议采用下面的操作（按概率顺序列出操作）：

① 检查所有电缆，尤其是紧急停止以及启动链中的电缆。确保所有连接器连接稳固。

② 查看任何指示 LED 信号是否有任何故障，可为该问题提供一些线索。

③ 检查事件日志中的消息。有时，一些特定错误是间歇性的。可在 FlexPendant 上或者使用 RobotStudio 查看事件日志消息。

④ 在每次发生该类型的错误时检查机器人的行为。如有可能，以日志形式或其他类似方式记录故障。

⑤ 检查机器人工作环境中的条件是否要定期变化，例如，电气设备只是定期干扰。

⑥ 调查环境条件（如环境温度、湿度等）与该故障是否有任何关系。如有可能，以日志形式或其他类似方式记录故障。

5.3.3 控制器死机

（1）现象

机器控制器完全或者间歇地“死机”。无指示灯亮起且不能操作。

（2）后果

使用 FlexPendant，系统可能无法操作。

（3）可能的原因

该症状可能由以下原因引起（各种原因按概率从大到小的顺序列出）：

① 控制器未连接主电源。

② 主变压器出现故障或者未正确连接。

③ 主保险丝（Q1）可能已断开。

④ 控制器与 Drive Module 之间的连接缺失。

（4）建议的处理方法

要矫正该症状，建议采用下面的操作（按概率从大到小顺序列出操作）：

① 确保车间里的主电源正常工作并且电压符合控制器的要求。

② 确保主变压器正确连接，以符合现有的主电压要求。

③ 确保 Drive Module 中的主保险丝（Q1）未断开。如果已断开，则将其复位。

④ 如果在 Control Module 正常工作并且 Drive Module 主开关打开的情况下，Drive Module 仍无法启动，则确保正确建立了模块之间的连接。

5.3.4 控制器性能低

（1）现象

控制器性能低，并且似乎无法正常工作。控制器没有完全“死机”。如果完全死机，请按“控制器死机”处理。

（2）后果

可能出现程序执行迟缓、看上去无法正常执行并且有时停止的现象。

（3）可能的原因

计算机系统负载过高，可能由以下其中一个或多个原因造成：

① 程序仅包含太高程度的逻辑指令，造成程序循环过快，使处理器过载。

② I/O 更新间隔设置为低值，造成频繁更新和过高的 I/O 负载。

③ 内部系统交叉连接和逻辑功能使用太频繁。

④ 外部 PLC 或者其他监控计算机对系统寻址太频繁，造成系统过载。

（4）处理方式

① 检查程序是否包含逻辑指令（或其他“不花时间”执行的指令），因为此类程序在未满足条件时会造成执行循环。要避免此类循环，可以通过添加一个或多个 WAIT 指令来进行测试。仅使用较短的 WAIT 时间，以避免不必要的程序减慢。

适合添加 WAIT 指令的位置有：在主例行程序中，最好是接近末尾；在 WHILE/FOR/GOTO 循环中，最好是在末尾，接近指令 ENDWHILE/ENDFOR 等部分。

② 确保每个 I/O 板的 I/O 更新时间间隔值没有太低。这些值使用 RobotStudio 更改。不经常读的 I/O 单元可切换到“状态更改”操作。

ABB 建议使用的频率：DSQC 327A：1000。DSQC 328A：1000。DSQC 332A：1000。DSQC 377A：20～40。所有其他：＞100。

③ 检查 PLC 和机器人系统之间是否有大量的交叉连接或 I/O 通信。与 PLC 或其他外部计算机过重的通信可造成机器人系统主机中出现重负载。

④ 尝试以事件驱动指令而不是使用循环指令编辑 PLC 程序。机器人系统有许多固定的系统输入和输出可用于实现此目的。与 PLC 或其他外部计算机过重的通信可造成机器人系统主机中出现重负载。

5.3.5 FlexPendant 死机

（1）现象

FlexPendant 完全或间歇性“死机”。无适用的项，并且无可用的功能。如果 FlexPendant 启动，但未显示任何屏幕，按“FlexPendant 无法通信”处理。

（2）后果

使用 FlexPendant，系统可能无法操作。

（3）可能的原因

该症状可能由以下原因引起（各种原因按概率从大到小的顺序列出）：

① 系统未开启。

② FlexPendant 没有与控制器连接。

③ 到控制器的电缆被损坏。

④ 电缆连接器被损坏。

⑤ FlexPendant 出现故障。

⑥ FlexPendant 控制器的电源出现故障。

（4）处理方式

要矫正该症状，建议采用下面的操作（按概率从大到小顺序列出操作）：

① 确保系统已经打开并且 FlexPendant 连接到控制器。

② 检查 FlexPendant 电缆，看是否存在任何损坏迹象。如有可能，通过连接不同的 FlexPendant 进行测试以排除导致错误的 FlexPendant 和电缆。也尽可能测试现有的 FlexPendant 与不同控制器之间的连接。如有故障，请更换 FlexPendant。

③ 检查 Control Module 电源是否向 FlexPendant 供应 24V 的直流电。

5.3.6 所有 LED 熄灭

（1）现象

Control Module 或 Drive Module 上根本没有相应的 LED 亮起。

（2）后果

系统可能不能操作或者根本无法启动。

（3）可能的原因

该症状可能由以下原因引起（各种原因按概率从大到小的顺序列出）：

① 未向系统提供电源。

② 可能未连接主变压器以获得正确的主电压。

③ 电路断路器 F6（如有使用）可能出现故障或者因为任何其他原因处于开路状态。

④ 接触器 K41 可能出现故障或者因为任何其他原因处于开路状态，如图 5-27 所示。

（4）处理方式

① 确保主开关已打开。

② 确保系统通电。使用电压表测量输入的主电压。

③ 检查主变压器连接。在各终端上标记电压，确保它们符合市电要求。

④ 确保电路断路器 F6（如有使用）于位置 3 闭合。

⑤ 确保接触器 K41 处于开路状态并在执行指令时闭合。

⑥ 从 Drive Module 电源断开连接器 X1 并测量输入的电压。在 X1.1 和 X1.5 针脚之间测量。

⑦ 如果电源输入电压正确（230V AC）但 LED 仍无法工作，则更换 Drive Module 电源。

5.3.7 FlexPendant 无法通信

（1）现象

FlexPendant 启动，但未显示任何屏幕。无适用的项，并且无可用的功能。FlexPendant 没有完全“死机”。如果“死机”，请按“FlexPendant 死机”处理。

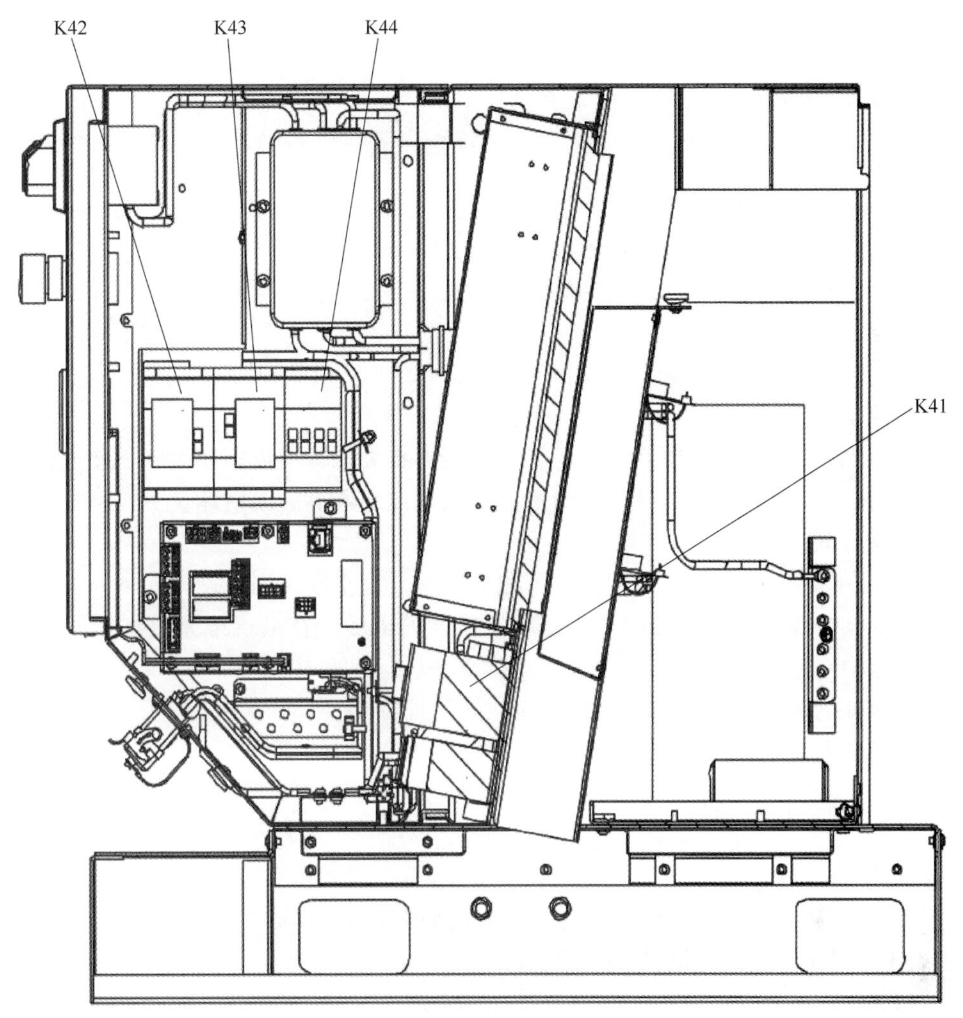

图 5-27　接触器

（2）后果

使用 FlexPendant，系统可能无法操作。

（3）可能的原因

该症状可能由以下原因引起（各种原因按概率从大到小的顺序列出）：

① 主机无电源；

② FlexPendant 和主机之间可能无通信。

（4）处理方式

要矫正该症状，建议采用下面的操作（按概率从大到小顺序列出操作）：

① 确保 Control Module 主电源正常。

② 如果电源正常，则检查从电源到主机的所有电缆，确保正确连接。

③ 确保 FlexPendant 与 Control Module 正确连接。

④ 检查 Control Module 和 Drive Module 中所有单元上的所有指示 LED。

⑤ 确保与机器人通信卡（RCC）的所有连接和电源正常。

⑥ 确保 RCC 和接线台之间的以太网线正确连接。

⑦ 如果所有电缆和电源正常，并且似乎没有其他办法可以解决该问题，则：更换主机设备。

5.3.8 FlexPendant的偶发事件消息

（1）现象

FlexPendant上显示的事件消息是偶发的，并且似乎与机器人上的任何实际故障不对应。可能会显示几种类型的消息，标示出现错误。

如果没有正确执行，在主操纵器拆卸或者检查之后可能会发生此类故障。

（2）后果

因为不断显示消息而造成重大的操作干扰。

（3）可能的原因

内部操纵器接线不正确。原因可能是：连接器连接欠佳、电缆扣环太紧，使电缆在操纵器移动时被拉紧，因为摩擦使信号与地面短路造成电缆绝缘擦破或损坏。

（4）处理方式

要矫正该症状，建议采用下面的操作（按概率从大到小顺序列出操作）：

① 检查所有内部操纵器接线，尤其是所有断开的电缆、在最近维修工作期间连接的重新布线或捆绑的电缆。

② 检查所有电缆连接器以确保它们正确连接并且拉紧。

③ 检查所有电缆绝缘是否损坏。

5.3.9 维修插座中无电压

（1）现象

某些Control Module配有电压插座，并且此插座仅适用于这些模块。用于为外部维修设备供电的Control Module维修插座中无电压。

（2）后果

连接Control Module维修插座的设备无法工作。

（3）可能的原因

该症状可能由以下原因引起（各种原因按概率从大到小的顺序列出）：

① 电路断路器跳闸（F5），如图5-28所示。

② 接地故障保护跳闸（F4）。

③ 主电源掉电。

④ 变压器连接不正确。

（4）处理方式

① 确保Control Module中的电路断路器未跳闸。确保与维修插座连接的任何设备没有消耗太多的功率，造成电路断路器跳闸。

② 确保接地故障保护未跳闸。确保与维修插座连接的任何设备未将电流导向地面，造成接地故障保护跳闸。

③ 确保机器人系统的电源符合规范要求。

④ 确保为插座供电的变压器（T3）正确连接，即输入和输出电压符合规范要求，如图5-29所示。

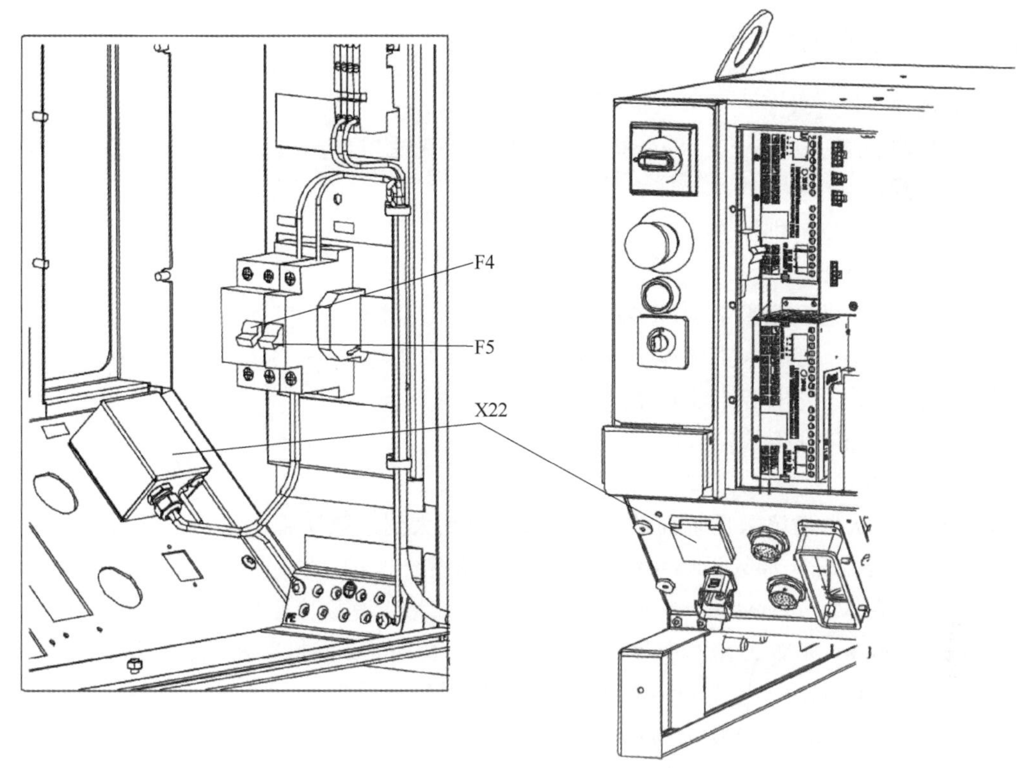

图 5-28　电路断路器与接地故障保护

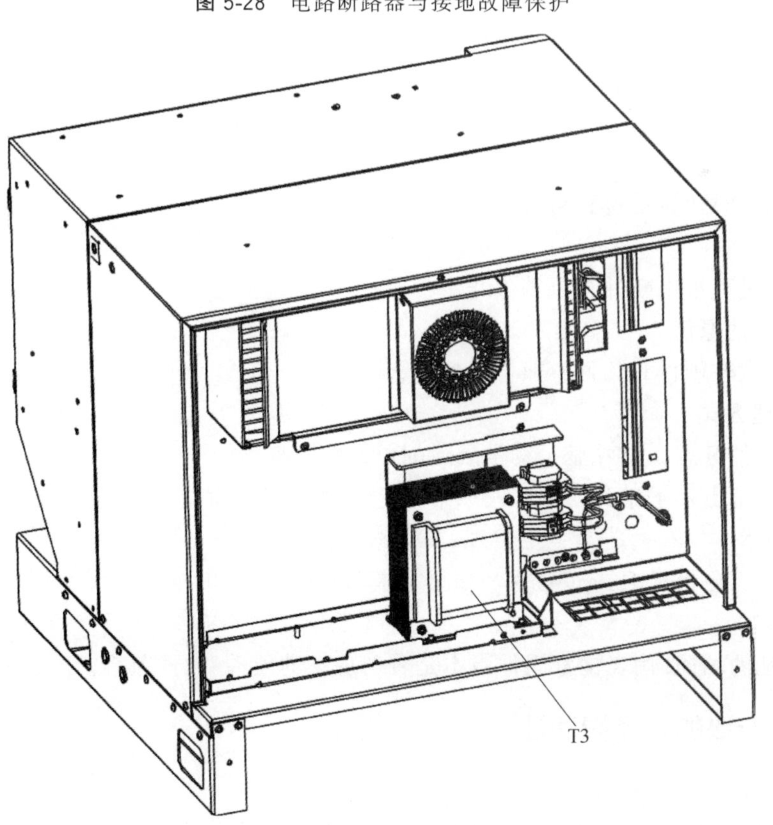

图 5-29　变压器

T3—变压器

5.3.10 控制杆无法工作

（1）现象

系统可以启动，但 FlexPendant 上的控制杆似乎无法工作。

（2）后果

无法手动微动控制机器人。

（3）可能的原因

该症状可能由以下原因引起（各种原因按概率从大到小的顺序列出）：

① FlexPendant 可能未正确连接或者电缆可能被损坏。

② FlexPendant 的电源不能正常工作。

③ FlexPendant 发生故障。

（4）处理方式

要矫正该症状，建议采用下面的操作（按概率从大到小顺序列出操作）：

① 系统是否打开？如果没有系统，请正确启动系统。

② 是否已在 Manual Mode 中选择了 Jogging？如果没有，应正确操作。

③ FlexPendant 是否工作？如果没有，按“FlexPendant 死机”处理。

④ 确保 FlexPendant 与 Control Module 正确连接。

⑤ 确保 FlexPendant 电缆未损坏。

⑥ 确保 Control Module 电源和 Panel Board 正常工作。

⑦ 如果所有方法都无效，应更换 FlexPendant。

5.3.11 更新固件失败

（1）现象

在更新固件时，自动过程可能会失败。

（2）后果

自动更新过程被中断并且系统停止。

（3）可能的原因

此故障最常在硬件和软件不兼容时发生。

（4）处理方式

① 检查事件日志，查看显示发生故障的单元的消息。

② 最近是否更换了相关的单元？如果“是”，则确保新旧单元的版本相同。如果“否”，则检查软件版本。

③ 最近是否更换了 RobotWare？如果“是”，则确保新旧单元的版本相同。如果“否”，请继续以下步骤。

④ 与当地的 ABB 代表检查固件版本是否与现在的硬件/软件兼容。

5.3.12 不一致的路径精确性

（1）现象

机器人 TCP 的路径不一致。它经常变化，并且有时会伴有轴承、齿轮箱或其他位置发出的噪声。

（2）后果

无法进行生产。

（3）可能的原因

该症状可能由以下原因引起（各种原因按概率从大到小的顺序列出）：

① 未正确校准机器人。

② 未正确定义机器人 TCP。

③ 平行杆被损坏（仅适用于装有平行杆的机器人）。

④ 在电机和齿轮之间的机械接头损坏。它通常会使出现故障的电机发出噪声。

⑤ 轴承损坏或破损（尤其当耦合路径不一致并且一个或多个轴承发出滴答声或摩擦噪声时）。

⑥ 将错误类型的机器人连接到控制器。

⑦ 制动闸未正确松开。

（4）处理方式

① 确保正确定义机器人的 Tool 和 Work Object。

② 检查转数计数器的位置。如有必要应进行更新。

③ 如有必要，重新校准机器人轴。

④ 通过跟踪噪声找到有故障的轴承。根据各机器人的 Product Manual 更换有故障的轴承。

⑤ 通过跟踪噪声找到有故障的电机。分析机器人 TCP 的路径以确定哪个轴，进而确定哪个电机可能有故障。应根据各机器人的 Product Manual 说明更换有故障的电机/齿轮。

⑥ 检查平行杆是否正确（仅适用于装有平行杆的机器人）。

⑦ 确保根据配置文件中的指定连接正确的机器人类型。

⑧ 确保机器人制动闸可以正常工作。

5.3.13 油脂沾污电机和（或）齿轮箱

（1）现象

电机或齿轮箱周围的区域出现油泄漏的迹象。此种情况可能发生在底座、最接近结合面处，或者在分解器电机的最远端。

（2）后果

除弄脏表面之外，在某些情况下不会出现严重的后果。 但是，在某些情况下，漏油会润滑电机制动闸，造成关机时操纵器损毁。

（3）可能的原因

该症状可能由以下原因引起（各种原因按概率从大到小的顺序列出）：

① 齿轮箱和电机之间的防泄漏密封。

② 齿轮箱溢油。

③ 齿轮箱油过热。

（4）处理方式

① 检查电机和齿轮箱之间的所有密封和垫圈。不同的操纵器型号使用不同类型的密封。根据各机器人的 Product Manual 中的说明更换密封和垫圈。

② 检查齿轮箱油面高度。机器人 Product Manual 中指定正确的油面高度。

③ 齿轮箱过热可能由以下原因造成：

• 使用的油的质量差或油面高度不止确，根据每个机器人的产品手册检查建议的油面高度和类型。

• 机器人工作周期运行特定轴太困难。研究是否可以在应用程序编程中写入小段的“冷却周期”。

• 齿轮箱内出现过大的压力。操纵器执行某些特别重的负荷工作周期可能装配有排油插销。正常负荷的操纵器未装配此类排油插销。

5.3.14 机械噪声

（1）现象

在操作期间，电机、齿轮箱、轴承等不应发出机械噪声。出现故障的轴承在故障之前通常会发出短暂的摩擦声或者“滴答”声。

（2）后果

出现的轴承造成路径精确度不一致，并且在严重的情况下，接头会完全抱死。

（3）可能的原因

该症状可能由以下原因引起（各种原因按概率从大到小的顺序列出）：

① 磨损的轴承。

② 污染物进入轴承圈。

③ 轴承没有润滑。

④ 如果齿轮箱发出噪声，也可能是过热引起的。

（4）处理方式

① 确定发出噪声的轴承。

② 确保轴承有充分的润滑。

③ 如有可能，拆开接头并测量间距。

④ 电机内的轴承不能单独更换，只能更换整个电机。根据各机器人的 Product Manual 更换有故障的电机。

⑤ 确保轴承正确装配。

⑥ 齿轮箱过热可能由以下原因造成：

• 使用的油的质量差或油面高度不正确。

• 机器人工作周期运行特定轴太困难。研究是否可以在应用程序编程中写入小段的“冷却周期”。

• 齿轮箱内出现过大的压力。操纵器执行某些特别重的负荷工作周期可能装配有排油插销。

5.3.15 关机时操纵器损毁

（1）现象

在 Motors ON 活动时操纵器能够正常工作，但在 Motors OFF 活动时，它会因为自身的重量而损毁。与每台电机集成的制动闸不能承受操纵臂的重量。

（2）后果

此故障可能会对在该区域工作的人员造成严重的伤害或者造成死亡，或者对操纵器和

（或）周围的设备造成严重的损坏。

（3）可能的原因

该症状可能由以下原因引起（各种原因按概率从大到小的顺序列出）：

① 有故障的制动闸。

② 制动闸的电源故障。

（4）处理方式

① 确定造成机器人损毁的电机。

② 在 Motors OFF 状态下检查损毁电机的制动闸电源。

③ 拆下电机的分解器，检查是否有任何漏油的迹象。

④ 从齿轮箱拆下电机，从驱动器一侧进行检查。

5.3.16 机器人制动闸未释放

（1）现象

在开始机器人操作或者微动控制机器人时，必须释放内部制动闸以进行运动。

（2）后果

如果未释放制动闸，机器人不能运动，并且会发生许多错误日志消息。

（3）可能的原因

该症状可能由以下原因引起（各种原因按概率从大到小的顺序列出）：

① 制动接触器（K44）不能正常工作。

② 系统未正确进入 Motors ON 状态。

③ 机器人轴上的制动闸发生故障。

④ 电源电压 24V BRAKE 缺失。

（4）处理方式

① 确保制动接触器已激活。应听到“嘀”声，或者可以测量接触器顶部辅助触点之间的电阻。

② 确保激活了 RUN 接触器（K42 和 K43）。注意，两个接触器必须激活，而不只是激活一个！应听到“嘀”声，或者可以测量接触器顶部辅助触点之间的电阻。

③ 使用机器人上的按钮测试制动闸。如果只有一个制动闸出现故障，现有的制动闸很有可能发生故障，必须更换。如果未激活任何制动闸，很可能没有 24V BRAKE 电源。按钮的位置因机器人的型号不同而不同。参阅各机器人的 Product Manual。

④ 检查 Drive Module 电源以确保 24V BRAKE 电压正常。

⑤ 系统内许多其他的故障可能会使制动闸一直处于激活状态。

5.3.17 电控柜常见故障处理（表 5-15）

表 5-15 常见故障

后果及现象	可能故障	排除方法
开机不能听到接触器吸合的声音，主电源不能接通，伺服电源指示灯不亮	门禁开关未闭合	将门禁开关临时短接或者关门调试
	接触器可能损坏	更换接触器
控制器电源指示灯不亮，接触器不吸合，风扇不转，伺服数码管无显示	开关电源损坏，无 24V 输出	更换开关电源

续表

后果及现象	可能故障	排除方法
示教器显示报警,检测伺服是否处于错误状态	数码管显示当前报警代码	根据具体故障代码排除
示教器无法登录	示教器没有注册码	重新注册示教器
机器人不能上使能	手动模式,只能使用三位开关	确认运行模式是否正确
	安全回路断开	确认安全回路是否断开
打开隔离开关后,控制柜无反应	隔离开关进出线虚接柜内断路器处于 OFF 状态滤波器损坏	逐段测量电压,排查电路

5.3.18 示教器常见故障处理

ABB 机器人示教器常见的错误信息如表 5-16 所示。常见的故障现象及对应解决方案见表 5-17。

表 5-16 ABB 示教器常见错误信息提示

序号	故障	处理
1	示教器触摸不良或局部不灵	更换触摸面板
2	示教器无显示	维修或更换内部主板或液晶屏
3	示教器显示不良、竖线、竖带、花屏及摔破等	更换液晶屏
4	示教器按键不良或不灵	更换按键面板
5	示教器有显示无背光	更换高压板
6	示教器操纵杆 *XYZ* 轴不良或不灵	更换操纵杆
7	示教器急停按键失效或不灵	更换急停按键
8	示教器数据线不能通信或不能通电,内部有断线等	更换数据线

表 5-17 故障现象及对应解决方案

序号	故障	现象	原因	解决
1	触摸偏差	手指所触摸的位置与鼠标箭头没有重合	示教器安装完驱动程序后,在进行校正位置时,没有垂直触摸靶心正中位置	重新校正位置
		部分区域触摸准确,部分区域触摸有偏差	表面声波触摸屏四周边上的声波反射条纹上面积累了大量的尘土或水垢,影响了声波信号的传递	清洁触摸屏,特别注意要将触摸屏四边的声波反射条纹清洁干净,清洁时应将触摸屏控制卡的电源断开
2	示教器触摸无反应	触摸屏幕时鼠标箭头无任何动作,没有发生位置改变	①表面声波触摸屏四周边上的声波反射条纹上面所积累的尘土或水垢非常多,导致触摸屏无法工作	观察触摸屏信号指示灯,该灯在正常情况下有规律地闪烁,大约为每秒闪烁一次,当触摸屏幕时,示教器黑屏,需要请教专业人员
			②触摸屏发生故障	
			③触摸屏控制卡发生故障	
			④触摸屏信号线发生故障	
			⑤主机的串口发生故障	
			⑥示教器的操作系统发生故障	
			⑦触摸屏驱动程序安装错误	

5.3.19 工业机器人过流原因及其处理方式

见表 5-18。

表 5-18 工业机器人过流原因及其处理方式

故障定义	可能原因	对策
母线过流	直流母线电压过高	检查电网电压是否过高； 检查是否大惯性负载无能耗制动快速停机
	外围有短路现象	检查伺服动力输出接线是否短路，对地是否短路，制动电阻是否短路
	编码器故障	检查编码器是否损坏，接线是否正确； 检查编码器线缆屏蔽层是否接地良好，线缆附近是否有强干扰源
	伺服内部器件损坏	请专业技术人员进行维护
硬件过流	直流母线电压过高	检查电网电压是否过高； 检查是否大惯性负载无能耗制动快速停机
	外围有短路现象	检查伺服动力输出接线是否短路，对地是否短路
	编码器故障	检查编码器是否损坏，接线是否正确； 检查编码器线缆屏蔽层是否接地良好，线缆附近是否有强干扰源
	伺服内部器件损坏	请专业技术人员进行维护

5.3.20 电机启动异常故障诊断

见表 5-19。

表 5-19 电机启动故障处理

序号	故障	原因	处理
1	通电后电动机不能转动，但无异响，也无异味和冒烟	电源未通（至少两相未通）	检查电源回路开关，保险丝、接线盒处是否有断点，如有断点需要在电机断电情况下修复
		保险丝熔断（至少两相熔断）	检查保险丝型号、熔断原因，更换保险丝
		控制设备接线错误	检查电机与其控制设备之间的接线，如有错误需要在断电情况下重新接线
		电机已经损坏	如经过以上操作，电机仍不能正常启动，需参照产品手册更换电机
2	通电后电动机不转，然后保险丝烧断	缺某一相电源，或定子线圈某一相反接	检查刀闸是否有一相未合好，或电源回路是否有一相断线；消除反接故障
		定子绕组相间短路	断电情况下，使用万用表查找定子绕组短路点，予以修复
		定子绕组接地	消除定子绕组接地
		定子绕组接线错误	断电情况下，使用万用表查找定子绕组误接，予以更正
		保险丝截面过小	检查保险丝型号，更换保险丝
		电源线短路或接地	检查并排除电源短路现象和电源线接地点
			如经过以上操作，电机仍不能正常启动，需参照产品手册更换电机
3	通电后电动机不转，有“嗡嗡”声	定子、转子绕组有断路（某一相断线）或电源某一相失电	断电情况下，使用万用表查明断点，予以修复
		绕组引出线始末端接错或绕组内部接反	检查绕组极性，判断绕组首末端是否正确
		电源回路接点松动，接触电阻大	紧固松动的接线螺栓，用万用表判断各接头是否假接，予以修复
		电动机负载过大或转子卡住	减载或查出并消除机械故障
		电源电压过低	检查是否把规定的△接法误接为 Y 接法；是否由于电源导线过细使压降过大，应予以纠正
		小型电动机装配太紧或轴承内油脂过硬，轴承卡住	重新装配使之灵活，更换合格油脂，修复或更换轴承

续表

序号	故障	原因	处理
4	电动机启动困难，带额定负载时，电动机转速低于额定转速较多	电源电压过低	测量电源电压，设法改善电机电源
		内部接线错误，△接法误接为Y接法	查找并确定电机内部接线，如果接线错误需纠正接法
		笼型转子开焊或断裂	检查内部接线是否有开焊和断点并修复
		定子、转子局部线圈错接、接反	查出定子、转子局部线圈误接处，予以改正
		电机过载	对故障电机减载
			如经过以上操作，电机仍不能正常启动，需参照产品手册更换电机

5. 3. 21 电机空载电流故障诊断

见表5-20。

表5-20 电机空载电流故障处理

序号	故障	原因	处理
1	电机空载电流不平衡，三相相差大	绕组首尾端接错	检查绕组首尾端是否接错，并纠正
		电源电压不平衡	测量电源电压，设法消除不平衡
		绕组有匝间短路、线圈反接等故障	消除绕组匝间短路、线圈反接等故障
2	电机空载电流平衡，但数值大	电源电压过高	检查电源，设法恢复额定电压
		Y接电机误接为△接	修改接法

5. 3. 22 视觉传感器故障诊断

工业机器人视觉系统是通过视觉传感器（即图像摄取装置，分CMOS和CCD两种）将被摄取目标转换成图像信号，传送给专用的图像处理系统，得到被摄目标的形态信息。根据像素分布和亮度、颜色等信息，转变成数字化信号。常见的视觉故障及处理见表5-21。

表5-21 视觉传感器故障处理

序号	故障	原因	处理
1	无图像	外加电源极性不正确	检查并纠正外加电源的极性
		输出电压误差值大	测量电源电压，使输出电压满足要求
		视频连线接触不良	检查并正确连接视频电缆
		镜头光圈没打开	调节相机光圈至正确位置
2	彩色失真、偏色	白平衡开关设置不当	检查并重新设置白平衡开关
		环境光变化太大	添加合适的光源，减少环境光的影响
3	图像出现扭曲或者几何失真	CCD或者监视器的几何校正电路问题	检查几何校正电路并排除问题
		镜头选择错误	更换镜头
		视频连接线缆与设备的特征阻抗和CCD输出阻抗不匹配	更换相机线缆
4	画面出现黑色竖条或横条混动	工业机器人供电输出电压纹波太大	加强滤波，并采用性能好的直流稳压电源

5.3.23 力觉传感器故障诊断

（1）力觉传感器故障诊断方法（表 5-22）

表 5-22 力觉传感器故障诊断步骤

序号	操作步骤
1	完成力觉传感器的电气接线与通信接线后，上电
2	观察力觉传感器操作界面显示屏，若无数显，需要检查传感器的硬件接线，解决故障； 若确认硬件接线无问题，连接线缆也无问题，需联系产品售后人员进行维修
3	完成力觉传感器的参数设置后，可以进行称重测试，若显示数值与实际估算值差距较大，则需参照产品手册完成称重参数、校准参数的重新设置
4	若操作界面显示错误代码，则需参照实训指导书进行故障的排除

（2）力觉传感器故障排除

若力觉传感器的操作界面显示错误代码，则需按照表 5-23 中内容进行故障处理。

表 5-23 力觉传感器故障处理

故障码	原因	处理
Err0	称重信号出错	确保当参数“称重信号类型”的设定值 DIP1/DIP2 拨码位置与实际输入的称重信号相符时，重新上电
Err1	RAM 故障	更换 RAM 芯片
Err2.1 或 Err2.2	EEPROM 故障	更换 EEPROM 芯片
Err3	未使用	
Err4	ADC 故障	更换 ADC 模块
0V-Ad	信号过大	称重信号超 A/D 转换范围 检查是否未连接称重传感器 检查是否称重传感器量程太小 检查是否加载重量过大
0L	超载报警	总重>(最大秤量+9×分度值) 检查是否未连接称重传感器 检查是否称重传感器量程太小 检查是否加载重量过大
0V-tr	不满足手动去皮条件	总重处于负值显示，超载报警或动态变化时，“手动去皮”操作无效
0V-nZ	超出“零位微调范围”	调整参数
tXX.XX	开机预热倒计时	等待预热时间结束或按任意键退出
0V-Zr	超出“自动初始置零范围”	参见手册参数调整

第6章 工业机器人的校准

6.1 工业机器人的校准准备

6.1.1 转动盘适配器

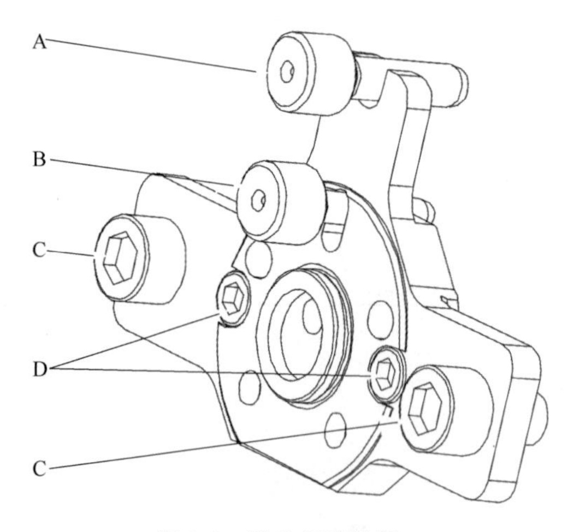

图 6-1 转动盘适配器

A—导销 8mm；B—导销 6mm；C—螺栓 M10；D—螺栓 M6

（1）结构

转动盘适配器如图 6-1 所示。

（2）存放和预热

存放后，必须将摆锤工具安装在水平位置，且在使用前必须至少预热（通电）5min。存放位置或预热位置如图 6-2 所示。

6.1.2 准备转动盘适配器

（1）启动 Levelmeter 2000

1）Levelmeter 2000 的布局和连接

图 6-3 显示了 Levelmeter 2000 的布局和连接。

2）Levelmeter 2000 的设置

① 在使用之前对 Levelmeter 2000 至少预热 5min。

② 将角度的计量单位（DEG）设置为精确到小数点后三位，如 0.330 等。

3）启动 Levelmeter

① 使用所附的电缆连接测量单元和传感器。

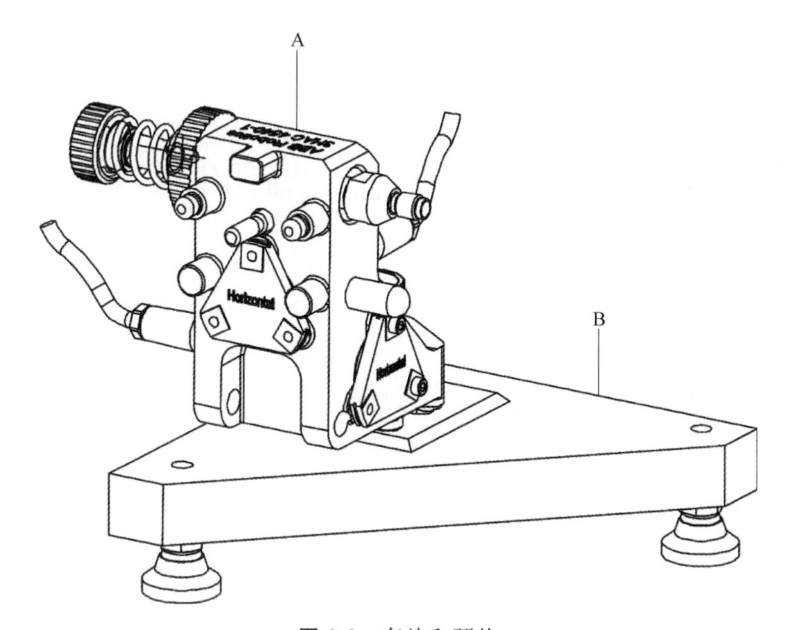

图 6-2 存放和预热

A—校准摆锤 3HAC4540-1；B—校准盘 3HAC020552-002

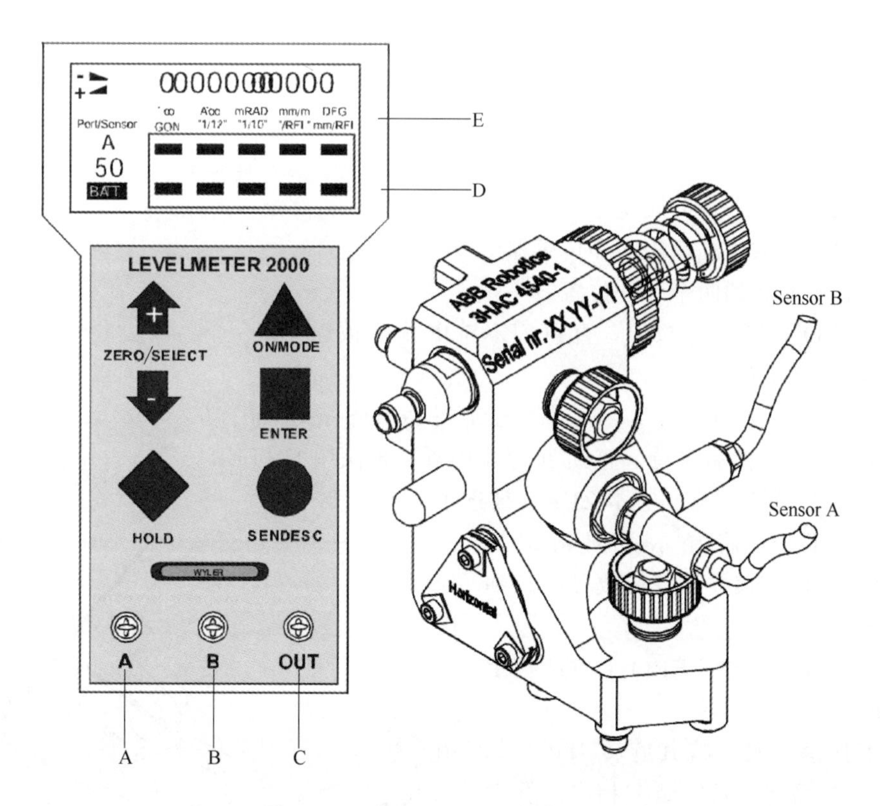

图 6-3 Levelmeter 2000 的布局和连接

A—连接传感器 A；B—连接传感器 B；C—连接 SIO1；D—选择指针；E—计量单位

② 开启 Levelmeter 2000 的电源。

③ 连接传感器 A 和 B。

④ 将 Levelmeter 2000 的 OUT（connection SIO1）与控制柜内的 COM1 端口相连。

⑤ 校准机器人。

4）Levelmeter 2000 的电源

有两种方式可供选择。

① 电池模式　按下 ON/MODE 开启 Levelmeter，直到显示屏闪烁。这会关闭电池节电模式。使用后不要忘记关闭。

② 外部电源　将电源线（红/黑）连接到 12～48V DC，位于机柜（连接器 XT31）或外部电源。

5）地址

确保传感器有不同的地址。只要地址彼此之间互不相同，任何地址都可行。

6）测定传感器

① 将传感器连接到传感器连接点。

② 按 ON/MODE。

③ 按 ON/MODE，直到 SENSOR（传感器）下面的圆点闪烁。

④ 按 ENTER。

⑤ 按 ZERO/SELECT 箭头，直到 AB 闪烁。

⑥ 按 ENTER 等待，直到 AB 再次闪烁。

⑦ 按 ENTER。

（2）校准传感器（校准摆锤）和 Levelmeter 2000

1）传感器安装到校准盘

2）校准传感器

① 将校准盘放在平稳的底座上。

② 用异丙醇清洁校准盘表面和传感器的三个接触面。

③ 将传感器安装到两个合理位置之一。

④ 重复按 ON/MODE 按钮，直到 SENSOR 文本被选中。

⑤ 重复按 ENTER。

⑥ 重复按 ZERO/SELECT，直到 A 显示在 Port/Sensor 的下方。

⑦ 按 ENTER，然后等待，直到 A 停止闪烁。再次按 ENTER。

⑧ 按 ON/MODE，直到文本 ZERO 被选中。

⑨ 按 ENTER。将显示方向指示灯（+/−）和最后的零偏差。等待数秒，直到传感器稳定。

⑩ 按 HOLD，直到 ZERO 下方的指示灯开始闪烁。

⑪ 取下摆锤工具，将其旋转 180°，如图 6-4 所示。然后将工具安装在相应的孔型中。注意！不要更改校准盘的位置。等待数秒，直到传感器稳定。

⑫ 按 HOLD 并等待数秒。将显示新的零偏差。

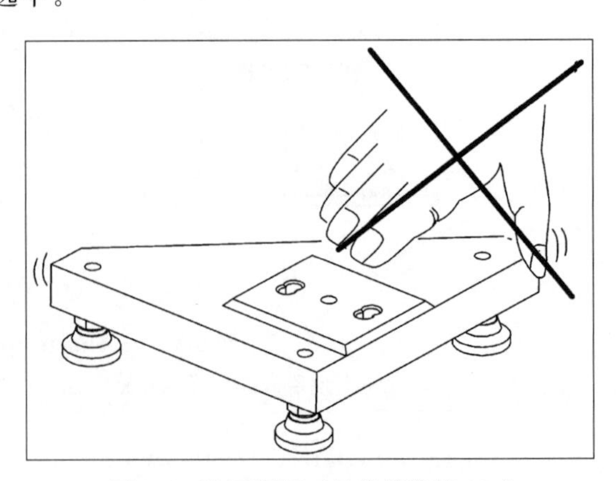

图 6-4　取下摆锤工具将其旋转 180°

⑬ 按 ENTER。现在，传感器校准完毕，对于这两个位置应显示相同的值，但极性（+/-）相反。

⑭ 按步骤④～⑦中所述将仪器调整为读取传感器 B。

⑮ 重复步骤⑧～⑬。

⑯ 按步骤④～⑦中所述将仪器调整为读取传感器 AB。

⑰ 检查结果。

3）检查传感器

① 将校准盘放在平稳的底座上。

② 用异丙醇清洁校准盘表面和传感器的接触面。

③ 将传感器安装到两个合理位置之一。

④ 将仪器调整为显示传感器 A 和 B。

⑤ 等待数秒直到传感器稳定，读取仪器所显示的值。

⑥ 取下传感器，将其旋转 180°，如图 6-5 所示。然后将其重新安装在相应的孔型中。

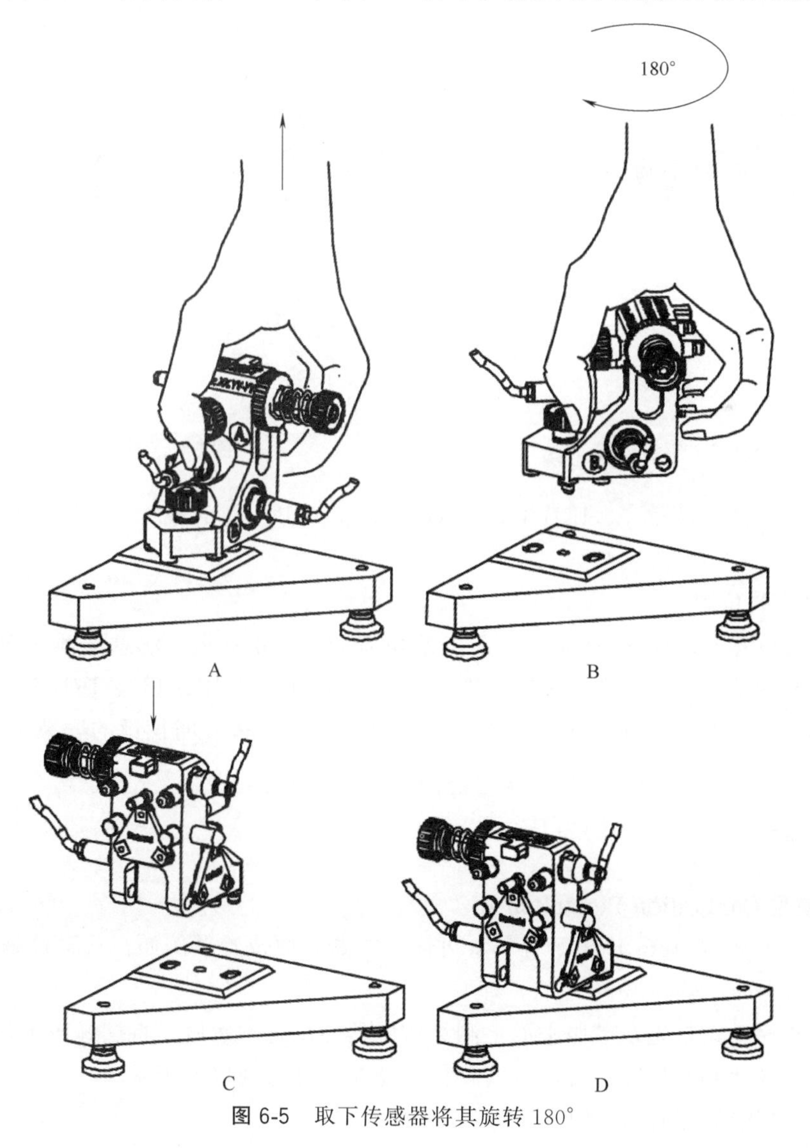

图 6-5　取下传感器将其旋转 180°

等待数秒，直到传感器稳定。注意不要更改校准盘的位置。

⑦ 读取 A 和 B 的值。两个读数之差应小于 0.002°，且极性（+/-）相反。如果差大于此值，则必须重新校准传感器。

（3）校准传感器安装位置

1）卸除设备

在将传感器安装到机器人之前：

① 确保没有可能影响传感器位置的接线。

② 从轴 1 卸下所有位置开关，但不能将传感器安装在参照位置。

2）准备校准摆锤

在对 IRB 260、IRB 460、IRB 660 和 IRB 760 的轴 1 和 6 以及其他机器人的轴 1 进行校准之前，使用这一步骤准备校准摆锤。

① 通过移动内手轮压缩弹簧（轴向运动），如图 6-6 所示。

② 在轴上顺时针旋转内手轮，以将弹簧锁在压缩位置，如图 6-7 所示。

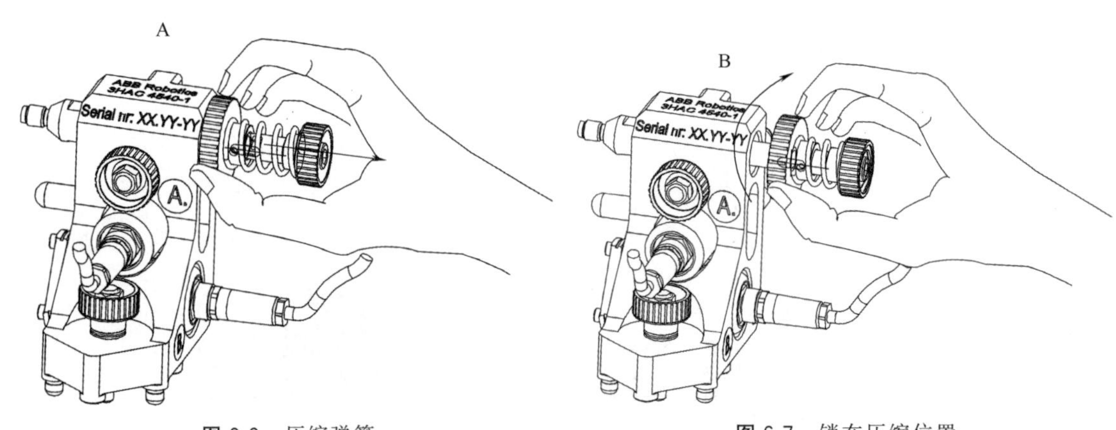

图 6-6 压缩弹簧　　**图 6-7** 锁在压缩位置

③ 在轴 1（或 IRB 260、IRB 460、IRB 660 和 IRB 760 的轴 6）校准之后，释放压缩弹簧。

3）摆锤安装位置

校验参考位置（IRB 460）时摆锤的安装位置如图 6-8 所示，注意摆锤一次只能安装在一个位置。校验轴 1（IRB 460、IRB 660、IRB 760）、轴 2（IRB 460、IRB 660、IRB 760）、轴 3（IRB 460、IRB 660、IRB 760）、轴 6（IRB 460、IRB 660）时摆锤的安装位置如图 6-9～图 6-12 所示。

6.1.3 校准

（1）使用 Calibration Pendulum II

Calibration Pendulum II 用于现场，可恢复机器人原位置（例如在从事检修活动之后）。

1）Calibration Pendulum II 的原理

在校准程序中，首先在参照平面上测量传感器的位置。然后，将摆锤校准传感器放在每根轴上，机器人达到其校准位置，从而将传感器差值降低到接近于零。

2）获得最佳结果的前提条件

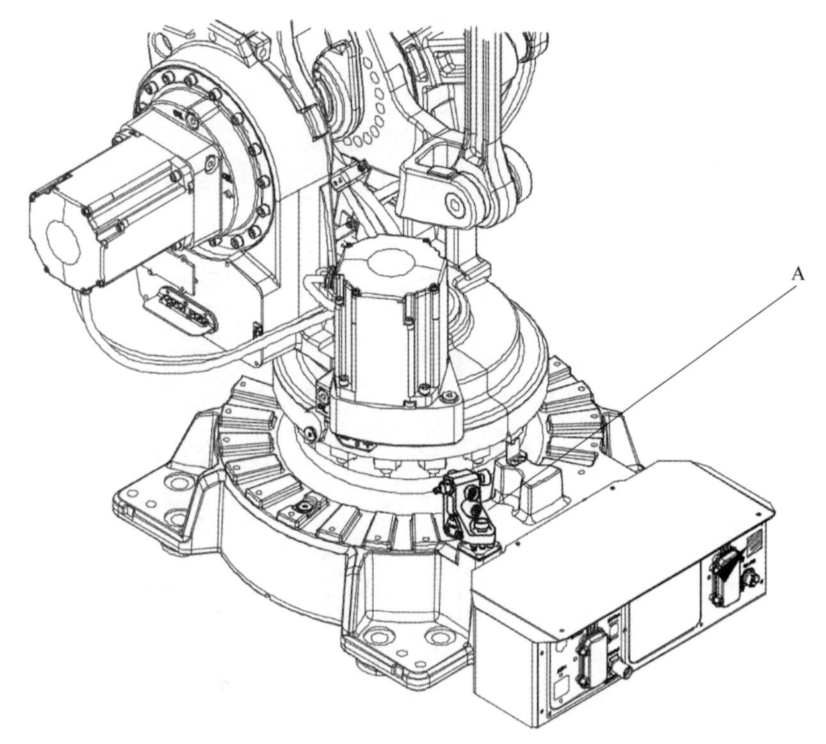

图 6-8 校验参考位置（IRB 460）时摆锤的安装

A—参照传感器位置中的校准摆锤

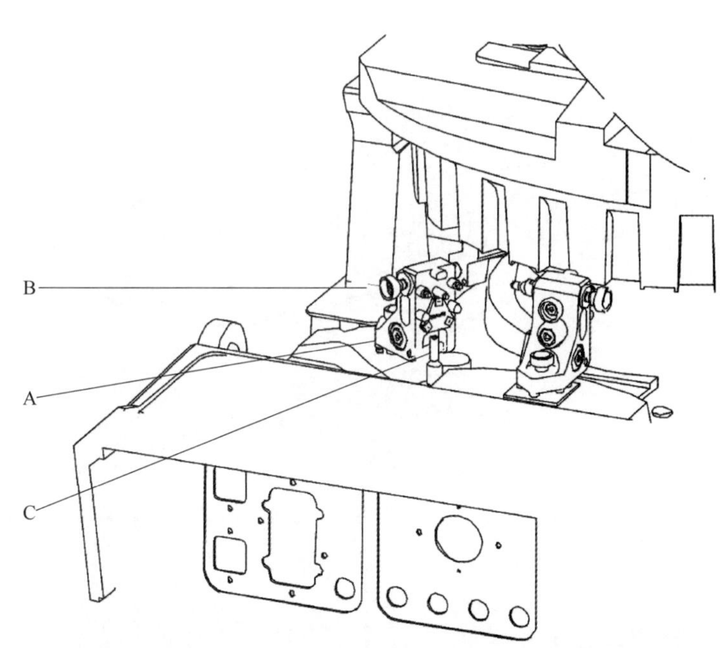

图 6-9 校验轴 1（IRB 460、IRB 660、IRB 760）摆锤的安装

A—校准摆锤；B—校准摆锤连接螺栓；

C—固定销（IRB 460 的长度为 58mm，IRB 660 和 IRB 760 的长度为 68mm）

① 用异丙醇清洁机器人的所有接触面。

② 用异丙醇清洁摆锤的所有接触面。

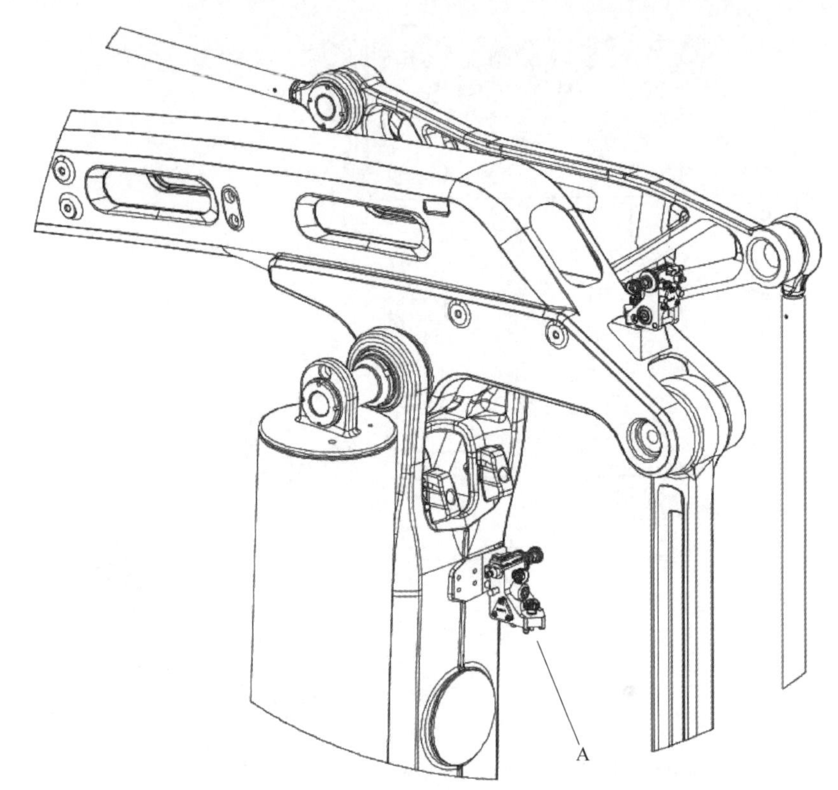

图 6-10 校验轴 2（IRB 460、IRB 660、IRB 760）摆锤的安装

A—校准传感器

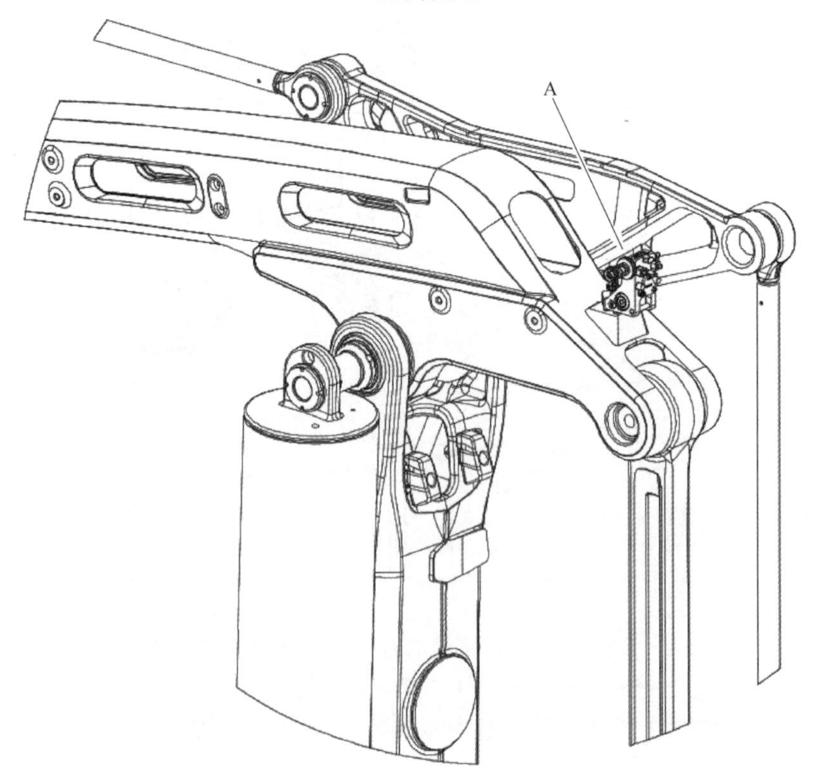

图 6-11 校验轴 3（IRB 460、IRB 660、IRB 760）摆锤的安装

A—校准传感器

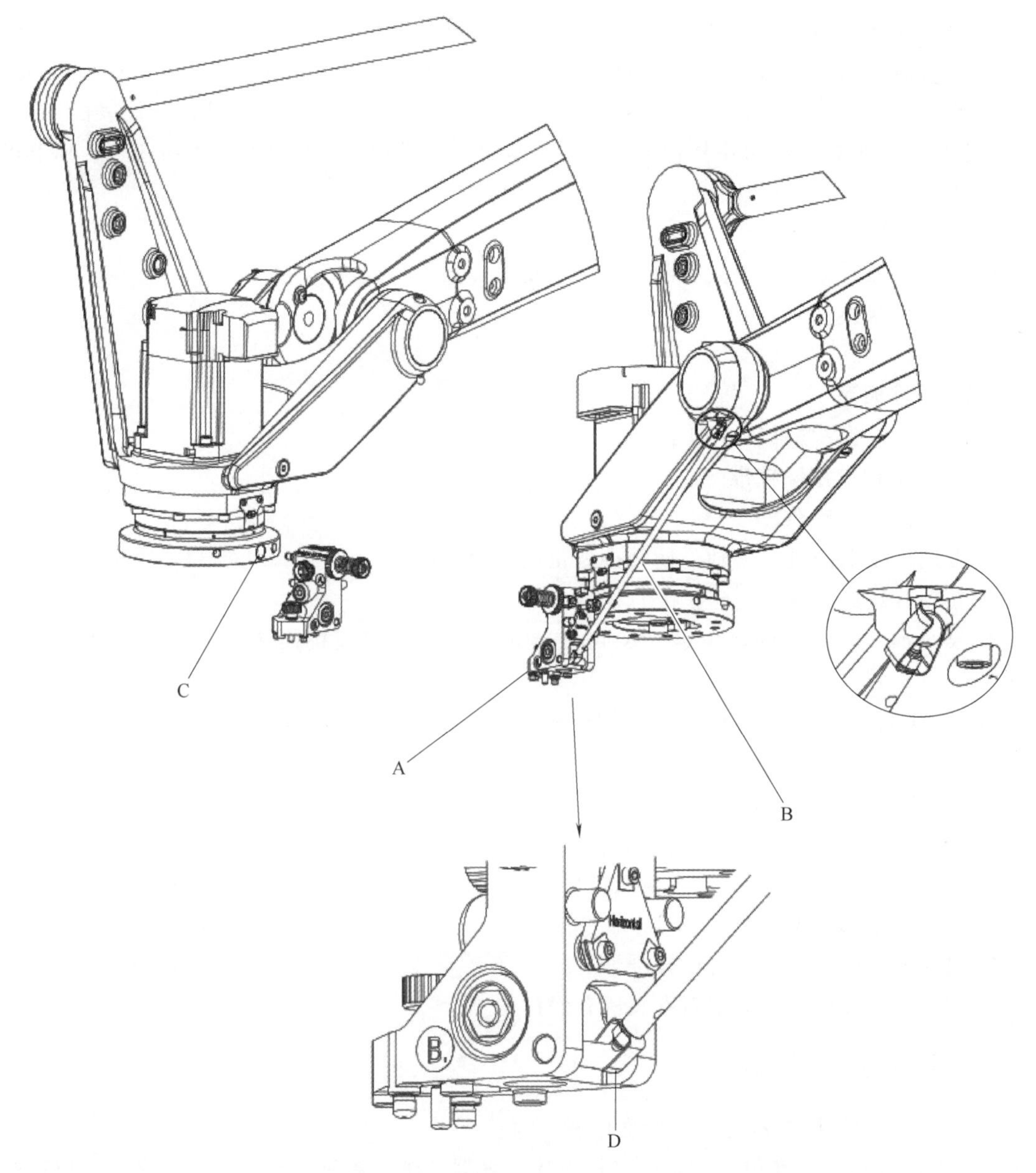

图 6-12　校验轴 6（IRB 460、IRB 660）摆锤的安装

A—校准传感器，轴 6；B—校准杆，在传感器与机器人球阀之间起连接作用；
C—转动盘上的锥形连接孔；D—注意！确保将校准杆安装在传感器销的最右端

③ 检查并确认在机器人上安装摆锤的孔中没有润滑油和颗粒。

④ 不要触摸传感器或摆锤上的电缆。

⑤ 检验并确认当安装在机器人上时，摆锤的电缆不是固定悬挂的。

⑥ 将摆锤安装到法兰（只适用于大型机器人）上时，尽可能将螺栓拧紧。螺栓锥面要与法兰锥面紧紧贴合，这一点非常重要。

⑦ 使用调整盘和 Levelmeter 定期检查和校准（如需要）传感器。

（2）准备校准

① 确保机器人已做好校准的准备。即，所有维修或安装活动已完成，机器人已准备好运行。

② 检查并确认用于校准机器人的所有必需硬件均已提供。

③ 从机器人的上臂取下所有外围设备（例如，工具和电缆）。

④ 取下用于安装校准和参照传感器的表面上的所有盖子，用异丙醇清洁这些表面。

注意同一校准摆锤既可用作校准传感器，也可用作参照传感器，具体取决于当时所起的作用。

⑤ 用异丙醇清洁导销孔。

⑥ 连接校准设备和机器人控制器，并启动 Levelmeter2000。

⑦ 校准机器人。

⑧ 检验校准。

（3）校准顺序

必须按升序顺序校准轴，即 1→2→3→4→5→6。

（4）利用校准摆锤校准

① 准备机器人校准。

② 微调待校准的机器人轴，使其接近正确的校准位置。

③ 更新转数计数器（粗略校准）。

④ 仅对轴 1 有效。将定位销安装到机器人基座。确保连接面清洁，没有任何裂痕和毛刺。

⑤ 从 FlexPendant 启动校准服务例行程序，并按照说明操作，其中包括在需要时安装校准传感器。

注意，根据 FlexPendant 上的说明在机器人上安装传感器后，单击“确定”会启动机器人。确保机器人的工作范围内没有任何人。

⑥ 点击“OK”（确定）。许多信息窗口将在 FlexPendant 上短暂闪过，但在显示具体操作之前无需采取任何操作。

⑦ 完成校准后，确认所有已校准轴的位置。

⑧ 断开所有校准设备，重新安装所有保护盖。

6.1.4 更新转数计数器

步骤 1：手动将操纵器运转至校准位置。

当操纵器运行至校准位置时，应确保下述操纵器的轴 4 和轴 6 正确定位。操纵器出厂时已正确定位，因此在转数计数器更新前，切勿在通电状态下旋转轴 4 或轴 6。

如果在更新转数计数器之前将轴 4 或轴 6 从其校准位置旋转一周或数周，就会因齿轮速比不均而偏离正确的校准位置。

① 确定选择/逐轴/动作模式。

② 微调操纵器，使校准标记位于公差范围内。

③ 定位好所有轴之后，存储转数计数器设置。

步骤 2：使用 FlexPendant 储存转数计数器设置。

① 在 ABB 菜单上，点击校准。与系统相连的所有机械单元将连同校准状态一起显示。

② 点击所涉及的机械单元。显示一个屏幕，点击转数计数器，如图 6-13 所示。

③ 点击“更新转数计数器 ...”。

将显示一个对话框，警告更新转数计数器可能会改变预设操纵器位置。点击“是”更新

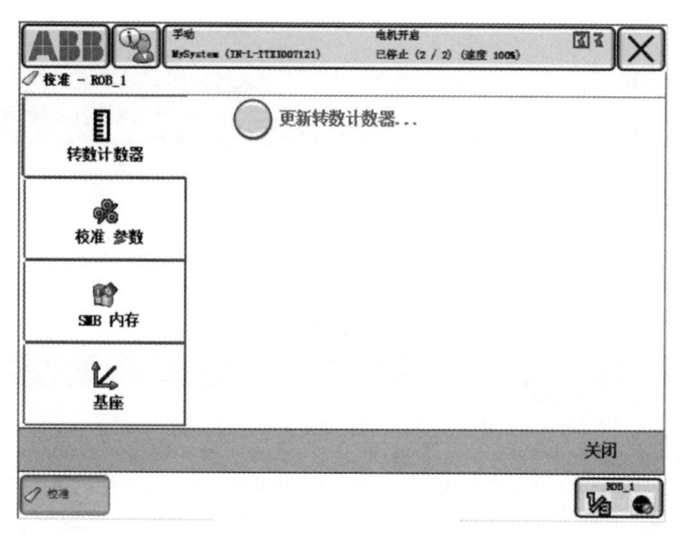

图 6-13　转数计数器

转数计数器。点击“否”取消更新转数计数器。点击“是”显示轴选择窗口。

④ 选择需要更新转数计数器的轴：勾选左边的复选框，点击全选更新所有的轴，然后点击“更新”。

⑤ 显示一个对话框，警告更新操作不能撤销。点击更新以继续更新转数计数器。点击“取消”以取消更新转数计数器。点击“更新”将更新勾选的转数计数器，并除去轴列表中的勾号。

⑥ 因此每次更新后应仔细检查校准位置。

6.1.5　检查校准位置

（1）使用 MoveAbsJ 指令

创建一个使所有机器人轴运转至其零位置的程序。

① 在 ABB 菜单中，点击 Program editor（程序编辑器）。

② 创建新程序。

③ 使用 Motion&Proc（动作与过程）菜单中的 MoveAbsJ。

④ 创建以下程序：

MoveAbsJ[[0,0,0,0,0,0],[9E9,9E9,9E9,9E9,9E9,9E9]]\NoEOffs,v1000,z50,Tool0

⑤ 以手动模式运行程序。

⑥ 检查轴校准标记是否正确对准。如没有对准，更新转数计数器。

（2）使用微动控制窗口

用以下方式将机器人微调到所有轴的零位置。

① 在 ABB 菜单中，点击 Jogging（微动控制）。

② 点击 Motion mode（动作模式）选择要进行微调的一组轴。

③ 点击以选择要微调的轴：轴 1、2 或 3。

④ 将机器人轴手动运行至 FlexPendant 上轴位置值为零的位置。

⑤ 检查轴校准标记是否正确对准。如没有对准，更新转数计数器。

6.2 工业机器人的校准操作

6.2.1 ABB机器人摆锤精校准

（1）自动校准准备步骤（表6-1）

表6-1 自动校准准备步骤

序号	操作步骤
1	确认工业机器人正确的安装位置（水平/倾斜/悬挂）
2	确认工业机器人已准备好运行，即所有维修、安装类操作已完成
3	从工业机器人的上臂取下所有外围设备（如：工具、电缆）
4	取下用于安装校准和参照传感器表面上的保护盖，并用异丙醇清洁这些表面。 注意：同一校准摆锤既可用作校准传感器，也可用作参照传感器
5	用异丙醇清洁导销孔
6	连接校准设备和工业机器人控制器，并启动水平仪
7	准备完成

（2）ABB机器人摆锤精校准流程及步骤（表6-2）

表6-2 ABB机器人摆锤精校准流程及步骤

步骤	操作	图示
1	首先连接好水平仪，应用LEVELMETER 2000型号水平仪，该仪表有双通道，及电源数据接口（最右侧）	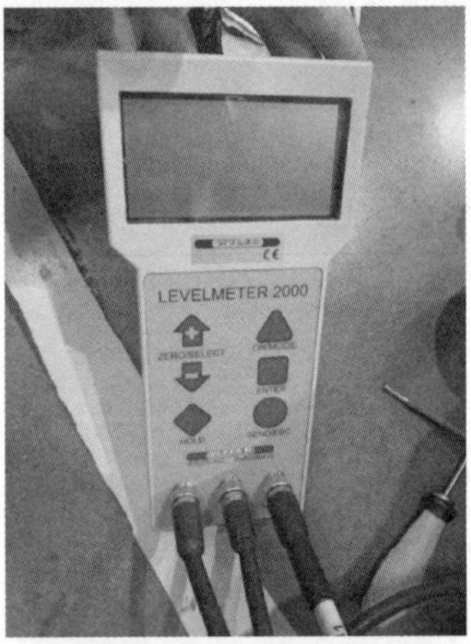
2	从电柜内取24V电源为水平仪供电	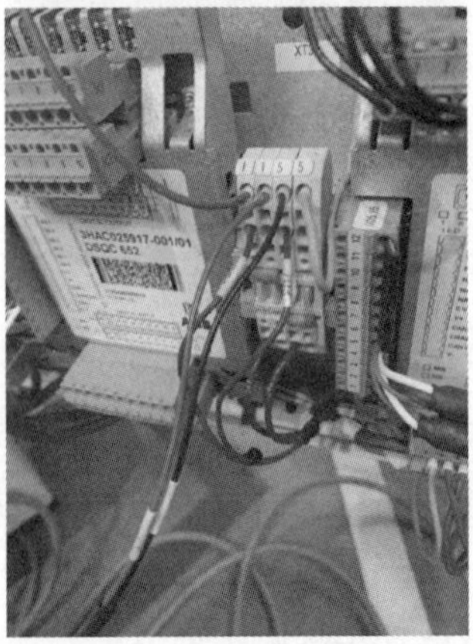

步骤	操作	图示
3	将数据线连接到 X9 网口	
	连接好仪表后开始准备机器人方面传感器，传感器 3、4、5、6 轴通常可以同时校准，1、2 轴需要单独校准	
4	进入到精校准程序，选择摆锤校准程序	
5	运行校准程序	
6	进入程序提示欢迎，进入摆锤 II 校准界面，点击 OK 继续	

续表

步骤	操作	图示
7	点击 Accept	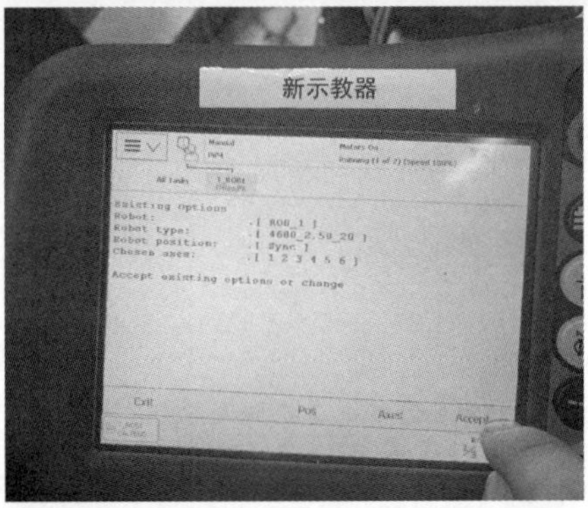 新示教器 Existing options Robot: [ROB_1] Robot type: [4600_2.50_20] Robot position: [Sync] Chosen axes: [1 2 3 4 5 6] Accept existing options or change Ctrl Pos Axes Accept
8	程序会提示先校准基准点	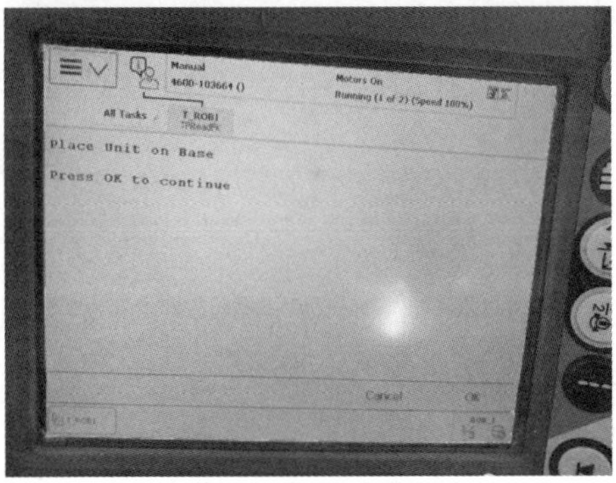 Manual 4600-103664 () Motors On Running (1 of 2) (Speed 100%) All Tasks T_ROB1 Place Unit on Base Press OK to continue Cancel OK
9	先拆除保护块	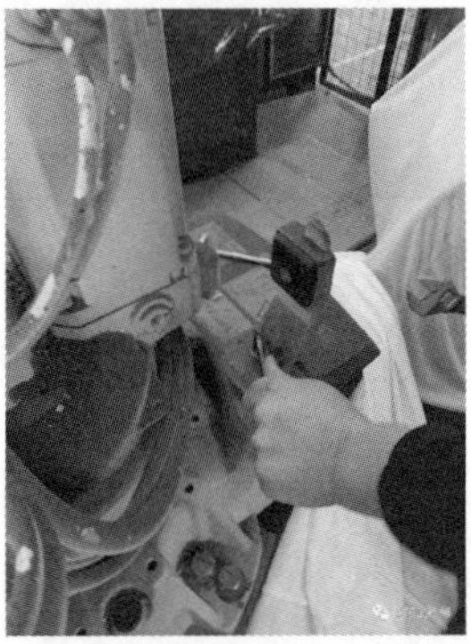
10	安装基准点校准传感器	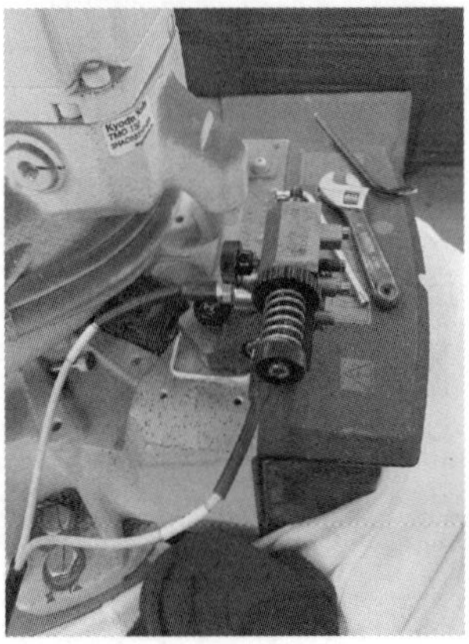

续表

步骤	操作	图示
11	点击OK运行校准程序，完成后会弹出下一步校准1轴	Manual 4600-103664 () Motors On Running (1 of 2) (Speed 100%) All Tasks T_ROB1 Place Unit on Axis 1 Press OK to continue Cancel OK
12	拆除1轴保护块	
13	安装传感器	
14	点击OK运行程序，会直接算出偏移值	新示教器 Manual All Tasks T_ROB1->Trimming Axis 1... T_ROB1->Correction value [deg] T_ROB1->0.0156609 (0.0002) T_ROB1->0.197308 (0.0002) Clear Don't Show Logs Don't Show Task Name

续表

步骤	操作	图示
15	完成后跳转到校准 2 轴界面	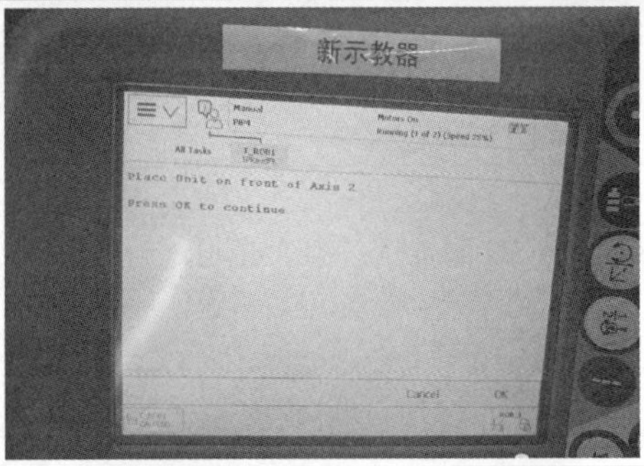
16	安装传感器到 2 轴指定的传感器安装位置	
17	点击 OK 继续程序，完成后跳转到校准 4、5、3、6 轴	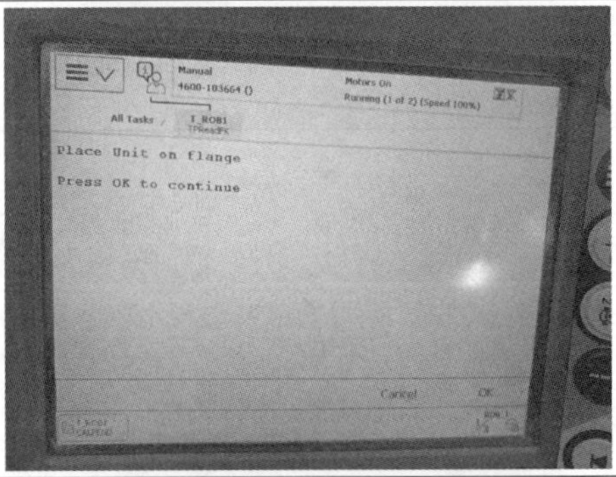
18	需要先将机器人手臂上的工具拆掉	

步骤	操作	图示
19	法兰盘也拆掉	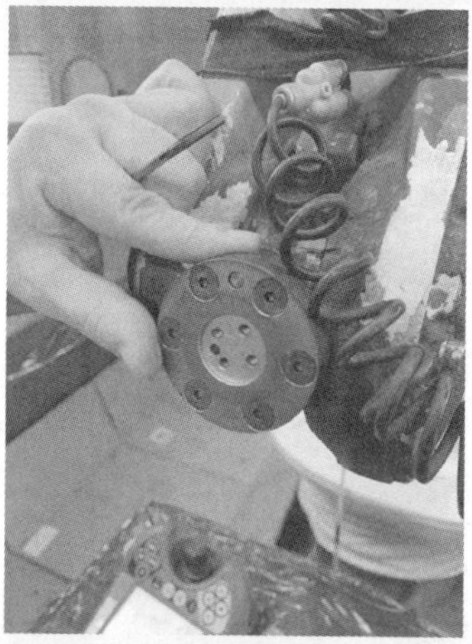
20	再将摆锤支架安装到6轴的法兰盘上	
21	将摆锤固定到支架上面	
22	运行程序，机器人会自动回零位开始校准，点击OK继续	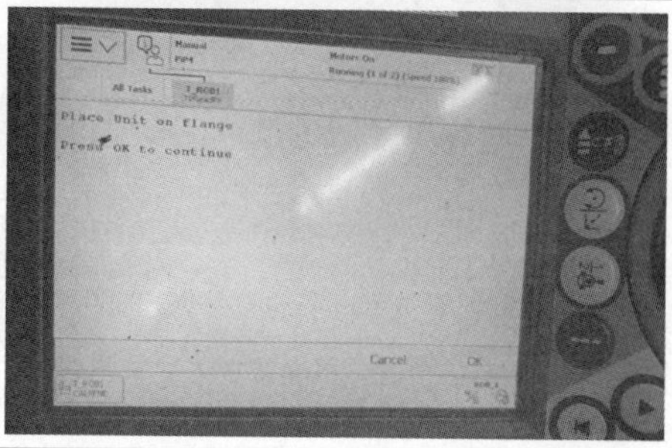

步骤	操作	图示
23	点击 Auto 自动回零位	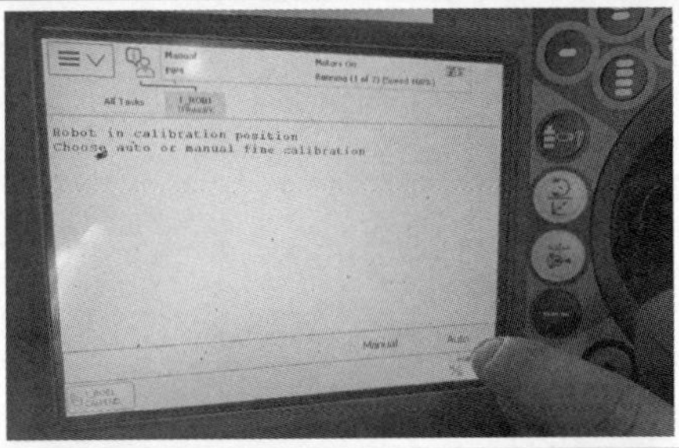 Robot in calibration position Choose auto or manual fine calibration Manual Auto
24	机器人会提示将要移动(校准过程机器人会动)	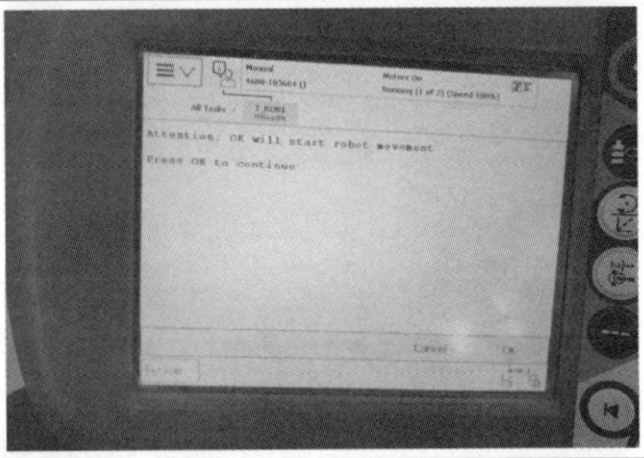 Attention: OK will start robot movement Press OK to continue Cancel OK
25	点击 OK 继续运行程序,机器人将到校准位置,点击 Auto 继续运行程序	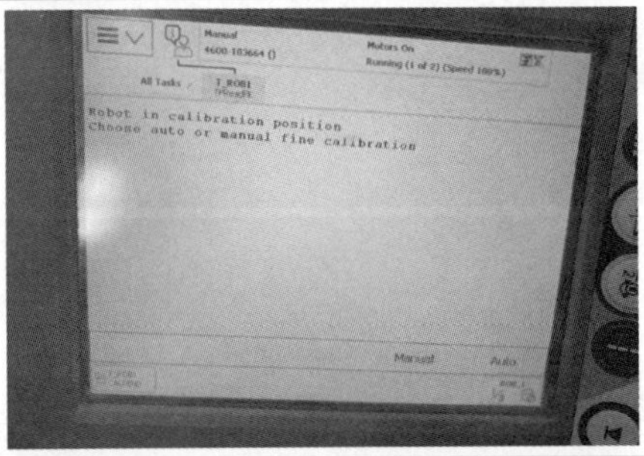 Robot in calibration position Choose auto or manual fine calibration Manual Auto
26	运行完程序后会提示精校准完成,选择 Yes 保存校准参数	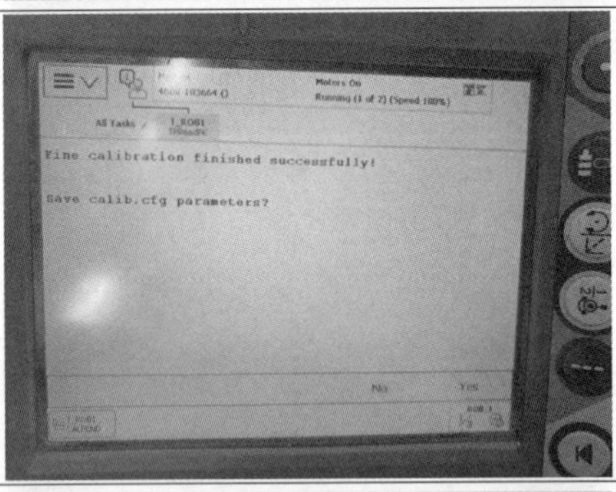 Fine calibration finished successfully! Save calib.cfg parameters? No Yes
27	点击 HOME,机器人会自动更新到主计算机和 SMB 里,跳出程序完成整个精校准	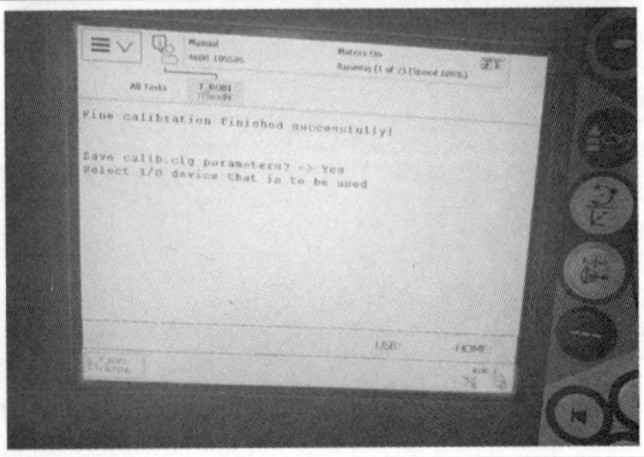 Fine calibration finished successfully! Save calib.cfg parameters? -> Yes Select I/O device that is to be used USB HOME
28	最后恢复工具及保护块等,到最初状态	

说明：精校准后轴配置数据偏差比较大，会对原始程序有影响，安全起见需要手动走点运行轨迹以避免造成不必要的损失。必要时需要修改程序，以保证生产线运行稳定。

6.2.2 应用测量筒校准

测量筒的结构如图 6-14 所示，校准步骤如表 6-3 所示。

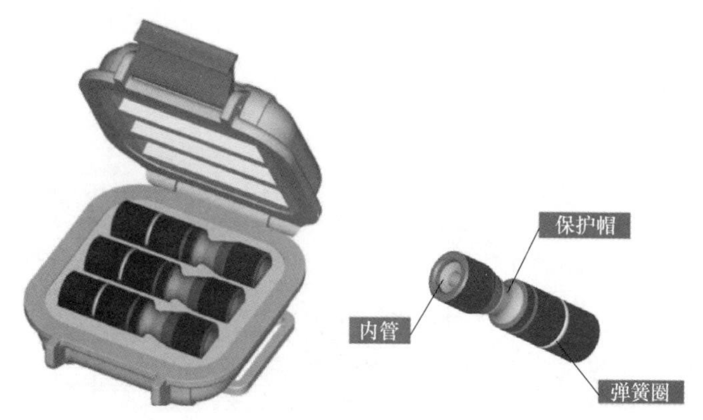

图 6-14 测量筒的结构

表 6-3 应用测量筒校准步骤

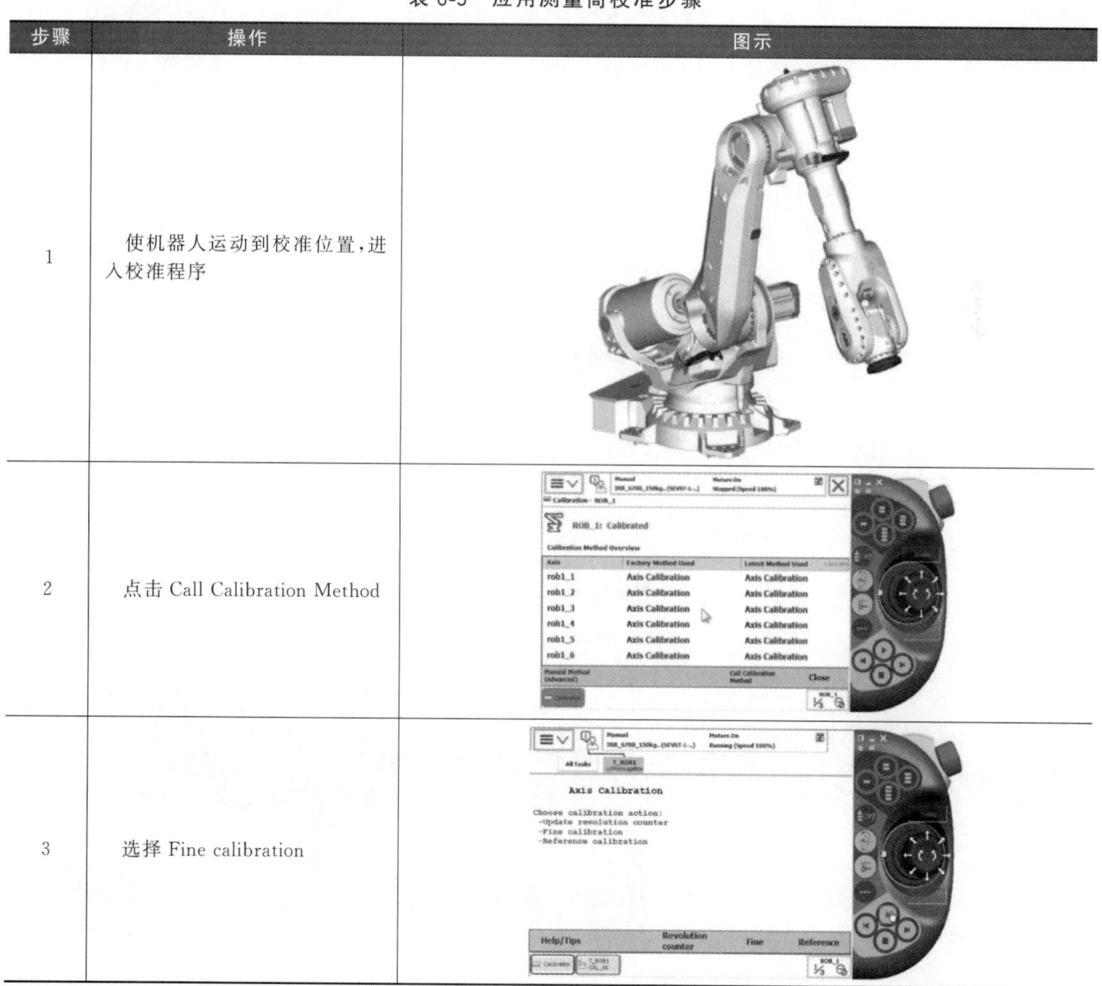

步骤	操作	图示
1	使机器人运动到校准位置，进入校准程序	
2	点击 Call Calibration Method	
3	选择 Fine calibration	

续表

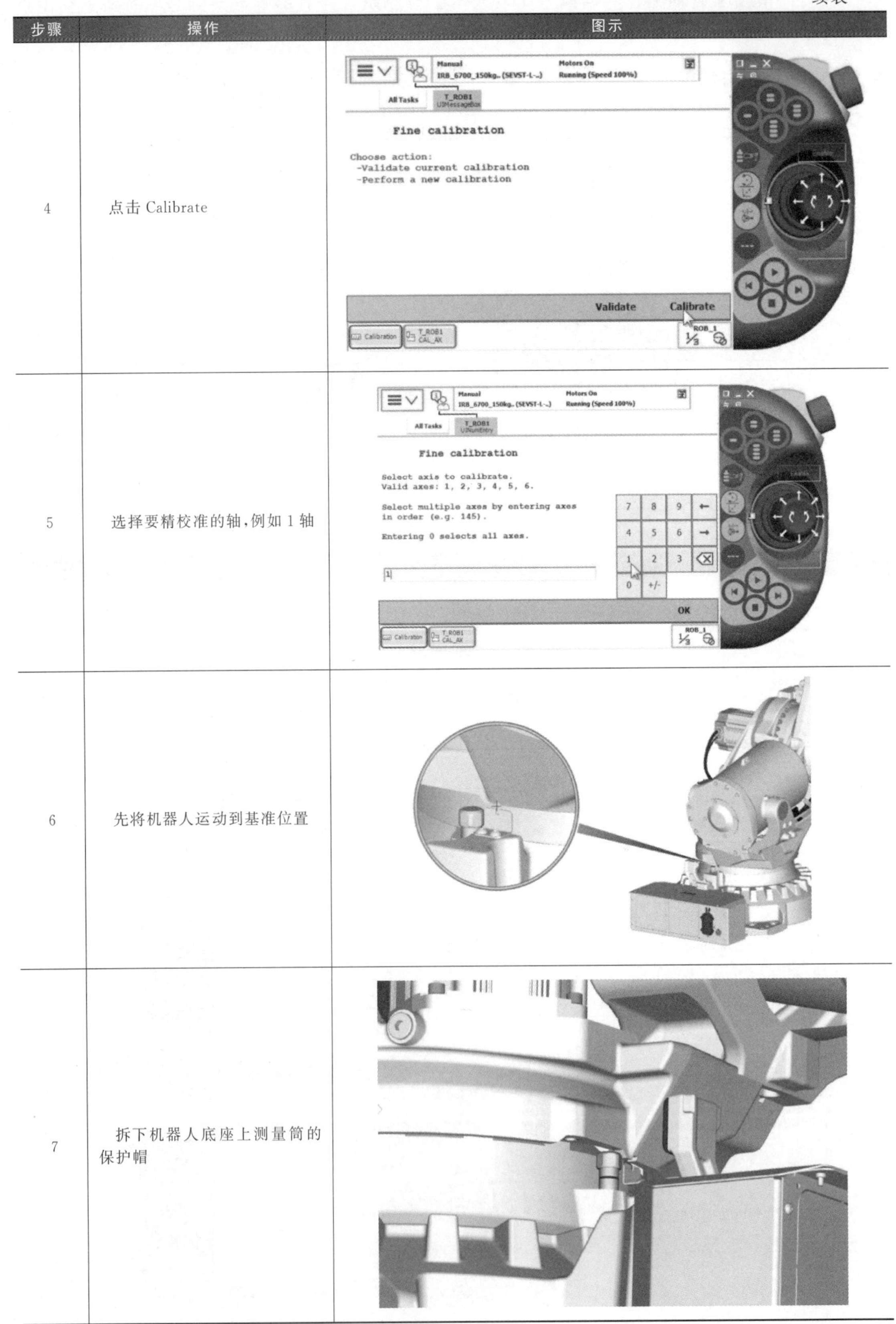

步骤	操作	图示
4	点击 Calibrate	
5	选择要精校准的轴，例如 1 轴	
6	先将机器人运动到基准位置	
7	拆下机器人底座上测量筒的保护帽	

续表

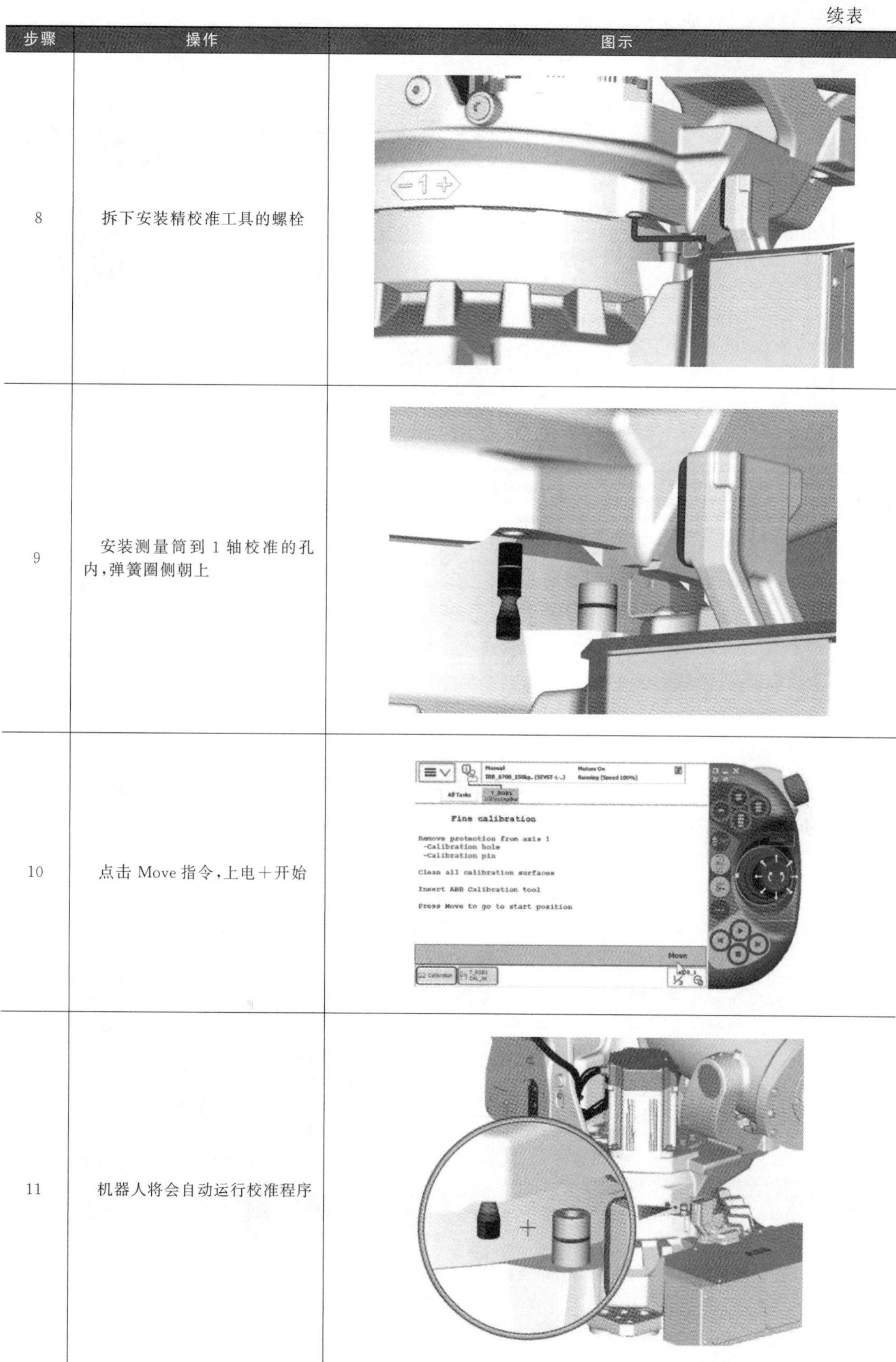

步骤	操作	图示
8	拆下安装精校准工具的螺栓	
9	安装测量筒到1轴校准的孔内，弹簧圈侧朝上	
10	点击Move指令，上电+开始	
11	机器人将会自动运行校准程序	

续表

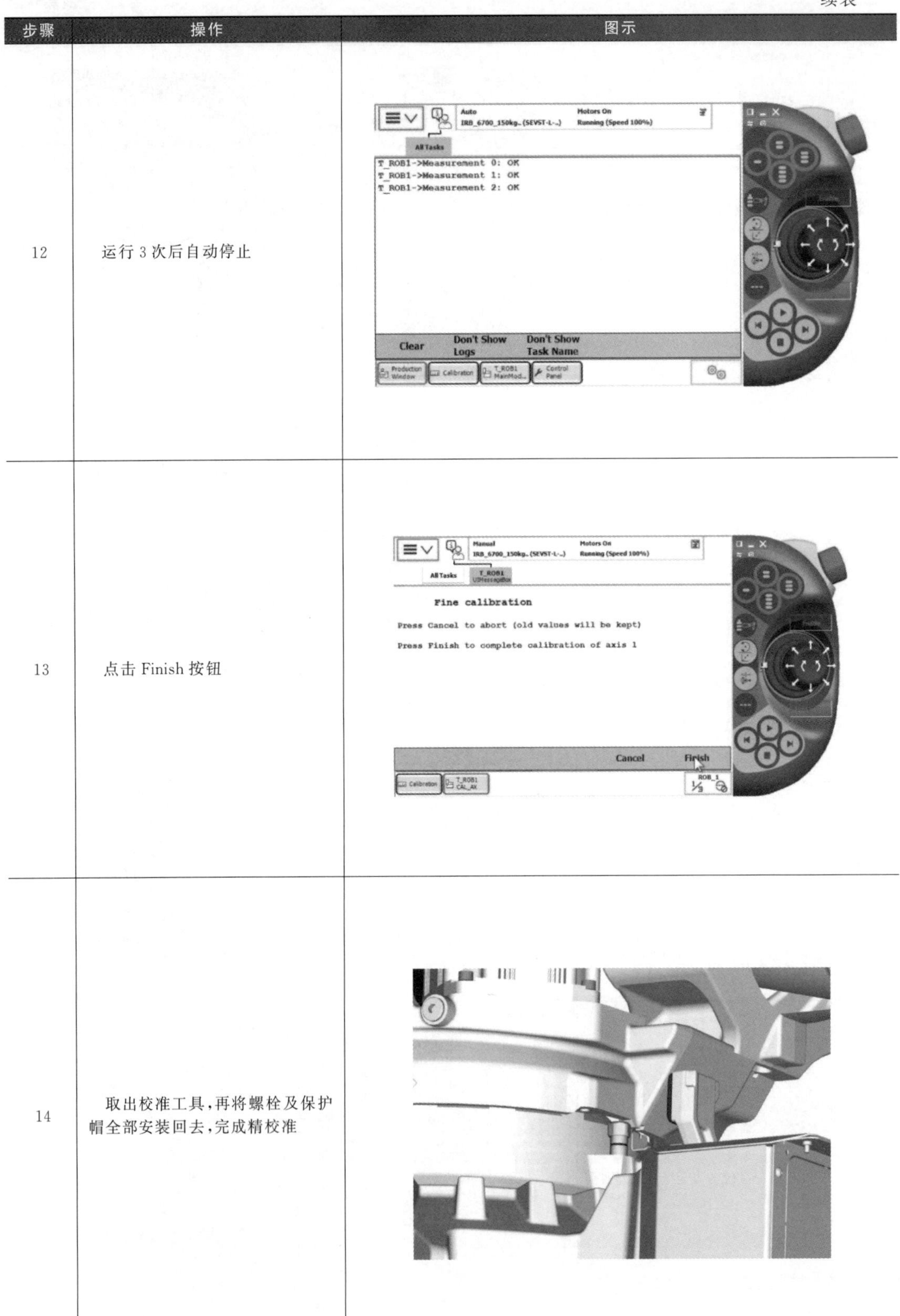

步骤	操作	图示
12	运行3次后自动停止	
13	点击Finish按钮	
14	取出校准工具，再将螺栓及保护帽全部安装回去，完成精校准	

6.3 校准过程中的异常及处理

6.3.1 校准过程中的异常及原因诊断

见表6-4。

表6-4 校准过程中的异常事件日志及原因诊断

序号	错误代码	说明	解决方案
1	50032，不允许该命令	在电机上电（MOTORS ON）状态尝试校准	更改为电机下电（MOTORS OFF）状态
2	50198，校准失败	由于未知的原点切换，校准时出现内部错误	①向ABB报告此问题 ②重新执行校准
3	50241，缺少函数	未购买"绝对精度"功能	将机器人系统参数"使用机器人校准"更改为uncalib
4	50244，AbsAcc校准失败	无法执行机器人arg的AbsAcc校准，返回状态arg	①重新启动控制器 ②检查确保硬盘未满 ③安装更多存储器
5	50268，校准失败	不允许校准伺服工具：arg位置为负	校准前调整伺服工具
6	50370，向工业机器人存储器传输数据失败	由于SMB断开，机械单元arg不允许从控制器向工业机器人存储器传输数据或传输中断。SMB在校准或手动移动数据到工业机器人存储器之前或之中被断开	SMB重新连接后，重试校准或手动将数据从控制器移到工业机器人存储器
7	50427，校准后关节未同步	在对使用备用校准位置的关节arg进行微调后，关节未移动至更新转数计数器的正常同步位置。系统将在下次重新启动或上电时取消同步关节	在用于清除转数计数器的正常位置清除转数计数器
8	50477，轴校准数据缺失	机械单元arg使用轴校准来校准，但控制器缺少配置参数。无法执行轴校准服务例行程序	确保轴校准配置已加载到控制器存储器。确认数据存在于备份中

6.3.2 其他校准相关的异常及原因诊断

见表6-5。

表6-5 其他校准相关的异常及原因诊断

序号	错误代码	说明	解决方案
1	20269，SC arg电机校准数据错误	尚未将任何校准数据下载到驱动模块arg上的安全控制器（SC）中，或者数据错误	将电机校准数据下载到安全控制器（SC）
2	20462，SC arg未找到校准偏移	检索安全控制器（SC）arg的电机校准偏移失败	下载新的校准偏移到SC中
3	38101，SMB通信故障	系统进入"系统故障"状态并丢失校准消息。原因包括接触不良或电缆（屏蔽）损坏，特别是采用非ABB专用附加轴电缆时。也可能是因为串行测量电路板或轴计算机出现故障	①参阅工业机器人产品手册中的详细说明，重新设置工业机器人的转数计数器 ②确保串行测量电路板和轴计算机之间的电缆正确连接且符合ABB设定的规格 ③确保电缆屏蔽两端正确连接 ④确保工业机器人接线附近无强电磁干扰辐射 ⑤确保串行测量电路板和轴计算机正常工作。更换故障单元

续表

序号	错误代码	说明	解决方案
4	38102,内部故障	系统进入"系统故障"状态并丢失校准消息。这可能是由工业机器人单元的某些短暂干扰或者轴计算机错误导致的	①重新启动系统 ②按工业机器人产品手册中的说明重置工业机器人的转数计数器 ③确保靠近工业机器人线路的区域没有强电磁干扰 ④确保轴计算机工作完全正常。更换任何故障部件
5	50053,转数计数器的差异过大	接点 arg 的转数计数器差异过大。系统检测到串行测量电路板上的转数计数器实际值与系统预期值相差过大。工业机器人未校准,并可以手动微动控制,但无法执行自动操作。可能是电源关闭时手动更改了工业机器人手臂的位置。另外也可能是串行测量电路板、分解器或电缆故障	①更新转数计数器 ②检查分解器和电缆 ③检查串行测量电路板,判定其是否存在故障。更换有故障的单元
6	50242,由于 cfg 数据的原因而未同步	控制柜与关节数据(校准偏移或校准位置)不匹配,或者校准偏移的标记有效,或者 cfg 中的换向偏移不为真(true)	更新测量系统: ①更新转数计数器 ②重新校准关节 ③更改 cfg 数据

参考文献

[1] 韩鸿鸾．工业机器人系统安装调试与维护．北京：化学工业出版社，2017.
[2] 韩鸿鸾．工业机器人工作站系统集成与应用．北京：化学工业出版社，2017.
[3] 韩鸿鸾．工业机器人现场编程与调试．北京：化学工业出版社，2017.
[4] 韩鸿鸾．工业机器人操作．北京：机械工业出版社，2018.
[5] 韩鸿鸾，张云强．工业机器人离线编程与仿真．北京：化学工业出版社，2018.
[6] 韩鸿鸾．工业机器人装调与维修．北京：化学工业出版社，2018.
[7] 韩鸿鸾．工业机器人操作与应用一体化教程．西安：西安电子科技大学出版社，2020.
[8] 韩鸿鸾．工业机器人离线编程与仿真一体化教程．西安：西安电子科技大学出版社，2020.
[9] 韩鸿鸾．工业机器人机电装调与维修一体化教程．西安：西安电子科技大学出版社，2020.
[10] 韩鸿鸾．工业机器人的组成一体化教程．西安：西安电子科技大学出版社，2020.
[11] 韩鸿鸾．KUKA（库卡）工业机器人装调与维修．北京：化学工业出版社，2020.
[12] 韩鸿鸾．KUKA（库卡）工业机器人编程与操作．北京：化学工业出版社，2020.

附录

附录一　工业机器人操作与运维职业技能等级证书理论试卷及答案（高级）

一、单项选择题

1. 工业机器人在非安全情况下的使用可能会导致工业机器人系统的破坏，甚至还可能导致操作人员以及现场人员的伤亡，以下选项不属于非安全情况的是（　　）。

A. 燃烧的环境　　B. 有爆炸可能的环境

C. 嘈杂的环境　　D. 水中或其他液体中

2. 以下哪项工业机器人系统的标识图表示叶轮危险，检修前必须断电？（　　）

A. 

IMPELLER BLADE HAZARD
警告：叶轮危险
检修前必须断电

B. 

ENTANGLEMENT HAZARD
警告：卷入危险
保持双手远离

C. 

ROTATING SHAFT HAZARD
警告：旋转轴危险
保持远离，禁止触摸

D. 

3. 以下关于工业机器人液压驱动控制性能的描述，错误的选项是（　　）。

A. 控制精度较高　　B. 输出功率大

C. 可无级调速　　D. 反应迟钝

4. 以下选项中，不属于工业机器人执行抛光打磨作业的是（　　）。

A. 
B. 

C. 
D. 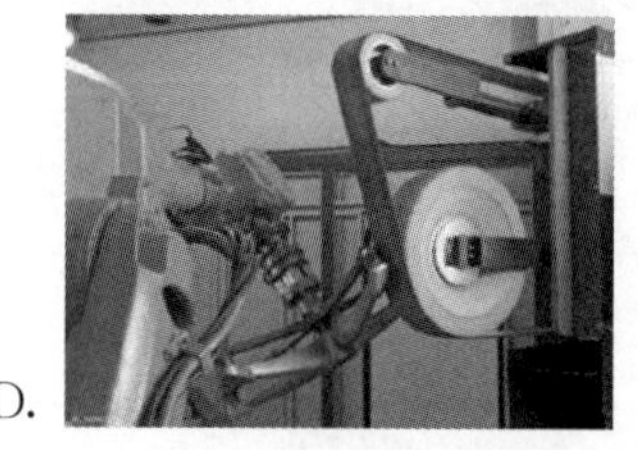

5. 工业机器人弧焊工作站一般由焊接机器人、焊接电源、焊枪、送丝机构、变位机、清枪装置以及焊接供气系统等部分组成。下图所示工业机器人焊接工作站系统中空白处连接线缆为（　　）。

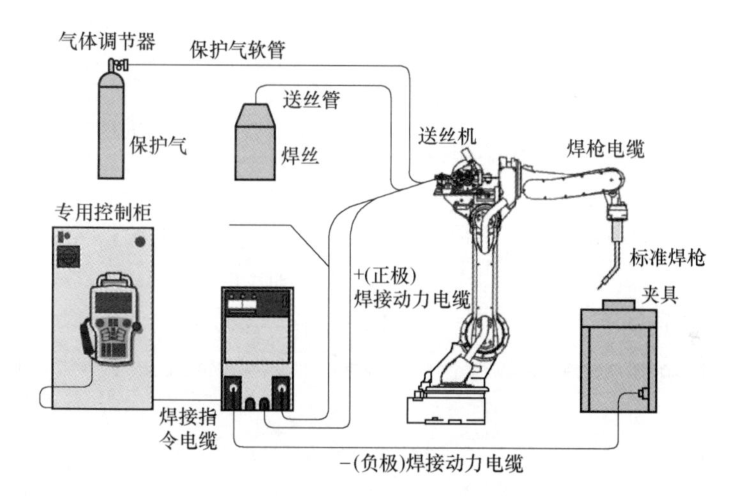

A. 送丝机控制电缆　　B. 焊接控制线缆
C. 工业机器人控制线缆　　D. 以上都不是

6. 由于点焊是低压大电流焊接，在焊接过程中，导体会产生大量的热量，所以焊钳、焊钳变压器需要水冷。点焊工作站配备（　　）以实现焊钳、焊钳变压器的冷却。

A. 变压器　　B. 冷水阀组
C. 电阻焊控制装置　　D. 以上都不是

7. 每一种成分和直径的焊丝都有一定的可用电流范围。（　　）主要用于薄板和任意位置焊接，采用短路过渡和脉冲 MAG 焊；（　　）多用于厚板，以提高焊接熔敷率和增加熔深。下列可以正确填空的选项是（　　）。

A. 粗丝；粗丝　　B. 细丝；细丝
C. 粗丝；细丝　　D. 细丝；粗丝

8. 机器人抛光打磨主要有两种方式，一种是工具主动型机器人，一种是工件主动抛光打磨机器人。下列选项属于工具主动型机器人应用的是（　　）。

A. 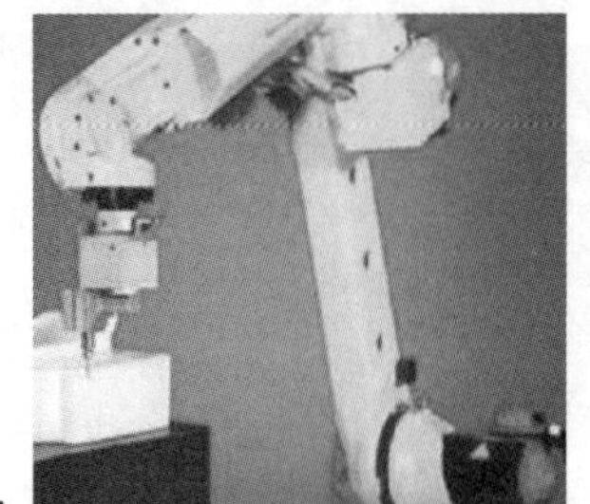　　B. 

C. 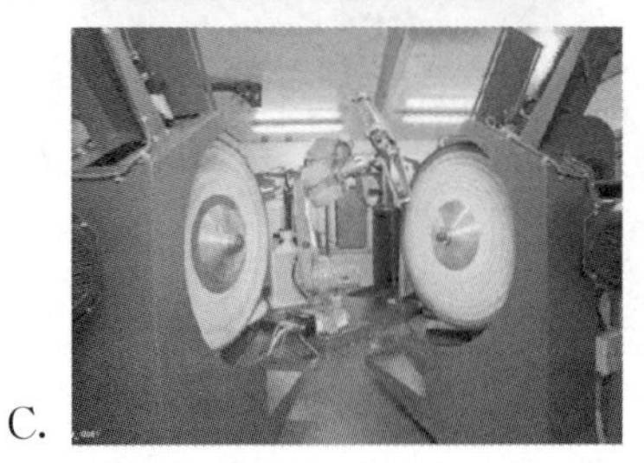　　D. 

9. 进行焊接工作站安装时，气路的连接通常包含以下步骤，选项中气路连接顺序正确的是（　　）。

① 移去气瓶保护罩。

② 将气表拧紧固定在气瓶上。

③ 将气瓶放置在平整处。

④ 打开气瓶阀一下并立即将其关闭以吹掉所有尘土。

⑤ 将气表加热装置电缆接至后面板的加热电源输出插座上。

⑥ 使用气管将保护气体软管连接到气表上，根据产品说明书确定气流量。

A. ⑥①②③④⑤　　B. ③①④②⑥⑤

C. ②①④③⑤⑥　　D. ②①④③⑥⑤

10. 在焊接工作站中，当其他焊接条件不变时，焊丝从垂直变为左焊法时，熔深减小而焊道变为（　　）。

A. 较宽和较平　　B. 窄而凸起

C. 宽而凸起　　D. 不变

11. 下列关于电渣焊说法正确的选项是（　　）。

A. 电渣焊是以熔渣的余热为能源的焊接方法。

B. 根据焊接时所用的电极形状，电渣焊分为丝极电渣焊、板极电渣焊和熔嘴电渣焊。

C. 电渣焊的特点是：可焊的工件厚度小，但生产率高。

D. 以上说法都不正确。

12. IRB 120 机型相对比较小，按下（　　）按钮之后可通过外力（人力）使其运动至零点标定的对应姿态，因此对于此类小型工业机器人便可使用手动校准的方法，然后再进行转数计数器更新等操作。

A. 使能　　B. 上电

C. 紧急停止　　D. 解除抱闸

13. ABB 工业机器人自动标定工具包括工业机器人通用型号的校准工具以及部分型号工业机器人特有的（　　）。

A. 适配器　　B. 标定板

C. 导销　　　　　　　　　　　　　　D. 连接螺钉

14. 当工业机器人完成校准后，仍然有可能发生一些与校准相关的异常报错，当 ABB 工业机器人校准后出现 50053 错误代码时，表示（　　）。

A. 电机校准数据错误　　　　　　　　B. SMB 通信故障

C. 转数计数器的差异过大　　　　　　D. 内部故障

15. 在工业机器人 IRB 120 的示教器中配置 I/O 信号，需要进入（　　）界面进行配置。

A. 输入输出　　　　　　　　　　　　B. 控制面板—I/O

C. 控制面板—I/O—signal　　　　　D. 控制面板—配置—signal

16. 下列选项中对于 ABB 工业机器人信号名称解释正确的是（　　）。

A. Digital Input：数字量输入

B. Analog Input：数字量组输入

C. Group Input：模拟量输入

D. Group Output：模拟量输出

17. 每一种成分和直径的焊丝都有一定的可用电流范围。当熔滴的过渡形式为短路过渡，可焊板厚为 2.5mm 到 4mm，焊缝位置为水平时，焊丝的直径应为（　　）。

A. 0.5mm 到 0.8mm　　　　　　　　B. 1.0mm 到 1.4mm

C. 1.6mm　　　　　　　　　　　　　D. 2.5mm 到 5.0mm

18. 机器视觉系统是指通过机器视觉产品（　　）获取图像，然后将获得的图像传送至处理单元，通过数字化图像处理进行目标尺寸、形状、颜色等的判别，进而根据判别的结果控制现场设备。

A. 图像采集装置　　　　　　　　　　B. 图像处理装置

C. 图像定位装置　　　　　　　　　　D. 图像扫描装置

19. 图像处理就是利用数字计算机或其他高速、大规模集成数字硬件设备，对从图像测量子系统获取的信息进行（　　），进而达到人们所要求的效果。

A. 数字运算和处理　　　　　　　　　B. 加法运算和处理

C. 模拟运算和处理　　　　　　　　　D. 乘法运算和处理

20. 根据目前抛光打磨工艺的要求，（　　）主要针对的是产品去毛刺、分型线、浇冒口、分模线等。

A. 粗抛光打磨　　　　　　　　　　　B. 精抛光打磨

C. 抛光　　　　　　　　　　　　　　D. 打磨

21. 变位机的安装必须使工件的变位均处于机器人动作范围之内，并需要合理分解机器人本体和变位机的各自职能，使两者按照统一的动作规划进行作业，机器人和本体之间的运动存在两种形式：（　　）和非协调运动。

A. 协调运动　　　　　　　　　　　　B. 自由运动

C. 协同运动　　　　　　　　　　　　D. 异步运动

22. 在基于激光结构光的自主编程应用中，焊缝跟踪技术逐点测量焊缝的（　　），建立起焊缝轨迹数据库。

A. 中心坐标　　　　　　　　　　　　B. 原点坐标

C. 工件坐标　　　　　　　　　　　　D. 基准坐标

23. 工业机器人语言的基本功能（　　）使工业机器人控制系统的功能更强，通过一条简单的条件转移指令（如检验零值）就足以执行其算法。

A. 运算　　B. 决策

C. 通信　　D. 运动

24.（　　）编程语言具有较强感知能力，除了能处理复杂的传感器信息外，还可以利用传感器信息来修改、更新环境的描述和模型。

A. 动作级　　B. 对象级

C. 任务级　　D. 以上都不是

25. 工业机器人包含多种编程方式，其中（　　）能够直接针对工作站现场变成切合实际情况，最为符合现场环境，并且上手简单适合初学者。

A. 在线编程　　B. 离线编程

C. 自主编程　　D. 以上都不是

26. 基于视觉反馈的自主编程是实现机器人路径自主规划的关键技术，其主要原理：在一定条件下，由主控计算机通过双目视觉传感器识别（　　），从而得出工件的三维尺寸数据。

A. 工件坐标　　B. 工件图像

C. 工件材质　　D. 工件型号

27. 由于许多机器视觉系统在测量物品特征时能够将公差保持在 0.03mm 以内，因此，它们能够解决许多传统上通过（　　）来解决的应用。

A. 接触式测量　　B. 非接触式测量

C. 传感器测量　　D. 红外线测量

28. 欧姆龙视觉检测的原理即先设定标准检测模板，然后将视觉系统实时拍摄的工件图样与标准模板进行比对，如果检测的特征与模板保持一致，即可输出一种检测结果，此时一般综合判定结果为 OK；若不一致，则可输出另外一种检测结果，此时一般综合判定结果为（　　）。

A. error　　B. NO

C. fault　　D. NG

29. 网络间的数据通信分为两种形式：（　　）和并行通信。

A. 串行通信　　B. 以太网通信

C. RS485 通信　　D. RS232 通信

30. 采用 RS232 通信作传输时经常会受到外界的电气干扰而使信号发生错误。RS232 通信传输的最大距离在不加缓冲器的情况下只有（　　）m。

A. 5　　B. 15

C. 25　　D. 30

31. 过程数据处理是一项非常重要的任务，智能传感器本身提供了该功能。智能传感器不但能放大信号，而且能使信号数字化，再用（　　）实现信号调节。

A. 软件　　B. 硬件

C. 软件和硬件　　D. 专用设备

32. 通过专用的 PC/PPI 电缆线将 PLC 与电脑连接，并利用专用的软件可以实现 PLC 编程和监控，编程时用户可以输入、检查、（　　）、调试程序或监控 PLC 的工作情况。

A. 修改　　B. 扫描

C. 循环　　D. 以上均不是

33. 按发生故障的性质不同，工业机器人故障可分为系统性故障和随机性故障。下列选项中属于系统性故障的是（　　）。

A. 线缆插头松动　　B. 电池电量不足报警

C. 金属碎屑进入电气元件导致短路　　D. 线缆破损

34. 智能传感器的功能是通过模拟人的感官和大脑的协调动作，结合长期以来测试技术的研究和实际经验而提出来的，具备（　　），在电源接通时进行自检、诊断测试以确定组件有无故障。

A. 自诊断功能　　B. 自适应功能

C. 信息存储功能　　D. 数据处理功能

35. 启动欧姆龙 FH 系列视觉传感器时，如相机图像不显示，需采取下列哪项措施进行处理（　　）?

A. 检查监视器电源，正确连接电缆，如仍不显示请更换。

B. 确认相机连接电缆，再启动及初始化，如仍无法显示，请确认数据是否损坏，请与售后联系。

C. 检查线缆并正确连接，检查周边电源和电磁干扰并排除。

D. 打开镜头盖，检查相机电缆连接，调整光圈。

36. 机器人发生故障后，其诊断与排除思路大体是相同的，为了准确、快速地定位故障，应遵循（　　）的原则。

A. “先方案后操作”　　B. “先操作后方案”

C. “操作为主”　　D. “方案为主”

37. 下列选项中，能够造成电机空载电流不平衡故障的是（　　）。

A. 电源正负接反　　B. 绕组存在匝间短路、线圈反接

C. 三相绕组匝数相等　　D. 电机未接地

38. 永久磁铁式交流测速发电机的构造和直流测速发电机正好相反，它在转子上安装多磁极永久磁铁，定子线圈输出与（　　）成正比的交流电压。

A. 旋转速度　　B. 旋转角度

C. 电流　　D. 电阻

39. 图中元件（　　）能同时检测三维空间的三个力/力矩信息，它的控制系统不但能检测和控制机器人手抓取物体的握力，而且还可以检测抓物体的重量，以及在抓取操作过程中是否有滑动、振动等。

A. 多维力传感器　　B. 碰撞开关

C. 接近开关　　D. 热传感器

40. 要迅速诊断故障原因，及时排除故障，需要总结出一些行之有效的方法。其中，（　　）是指依靠人的感觉器官并借助于一些简单的仪器来寻找工业机器人故障原因的方法。

A. 参数检查　　B. 直观检查

C. 预检查　　D. 连接检查

二、多项选择题

1. 安全标识是指使用（　　）等方式来表明存在信息或指示安全健康。

A. 招牌　　B. 颜色

C. 照明标识　　D. 声信号

2. 点焊工作站中，从阻焊变压器与焊钳的结构关系上可将焊钳分为（　　）。

A. 内藏式　　B. 分离式

C. 集中式　　D. 一体式

3. 视觉传感器故障主要是相机故障和控制器故障，下列可能造成相机无图像故障的选项有（　　）。

A. 外加电源极性不正确　　B. 镜头选择错误

C. 输出电压误差值大　　D. 镜头光圈没打开

4. 以下选项中，属于以电阻热为焊接能源的焊接类型是（　　）。

A. 爆炸焊　　B. 摩擦焊

C. 电渣焊　　D. 高频焊

5. 抛光打磨机器人工作站是现代工业机器人众多应用的一种，用于替代传统人工进行工件的打磨抛光工作，主要用于工件的（　　）。

A. 表面打磨　　B. 焊缝打磨

C. 去毛刺　　D. 热处理

6. 以下选项中属于点焊机器人的组成部分的是（　　）。

A. 机器人本体　　B. 冷却水系统

C. 电阻焊接控制装置　　D. 控制系统

7. 工业机器人语言实际上是一个语言系统，包括（　　）。

A. 硬件　　B. 软件

C. 被控设备　　D. 本体

8. 进行电气连接操作时，引入电控柜电缆应符合以下哪些要求？（　　）

A. 引入电控柜内的电缆应排列整齐，编号清晰，避免交叉，固定牢固，不得使所接的端子排受机械力。

B. 直流回路中有水银接点的电器，电源正极应接到水银侧接点的一端。

C. 电缆在进入电控柜后，应该用卡子固定和扎紧，并应接地。

D. 在油污环境中，应采用耐油的绝缘导线，例如橡胶或塑料绝缘导线。

9. 以下选项中属于点焊机器人特点的是（　　）。

A. 安装面积小，工作空间大。

B. 具备良好的振动抑制和控制修正功能。

C. 定位精度高，以确保焊接质量。

D. 负载为30～50kg。

10. 下列选项中属于气压组件检修项目的是（　　）。

A. 确认球阀　　　　B. 确认供应压力
C. 确认干燥器　　　　D. 泄水的确认

三、判断题

1. X形焊钳用于点焊水平及近于水平倾斜位置的焊缝，C形焊钳则主要用于点焊垂直及近于垂直倾斜位置的焊缝。（　）

2. 目前，点焊机器人只用于增强焊接作业，即往已经拼接好的工件上增加焊点。（　）

3. ϕ1.0～1.6mm焊丝CO_2焊的熔滴过渡形式可以采用短路过渡和潜弧状态下的喷射过渡。（　）

4. 精抛光打磨工艺常用于铸件去毛刺、合模线等应用。（　）

5. 绝对式编码器是把被测转角通过读取码盘上的图案信息直接转换成相应代码的检测元件。（　）

参考答案

一、单项选择题

1～5. CADAA　　6～10. BDABA　　11～15. BDACD
16～20. AAAAA　　21～25. AABBA　　26～30. BADAB
31～35. AABAD　　36～40. ABAAB

二、多项选择题

1. ABCD　　2. ABD　　3. ACD
4. CD　　5. ABCD　　6. ABC
7. ABCD　　8. ABC　　9. AC
10. BCD

三、判断题

1～5. ××√×√

附录二　工业机器人操作与运维职业技能等级证书实操考试试卷（高级）

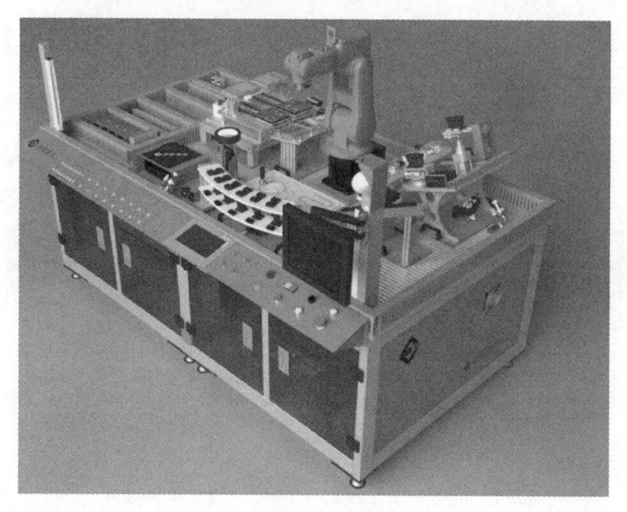

工业机器人操作规范（10分）

在考试过程中，从设备操作的规范性、考场纪律和专用工具操作及安全生产的认识程度等方面对考生进行综合评价。

题目一： 工业机器人系统安装（20分）

根据图 1-1、图 1-2 完成工业机器人工作站的安装。

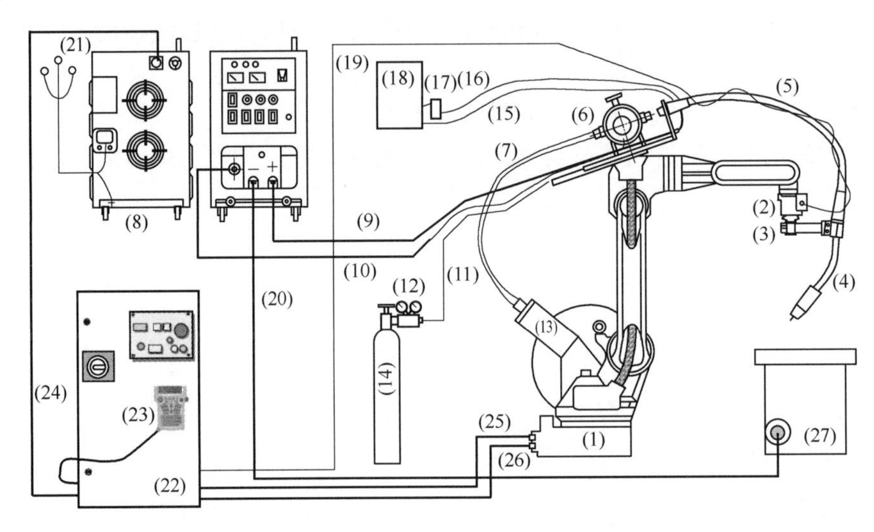

图 1-1 工业机器人弧焊工作站的组成

（1）机器人本体；（2）防碰撞传感器；（3）焊枪把持器；（4）焊枪；（5）焊枪电缆；（6）送丝机构；（7）送丝管；（8）焊接电源；（9）功率电缆（+）；（10）送丝机构控制电缆；（11）保护气软管；（12）保护气流量调节器；（13）送丝盘架；（14）保护气瓶；（15）冷却水冷水管；（16）冷却水回水管；（17）水流开关；（18）冷却水箱；（19）碰撞传感器电缆；（20）功率电缆（−）；（21）焊机供电一次电缆；（22）机器人控制柜；（23）机器人示教盒；（24）焊接指令电缆；（25）机器人供电电缆；（26）机器人控制电缆；（27）夹具及工作台

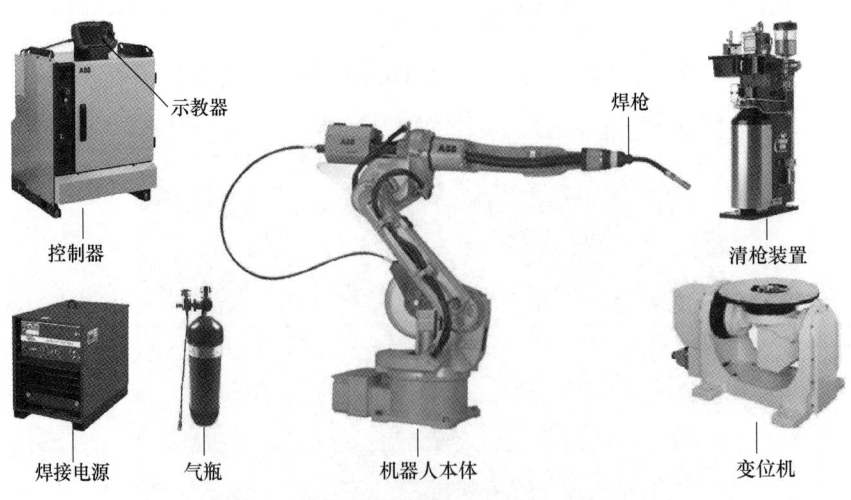

图 1-2 工业机器人弧焊工作站的实物图

题目二：工业机器人周边设备编程（20分）

根据图 1-1、图 1-2 完成工业机器人与变位机的安装，并能实现变位机与 PLC 通信硬件接线与软件调试。

题目三：工业机器人操作与编程（30分）

完成图 3-1 相关线零件的焊接。

图 3-1 相关线零件的焊接

题目四：工业机器人校对与调试（20分）

应用摆锤完成图 3-1 所示工业机器人的校准，并能对出现的异常进行调整。